科學技術叢書

電路學(上)

王 醴 著

國立中央圖書館出版品預行編目資料

電路學／王醴著.--初版.--臺北市：
三民，民85
　　册；　公分.--(科學技術叢書)
參考書目：面
含索引
ISBN 957-14-2398-X (上册：平裝)

　　1.電路

448.62　　　　　　　　　　　85006070

網際網路位址　http://Sanmin.com.tw

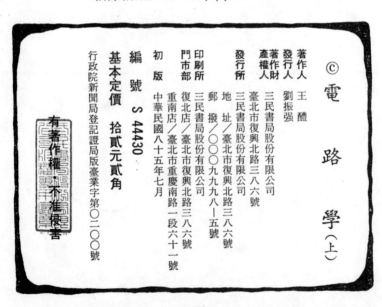

ⓒ 電　路　學（上）

著　作　人　王醴
發　行　人　劉振強
產著作權人財　三民書局股份有限公司
　　　　　臺北市復興北路三八六號
發　行　所　三民書局股份有限公司
　　　　　地址／臺北市復興北路三八六號
　　　　　郵撥／〇〇〇九九九八一五號
印　刷　所　三民書局股份有限公司
門　市　部　復北店／臺北市復興北路三八六號
　　　　　重南店／臺北市重慶南路一段六十一號
初　版　中華民國八十五年七月
編　號　S 44430
基本定價　拾貳元貳角
行政院新聞局登記證局版臺業字第〇二〇〇號

有著作權　不准侵害

ISBN 957-14-2398-X (上册：平裝)

序

　　本書「電路學」的課程內容，是按照教育部所頒布電機工程科系課程的標準內容所撰寫，另外加上一些重要的補充內容。由於「電路學」是連續兩個學期必修的課程，總共六個學分，也是學習電機工程以及電子工程上的課程，如「電子學」、「電機機械」、「電力系統」、「電機概論」等必修或選修課程的必要的基礎，因此本書儘可能以淺顯的文字來敘述，使讀者能明瞭如何由電工學或物理中電學部份的基礎逐漸進入電路的領域中。換言之，「電路學」這門課的先修科目應該是電工學或電工原理，但是有些學校直接跳過這些基礎科目，因此如果同學不太明白本書的內容說明，可以再回去翻一翻這些方面的書或參考本書最後所列的參考書籍。由於「電路學」習題以往偏向數量多而且繁雜的計算，本書則將重要的例題解法列在正文中，每章習題則採各節數題的方式處理，雖然數量不多，但已經將文中的重點囊括進去，希望讀者能將全部的習題解出，授課的老師也可不必再以勾習題的方式篩選重要的題目，但可以將題目數據適當地變換，以訓練同學們活用定理與題目。

　　本書能順利完成，本人首先要感謝我的母親——黃玉霞女士，在我人生多變的路途上給予我的教養與支持，使我仍能有勇氣努力往前邁進。也感謝我已逝的父親——王德清先生，在我研讀佛學上的引導，衷心期盼他在天之靈能蒙佛接引，往生在西方阿彌陀佛的極樂佛國。在研讀佛學上，我也要深深地感謝我的上師——蓮生活佛，由基督、靈學、道學、顯教、密教引導我瞭解更多的宇宙真理，在「敬師、重法、實修」的精神下，成為本人在遇到許多挫折時的一盞明

燈。也要感謝本人的妻子——陳英瑛，認識她是一種特殊的緣份，也促使我在許多方面的改變；感謝我的孩子——王聖聞，這個在未出生前我就已經夢到的孩子，增添了生活上的許多歡笑，也讓我學習到一個人由出生成長過程的艱辛，使我更加需要感謝父母恩情的偉大。對於目前服務於新竹中鋼結構工地的姊姊王鈴鶴以及國立雲林技術學院電機系的哥哥王耀諄，在此也要一併感謝。同時也要感謝母校高雄工專電機科的老師與臺大電機所電力組的老師的教導，以及成大電機系毛齊武老師的推薦參與「電路學」的撰寫。

　　總之，要感謝的人實在是太多了，當然更要感謝三民書局給予本人一個機會，能將我數年來學習與教授「電路學」的心得與想法以文字表達出來，文字錯誤之處在所難免，煩請不吝指正。

王　醴
謹識於臺南市國立成功大學電機系
中華民國 85 年 6 月

電路學（上）

目　次

序

前言

第壹部份　基本電路分析

第一章　概　論

第二章　電阻電路

第三章　基本網路理論

第貳部份　時域暫態電路

第四章　儲能元件

第五章　暫態與穩態響應分析

前　言

　　本書「電路學」的課程內容，是分析有關由電路元件所構成電路的特性，電路簡單來說可分爲直流電路與交流電路，在特性上則可簡單分爲暫態特性與穩態特性，本書大綱分爲如下所列的五大部份：

⑴**第壹部份──　基本電路分析**

　　此部份是學習有關「電路學」這門課的基礎觀念建立，內容包含以下三章：

第一章──概論，說明十進制系統與常用的特殊符號，建立由電荷所產生電場與電壓、由電荷流動所產生電流、由電壓與電流所形成功率與能量、基本電路元件以及電壓源、電流源的特性等觀念。

第二章──電阻電路，這是以電阻器爲電路主要的被動元件，配合電源所構成電路的分析，先由電阻與電阻係數特性介紹做爲開始，接著是重要的歐姆定理、電阻的溫度係數、電阻的功率與能量、電阻器的串聯與並聯、克希荷夫電壓與電流定律、分壓器與分流器法則、串並聯電路、解電路時常用的 $Y-\Delta$ 轉換以及重要的以對稱性法解電路等效電阻。

第三章──基本網路理論，本章是以電阻電路爲基礎，將網路分析上基本的定理做一番介紹，這些重要的定理包含：重疊定理、獨立的以及受控的電壓源與電流源間的相互轉換、網目分析法、節點分析法、戴維寧定理、互易定理、密爾曼定理以及最大功率轉移定理等八種定理。

⑵**第貳部份──　時域暫態電路**

　　此部份是學習有關「電路學」中，當電路含有儲能元件時所產生以時間領域爲主的暫態現象分析，內容包含以下兩章：

第四章——**儲能元件**，介紹兩基本儲能元件：電容器與電感器的特性，包括這兩類元件電壓與電流之關係、串聯與並聯、充電與放電、初值電壓與穩態電壓以及這兩類儲能元件之功率與能量表示式。

第五章——**暫態與穩態響應分析**，首先介紹重要的自然響應與激發響應定義，然後分析無獨立電源下 RL 與 RC 電路的自然響應、無獨立電源下 RLC 電路的自然響應等，接著分析 RL、RC、RLC 電路受步階輸入影響下的時間響應，最後分析 RL、RC、RLC 電路在弦波電源影響下的時間響應。

(3)第參部份——頻域弦波穩態電路分析

　　此部份是學習有關「電路學」中，當電路受到弦波電源輸入下的響應，本部份是以頻率領域爲主的穩態現象分析，內容包含以下三章：

第六章——**弦波函數與相量概念**，首先介紹弦波函數的產生與特性，接著定義何謂平均值與有效值、波形因數與波峰因數等週期性波形的特性；爲瞭解頻域下的電路計算，複數觀念與複數的運算也加以說明；最後說明如何將一個弦波函數表示爲相量形式，以做爲相量運算的基礎。

第七章——**弦波穩態電路**，首先說明如何將三種電路基本元件電阻器 R、電感器 L 以及電容器 C，以及它們所構成的電路表示爲相量形式；接著定義弦波穩態下的阻抗與導納；緊接著分析串聯電路、並聯電路、串並聯電路等弦波穩態電路的求解方式；對於弦波穩態串聯電路與並聯電路等效關係轉換也將探討；最後是有關如何利用第三章的基本網路理論來求解交流電路，來做交流網路的分析。

第八章——**交流功率與能量**，爲分析弦波穩態下的功率與能量，首先

對一般電路的功率計算方法做介紹；然後依序說明電阻消耗的功率與能量、電感中的功率與能量、電容中的功率與能量等計算；介紹一般在交流電源下的元件功率，以複功率做為計算基準；配合最大功率轉移定理的應用，計算負載在可能條件下獲取的最大功率；本章最後以功率因數的改善，說明如何利用串並聯補償的方式來改善負載的功率因數。

⑷第肆部份——其他特殊電路分析

此部份是學習有關「電路學」中，當電路含有特殊磁性耦合元件、多相電源以及非純正弦波輸入時的電路響應，本部份內容包含以下三章：

第九章——耦合電路，由介紹兩個線圈以上的自感與互感特性開始，然後說明耦合係數、互感的特性、耦合電路的電壓方程式等部份，再介紹互感電路、耦合電路的等效電路、理想變壓器以及反射阻抗等。

第十章——對稱平衡三相電路及不平衡三相電路，前半部說明三相電路、對稱平衡三相系統、Y 型接法三相電路、Δ 型接法三相電路、三相功率及其量度等，後半部則介紹其他多相電路、不對稱電源與不平衡負載、不平衡三相電路的網目解法等。

第十一章——非正弦波的分析，由基波與諧波之定義開始介紹，然後說明重要的傅氏級數、對稱及非對稱波、非正弦波的數學分析、傅氏級數的複數形式、非正弦波的有效值、非正弦波所產生的功率因數等。

⑸第伍部份——其他電路補充教材

這部份是將本書所述的章節中，需要額外補充說明的電路特性做一番說明，一共包含三章：

第十二章——共振電路與濾波器，介紹頻域分析上重要的共振電路與簡單的濾波器，內容包含：共振電路的基本條件；串聯 RLC 電路之共振分析；並聯 RLC 電路之共振分析；實際

串聯 *LC* 共振電路分析；實際並聯 *LC* 共振電路分析；其他 *RLC* 共振電路(I)；其他 *RLC* 共振電路(II)；低通濾波器與高通濾波器等部份。

第十三章——拉氏轉換法及其在電路上之應用，將重要的拉氏轉換法與電路分析應用做一介紹，內容包含：拉氏轉換與反拉氏轉換；拉氏轉換的重要定理與特性；以部份分式法求反拉氏轉換；拉氏轉換在電路分析上的基本應用；利用拉氏轉換後的電路元件模型做電路分析；拉氏轉換後的阻抗、導納以及迴路、節點方程式；螺旋式相量對含有阻尼之弦波輸入電路分析等部份。

第十四章——網路函數與三端、四端網路以及雙埠網路，介紹網路函數的應用以及三端網路、四端網路、雙埠網路的重要性與應用，內容包含：網路函數的定義；三端網路、四端網路與雙埠網路的關係；雙埠網路端點電壓電流的六種輸入輸出關係；開路阻抗參數與短路導納參數；混合參數與反混合參數；傳輸參數與反傳輸參數；雙埠網路的連接等部份。

本書最後的附錄，也將基本量使用符號索引、基本量單位轉換、專有名詞中英文對照，以及有關「電路學」課程之參考書籍列出，以提供讀者參考。本書各節內容歸納如下：

(1)有關例題與習題部份：由於「電路學」習題以往偏向數量多而且繁雜的計算，本書則將重要的例題解法列在正文中，每章習題則採各節數題的方式處理，雖然數量不多，但已經將文中的重點囊括進去，希望讀者能將全部的習題解出，授課的老師也可不必再以勾習題的方式篩選重要的題目，但可以將題目適當地變換，以訓練同學們活用定理與題目。

(2)有關各節重點摘要部份：在正文每一章的每一節最後（第伍部份除外），本書將會列出該節內容的重點摘要，可以讓讀者回顧一個小節的重要公式以及定義，亦即並非全部的小節內容都是重點，本書

已經爲讀者挑選出重點，幫助讀者瀏覽各個重要部份。

(3)授課內容的選擇參考：由於「電路學」內容是連續兩個學期的必修課，爲顧及學習內容的連貫性，一般將第壹部份與第貳部份在第一個學期授課完畢，這兩個部份偏向以直流電路的穩態與暫態爲主；第參部份與第肆部份則在第二個學期授課完畢，這兩個部份偏向以交流電路的穩態分析爲主。若尙有多餘的時間，在第一學期應將第伍部份第十三章的內容介紹，使與工程數學的微分方程式解法搭配，讓同學們有更多選擇求解電路的技巧；在第二學期應將第伍部份第十二章與第十四章的內容作選擇性的介紹，例如第十三章的拉氏轉換法可能已經在工程數學提過了，就可以讓同學們自行閱讀這個部份，而將重點放在共振電路以及網路函數上。

(4)由於電路的解法已經有套裝軟體 PSPICE 可提供使用，但是爲了顧及下一代的解電路能力，敝人建議在大學部同學修讀「電路學」這門課時，還是期望同學們自己動手算，培養自己獨立思考以及解決問題的能力。至於 PSPICE 可以等到修完「電路學」的學分後，想要驗證軟體的功力與自己的解題結果速度比賽，屆時再學也不遲。況且利用軟體解電路的場合，應當是在電路非常複雜（例如含有100 個以上的節點或迴路，或是立體空間的網路時）、含有非線性元件或半導體元件的電路，或是考慮特殊條件的電路（例如高頻電路之雜散電容效應）時，才需要借用軟體的方便性求解我們所需要的答案，這些大部份已經屬於研究單位的問題了。因此本書內容不牽涉軟體 PSPICE 的應用。

(5)由於電路領域實在是太廣了，本書預計尙未完成的部份還有：電路的穩定度與穩定性、圖形定理在求解電路之應用、網路的合成、狀態變數法之電路應用、機率之隨機電路分析等。敝人期待在未來的日子中，能有多餘的時間去完成這些重要部份。

第壹部份

基本電路分析

第一章 概 論

　　「電路學」是研究及分析由電路元件所組成的電路之特性，基本上可分為電路分析（circuit analysis）及電路合成（circuit synthesis）兩大領域。本書是以電路分析為主，其目的在於探討與解析一個電路內部的特性，如電壓、電流、功率及能量等。本章各節略述如下：

●1.0 節──簡單介紹電路學上常使用的十進制指數表示符號，基本的使用與唸法，以及電路學相關方程式的特殊符號表示。

●1.1 節──介紹基本電學中電荷的觀念，引導讀者由電荷的流動進入電路學重要的量──電流的基礎觀念中。

●1.2 節──由電荷周圍所形成電場的觀念，引導讀者瞭解電位與電壓的關係。

●1.3 節──將兩個基本量：電壓與電流相乘結果，合併為一新的量，稱為功率；再將此功率對時間相乘，得到另一個新的量，稱為能量。

●1.4 節──簡單介紹電路學上基本的電路使用元件模型及特性。

●1.5 節──說明在電路上常用的電源種類，包含電壓源及電流源之相關特性，以使與 1.4 節之電路基本元件配合，達到對電路學基本要點的概述。

1.0 十進制系統的指數表示與電路學常用特殊符號

　　「電路學」中的重要使用名詞，例如：電流、電壓、功率、能量、電阻、電感、電容、頻率、時間、相位等，都將是本書在電路上的相關的表示量，雖然目前並未開始介紹它們的關係，但是它們的數值範圍變化很大，小的可以到數十億分之一，大的則可以高達數兆以上。雖然目前計算器是許多同學經常使用的工具，功能也越來越多，但是一個數字以數值再乘以以 10 為底的指數表示，或稱「科學符號」表示，仍是工程上極為重要、不可或缺的表示法之一。例如 100.032 這個數字，我們可以用科學符號表示為 1.00032×10^2 的結果；同理，-0.00989765 也可以用科學符號表示為 -9.89765×10^{-3} 的答案。

　　為了將這種以 10 為底的指數表示法方便表示起見，國際單位系統（the International System of Units，簡稱 SI）將數個以 10 為底的重要指數，以大寫或小寫的英文字甚至希臘字母表示出來，如表 1.0.1 所示。在表 1.0.1 中，我們比較容易混淆的是：10^3 的英文字表示是小寫的 k，而非大寫的 K。值得我們注意的是：在表 1.0.1 中，包含 10^3 的 k，且比 10^3 小的所有的指數表示均為小寫的英文字或希臘字，比 10^3 大的所有的指數表示均為大寫的英文字。表 1.0.1 中用長方形框圍起來的部份，就是我們常使用的指數量與其相關的符號表示，務必請讀者記起來。有一些要特別注意到的是：10^{-9} 的「奈」與 10^{-12} 的「匹」均是譯音，而 10^{-6} 的使用符號 μ 不是英文字，而是希臘字母，這類字母的大小寫與符號發音、用途較為特別，請讀者參考表 1.0.2 的內容，這些重要的希臘字母在本書未來的章節方程式或定義中也常會用到，有興趣的讀者也可以參照記一下，以利後面特殊符號的使用。本書各節中對於各個電路學基本量的使用符號索引列在後面的附錄中，對於電路學中許多不同符號的使用，請讀者細心

參考。電路學中重要的基本量單位使用，與其它單位的互換，也請參考附錄中所列。

表 1.0.1 **以** 10 **爲底的數與其重要的字母表示**

以 10 為底的數	符號表示	前置符號	中文唸法
10^{24}	Y	yotta	
10^{21}	Z	zetta	
10^{18}	E	exa	百萬兆
10^{15}	P	peta	千兆
10^{12}	T	tera	兆
10^{9}	G	giga	十億
10^{6}	M	mega	百萬
10^{3}	k	kilo	仟
10^{2}	h	hecto	佰
10^{1}	da	deca	拾
10^{-1}	d	deci	分
10^{-2}	c	centi	厘
10^{-3}	m	milli	毫
10^{-6}	μ	micro	微
10^{-9}	n	nano	奈
10^{-12}	p	pico	匹
10^{-15}	f	fento	
10^{-18}	a	atto	
10^{-21}	z	zepto	
10^{-24}	y	yocto	

1.1 電荷與電流

* **電荷**（the electric charge）：電學中最基本的量，單位為庫侖（coulomb），一般以英文字的大寫 C 表示庫侖。

* **電流**（the electric current or the current）：電荷移動對時間的變動率（時變率），單位為安培（ampere），一般以英文字的大寫 A 表示安培。

表 1.0.2　希臘字母與其英文發音、電路學用途一覽表

大寫	小寫	英文發音	電路學用途說明
A	α	alpha	電阻溫度係數（α）、阻尼係數（α）、角度（α）
B	β	beta	
Γ	γ	gamma	
Δ	δ	delta	增量（Δ）、元件連接方式（Δ）、行列式值（Δ）
E	ϵ	epsilon	介電常數（ϵ）、指數（ϵ）
Z	ζ	zeta	阻尼比（ζ）
H	η	eta	
Θ	θ, ϑ	theta	角度（θ）
I	ι	iota	
K	κ	kappa	
Λ	λ	lambda	磁通鏈（λ）
M	μ	mu	10^{-6}（μ，此時唸成 micro）、導磁係數（μ）
N	ν	nu	
Ξ	ξ	xi	
O	o	omicrom	
Π	$\pi, \bar\omega$	pi	圓周率（π）、乘積符號（Π）、元件連接方式（π）
P	ρ	rho	電阻係數（ρ）
Σ	σ, ζ	sigma	電導係數（σ）、數字和符號（Σ）、特性根實部（σ）
T	τ	tau	電路時間常數（τ）、虛擬時間變數（τ）
r	υ	upsilon	
Φ	ϕ, φ	phi	磁通量（Φ）、角度（ϕ）、一個相的量（下標 ϕ）
X	χ	chi	
Ψ	ψ	psi	電通量（ψ）
Ω	ω	omega	電阻單位（Ω）、角頻率（ω）、特性根虛部（ω）

　　電荷乃電學中最基本的量。由於電荷的存在，才產生了電學的奇妙世界，使我們周遭的生活得以多采多姿。以下這段文字，係對微觀原子物理世界之概述，在一般物理學上及近期刊物上均可以發現，如果讀者已經瞭解，可以跳過這段文字說明，直接由第二段文字開始瞭解電荷的觀念。

　　在原子核物理學說中，道爾頓（John Dalton）在 1808 年首創原子學說（the atom theory），其要點在於說明物質係由所謂原子之微小粒子（particle）所組成，原子是不可分割的，同元素的原子其重

量和性質相同。到了 1811 年，亞佛加多羅（Avogadro）創立分子學說（molecular theory），認為物質是由分子所組成，分子不能以機械方式分割之；同一物質之分子大小相同，重量相同。然而，以近代科學研究發現，原子並非最小的粒子，原子也可以分裂，同一個元素的原子，其大小重量可以不同，而一個原子是由帶正電的原子核（nucleus）以及圍繞原子核旋轉之帶負電的電子（electrons，一般以符號 e^- 表示）所構成，其中原子核內部是由帶有正電荷的質子（protons）以及不帶電的中子（neutrons）所形成，因此整個原子核帶正電。每個電子帶有 -1.602×10^{-19} 庫侖的電荷，恰與每個質子所帶的電量大小相同，因此若一個原子是處於電中性的狀態，則質子數必與電子數相同。然而，電子數的多寡，必須配合原子的架構，才能決定不同材質的物理和化學特性。例如氫（hydrogen）只有一個電子，氧（oxygen）有八個電子，銅（copper）則有二十九個電子，稱為原子序（atomic number）。表 1.1.1 所列為重要元素之原子序與原子量參考。由於原子的質量太小，以往定氫的原子量為 1，今則採用碳原子量為 12 做基準，但此原子量乃是各原子之質量比較，而非本身的質量。若以原子量以克為單位，則稱克原子量（the gram atomic weight），任何原子其一克原子量所含的原子數目均為 6.024×10^{23}，此定值稱為亞佛加多羅常數（the Avogadro's number）。由亞佛加多羅常數，我們可以估算一個氫原子質量，約為 $1.008 / (6.024 \times 10^{23})$，其值為 1.67×10^{-24} 克，設定該值為原子質量的單位，稱為原子質量單位（the atomic mass unit），簡稱為 a.m.u.。因此氫原子質量為 1.008 a.m.u.，碳原子質量為 12 a.m.u.。由於質子比較重，其質量約為電子質量的 1836 倍（以氫原子質量為 1.67×10^{-24} 克做比較），因此電子能以較輕的質量，以及旋轉的圓形或橢圓形軌道，圍繞著原子核運轉，類似太陽系的九大行星圍繞著太陽運轉一般。此乃丹麥科學家波爾（Niels Bohr）所提出的原子模型核心軌道學說。當電子自外界獲得能量，例如熱能或電能，則電子可以脫離束縛它的軌道，自由自

在地游走，此電子稱爲自由電子（free electrons）。然而並非每個電子都可如此自由，一般離原子核最遠的軌道電子，所受的束縛力最弱，只需要極少的能量即可脫離軌道，使得整個原子僅剩一些帶正電的質子仍在原子核內，軌道上則留下比質子數目少的電子，因此整個原子不再是電中性，而變成帶正電荷的離子（ions）。藉由自由電子帶負電荷的轉移及游走，即可形成本節的重點——電流。以上是簡略談一談微觀論（microscopic basis）的原子世界，它與巨觀論（macroscopic basis）之宇宙星河世界，竟然如此微妙相似。有人不禁感嘆宇宙造物者的偉大神奇。然而，此小宇宙的電子世界與大宇宙的星河世界間的微妙關係，仍然有賴於未來的科學家們不斷地努力深入研究。

表 1.1.1 **重要元素的原子序與原子量表**

元素	符號	原子序	原子量	元素	符號	原子序	原子量
氫	H	1	1.00797	碘	I	53	126.9044
氦	He	2	4.0026	氙	Xe	54	131.30
鋰	Li	3	6.939	銫	Cs	55	132.905
鈹	Be	4	9.0122	鋇	Ba	56	137.34
硼	B	5	10.811	鑭	La	57	138.91
碳	C	6	12.01115	鈰	Ce	58	140.12
氮	N	7	14.0067	鐠	Pr	59	140.907
氧	O	8	15.9994	釹	Nd	60	144.24
氟	F	9	18.9984	鉕	Pm	61	(145)
氖	Ne	10	20.183	釤	Sm	62	150.35
鈉	Na	11	22.9898	銪	Eu	63	151.96
鎂	Mg	12	24.312	釓	Gd	64	157.25
鋁	Al	13	26.9815	鋱	Tb	65	158.924
矽	Si	14	28.086	鏑	Dy	66	162.50
磷	P	15	30.9738	鈥	Ho	67	164.930
硫	S	16	32.064	鉺	Er	68	167.26
氯	Cl	17	35.453	銩	Tm	69	168.934
氬	Ar	18	39.948	鐿	Yb	70	173.04
鉀	K	19	39.102	鎦	Ln	71	174.97

鈣	Ca	20	40.08	鉿	Hf	72	178.49
鈧	Sc	21	44.956	鉭	Ta	73	180.948
鈦	Ti	22	47.90	鎢	W	74	183.85
釩	V	23	50.842	錸	Re	75	186.2
鉻	Cr	24	51.996	鋨	Os	76	190.2
錳	Mn	25	54.8380	銥	Ir	77	192.2
鐵	Fe	26	55.847	鉑	Pt	78	195.09
鈷	Co	27	58.9332	金	Au	79	196.967
鎳	Ni	28	58.71	汞	Hg	80	200.59
銅	Cu	29	63.54	鉈	Tl	81	204.37
鋅	Zn	30	65.37	鉛	Pb	82	207.19
鎵	Ga	31	69.72	鉍	Bi	83	208.98
鍺	Ge	32	72.59	釙	Po	84	(210)
砷	As	33	74.9216	砈	At	85	(210)
硒	Se	34	78.96	氡	Rn	86	(222)
溴	Br	35	79.909	鈁	Fr	87	(223)
氪	Kr	36	83.80	鐳	Ra	88	(227)
銣	Rb	37	85.47	錒	Ac	89	(227)
鍶	Sr	38	87.62	釷	Th	90	232.038
釔	Y	39	88.905	鏷	Pa	91	(231)
鋯	Zr	40	91.22	鈾	U	92	238.03
鈮	Nb	41	92.906	錼	Np	93	(237)
鉬	Mo	42	95.94	鈽	Pu	94	(242)
鎝	Tc	43	(99)	鋂	Am	95	(243)
釕	Ru	44	101.07	鋦	Cm	96	(245)
銠	Rh	45	102.905	鉳	Bk	97	(249)
鈀	Pd	46	106.4	鉲	Cf	98	(249)
銀	Ag	47	107.87	鑀	Fs	99	(254)
鎘	Cd	48	112.40	鑽	Fm	100	(252)
銦	In	49	114.82	鍆	Md	101	(256)
錫	Si	50	118.69	鍩	No	102	(254)
銻	Sb	51	121.75	鐒	Lw	103	(257)
碲	Te	52	127.60				

註：表中（ ）內的量表示最穩定或最普通同位素的質量數。

　　在電學上一般用英文字 Q 或 q 的符號來表示電荷的量。電荷的單位為庫侖（coulomb），一般採用英文大寫的 C 字表示庫侖。該單

位是由國際單位系統（the International System of Units, SI）所公認並採用，本書本章以及以下各章的單位也將採用此國際標準。此外，本書所採用表示電路學上一種「量」的符號，若以英文字小寫者，例如 q 字，表示該量為一個瞬時值（an instantaneous value），或會隨著時間發生變動的量；若以英文字大寫者，例如 Q 字，則表示該量為一個定值常數（a constant value），或是已經到達穩定狀態（steady state）的量。一個電子既然帶有 -1.602×10^{-19} 庫侖的電荷量，因此可表示為：

$$Q_{e^-} = -1.602 \times 10^{-19} \text{ C}$$

故，-1C 所帶的電子數為：

$$\frac{-1 \text{ C}}{-1.602 \times 10^{-19} \text{ C}} = 6.242 \times 10^{18} \text{個電子}$$

【例 1.1.1】 (a)銅原子核外共有 29 個電子，求全部電子之總電荷量若干？ (b)若有 -10 庫侖電荷的電子集中在某一個金屬面上，求總電子數。

【解】 (a)$Q = 29 \times (-1.602 \times 10^{-19} \text{ C}) = -4.6458 \times 10^{-18} \text{ C}$

(b)$N = \dfrac{-10 \text{C}}{-1.602 \times 10^{-19} \text{ C}} = 6.242 \times 10^{19} \text{個}$　　　　◎

　　近年來，半導體元件（semiconductor devices），例如：二極體（diodes，以英文 D 表示）、雙極性接面電晶體（bipolar junction transistors，以英文 BJT 表示）、互補式金屬氧化物半導體（complementary metal-oxide-semiconductor，以英文 CMOS 表示），以及將前面數種元件配合高科技研發而成的積體電路（integrated circuit，以英文 IC 表示），等若干電子元件已廣泛地使用於電路上。因此，除了電子帶有電荷的特性外，另一種利用電子移動時，留下的空間所形成等效正電荷特性的原理，被廣泛應用於半導體元件上。基本而言，當一

個電子移動時所留下的空間，將可能被另一個電子取代或填補，在該空間尚未被補滿前，所留下的假想空間位置稱為電洞（holes，以符號 h^+ 表示）。由於電子帶負電荷，當它移開後，所遺留下的電洞空間便帶正電荷，其電荷量應為 $+1.602 \times 10^{-19}$ C，以維持該空間之電中性（the electric neutrality）。而當一群電子以某一個方向移動時，可視為等效的一群電洞在同一時間以相反的方向移動。由此觀之，不論電子或電洞均可視為帶電的粒子，只不過其中的電子是帶負電的粒子，而電洞則為帶正電的粒子。

正負電荷觀念就簡單地說明至此，至於什麼是電流呢？簡單的說，一群帶有電荷的粒子（電子或電洞），在某一特定的時間內流過導線（例如銅線）內部之截面（與流動方向垂直的面），所形成之淨位移（the net displacement），即為電流。但是由於電子與電洞帶電的極性相反，移動方向也相反，因此真正的電荷流動量必須取正、負電荷相減之後的淨值才可以正確計算。而該帶電的電子或電洞由於具有傳導電流流動的功能，好像載著電流在移動，因此又稱為電流載子（current carriers）。電流一般用英文字 I 或 i 的符號來代表，單位為安培（ampere，A），它是一個具有數值大小（magnitude）及方向（direction）的量，電流大小及方向說明如下。

1.1.1 電流大小

電流 I 定義為電荷 Q 流動對時間 t 的變動率（時變率）。它的值等於在單位時間內，流經某一導體截面的電荷量，用方程式表示如下：

$$I = \frac{Q}{t} \quad \text{C/s 或 A} \tag{1.1.1}$$

由（1.1.1）式知，1 庫侖的正電荷在 1 秒鐘流過一個導體的截面，恰等於 1 安培，也就是 1 A＝1 C/s。由於（1.1.1）式中的電荷 Q 及電流 I 符號均為大寫，表示它們均為定值常數或穩態值。

【例 1.1.2】 (a)一條導線在 100 s 內通過 10 C 之電荷量，其電流大小若干？ (b)0.5 A 的電流以 1 分鐘的時間流過一條銅線，求通過的總電荷量。

【解】 (a)$I = \dfrac{Q}{t} = \dfrac{10\,C}{100\,s} = 0.1\ C/s = 0.1\ A$

(b)$Q = It = (0.5\ A)(60\ s/min)(1\ min) = 30\ As = 30\ C$ ◎

倘若通過導體截面的電荷量並非定值，而是隨著時間變化的量，例如 t_1 秒之值為 q_1 庫侖，t_2 秒時之值變為 q_2 庫侖，則電流的大小可以表示如下：

$$i = \frac{q_2 - q_1}{t_2 - t_1} = \frac{\Delta q}{\Delta t}\quad A \tag{1.1.2}$$

式中 $\Delta t = t_2 - t_1$ 表示時間的增量，$\Delta q = q_2 - q_1$ 表示相對於時間增量的電荷增量變化。

【例 1.1.3】 一條鋁線在 0.1 s 時電荷量為 0.3 C，0.2 s 時之電荷量上升至 0.7 C，求電流量若干？

【解】 令 $q_1 = 0.3\ C$，$t_1 = 0.1\ s$，$q_2 = 0.7\ C$，$t_2 = 0.2\ s$，代入 (1.1.2) 式可得：

電流量為 $i = \dfrac{0.7 - 0.3}{0.2 - 0.1} = \dfrac{0.4}{0.1} = 4\ C/s = 4\ A$ ◎

若時間增量變化 Δt 趨近於零，則 (1.1.2) 式可改寫為極限值的表示式，變成下面的微分式：

$$i = \lim_{\Delta t \to 0} \frac{\Delta q}{\Delta t} = \frac{dq}{dt}\quad A \tag{1.1.3}$$

【例 1.1.4】若一根導體電荷的變化量對時間的關係式爲：

$$q(t) = 100t + 10t^2 \quad C$$

求電流大小對時間的關係式，並求 $t = 0.1$ s 之電流值。

【解】$i = \dfrac{dq(t)}{dt} = 100 + 20t \quad$ A

$\qquad i(0.1) = 100 + 20(0.1) = 102 \quad$ A ◎

若電流大小對時間之變化函數已知爲 $i(t)$，且某特定時間 t_0 秒時之電荷量 $q(t_0)$ 也爲已知，則由 t_0 秒到 t 秒內所累積的總電荷量，可利用積分的方程式求得如下：

$$q(t) = q(t_0) + \int_{t_0}^{t} i(\tau)d\tau \quad C \qquad (1.1.4)$$

式中積分下限 t_0 是配合初值電荷量 $q(t_0)$ 中之時間 t_0 的，以便由 t_0 秒之電荷值開始累加；而積分上限 t 是要配合待求電荷量 $q(t)$ 中的時間 t 的，以便計算出到達 t 秒時之總電荷量。符號 τ（發音 tau）爲虛擬時間變數，以和符號 t 區別。

【例 1.1.5】一個儲能元件在時間 $t > 0$ s 之電流大小對時間之關係式爲：

$$i(t) = 10t + 5 \quad A$$

已知 $t = 0$ s 時之電荷量爲 10 C，求 $t = 1$ s 時該儲能元件已累積之電荷量若干。

【解】令 $t_0 = 0$ s，$t_1 = 1$ s，$q(t_0) = 10$ C，$i(t) = 10t + 5$ A，代入 (1.1.4) 式可得：

$$q(1) = q(0) + \int_0^1 (10t + 5)dt = 10 + \left[10(\tfrac{1}{2})t^2 + 5t \right]\Big|_0^1$$

$$= 10 + 10(\tfrac{1}{2})(1^2 - 0^2) + 5(1 - 0)$$

$$= 10 + 5 + 5 = 20 \text{ C}$$

1.1.2 電流方向

早期未發現電子以前，科學家們在觀念上一直以爲電流的載子帶有正電荷，自從電子所帶的負電荷被發現後，科學家們才眞正地了解金屬材料之所以會導電，是因爲原子核外，具有帶負電荷的自由電子存在。在經過四十餘年的研究後，半導體的革命使整個電學領域再次發生觀念革命，確認有兩種不同的電流載子存在，也就是前面已談過的電子與電洞。此兩種載子均可傳導電流，方向卻完全相反。究竟要以那一個載子的方向爲電流的方向呢？爲避免觀念混淆起見，一般國際共同接受的觀念爲：電流所流動的方向爲帶正電荷的載子（亦即電洞）所流動的方向。此觀念請參考圖 1.1.1 所示，圖中箭頭方向即表示電流的方向，恰與電洞流動方向相同，而圖中的 I 則爲電流大小。請注意：圖 1.1.1 中的電流大小 I，方向以箭頭的符號從左下角指向右上角。事實上，這個電流方向是「假設」的，必須等到 I 眞正算出其數據大小的正負號，才可判定方向的正確性。例如：若 I 計算結果爲正值，則該圖 1.1.1 的電流方向確如圖中箭頭方向所示；若 I 計算後爲負值結果，則該圖中眞正的電流方向應由右上角往左下角流動；再者，若 I 等於零值，則根本無電流在流動，方向就不需要考慮了。

圖 1.1.1 電流的方向

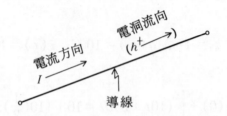

1.1.3 正確的電流表示

電流除了數值大小以外，它的方向也必須標示出來才算正確。圖 1.1.2(a)乃正確表示了一個 5 A 電流由導線左端的 a 點往導線右端的 b 點之電流流動情形，此表示電洞由 a 點往 b 點方向以每秒 5 C 大小流動。圖 1.1.2(b)所示與圖 1.1.2(a)之表示是完全相同的，因爲此時電流以 -5 A 的大小由導線 b 點向導線 a 點流動，亦即電子以每秒 -5 C的大小由 b 點向 a 點流動。此種情形可以說明：只要將電流大小的極性反過來（由正值改成負值，或由負值改爲正值），電流方向也同時反過來的話，則此時電流狀態並無改變，與原來的電流完全相同，這個方法在電路分析上或第 1.3 節的功率及能量流動上非常重要，後面的章節中將會再重新應用到。

圖 1.1.2 **5 A 電流由 a 點往 b 點流動之表示圖**

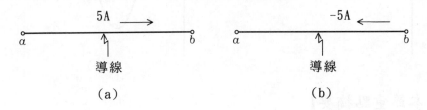

(a)　　　　　　　　　　　(b)

1.1.4 電流的分類

一般電路上最常用到的兩種電流爲直流（direct current，簡寫爲 dc 或 DC）以及交流（alternating current，簡寫爲 ac 或 AC），茲分別說明如下：

⑴直流

當一個電路或元件上的電流大小及電流方向並不隨著時間改變，呈現出一個固定的量，就稱爲直流，如圖 1.1.3(a)所示。圖中因爲電流大小不隨時間改變，因此用符號 I 表示該直流的電流量。普通電

器行所賣的乾電池所流出的電流便是直流電流。

(2)交流

　　當一個電路或元件上的電流大小隨著時間做連續改變，且電流方向也隨著某一個固定的時間而改變者，稱為交流，如圖 1.1.3(b)所示。圖中電流大小呈現正弦波（the sinusoidal wave）變化，因此用符號 $i(t)$ 表示該時變電流（time-varying current）。把一般家中的電燈照明開關打開，電線上所流動的電流便是交流電流。

圖 1.1.3　(a)直流電流(b)交流電流

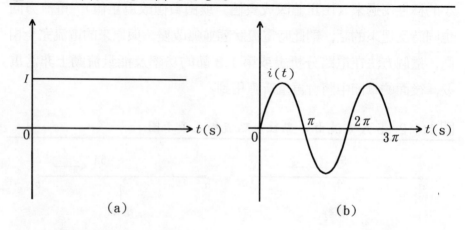

(a)　　　　　　　　　　(b)

【本節重點摘要】

(1)電流為電荷量對時間的變動率：

$$對於定值電荷量之電流 \ I = \frac{Q}{t} \ \ A$$

$$對於時變電荷量之電流 \ i = \frac{dq}{dt} \ \ A$$

(2)電流具有數值大小及流動方向，在電路圖上要同時標示出來。

(3)電流方向與正電荷（電洞）之流動方向相同。

【思考問題】

(1)半導體中的電子與電洞是如何流動的？那一個佔的比例較多？

(2)所有材料都有電子和電洞嗎？那一些有？那一些沒有？

(3)一般材料根據它的導電性分爲那幾類?

(4)電荷與電子或電洞究竟有何關係?

(5)直流電流以及交流電流如何量測? 差別在什麼地方?

1.2　電場, 電位與電壓

* **電場** (the electric field)：一個單位正電荷置於試驗的場中所受的力, 單位爲牛頓/庫侖 (newton/coulomb, 或 N/C)。

* **電位** (the potential)：將一個單位正電荷沿著與電場相反的方向移動所需的能量, 單位爲焦爾/庫侖 (joule/coulomb, 或 J/C)。

* **電壓** (the voltage or the electric potential difference)：一個電路上兩個點的相對電位或電位差值, 單位爲伏特或伏 (volts, 或 V)。

　　本節將介紹電學上另一個重要而且基本的量, 稱爲電位差或電壓, 它是與前一節的電流同樣都是電學上非常重要的量。電流與電壓的關係非常微妙, 當讀者深入瞭解它們的關係後, 會發現兩者常呈現相互對偶 (duality) 的特性。電壓的基本觀念可由一個帶有電荷的粒子, 在其周圍所形成的電場開始推演。在該帶電粒子所產生的電場影響下, 另一個參考粒子在此電場空間內, 任意兩點間做移動, 所造成的能量變化關係, 即形成在該電場空間內該兩定點的電壓特性。以下先由計算兩個帶電粒子間的相互作用力量的定理——庫侖定律, 做爲介紹電壓的基礎。

1.2.1　庫侖定律

　　一個帶有電荷的粒子, 會與其他帶有電荷的粒子產生相吸或相斥的作用力量。帶有相同極性電荷 (同爲正極性或同爲負極性) 的粒子們間會產生排斥及推擠的力量, 而具有相異極性電荷 (一個爲正極性, 另一個爲負極性) 的粒子間卻會產生相互吸引及拉近的力量。所謂同性相斥、異性相吸就是這個道理。這些帶電粒子間的力量作用,

最早於 1785 年由庫侖（Charles Augustin de Coulomb）利用兩個實驗金屬球研究而得到。他先令這兩個金屬球帶有電荷，再使用旋轉角度法，抵消這兩個電球間的相互作用力量。此研究儀器稱為扭秤，而庫侖將此研究成果也發表在法國科學院的論文上。為紀念庫侖的重大貢獻，稱兩個帶電粒子間的力量為庫侖力，該力與兩帶電粒子電荷量的大小乘積成正比，而與兩粒子間的距離平方成反比。此定理就稱為庫侖定律（Coulomb's law）：

$$\vec{F} = K \frac{Q_1 Q_2}{R_{12}^2} \quad N \tag{1.2.1}$$

式中 $\vec{F}$：兩電荷間的力量，單位為牛頓（newton，N）；1 牛頓＝1 公斤·米/秒^2。

K：自由空間之比例常數，其值約等於 $1/(4\pi\varepsilon_0) = 9 \times 10^9$（牛頓·米^2）/庫侖^2；其中的介電常數 ε_0（permittivity constant）之值為：

$\varepsilon_0 = 1/(36\pi \times 10^9)$

　　＝8.85418×10^{-12}庫侖^2/（牛頓·米^2）或法拉/米。

Q_1，Q_2：兩個帶電粒子電荷量的大小，單位為庫侖（C）。

R_{12}：兩帶電粒子間之直線距離，單位為米（meter，或 m）。

　　在（1.2.1）式中，庫侖力 $\vec{F}$ 為一個向量（英文字上面有箭頭表示者為一個向量），其方向為沿著兩個帶電粒子中心連成一條直線之上作用，作用於兩帶電粒子之力量大小相同，但方向相反，並不會因為那一個粒子所帶的電荷量較多或較少而有不同。由（1.2.1）式亦可得知：

⑴當兩粒子電荷極性相同（同為正號或同為負號）時，庫侖力為正值，此力為排斥力，兩粒子相互推擠。

⑵當兩粒子電荷極性相反（一正一負）時，庫侖力為負值，表示此力為吸力，兩粒子相互吸引。

因此，可根據（1.2.1）式之庫侖力正負極性，判斷兩個粒子間的作

用力究竟是吸力或是斥力，正號表示斥力，負號表示吸力。值得注意的是：庫侖定律僅對點電荷（帶電的微小粒子）成立，亦即帶電物體的大小必須遠小於相互之間的距離 R_{12} 才可適用。

【例 1.2.1】(a)兩帶電粒子電荷量分別爲 1C 及 5C，位於自由空間某 X 軸（單位：米）之刻度 0 及 5 處，求兩電荷之作用力及方向。(b)若本例(a)中的 1C 改爲 -1C，且位於 Y 軸（單位：米）之刻度 12 處，求兩電荷之作用力及方向。

【解】(a)令 $Q_1 = 1$C，$Q_2 = 5$C，$R_{12} = 5 - 0 = 5\,$m，兩粒子直線距離位在 X 軸上。

將數據代入 (1.2.1) 式可得：

$$\vec{F} = \frac{K(Q_1 Q_2)}{(R_{12})^2} = \frac{9 \times 10^9 (5)(1)}{(5)^2} = 1.8 \times 10^9 \text{ N}$$

其中粒子 Q_1 受力爲 1.8×10^9 N，方向爲負 X 軸向。粒子 Q_2 受力亦爲 1.8×10^9 N，方向爲正 X 軸向。兩粒子在 X 軸上相互排斥。

圖 1.2.1　例 1.2.1 之兩粒子位置圖

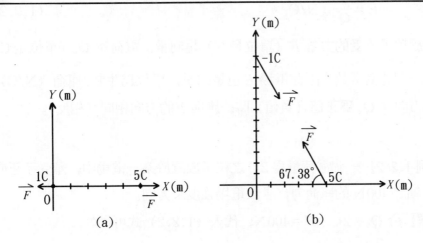

(b)令 $Q_1 = -1C$，$Q_2 = 5C$，$R_{12} = XY$ 軸座標 (X, Y) 之$(5,0)$與$(0,12)$
直線距離 $= \sqrt{(5-0)^2 + (0-12)^2} = \sqrt{169} = 13$ m。該直線與 X 軸交會
在座標 $(5,0)$ 處，夾角約爲：$\tan^{-1}(12/5) = 67.38°$。將數據代入
$(1.2.1)$ 式可得：

$$\vec{F} = \frac{K(Q_1 Q_2)}{(R_{12})^2} = \frac{9 \times 10^9 (-1)(5)}{(13)^2} = -0.266 \times 10^9 \text{ N}$$

其中粒子 Q_1 受力爲 0.266×10^9 N，方向爲沿兩粒子直線指向粒子
Q_2。而粒子 Q_2 受力亦爲 0.266×10^9 N，方向沿同一直線指向粒子
Q_1。兩粒子在 XY 軸所形成的平面上沿兩點所連成的直線相互吸引。

◎

1.2.2　電場

　　電場定義爲一個單位正電荷所承受庫侖力的大小。以實驗方法而
言，可將一個帶有 Q_0 正電荷的粒子放置於自由空間的待測點，並將
該粒子所承受的庫侖力，除以本身的電荷量 Q_0，可求得該待測電荷
Q_0 周圍的空間電場表示式如下：

$$\vec{E} = \frac{\vec{F}}{Q_0} \quad \text{N/C} \tag{1.2.2}$$

由於粒子所受的力量 $\vec{F}$（單位是 N）是向量，電荷量 Q_0（單位是 C）
爲一個純量常數，因此電場 $\vec{E}$ 也是向量，單位爲牛頓/庫侖（N/C），
其方向在 Q_0 爲正值（負值）時，應與 $\vec{F}$ 的方向相同（相反）。

【例 1.2.2】一個電荷量爲 2C 之粒子放置於某一電場中，承受了正向
X 軸之 400N 的庫侖力，求該電場強度及方向。

【解】令 $Q_0 = 2C$，$\vec{F} = 400N$，代入 $(1.2.2)$ 式可得：

$$\vec{E} = 400\text{N}/2\text{C} = 200\text{N/C}，方向與 \vec{F} 相同，朝向正 X 軸 ◎$$

　　值得注意的是，在考慮實際電荷負載效應上，須用盡可能小的測試用電荷量 Q_0，若使用的 Q_0 值太大，則會擾亂產生該待測電場之原始電荷，致使電場值發生誤差。理論上，真正電場的公式應改成極限值表示式為：

$$\vec{E} = \lim_{Q_0 \to 0} \frac{\vec{F}}{Q_0} \quad \text{N/C} \tag{1.2.3}$$

因此，當試驗粒子本身的電荷量 Q_0 趨近於零值時，電場 $\vec{E}$ 是粒子所受的庫侖力 $\vec{F}$ 對本身電荷量 Q_0 比值之極限值。

　　然而，由庫侖定律 (1.2.1) 式之帶電粒子受力的公式可以發現，一個帶有電荷量 Q_0 的試驗粒子，置於距離另一個帶有電荷量 Q 的粒子 R 米遠的地方，會使帶有 Q_0 電荷粒子承受的庫侖力，其值為：

$$\vec{F} = K \frac{Q_0 Q}{R^2} \quad \text{N} \tag{1.2.4}$$

因此在試驗電荷 Q_0 處所量得的電場大小應為：

$$\vec{E} = \frac{\vec{F}}{Q_0} = K \frac{Q}{R^2} \quad \text{N/C} \tag{1.2.5}$$

其中電場 $\vec{E}$ 的方向是在電荷 Q 的球半徑方向，若 Q 為正值，電場方向為自電荷 Q 的球中心朝外（電力線自內向外放射出）；若 Q 為負值，電場方向則由電荷 Q 的球外朝內指向球中心（電力線自外向內流入），如圖 1.2.2 所示。可將此觀念用燈泡的情形來看，當電燈泡點亮時，燈光由此燈泡內部向外放射，類似一個正電荷向外放出電力線一般；當燈泡熄滅時，燈泡外面如果有光源，該光源之光線會由燈泡外面射到燈泡內部，類似一個負電荷自外流入電力線。(1.2.5) 式可以說明：一個帶有電荷量 Q 的粒子，在其周圍 R 米處所建立電場的強度，與該粒子之電荷量 Q 成正比，與該粒子距離測試點的平方成反比。

圖 1.2.2　(a)正電荷及(b)負電荷之電場電力線

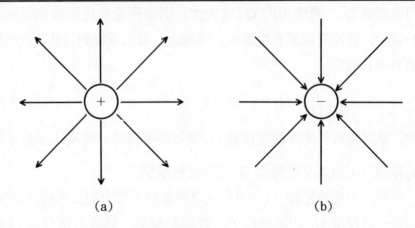

(a)　　　　　　　　　　　　　　(b)

【例 1.2.3】求距離一個帶有 10C 粒子 100m 處的電場強度。

【解】令 $Q = 10C$, $R = 100m$, 代入 (1.2.5) 式可得:

$$\vec{E} = \frac{KQ}{(R)^2} = \frac{9 \times 10^9 (10)}{(100)^2} = 9 \times 10^6 \, N/C$$

方向由粒子處指向 100m 處的測試點。　　　　　　　　　　　◎

　　上述情形是假設該試驗電荷 Q_0 為靜止, 倘若 Q_0 受力後發生移動, 則 Q_0 之位移必須滿足牛頓第二運動定律:

$$\vec{F} = Q_0 \vec{E} = m \frac{dv}{dt} \quad N \tag{1.2.6}$$

式中 m 爲電荷 Q_0 之質量（公斤）, v 則是 Q_0 運動的速度（米/秒）。

　　由此觀之, 一個帶有電荷的粒子被放置於一個電場中時, 便有庫侖力的作用加諸在該帶電粒子上, 而該電場之產生也源自於其他單一的點電荷、一群點電荷, 或一連續分布的電荷函數, 因此使得該帶電粒子與這些不同類型的電荷間產生庫侖力的作用。除了 (1.2.5) 式代表點電荷受另一點電荷發出電場之作用外, 根據不同電場發生源的情形, 可分類如下:

⑴一群點電荷對單一點電荷 Q_0 所產生的電場

先求出第 i 個點電荷 Q_i 對 Q_0 所產生之電場 $\vec{E}_i$：

$$\vec{E}_i = \frac{\vec{F}_i}{Q_0} = K\frac{Q_i}{R_i^2} \quad \text{N/C} \qquad i = 1, \ 2, \ \cdots, \ n \qquad (1.2.7)$$

式中 n 爲該群電荷總數，R_i 爲 Q_i 與 Q_0 的距離。再利用向量加法將各個 $\vec{E}_i$ 相加，所得結果爲該群點電荷對 Q_0 之合成電場：

$$\vec{E} = \sum_{i=1}^{n} \vec{E}_i = \vec{E}_1 + \vec{E}_2 + \cdots + \vec{E}_n \quad \text{N/C} \qquad (1.2.8)$$

【例 1.2.4】自由空間之 X 軸上有三個粒子，帶電荷量分別爲 1C，2C，3C，分別位於 X 軸刻度（單位：米）之 0，3，6 處，求帶有 2C 電荷粒子受到的總電場強度若干？

圖 1.2.3　例 1.2.4 之三粒子位置圖

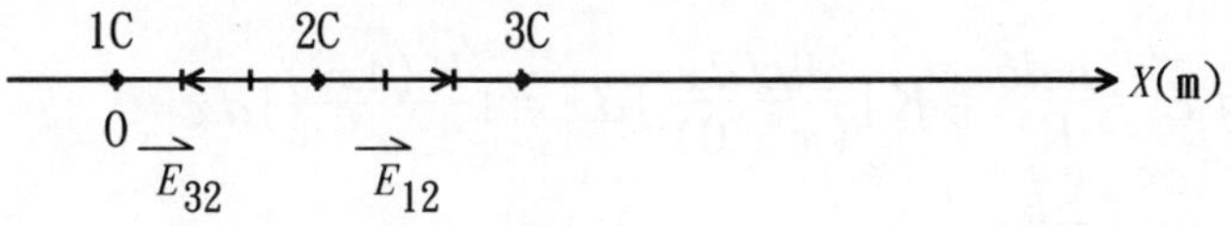

【解】令 $Q_1 = 1\text{C}$，$Q_2 = 2\text{C}$，$Q_3 = 3\text{C}$，$R_{12} = 3 - 0 = 3\text{m}$，$R_{32} = 6 - 3 = 3\text{m}$，則 Q_1 對 Q_2 之電場強度爲

$$\vec{E}_{12} = \frac{KQ_1}{(R_{12})^2} = \frac{9 \times 10^9 (1)}{(3)^2} = 10^9 \ \text{N/C}，方向爲正 X 軸$$

Q_3 對 Q_2 之電場強度爲

$$\vec{E}_{32} = \frac{KQ_3}{(R_{32})^2} = \frac{9 \times 10^9 (3)}{(3)^2} = 3 \times 10^9 \ \text{N/C}，方向爲負 X 軸$$

Q_2 所受總電場強度爲

$$\vec{E}_2 = \vec{E}_{12} + \vec{E}_{32} = (-1 + 3) \times 10^9$$
$$= 2 \times 10^9 \ \text{N/C}，方向爲負 X 軸向 \qquad ◎$$

⑵一群連續分佈電荷 Q 對單一點電荷 Q_0 所產生的電場

首先將該連續分佈的電荷 Q 分割成無限小的單元 dq，接著視各單元 dq 為一個點電荷，然後求各 dq 對 Q_0 所生的電場 $d\vec{E}$：

$$d\vec{E} = K\frac{dq}{R^2} \quad \text{N/C} \tag{1.2.9}$$

式中 R 為 dq 對 Q_0 的距離。最後再將 $d\vec{E}$ 積分即可求出對 Q_0 的合成電場為：

$$\vec{E} = \int d\vec{E} \quad \text{N/C} \tag{1.2.10}$$

【例 1.2.5】若一連續分佈電荷沿 X 軸之函數表示式為：

$$q(x) = x^4 + 1 \quad \text{C} \qquad 1 \le x \le 2$$

求該連續分佈函數在 $x = 0$ 點處之電場。

【解】將 dq 變換為 dx 變數：

$$d\vec{E} = \frac{Kdq}{R^2} = K\left[\frac{dq/dx}{(x-0)^2}\right]dx = \left[\frac{K(4x^3)}{x^2}\right]dx$$

$$= K(4x)dx$$

$$\vec{E} = \int d\vec{E} = \int_1^2 K(4x)dx = K(4)(\frac{1}{2})X^2\Big|_1^2$$

$$= K(2)(4-1) = 6K = 54 \times 10^9 \quad \text{N/C} \qquad ◎$$

1.2.3 電位與電壓

一個帶有電荷的物體除可用電場向量 $\vec{E}$ 表示其產生的強度大小外，也可用一個純量的電位 V（伏特）來表示。值得注意的是，在本章第 1.1 節中的電流 I 具有方向性，本節中的電位差或電壓 V 則是具有相對性，兩者都是電學中重要的基本量。在某一個電場內，若要求 b 點對 a 點的電位差（the electric potential difference）或稱為電壓（the voltage）V_{ba}，可將一個試驗正電荷 Q_0 由 a 點沿著與電場相

反的方向移動至 b 點，此移動對於三度的自由空間而言亦是成立的。但為了說明方便起見，茲考慮以一度空間 X 軸為例，假設 a 點在 x_a 處，而 b 點在 x_b 處，則電位差（電壓）V_{ba} 為：

$$V_{ba} = V_b - V_a = -\int_{x_a}^{x_b} \vec{E}\,dx \quad \text{V} \tag{1.2.11}$$

式中電場 $\vec{E}$ 為沿著 X 軸方向的分量，負號則代表與電場 $\vec{E}$ 相反的方向。

【例 1.2.6】若某一個電場強度沿 X 軸（單位：米）的表示式為：

$$\vec{E} = x - 10 \quad \text{N/C}, \ 方向為負 \ X \ 軸向, \ 1 \leq x \leq 3 \ \text{m}$$

求 X 軸上刻度 3 對刻度 1 兩點的電位差。

【解】令 $x_a = 1$，$x_b = 3$，$\vec{E} = X - 10$，方向為負 X 軸，反方向為正 X 軸，由 x_a 移至 x_b，代入 (1.2.11) 式可得：

$$V_{ba} = -\int \vec{E}\,dx = -\int_1^3 (x-10)\,dx = -(\frac{1}{2})x^2 + 10x \Big|_1^3$$

$$= -(\frac{1}{2})(9-1) + (30-10) = -4 + 20 = 16 \ \text{V} \quad \circledcirc$$

將 (1.2.11) 式兩側對 x 微分，可得：

$$\vec{E} = -\frac{dV}{dx} \quad \text{V/m} \tag{1.2.12}$$

式中負號表示電場是由高電位指向低電位，而電場的單位可由 N/C 改為 V/m，代表每單位距離的負值電壓變化，亦即距離電場越遠的，電壓越低。

若以三度空間表示，則電場恰為電位梯度（gradient）的負值：

$$\vec{E} = -\nabla V \quad \text{V/m} \tag{1.2.13}$$

另一種表示電位差的方式，是利用電荷移動所做的功（work）來說明。當一個試驗正電荷 Q_0 由 X 軸的 a 點往 b 點移動時，由於是在電

場 E 之範圍下，因此該電荷受電場庫侖力作用。然而 Q_0 自 x_a 移動至 x_b，在整個移動過程中作功 W_{ab}，因此 b 點對 a 點之電位差（電壓）為：

$$V_{ba} = V_b - V_a = \frac{W_{ab}}{Q_0} \quad \text{J/C 或 V} \tag{1.2.14}$$

式中的單位為焦爾/庫侖（J/C），亦等於伏特（V）。若 W_{ab} 為正值，則 V_b 大於 V_a；反之，若 W_{ab} 為負值，則 V_b 小於 V_a；若 W_{ab} 等於零，則 V_b 與 V_a 相同電位。此表示當 b 點電位高於 a 點時，由 a 點移動一個正電荷 Q_0 至 b 點需要正值的 W_{ab} 能量供給 Q_0，類似將一個球由低處（低位能）往高處（高位能）投擲時需要費力（球吸收能量）一般；而當 b 點電位小於 a 點時，將 Q_0 仍由 a 點往 b 點移動則需吸收負值的 W_{ab} 能量（相當於釋放正值 W_{ab} 的能量），類似由高處往低處丟球一般毫不費力（球釋放能量）。

【例 1.2.7】將 10C 電荷量之粒子由 a 點移至 b 點需作功為 100J，求 b 點對 a 點的電位差。

【解】 $V_{ba} = \dfrac{W_{ba}}{Q_0} = \dfrac{100\text{J}}{10\text{C}} = \dfrac{10\text{J}}{\text{C}} = 10\,\text{V}$　　　　　　◎

　　一般談到「電位」這個名詞，均必須假設一個參考點（the reference point），即零電位之點，通常取距離所有電荷甚遠處為 a 點，並令此無限遠處的電位 V_a 為零值。故（1.2.14）式可簡化為：

$$V = \frac{W}{Q_0} \quad \text{V} \tag{1.2.15}$$

式中之 W 係將電荷 Q_0 自無限遠處移至測試點時所作的功。值得注意的是：（1.2.15）式是任意將無限遠處的 a 點的電位令為零值，事實上，該參考點的電位可取任何值，例如取 $+180\,\text{V}$ 或 $-976\,\text{V}$ 等，而空間任何一點也可選取為當做參考點。舉例來說，大電力輸電配電

系統中的許多接地（ground）設備，例如接地棒、接地網等打入大地泥土中，均是視地球爲 0 V 的參考點；又如一般電子設備具有金屬外殼者，常將內部印刷電路板上之共同參考點與此金屬外殼相連接，是謂「外殼接地」，即以外殼金屬體爲 0 V 參考點，另一功能則當做電磁干擾屛蔽使用。而本電路學之電路上，常以連接最多電路元件的點做爲參考點，以利簡化電路的分析，此在第三章中有明確的介紹。但是一個系統或電路僅能有唯一的一個參考點，即使有若干點的電位與參考點相同時，亦不可任意定參考點。唯有當一個電路被分割爲若干個完全獨立的子電路（如後面章節中所談的受控電源架構），而無任何共用的連接點存在於這些 N 個電路時，則該 N 個獨立電路必須具有個別獨立的參考點，亦即必須有 N 個參考點才算正確。

在此要請讀者注意的是，上述的電位差或電壓符號中僅有一個下標者，如 V_a、V_b 等，此謂單下標的標示(single-subscript notation)，係指該單下標符號的點對參考點的相對電位或電壓，因此 V_a（V_b）即代表 a 點（b 點）對該系統或電路中參考點的相對電位。電位差或電壓符號中有兩個下標者，如 V_{ba} 等，稱爲雙下標的標示（double-subscript notation），係指第一個下標的點（b 點）對於第二個下標的點（a 點）之相對電位或電壓。而作功 W_{ab} 係指由 a 點至 b 點所作的功。

圖 1.2.4　電壓 V_{ba} 之標示

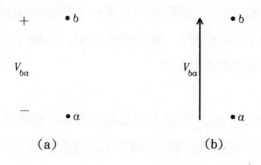

(a)　　　　　(b)

　　利用圖形標示兩個點的相對電位或電位差（電壓）V_{ba}，基本上有兩種方法，如圖 1.2.4 所示。圖 1.2.4(a)是利用 + 、- 符號來分別代表高、低電位，其中 b 點假設為高電位（標示 + 號），a 點假設為低電位（標示 - 號），再將 V_{ba} 寫在 + 、- 符號中間即可（有些書中為簡化符號起見，將電壓極性中的負號省略了）。圖 1.2.4(b)所示為利用箭的符號表示電壓的極性或方向，其中箭頭表示高電位（b 點），而箭尾則表示低電位（a 點），再將 V_{ba} 的符號寫在箭的旁邊便完成標示，這是早期的電壓標示。不論圖 1.2.4(a)或(b)，只要將 V_{ba} 寫成 V，由於有 + 、- 號或箭號的幫助，自然可以瞭解 V 的極性或高低電位，亦即 V 應等於 V_{ba}。請注意：V_{ba} 之符號假設 b 點為高電位，a 點為低電位，其中「假設」兩字是指若 V_{ba} 的值在計算後確為正值，則 b 點的確為高電位，a 點則為低電位；倘若 V_{ba} 計算後為負值，則 a 點反而成為真正的高電位，b 點變成低電位；再者，若 V_{ba} 等於零，則 a 點與 b 點變成等電位。歸納言之，電路上所標示的極性為假設，一定要等到真正算出所標示符號的數值大小及正負，才可由其正負號確實知道電路中電位的高低為何。

　　電壓的產生也是受電荷影響所致，故電壓基本上也有和電流相同的兩種型式，即直流電壓與交流電壓（注意：「直流」或「交流」並非單指電流而言，也可指電壓）：

⑴直流電壓

　　如圖 1.2.5(a)所示，電壓大小及極性不隨時間而變，呈現一個定值（或已到達穩定狀態者），稱為直流電壓。一般 1.5 V 電池或 12 V 汽車電池皆是屬於直流電壓。

⑵交流電壓

　　如圖 1.2.5(b)所示，電壓大小及極性在某一段範圍內呈現正弦式的交替改變，並以固定的時間持續類似的變動，稱為交流電壓。一般家中的電源插座 110 V 電壓即屬於交流電壓。

圖 1.2.5　(a)直流電壓及(b)交流電壓

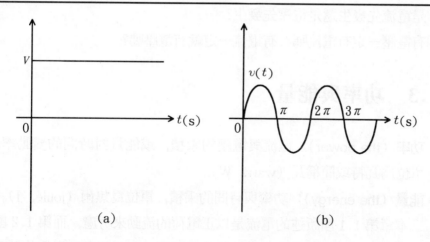

(a)　　　　　　　　　　　(b)

【本節重點摘要】

(1)庫侖定律為兩點電荷間的作用力關係，與兩電荷量乘積成正比，與兩電荷距離平方成反比：

$$\vec{F} = K \frac{Q_1 Q_2}{R_{12}^2} \quad \text{N}$$

$$K = \frac{1}{4\pi\varepsilon_0} = 9 \times 10^9 \ (\text{N} \cdot \text{m}^2)/\text{C}^2 \quad \text{為比例常數}$$

$$\varepsilon_0 = \frac{1}{36\pi \times 10^9} = 8.84194 \times 10^{-12} \text{法拉/米} \quad \text{為介電係數}$$

(2)電場為單位正電荷所受的力，與電荷量成正比，與距離平方成反比：

$$\vec{E} = K \frac{Q}{R^2} \quad \text{N/C 或 V/m}$$

(3)電位或電壓為單位正電荷所做的功，可沿著反電場的方向對路徑積分求得：

$$V = \frac{W}{Q} \quad \text{V}$$

(4)電壓具有數值大小及相對極性，在電路圖上要同時標示出來。

【思考問題】

(1)一般家用插座之 110 V 電壓，代表何種意思?

(2)若無限遠處之電位定為 100 V，則計算後的電壓應為若干 V?

(3)一自由電子移動時會產生電流，在電場間移動會做功，造成電壓，是電流先發生還是電壓先發生？

(4)有電壓一定有電流嗎？有電流一定就有電壓嗎？

1.3 功率與能量

* **功率**（the power）：電流與電壓的乘積，或能量對時間的變動率，單位爲瓦特或簡稱瓦（watt，W）。
* **能量**（the energy）：功率與時間的乘積，單位爲焦爾（joule，J）。

　　本章第 1.1 節所述的電流是以正電荷的流動來考慮，而第 1.2 節的電壓是以正電荷在電場中所做的功來說明，這些都是以微觀的電荷特性爲基礎，亦即它們是以帶電的粒子在某一個特定小範圍內的一些相關特性所做的說明。因此在觀念上而言，這些由於電荷變動所形成的電流或電壓特性是以分佈（distributed）的特性存在於空間中。在實際的電路分析上必須利用偏微分方程式（partial differential equations）來描述。然而我們可以將這些各種在空間中，相同分佈的特性加以集合，以形成一個整體，放入一個元件盒（the box）中，留下兩個端點（terminals），再由端點上標示通過的電流以及跨在兩端點的電壓，此時便形成一個集成電路元件（the lumped-circuit elements），如圖 1.3.1 所示。此種集成電路元件假設工作頻率 f 遠小於電子移動速度（接近光速 c）對波長 λ 的比值：$f \ll c/\lambda$，因此可以忽略在高頻下，電磁波之在實際元件內所應採用分佈式參數表示的關係，這是本書中所不涉及的探討範圍。

　　請注意圖 1.3.1 之電流方向及電壓極性的標示，電流是假設流向電壓的正極性端點（＋），這樣的標示稱爲傳統被動符號（the passive sign convention），其中「被動」係指圖中該元件假設正在「被動地」吸收功率，亦即會吸收功率的元件假設爲被動。例如：燈泡、電扇等電器設備。而會放出功率的元件，便考慮爲主動(active)元件。

圖 1.3.1 一個集成電路元件電壓及電流之傳統被動標示

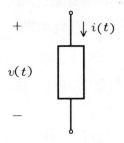

例如：電池、發電機等。而所謂功率，其定義爲能量對時間的變動率，單位爲焦爾/秒（joule/s，J/s），或用瓦特簡稱瓦（watt，**W**）爲單位。一般以 p 的符號代表功率：

$$p(t) = \frac{dw}{dt} = \frac{dw}{dq}\frac{dq}{dt} = v(t)i(t) \quad \mathbf{W} \tag{1.3.1}$$

式中 $p(t)$ 代表瞬時功率（the instantaneous power），恰等於瞬時電壓 $v(t)$ 與瞬間電流 $i(t)$ 的乘積。以圖 1.3.1 的電壓極性與電流方向而言，(1.3.1)式之 $p(t)$ 表示該元件瞬時所吸收的功率。再根據該 $p(t)$ 的正、負、零值三種不同情況分類如下：

⑴ 若 $p(t)$ 爲正值，則 $v(t)$ 與 $i(t)$ 同時爲正值外，也可以是 $v(t)$ 與 $i(t)$ 同時爲負值。後者係將圖 1.3.1 中 $v(t)$ 的極性與 $i(t)$ 的方向同時反過來，則 $p(t) = [-v(t)][-i(t)] = v(t)i(t)$，可得相同吸收功率的結果。

⑵ 若 $p(t)$ 爲負值，則 $v(t)$ 與 $i(t)$ 之極性相反，可能 $v(t)$ 爲負值 $i(t)$ 爲正值，也可能是 $v(t)$ 爲負值 $i(t)$ 爲正值兩種情況。亦即圖 1.3.1 中的 $v(t)$ 及 $i(t)$ 其中的一個量之正負極性相反，此時該元件吸收負功率，相當於放出正功率，成爲一個主動元件。

⑶ 若 $p(t)$ 爲零值，則該元件電壓電流可能是 $v(t) = 0$ 或 $i(t) = 0$，或 $v(t)$ 及 $i(t)$ 同時爲零值。若 $v(t) = 0$ 而 $i(t)$ 不爲零，此爲短路（short circuit，簡寫爲 SC）元件；若 $i(t) = 0$ 但 $v(t)$ 不爲零，此爲

開路或斷路 (open circuit，簡寫爲 OC) 元件；若 $i(t)$ 與 $v(t)$ 同時為零值，則該元件可能處於無電源的網路下。歸納而言，$p(t) = 0$ 表示該元件既不消耗亦不放出任何功率。

【例 1.3.1】若圖 1.3.1 之電壓爲 $v(t) = 15t$ V，電流爲 $i(t) = 20 + t$ A，元件所吸收的功率若干？

【解】令 $v(t) = 15t$，$i(t) = 20 + t$，代入 (1.3.1) 式可得：

$$p(t) = v(t)i(t) = 15t \cdot (20 + t) = 300t + 15t^2 \quad \text{W} \qquad ◎$$

利用圖 1.3.1 之傳統被動符號的優點，是可以判斷元件究竟是吸收功率或放出功率。只要利用電流方向爲流入電壓正端的方法，將電壓與電流相乘，再判斷所得的功率值的正、負號或零，便可瞭解該元件是處於吸收、放出或無功率的狀況，此法在複雜網路判斷上極爲方便有效。

若元件的電壓與電流均爲定值常數，即 $v(t) = V$ 及 $i(t) = I$，則元件的功率吸收以被動方式表示爲：

$$P = V \cdot I \quad \text{W} \tag{1.3.2}$$

則吸收功率 P 亦爲一定值常數。

【例 1.3.2】若一個元件兩端電壓爲 12 V，有 10 A 電流往電壓正端流入，求元件所吸收的功率若干？

【解】令 $V = 12$ V，$I = 10$ A，代入 (1.3.2) 式可得：

$$P = VI = (12)(10) = 120 \text{ W} \qquad ◎$$

若功率爲定值常數 P，將功率與時間 t 相乘可得一個定值能量 W，單位爲焦爾 (joule，J)：

$$W = P \cdot t \quad \text{J} \tag{1.3.3}$$

式中 P 為一個定值功率（單位：瓦），t 代表元件流過功率 P 的時間（單位：秒）。

【例 1.3.3】若例 1.3.2 中所計算的功率流經元件一分鐘的時間，求元件吸收的能量多少？

【解】令 $P = 120\,\mathrm{W}$，$t = 1\,\mathrm{min} = 60\,\mathrm{s}$，代入（1.3.3）式可得：

$$W = Pt = (120)(60) = 7200\ \mathrm{J}$$ ◎

　　能量除了可用焦爾（J）為單位外，一般家中裝設繳電費用的電表稱為瓦時計，是以（仟瓦·小時）為單位的。一仟瓦·小時相當於電表一度的用電，也等於（1000 W）·（60 分鐘/小時）·（60 秒/分鐘），等於 3600000 W·s $= 3.6 \times 10^6\,\mathrm{J}$，相當於 3.6 百萬焦爾（MJ）的能量。若功率並非定值常數，而是時間的函數，則能量的計算應該用積分的方式處理：

$$w(t) = \int_{t_0}^{t} p(t)\,dt + w(t_0)\quad \mathrm{J} \tag{1.3.4}$$

式中 $p(t)$ 代表瞬時變動或隨時間變動的功率，可由（1.3.1）式之瞬時電壓 $v(t)$ 與瞬時電流 $i(t)$ 的乘積得到，t_0 代表計算元件能量之初始時間，而 $w(t_0)$ 則表示該元件初始儲存之能量（若該元件含有儲存能量的特性時需加以考慮），其中積分下限 t_0 是配合初值能量 $w(t_0)$ 中的時間值 t_0 的；而積分上限 t 則是配合求出 $w(t)$ 中的時間 t 的，以利求出 t 秒時的總能量。由（1.3.4）式也可得知，若令橫軸（X 軸）為時間之變化，縱軸（Y 軸）為功率 $p(t)$ 之變化，則該方程式之能量即代表了由時間軸與功率曲線所圍成的淨值面積（the net area），其中當 $p(t)$ 為正值時，則圍成的正面積在時間軸之上（正在吸收或儲存能量）；反之當 $p(t)$ 為負值時，則所圍成的負面積則位於時間軸之下（正在釋放或送出能量）；若正面積與負面積大小相同，

表示元件所吸收與釋放的能量相同，因此能量淨值爲零。圖 1.3.2 所示，即爲功率曲線在時間軸上下所圍成的能量面積。

圖 1.3.2　**功率曲線與時間軸圍成能量的面積**

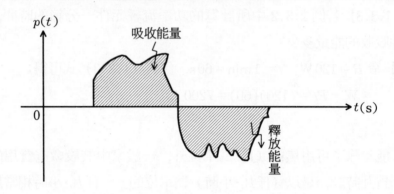

【例 1.3.4】若例 1.3.1 中的元件在 $t = 0$ s 時具有初值能量 100 J，求 $t = 1$ s 時之總累積能量。

【解】令 $p(t) = 300t + 15t^2$ W，$t_0 = 0$ s，$t = 1$ s，代入 (1.3.4) 式，則 1 s 之總能量爲：

$$w(1) = w(0) + \int_0^1 (300t + 15t^2)\,dt$$

$$= 100 + [(\frac{300}{2})t^2 + (\frac{15}{3})t^3] \Big|_0^1$$

$$= 100 + 150 + 5 = 255 \quad J \qquad \odot$$

以微觀的方式來看，圖 1.3.1 之電流 $i(t)$ 也可視爲自由電子以反著電流的流動方向，由電壓負端往上游至電壓正端，此種將帶負電荷之電子由低電位移至高電位的方式，與帶正電荷之粒子由高電位移至負電位之情形相同，這種情形仍爲帶電粒子釋放本身的能量予元件。當電子由負端往上游移了一伏特的電位，它所增加的位能即等於本身所減少的動能，其能量爲：

$$W = qV \quad \text{J} \tag{1.3.5a}$$

$$W = (-1.602 \times 10^{-19}\,\text{C})(1\text{ V})$$

$$= -1.602 \times 10^{-19}\,\text{J} = -1\text{ eV} \tag{1.3.5b}$$

式中 eV 稱爲電子伏特 (electron-volt)，也是能量的一種單位，在微觀的粒子世界中經常使用。

　　一個電路中的元件，旣然有吸收功率，也有放出功率的情況，整個電路的功率仍然必須守恆，任何瞬間所有 n 個電路元件吸收功率 $p_{ai}(t)$ 的總和必等於零：

$$\sum_{i=1}^{n} p_{ai}(t) = 0 \quad \text{W} \tag{1.3.6a}$$

或是在任何瞬間，一個電路所有吸收功率 $p_{ai}(t)$ 的總和應等於所有放出功率 $p_{dj}(t)$ 的總和：

$$\sum_{i=1}^{m} p_{ai}(t) = \sum_{j=1}^{k} p_{dj}(t) \quad \text{W} \tag{1.3.6b}$$

式中 $m + k = n$ 等於所有電路元件個數。以電路元件吸收功率的總和表示，也可以全部改爲電路元件放出功率 $p_{di}(t)$ 的總和：

$$\sum_{i=1}^{n} p_{di}(t) = 0 \quad \text{W} \tag{1.3.6c}$$

這是因爲吸收功率 $p_{ai}(t)$ 是放出功率 $p_{di}(t)$ 之負值，即 $p_{ai}(t) = -p_{di}(t)$。若要將功率守恆的觀念擴展至能量守恆，只要將 (1.3.6a) 式～(1.3.6c) 式分別乘上時間 t，就可以變成電路能量守恆的關係式：

$$\sum_{i=1}^{n} p_{di}(t) \cdot t = \sum_{i=1}^{n} w_{ai}(t) = 0 \quad \text{J} \tag{1.3.7a}$$

$$\sum_{i=1}^{m} p_{ai}(t) \cdot t = \sum_{i=1}^{m} w_{ai}(t) = \sum_{i=1}^{k} p_{dj}(t) \cdot t = \sum_{i=1}^{k} w_{dj}(t) \quad \text{J} \tag{1.3.7b}$$

$$\sum_{i=1}^{n} p_{di}(t) \cdot t = \sum_{i=1}^{n} w_{di}(t) = 0 \quad \text{J} \tag{1.3.7c}$$

【例 1.3.5】如圖 1.3.3 所示之四個元件所構成之電路，已知元件 A、B、C 之吸收功率分別爲 1 W，2 W，-3 W，求元件 D 之吸收功率。

圖 1.3.3　例 1.3.5 之電路

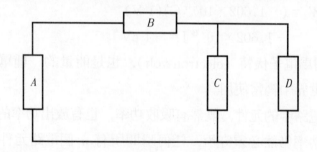

【解】由電路元件吸收功率之總和爲零的觀念知：

$$P_A + P_B + P_C + P_D = 1 + 2 + (-3) + P_D = 0$$

$$\therefore P_D = -(P_A + P_B + P_C) = -(1 + 2 - 3) = 0 \ \text{W}$$

故元件 D 並沒有吸收或放出功率，可能處在開路狀況。　　◎

【本節重點摘要】

(1)功率為能量對時間的變動率，也等於電壓與電流的乘積：

當電壓電流為定值時：$P = VI$　W

當電壓電流為瞬時值時：$p(t) = v(t)i(t)$　W

假設電流往電壓的正端流入，視元件為被動地吸收功率 P 或 $p(t)$。

(2)能量為功率與時間的乘積，當功率為定值時：

$$W = Pt \quad \text{J}$$

當功率為時間函數時：

$$w(t) = w(t_0) + \int_{t_0}^{t} p(t)dt \quad \text{J}$$

(3)能量單位除了焦爾（J）外，尚有（瓦特·小時）及粒子世界常用的電子伏特（eV）等。

【思考問題】

(1)那一種元件只會吸收功率不會放出功率？

(2)那一種元件有時吸收能量，有時又放出能量？

(3)家中瓦時計的構造如何？爲何它能累積我們每個月所用的電能？

⑷若家中裝上一部發電機發電給電力公司，瓦時計讀數會不會變成負的？爲什麼？

⑸如何量測功率？可否用電壓表讀數直接乘以電流表讀數？爲什麼？

1.4　基本電路元件之型式與規格

　　在前一節中，已說明了如何利用電壓以及電流的特性，瞭解一個集成元件之功率計算，本節將再深入電路中，定義電路元件的基本觀念。

　　首先談一談實際元件與其數學模型間的觀念。一個實際物理元件或裝置本身的特性，與該裝置能夠爲我們所應用或分析特性及行爲的數學模型間，兩者必有若干差異，該差異對我們在選擇使用該模型時非常重要。一般而言，我們大多將某一個電路元件，利用其等效數學模型來代表。在某些條件下，這是可以同意的。然而，對於某一個特定的實際裝置，其所選擇的特殊數學模型必須是以實驗數據或以經驗爲基礎，我們也假設在選擇數學模型上，這些實驗工作或經驗累積已經完成。

　　談過數學模型與實際元件的簡單相對關係後，接著要區別什麼是一般電路元件（the general circuit elements），以及何謂簡單電路元件（the simple circuit elements）。所謂一個簡單的電路元件，無法再予以分割成爲其他更簡單的電路元件；而一般電路元件，可由超過一個以上的簡單電路元件所組成。簡要的說，一般電路中的使用元件就是指簡單的電路元件，無法再分割成更小的簡單電路元件。所有在下面所述的簡單電路元件，係根據通過該元件之電流與跨於該元件兩端的電壓來分類。

⑴一個元件兩端所跨的電壓$v(t)$（單位V），與通過該元件之電流$i(t)$（單位 A）成正比，亦即

$$v(t) = k_1 \cdot i(t) \quad \text{V} \tag{1.4.1}$$

式中 k_1 爲常數。我們稱這種特性爲電阻（the resistance），具有這種特性的電路元件稱爲電阻器（the resistor）。以（1.4.1）式而言，該元件之電阻值爲 k_1，單位爲 V/A 或歐姆 Ω。

(2)一個元件兩端的電壓 $v(t)$（單位 V），與通過該元件電流 $i(t)$（單位 A）對時間的微分量成正比，亦即

$$v(t) = k_2 \cdot \frac{di(t)}{dt} \quad \text{V} \tag{1.4.2}$$

式中 k_2 爲常數。則我們稱這種特性爲電感（the inductance）或自感（the self inductance），而所形成的元件稱爲電感器（the inductor），以（1.4.2）式而言，電感量爲 k_2，單位爲 V/(A/s) 或亨利（Henry，簡寫爲 H）。與電感特性相同，但是（1.4.2）式之電壓 $v(t)$ 與電流 $i(t)$，分別發生在不同元件上面的，這種特性另外稱爲互感（the mutual inductance），單位與電感相同，均爲亨利 H。

(3)一個元件兩端的電壓 $v(t)$（單位 V）與所通過電流 $i(t)$（單位 A）對時間之積分值成正比，亦即

$$v(t) = k_3 \int i(t)dt \quad \text{V} \tag{1.4.3}$$

式中 k_3 爲常數。則稱該特性爲電容（the capacitance），具有該特性之元件稱爲電容器（the capacitor）。以（1.4.3）式而言，電容值爲（$1/k_3$），單位是（As/V）或法拉（Farad，簡寫爲英文字 F）。

上述之三種簡單電路元件，稱爲被動元件（the passive elements），就目前所談到的觀念而言，我們可以視這類元件爲具有第1.3節中所述的吸收功率特性。然而，他們之間也有某些元件具有儲存能量或釋放能量的功能，例如電感器及電容器等。這些元件之詳細特性將在第二章以後介紹。

接著再簡單談一談其他較特殊的電路元件。詳細部份請參考第1.5節。

(1)若電路元件兩端電壓$v(t)$大小爲定值或呈現一定變化，完全與通過之電流無關者，稱爲理想的獨立電壓源（ideal independent voltage sources），例如：

$$v(t) = k_4 \quad \text{V} \tag{1.4.4}$$

$$v(t) = k_5\sin(k_6t) \quad \text{V} \tag{1.4.5}$$

式中k_4，k_5，及k_6均爲常數。(1.4.4) 式即爲理想的直流電壓源，(1.4.5) 式即爲理想弦波電壓源。

(2)若通過元件之電流$i(t)$大小爲定值或以固定方式變化，完全與兩端的電壓無關者，此類元件通稱爲理想的獨立電流源（ideal independent current sources），例如：

$$i(t) = k_7 \quad \text{A} \tag{1.4.6}$$

$$i(t) = k_8\cos(k_9t) \quad \text{A} \tag{1.4.7}$$

式中k_7，k_8，及k_9均爲常數。(1.4.6) 式即爲一理想直流電流源，(1.4.7) 式即爲一理想弦式電流源。

　　以上爲獨立電源介紹，若再依電源產生之特性細分，與獨立電源對應的電源，稱爲相依電源（the dependent sources）或受控電源（the controlled sources）。此受控電源依其產生電壓或電流之特性細分，可再分爲相依電壓源（the dependent voltage sources）以及相依電流源（the dependent current sources）。此類電源所產生之電源電壓$v_S(t)$（單位 V）或電流$i_S(t)$（單位 A）均爲恆定，但其大小值是由電路某兩點的控制電壓$v_c(t)$（單位V）或某一元件通過之控制電流$i_c(t)$（單位A）決定的，前者稱爲電壓控制的相依電源（the voltage-controlled dependent sources），後者則稱爲電流控制的相依電源（the current-controlled sources）。整體而言，此類相依電源共分爲四種：

(1)**電壓控制之電壓源**（voltage-controlled voltage sources, VCVS）

$$v_S(t) = A_v v_c(t) \quad \text{V} \tag{1.4.8}$$

式中A_v爲沒有單位的電壓增益（voltage gain）值。

⑵**電壓控制之電流源**（voltage-controlled current sources, VCCS）

$$i_S(t) = Gv_c(t) \quad \text{A} \tag{1.4.9}$$

式中 G 則爲轉導（transfer conductance），單位爲 A/V，姆歐或 siemens（S）。

⑶**電流控制之電壓源**（current-controlled voltage sources, CCVS）

$$v_S(t) = Ri_c(t) \quad \text{V} \tag{1.4.10}$$

式中 R 爲轉阻（transfer resistance），單位爲 V/A 或歐姆 Ω。

⑷**電流控制之電流源**（current-controlled current sources, CCCS）

$$i_S(t) = A_i i_c(t) \quad \text{A} \tag{1.4.11}$$

式中 A_i 爲沒有單位的電流增益（current gain）值。

以上四種受控電源它們在一些半導體元件，如雙極性接面電晶體（BJT）、場效應電晶體（FET），以及互補式金屬氧化物半導體（CMOS）等之等效電路上經常被應用，以使該半導體眞正之特性能更加準確地實現。上述的獨立電源以及相依電源均能提供功率或能量，稱爲主動元件（the active elements），以目前的觀念，這類元件可視爲具有送出功率的特性，然而在某些情況下，它們也可能會消耗功率，這些電源的特性將在下一節中介紹。

以要言之，一個簡單電路元件是一個具有兩個端點的電氣裝置，其特性是由它本身的數學模型來代表，而且它可以完全地由它本身的電流—電壓特性來描述。再者，它無法再加以分割成爲其他的兩端簡單電路元件。將兩個或兩個以上的簡單電路元件做連接，稱爲一個電氣網路（the electrical network）或簡稱網路（the network）。若一個網路包含至少一個閉合的路徑（the closed path），則該網路也可稱爲一個電氣迴路（the electric circuit）或簡稱電路（the circuit）。請注意：一個電路必是一個網路，但一個網路並不一定是一個電路。如圖 1.4.1(a)所示，網路 N_2 與 N_3 間有一地方斷開，無法構成一個電路；而圖 1.4.1(b)之網路 N_1、N_2、N_3、N_4 連接形成一個閉合路徑，因此它是一個電路。

圖 1.4.1 (a)非電路及(b)電路之表示

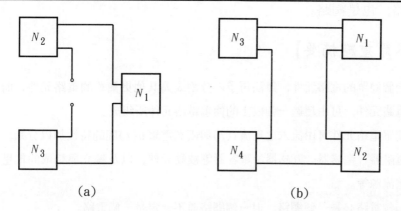

(a)　　　　　　　　　　(b)

若一個網路包含至少一個主動元件，例如：獨立電壓源或電流源，相依電源等，則稱該電路為一個主動網路（the active network）；若一個電路不包含任何主動元件，只含有被動元件者，例如只含電阻器、電感器、或電容器等，稱為一個被動網路(the passive network)。

【例 1.4.1】如圖 1.4.2 所示之(a)(b)(c)，請指出何者為網路，何者為電路。

圖 1.4.2 例 1.4.1 之圖形

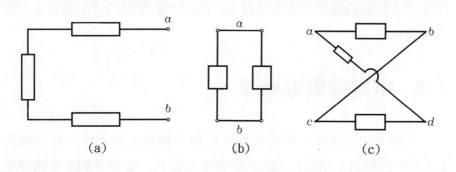

(a)　　　　　(b)　　　　(c)

【解】(a)由於圖 1.4.2(a)之 a、b 端斷開，使整個圖形沒有形成封閉路徑，故它只能稱為網路，不能稱為電路。

(b)(c)之圖形，由任一端點出發，均可回到原出發點，故(b)(c)兩圖均是電路，也是網路。

【本節重點摘要】

(1)一個簡單的電路元件，無法再予以分割成為其他更簡單的電路元件；而一般電路元件，可由超過一個以上的簡單電路元件所組成。

(2)簡單電路元件可由流入之電流 $i(t)$ 與兩端電壓 $v(t)$ 間的特性加以分類，例如電阻器、電感器、互感器、電容器等被動元件，以及獨立與相依的電壓源及電流源等。

(3)一個電路必是一個網路，但一個網路並不一定是一個電路。

(4)一個網路包含至少一個主動元件者，稱為主動網路；一個網路不包含任何主動元件，只含有被動元件者，稱為被動網路。

【思考問題】

(1)實驗室中常見的簡單電路元件有那些？

(2)若數學模型與實際物理特性差距甚大時，該如何修正數學模型？

(3)每個實際物理設備都有其數學模型嗎？

(4)將本節所有可能的簡單電路元件連接在一起，特性變成如何？如何分析？

(5)如何由實驗數據中得到數學模型？如何判斷模型的適用範圍及正確與否？

1.5　電壓源與電流源

本節所談的電壓源和電流源在電路上稱為主動元件，在前面第 1.4 節中已稍微介紹過它們的基本數學方程式，至於它們在電路學上使用的符號及特性，將於本節中做詳細說明。

1.5.1 獨立電壓源

第一個重要的電路主動元件，首推獨立電壓源。顧名思義，它是一個將兩端電壓維持某一特定值或相同變化的元件。它的電路符號如圖1.5.1所示。圖中正號（＋）端點的電壓對負號（－）端點的電壓為 v_S，下標 S 表示它是一個電源（source），而用一圓圈將正負號放在中間是獨立電壓源之畫法。若 v_S 為一個定值常數，類似（1.4.4）式所示，則稱為直流電壓源（the dc voltage source）：

$$v_S = k_{dcv} \quad \text{V} \tag{1.5.1}$$

圖 1.5.1　直流獨立電壓源的電路符號

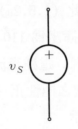

若令上式的常數 $k_{dcv} = 1.5$ V，這便是常用的 1.5 V 電池的例子。這種直流電壓源符號也可用一個較長的橫線以及一個較短的橫線代表，如圖 1.5.2 所示。長的橫線表示正端，短的橫線表示負端，類似一個普通乾電池的外型（正端突出，負端凹進去），由於正負端已由長短線表示出來，因此旁邊的正負號極性常予以省略，但是電壓大小仍要標示出來。

若 v_S 為一種弦式（正弦或餘弦）變化之波形，類似（1.4.5）式所示者，一般稱為交流電壓源（the ac voltage source），其型式多為一個固定常數（峰值）乘上正弦或餘弦函數，而正弦或餘弦函數內是常數（角頻率）與時間 t 之乘積，再加上另一個常數（相位）的關係，例如：

圖 1.5.2 直流獨立電壓源（電池）另一種電路符號

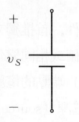

$$v_S = V_m \sin(\omega t + \theta°) \quad V \tag{1.5.2a}$$

或

$$v_S = V_m \cos(\omega t + \theta°) \quad V \tag{1.5.2b}$$

式中的符號將留在第六章的弦波穩態函數上再做說明。由於正弦與餘弦的關係相差 90 度相位，因此（1.5.2a）式與（1.5.2b）式只需取一種表示即可。家用的電源插座為 110 V，電壓表示為 110 $\sqrt{2}\sin$ (337t) V，便是這種交流電源。這種交流電壓源的電路符號，只要在原圖 1.5.1 直流電壓源符號之極性正負號中間加上一個波型符號"∿"即可，如圖 1.5.3 所示。

圖 1.5.3 獨立交流電壓源的電路符號

　　上述這些種類的電壓源，不論電流通過為何，他們都保持兩端電壓為 v_S，因此又稱為理想電壓源（the ideal voltage sources）。雖然圖 1.5.1 至圖 1.5.3 之電壓源均有正負號的標示，然而有些時候它們也可以僅標示正號，這是因為電壓是相對性的，若一端的極性已知為

正，則另一端必然為負，因此負端的符號可以省略。這類電壓源雖然能提供一定的電壓，輸出能量，但是也有可能處在吸收功率的狀態。如圖 1.5.4 所示，(a)圖表示一個 12V 汽車電池以 5A 的電流向外放電 (discharge)，其放電功率為 12V·5A = 60W〔或以（1.3.1）式計算為：(12V)(−5A) = −60W 吸收功率，相當於 60W 放出功率〕；而 (b)圖則是該汽車電池以 10A 的電流向自己充電（charge）的狀況，其充電功率直接以（1.3.1）式表示為 12V·10A = 120W，此為電池的吸收功率。

圖 1.5.4　汽車電池(a)放電 60W(b)充電 120W

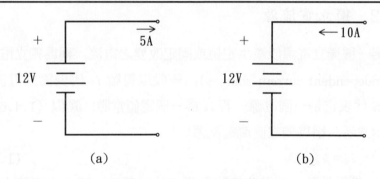

(a)　　　　　　　　　　(b)

　　由圖 1.5.4 可知，一個電壓源保持兩端電壓為恆定，其電流大小及方向不同，則該電壓源的功率之供應或吸收情形必不相同。值得注意的是，一個理想電壓源其電流可以由負無限大（−∞）A 變化至正無限大（+∞）A，但電壓值保持於 v_s 大小，這是理想電壓源的基本定義。但此定義並不包含獨立電壓源連接一個短路元件（兩端電壓為零，通過之電流不為零）的特殊情形，因為此時會違背後面第 2.6 節所談到的克希荷夫電壓定律。因此，電路中的電壓源絕對不可短路。

　　與理想電壓源相對的是實際電壓源（the practical voltage source）。顧名思義，它是與實際電壓源近似的模型，當電流逐漸增大時，該電壓源兩端的電壓會隨著電流的增加而下降。以實際電池為

例，一般新的 1.5 V 電池在沒有電流流出的情形下（或例如開路），其兩端電壓約爲 1.5 V，當在電池兩端加上一只燈泡後，此時兩端電壓可能降低至 1.3 V，若再加入兩個燈泡，此時兩端電壓可能降至 1.1 V。此種現象是由於電池內部受燈泡電流的增加影響，而導致少許電壓（壓降）發生在電池內部，剩下的電壓就落在燈泡兩端。此實際電壓源特性其實是具有保護電池燒毀的作用。此種電壓源之電壓隨電流之增加而使電壓下降之情形，可以利用一個理想獨立電壓源與一電阻元件串聯來達到，此種架構須待至第二章將電阻特性說明後再敘述。

1.5.2 獨立電流源

另一種獨立電源能產生定值或固定改變之電流，稱爲獨立電流源 (the independent current sources)。一般以符號 i_S 代表獨立電流源，下標 S 代表它是一個電源。若 i_S 爲一個定值常數，類似 (1.4.6) 式的表示式者，稱爲獨立直流電流源：

$$i_S = k_{\mathrm{dci}} \quad \mathrm{A} \tag{1.5.3}$$

式中 k_{dci} 爲一常數。其電路符號如圖 1.5.5 所示。圖中之箭號方向表示電流方向，i_S 則代表電流大小。如果 i_S 等於 5 A，則表示該電源以箭號之方向流動固定 5 A 之直流電流。該電流源也利用一個圓圈將該箭號圈起來，表示它是一個獨立電源。若 i_S 是一個交流電流，類似 (1.4.7) 式的弦式表示式，則爲一獨立交流電流源，其型式多爲一個固定常數（峰值）乘上正弦或餘弦函數，而正弦或餘弦函數內是常數（角頻率）與時間 t 之乘積，再加上另一個常數（相位）的關係，例如：

$$i_S = I_m \sin(\omega t + \phi^\circ) \quad \mathrm{A} \tag{1.5.4a}$$

或

$$i_S = I_m \cos(\omega t + \phi^\circ) \quad \mathrm{A} \tag{1.5.4b}$$

圖 1.5.5 直流獨立電流源的電路符號

式中的符號亦要等到第六章再做解釋。例如 i_s 等於 $5\sqrt{2}\sin(377t)\,\text{A}$，就是常說的交流 5A 電流源。此種交流電流源之電路符號，只要將圖 1.5.5 直流電流源箭頭中間加一個 " $\frown$ " 的波形符號，以表示它是一個交變的電流，如圖 1.5.6 所示。

圖 1.5.6 獨立交流電流源的電路符號

　　同於獨立電壓源的特性，一個獨立電流源除可供應電功率外，它也有吸收功率的情況。如圖 1.5.7(a)所示，該 10A 電流源正在放出 $10\text{A}\cdot10\text{V}=100\text{W}$ 的功率，或以 (1.3.1) 式計算為$(-10\text{V})(10\text{A})=-100\text{W}$ 吸收功率，相當於輸出 100W 的功率；而圖 1.5.7(b)之 10A 電流源則正在吸收 $10\text{A}\cdot5\text{V}=50\text{W}$ 的功率，與 (1.3.1) 式計算結果相同。基本上，一個理想電流源 i_s 在其兩端可以有自 $-\infty\,\text{V}$ 至 $+\infty$ V 變化之電壓，而使通過之電流保持 $i_s\,\text{A}$，且流動方向固定不變，但是將電流源兩端開路或**斷路**（流入的電流為零，兩端電壓不為零）是

不允許的，因爲會違背後面第 2.9 節將會談到的克希荷夫電流定律。因此，一個電路的電流源絕對不可以開路。同於實際電壓源之情形，一個實際電流源是與理想電流源相對的，它會隨著兩端電壓之逐漸升高而使電流之流出量漸漸減少，它可以利用一個理想獨立電流源與一個電阻元件相並聯的模型，來達到近似一個實際電流源之特性。

圖 1.5.7　10A 電流源(a)放出 100W 功率(b)吸收 50W 功率

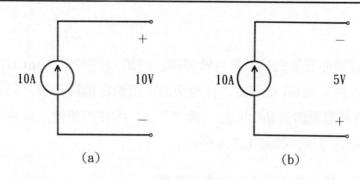

(a)　　　　　　　　　　　　　(b)

1.5.3　相依或受控電源

　　另一類電源本身不是獨立的，我們稱爲相依電源（the dependent sources）或受控電源（the controlled sources），它們也是主動元件的一類。它們的輸出若是一個電壓，則稱爲相依電壓源，其大小 v_s 及極性的電路符號如圖 1.5.8(a)所示；輸出若是一個電流，則稱相依電流源，其大小 i_s 及方向的電路符號如圖 1.5.8(b)所示。它們的電路符號與獨立電源最大的差異在於以菱形或類似撲克牌中的鑽石形狀來取代獨立電源的圓圈，如此較易與獨立電源電路的符號區別開來。依照受控電源之控制來源的不同，又可分爲兩種：電壓控制之受控電源，以及電流控制之受控電源。

⑴電壓控制之受控電源
　　以電路某兩點之相對電壓或某一元件兩端電壓做爲控制電壓 v_c，被控制的若是一個相依電壓源，如圖 1.5.8(a)，則該電壓源大小 v_s

便受該控制電壓v_c所左右, 稱為電壓控制之電壓源 (the voltage-control voltage sources, VCVS); 若是一個相依電流源被控制, 如圖 1.5.8(b), 則該電流源之大小 i_S 便受此控制電壓v_c 所影響, 稱為電壓控制之電流源 (the voltage-control current sources, VCCS)。以圖 1.5.8為例, (a)圖之 $v_S = A_v \cdot v_c$; (b)圖之 $i_S = G \cdot v_c$, 其中 A_v 及 G 均為常數, A_v 稱為電壓增益 (the voltage gain), 沒有單位; G 則為轉移電導 (transfer conductance), 單位是姆歐或 S。

⑵電流控制之受控電源

以某一元件或路徑通過的電流為控制電流 i_c, 若是一個相依的電壓源被控制, 其大小 v_S 會受影響, 則稱為電流控制之電壓源 (the current-control voltage sources, CCVS); 若是一個相依的電流源被控制, 其大小 i_S 會被左右, 則稱為電流控制之電流源 (the current-control current sources, CCCS)。以圖 1.5.8 為例, (a)圖之 $v_S = R \cdot i_c$; (b)圖之 $i_S = A_i \cdot i_c$, 其中 R 及 A_i 均為常數, 而 R 稱為轉移電阻 (transfer resistance), 單位為歐姆; A_i 稱為電流增益 (the current gain), 沒有單位。

圖 1.5.8 ⒜相依電壓源⒝相依電流源的電路符號

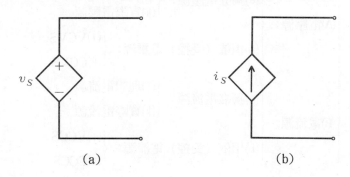

(a)　　　　　　　(b)

　　這四種不同的相依電源是依照它們的控制源（v_c 或 i_c），以及產生之電壓源（v_s）或電流源（i_s）來分類，在半導體元件上常被應用至等效電路中。相關的方程式可參考第1.4節(1.4.8)式～(1.4.11)式等四個方程式。

　　整個電路學的電源就分為以上數種，歸納如下：

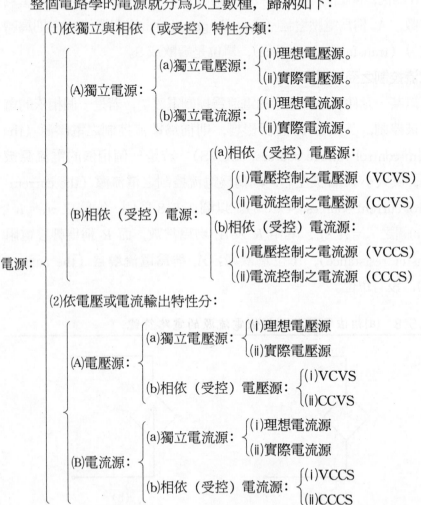

電源：
- (1)依獨立與相依（或受控）特性分類：
  - (A)獨立電源：
    - (a)獨立電壓源：
      - (i)理想電壓源。
      - (ii)實際電壓源。
    - (b)獨立電流源：
      - (i)理想電流源。
      - (ii)實際電流源。
  - (B)相依（受控）電源：
    - (a)相依（受控）電壓源：
      - (i)電壓控制之電壓源（VCVS）
      - (ii)電流控制之電壓源（CCVS）
    - (b)相依（受控）電流源：
      - (i)電壓控制之電流源（VCCS）
      - (ii)電流控制之電流源（CCCS）
- (2)依電壓或電流輸出特性分：
  - (A)電壓源：
    - (a)獨立電壓源：
      - (i)理想電壓源
      - (ii)實際電壓源
    - (b)相依（受控）電壓源：
      - (i)VCVS
      - (ii)CCVS
  - (B)電流源：
    - (a)獨立電流源：
      - (i)理想電流源
      - (ii)實際電流源
    - (b)相依（受控）電流源：
      - (i)VCCS
      - (ii)CCCS

【例 1.5.1】如圖 1.5.9 所示之電路，求各電源之吸收功率若干？

【解】1 V 電壓源 v_s 與 1 A 電流源 i_s 如圖 1.5.9 之連接，依電壓源特性，會使 a、b 兩端維持 1 V；依電流源特性，由 a 端流入電壓源 v_s

正端之電流必為 1 A。故依被動元件之功率吸收表示如下：

(1)v_S 之吸收功率為：$P_{1V} = (1\ \text{V})(1\ \text{A}) = 1\ \text{W}$

(2)i_S 之吸收功率為：$P_{1A} = (1\ \text{V})(-1\ \text{A}) = -1\ \text{W}$

P_{1V} 為 1 W 之正功率，表示 v_S 的確吸收 1 W 功率；P_{1A} 為 -1 W 功率，表示吸收 -1 W 功率，相當於放出 +1 W 功率。因此 1 A 電流源放出 1 W 供應 1 V 電壓源之吸收 +1 W 功率。　　◎

圖 1.5.9　例 1.5.1 之電路

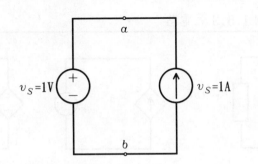

【例 1.5.2】如圖 1.5.10 所示之電路，求各電源吸收功率若干？

圖 1.5.10　例 1.5.2 之電路

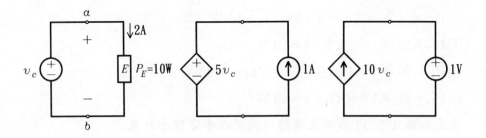

【解】v_c 為控制電壓，控制了 $5v_c$ 之電壓源及 $10v_c$ 之電流源，由圖 1.5.10 最左邊的電路得知：$P_E = 10\ \text{W} = v_c \cdot 2$，故知 $v_c = 5\ \text{V}$。

(1)v_c 吸收之功率 $P_x = 5(-2) = -10\ \text{W}$

(2)$P_{5vc} = 1A \times 5 \times 5 = 25$ W

(3)$P_{1A} = 5v_c \times (-1) = 5 \times (5) \times (-1) = -25$ W

(4)$P_{10vc} = (-10v_c) \times 1 = -10 \times 5 \times 1 = -50$ W

(5)$P_{1V} = 10v_c \times 1 = 10 \times 5 = 50$ W

注意: 各獨立電路均滿足功率守恆之結果。

【例 1.5.3】如圖 1.5.11 所示之電路, 求各電源吸收之功率若干?

圖 1.5.11　例 1.5.3 之電路

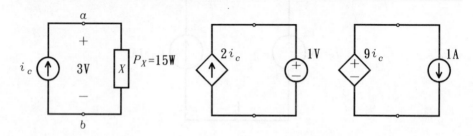

【解】請先由圖 1.5.11 最左側之電路開始, 先計算 i_c 之值。因為 P_X = 15 W 吸收功率, $\therefore P_X = 3 \times i_c = 15$ W, $\therefore i_c = 5$ A。

(1)$P_{ic} = 3 \times -i_c = 3 \times -5 = -15$ W

(2)$P_{2ic} = -2i_c \times 1 = -2 \times 5 \times 1 = -10$ W

(3)$P_{1V} = 2i_c \times 1 = 2 \times 5 \times 1 = 10$ W

(4)$P_{9ic} = 9i_c \times (-1) = 9 \times 5 \times (-1) = -45$ W

(5)$P_{1A} = 9i_c \times 1 = 9 \times 5 \times 1 = 45$ W

注意: 圖 1.5.11 各獨立電路均滿足功率守恆之結果。

【本節重點摘要】

(1)電壓源兩端電壓可維持固定或一定變化, 不受通過電流大小及方向的影響, 理想電壓源的電流可由員無限大到正無限大變化。

(2)電壓源兩端絕對不可短路。

(3)電流源通過的電流可維持固定或一定變化，不受兩端電壓大小及極性的影響，理想電流源兩端的電壓可由負無限大到正無限大變化。

(4)電流源兩端絕對不可開路。

(5)相依（受控）電源按照輸出電源的特性，以及控制訊號的差異，分為四類：VCVS, VCCS, CCVS, CCCS。

【思考問題】

(1)家用 110 V 插座的電源如何產生？

(2)電壓源與電流源可否交換使用？爲什麼？

(3)點亮 110 V 燈泡的電源是交流電，直流電源可否照樣點亮？需符合那些條件？

(4)若燈泡改爲日光燈管，重做(3)。

(5)指出日常生活中電壓源與電流源的實際裝置。

$$\boxed{習　題}$$

/1.1 節/

1. 一個 5 A 之電流，由節點 a 流向節點 b，若希望通過之總電荷量為 100 C，求所需花費的時間。

2. 若一條導線通過之電流爲交流型式： $i(t) = 5\cos t$ A，若該導線在 $t = 0$ s 無初值電荷存在，求在 $t = 10$ s 之電荷量。

3. 一個電池由其負極性端點在 10 ms 內流出 $-20\ \mu C$ 之電荷至正極性端點，求電池電流之大小及方向。

/1.2 節/

4. 試求距離一個 5 C 正電荷 200 米遠處之電場大小及方向。

5. 若三度空間上，電位之函數表示式爲 $V(x, y, z) = x^2 + y^2 + z^2$，求電場強度在 (1,1,1) 之大小及方向。

6. 若一般家用 9 V 乾電池提供負載 18 J 之能量，求其流出之電荷量？假如此電荷量在 10 s 內流出，求電流之大小及方向？

/1.3 節/

7. 一台直流發電機，在銘牌上面註明爲 10 馬力，220 V，試求輸出額定電流值。（註：1 馬力 $= 746$ W）若滿載效率爲 90%，求輸入功率。（註：滿載效率＝滿載輸出/輸入）。

8. 一般電池是以安培－小時（Ah）爲容量單位，若汽車用 12 V 電池容量爲 30 Ah，試求其放出之總能量。

9. 一個元件兩端電壓爲 $v(t) = 3\cos t$ V，流入電壓正端之電流爲 $i(t) = 5\sin t$ A，試求該元件吸收之瞬時功率？如果該元件在 $t = 1$ 秒具有 10 J 能量，試求 $t = 10$ s 之累積能量。

10.如圖 P1.10 所示之電路，試求元件 X 電壓 V_X 之值及吸收的功率 P_X。

圖 P1.10

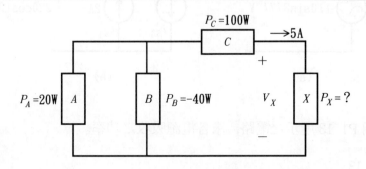

/1.5 節/

11.如圖 P1.11 所示之電路，已知 20 V 電源吸收 100 W 功率，求元件 X 之吸收功率 P_X，以及 v_X 及 i_X 之值。

圖 P1.11

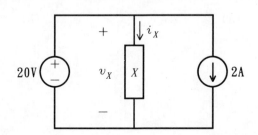

12.如圖 P1.12 所示之各獨立電源電路，求各電源吸收之功率。

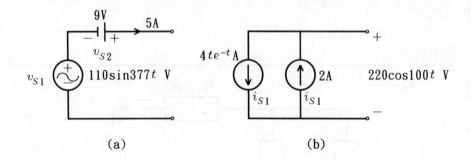

(a)   (b)

13.如圖 P1.13 所示之電路，求各電源吸收之功率。

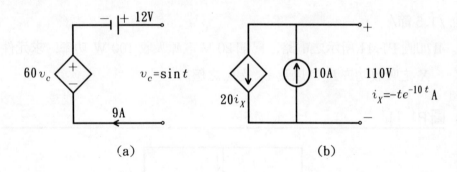

(a)   (b)

第二章　電阻電路

　　本章將討論電路上最常用的元件——電阻器，以及由它和第 1.5 節電壓源及和電流源所構成的電阻電路。本章將依十三個小節詳細說明電阻器以及電阻電路的特性。

2.1 節先定義電阻及電阻的重要特性——電阻係數。

2.2 節說明電阻的電壓與電流關係式——歐姆定理。

2.3 節討論電阻大小受溫度影響之參數——電阻溫度係數。

2.4 節則利用 1.3 節的方程式探討電阻器的功率消耗與電能吸收特性。

2.5 節～2.7 節則分析電阻器一個一個串聯在一起後的串聯電路、該串聯電路的電壓方程式定律，以及如何計算串聯電路中電阻器兩端的電壓。

2.8 節～2.10 節則分析電阻器一個一個並聯在一起後的並聯電路、該並聯電路的電流方程式定律，以及如何計算並聯電路中通過電阻器的電流。

2.11 節則將串聯電路與並聯電路混合爲串並聯電路，分析各電阻器電壓與電流的計算。

2.12 節是一項電阻電路特殊轉換技巧，將三個 Y 型連接電阻器與另外三個 Δ 型連接之電阻互換，保持三個端點的電壓與電流特性不變，可做爲電路簡化用。

2.13 節也是簡化電路的方法，它是利用電路的電壓與電流對稱，

或電路的水平與垂直對稱觀念，將電路相等電位（電壓）點予以短路，相等電流點予以開路，完成電路簡化的工作。

2.1 電阻與電阻係數

* **電阻**（the electrical resistance or the resistance）：阻礙電流通過的一種電氣特性，以英文字 R 的符號表示，單位為歐姆（ohm, Ω）。
* **電阻係數**（the resistivity）：阻礙電流通過之物質特性，以 ρ 的符號表示，單位為歐姆·米（$\Omega \cdot m$）。

在一個單獨存在的金屬導體或物質，如一根銅線，其內部原子最外層的電子與原子核間之吸引力量非常微弱，加上電子的質量非常小，極易使該電子脫離軌道單獨形成一個自由電子。一群這類的自由電子在金屬導體內自由自在地移動，如同放在一個容器內的氣體分子一般，漫無目標地運動。而原子核本身因為質量較重，在失去一個電子後，本身變成為一個帶正電的離子（ion），幾乎不動地仍停留在原處。若將該金屬導體放在某一個電場下，則其受該電場強度的影響，原子外層軌道所釋放的自由電子數便可能增多，依不同的金屬材質而有所不同，每個原子可能放出兩個或三個自由電子，它們可以在金屬體內部自由地移動。由於它們是在金屬體內無方向性的任意運動，即是處於隨機（random）移動的狀況，有可能發生自由電子相互撞擊（collision），或自由電子撞上離子的情形。若考慮後者的情況，由於離子近乎固定不動，當每次發生電子撞擊離子後，電子的方向便會改變，既然是隨機的運動，因此就整體平均而言，通過金屬體一個單位截面積之平面，其朝某一個方向移動的自由電子數應與朝另一個反方向移動之自由電子數一樣多，亦即整體平均淨值電流為零值，此是屬於統計機率（probability）上基本的現象。

當一個電源如第 1.5 節的電壓源或電池加在該金屬體之上，則受該電力所生電場的影響，該金屬導體的電流載子（current carriers）

（也就是自由電子）將會加速，將所獲得的電場作用力轉換成爲可移動的動能。若自由電子不撞擊離子，則電子的速度可能會無限制地增加，然而，自由電子撞上離子的機率甚大，因爲一個原子核的直徑約在 10^{-8} 公分左右，而電子的直徑約爲 10^{-12} 公分，亦即原子核的直徑比電子直徑大了約一萬倍。每當一個自由電子與固定的離子做撞擊後，電子本身的動能便轉移給離子，自己失去能量而使速度減至爲零，進行的方向也會轉變，好像撞球桌上的球與球的對撞特性。而這種能量的交換，其實也會發生熱的效應，如同燈泡，電熱器的發熱特性一般。由機率來看，電子在撞擊後往某一方向進行的機率應會等於該電子在撞擊後往反方向移動的機率。而在兩次撞擊期間的電子速度會隨時間呈線性的增加（由於受外加電場影響），但被撞擊後速度馬上降爲零。當一群電子在獲得能量、加速、撞擊、停止等四種循環過程中達到一個穩定的漂移速度時，電流於是形成，但是電流流動的方向恰與該群電子以穩定的漂移速度方向相反，因爲電子帶負電荷，而電流之流動方向係以正電荷之流動方向爲基準的（詳見第 1.1 節的電流方向說明）。

　　上述的自由電子的碰撞過程，事實上是一種阻礙電流通過的電氣特性，這種特性稱爲該金屬導體的電阻（the electrical resistance or the resistance），以英文字 R 表示，單位爲歐姆（ohm）或以希臘字 Ω（發音爲 omega）表示。顧名思義，電阻是一種阻礙電流流動的特性，一般金屬導體均是正值的電阻，負電阻效應在許多半導體元件組成之電路應用上，可利用電壓對電流的比值或應用第 2.2 節所談的歐姆定律可以見到。而最重要的零電阻，即所謂超導性（superconductivity），是目前最熱門的研究開發課題。近期科學家研究發現，利用陶瓷族群之一組合成物質（如：鋰鎄氟化物，鈣鈦化合物，以及釔鎄銅氧化物等材料）在 $25°K$ 至 $100°K$ 之溫度範圍左右，能具有超導特性，此種材質稱爲超導體（superconductors），亦即呈現零電阻的特性。此特性的產生，可用較簡單的觀念說明：利用特殊的工程技術產

生的超導體，其內部晶格狀的原子核分佈，可消除原子晶體之震動，進而減少自由電子與離子間的碰撞的機率至零，以致於產生零電阻的特性。此超導特性也趨使工業界積極開發研製高溫超導體，以備將來廣泛應用於一般線圈或電力傳輸線上。相信這種超導體在未來將對電機工程發生重大革命，如同當年半導體元件由電晶體、積體電路，以至於目前的超大型積體電路（VLSI）的革命一般。

受不同材質的影響，每一種不同的金屬導體可能具有不同的自由電子數，以及相異的原子晶格狀的結構，因此它們所產生會阻礙電流通過的電阻特性亦不相同。茲定義該特性為電阻係數（the resis-tivity)，以希臘字 ρ（發音為 rho）來表示。此外，一個金屬導體之實體外型，如長度、截面積等因數，均會影響電阻的大小。長度越長的導體，自由電子與固定離子的碰撞機率會增高，因此電阻值 R 隨其導體長度增加而呈線性增大；截面積越大的導體，自由電子越不容易與固定離子發生碰撞，因此隨其截面積之增大，電阻值 R 會線性地隨之下降。故整體電阻大小，與導體通過電流的長度成正比，而與導體通過電流之截面積成反比，其間的比例常數便是電阻係數，它們的關係用數學式表示如下：

$$R = \rho \frac{l}{A} \quad \Omega \tag{2.1.1}$$

式中 l 為導體通過電流之有效長度，單位為米（m）；A 為導體通過電流之有效截面積，單位為米^2（m^2）；R 為電阻大小，單位為歐姆（ohm）或 Ω；ρ 為電阻係數，單位為歐姆·米（$\Omega \cdot$ m）。一個導體的有效長度 l，電流 I 通過之有效截面積 A，以及導體電阻係數 ρ 的關係可參考圖 2.1.1 所示。由於不同導體材質，內部晶體架構不同，原子核與電子撞擊的機率不同，因此電阻係數亦不相同，茲將多種不同材質在室溫 20℃ 的電阻係數列在表 2.1.1 中，提供計算電阻大小之參考。

圖2.1.1　電阻之長度、電流通過之截面積與電阻係數的關係圖

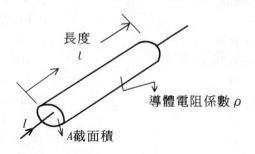

表2.1.1　各種不同材質在 20℃ 時之電阻係數對照表

材　　　質	電阻係數 ρ（$10^{-8}\Omega\cdot m$）
導體：　　　銀	1.67
銅（硬抽銅）	1.724
金	2.44
鋁	2.828
含燐青銅	3.95
鎢	5.51
鋅	5.75
鎳	6.93
黃銅	7.0
電解熱	9.96
鉑	10.96
變壓器用的鋼	11.09
軟鋼	15.9
鉛	20.4
德銀（Ni:18）	33.0
銻	41.7
蒙銅（Ni－Cu）	42.0
錳銅（Cu:84, Mn:12, Ni:4）	44.0
硬鋼	45.7
銅鎳合金（又稱康銅, Cu:60, Ni:40）	49.0
亞亞鎳，銅鎳	49.0
理想鎳，銅鎳	50.0

	4％矽鋼	51.15
	鑄鐵	74.4～97.8
	汞	94.07
	不銹鋼	99.0
	錳鉻（Fe, Ni, Cr）	109.0
	鉍	110.0
	碳（石墨）	730.0～812.0
半導體:	碳	$3.8 \times 10^3 \sim 4.1 \times 10^3$
	鍺	4.5×10^7
	矽	2.5×10^{11}
	海水*	2.5×10^7
絕緣體:	紙	1.0×10^{18}
	雲母	5.0×10^{19}
	玻璃	1.0×10^{20}

*並非製造半導體的材料。

　　一般電阻值的範圍較大，常用仟歐姆（kilo ohms，kΩ）、百萬歐
姆（mega ohms，MΩ）或 10 億歐姆（giga ohms，GΩ）為單位:

　　1 仟歐姆 ＝ 10^3 歐姆 ＝ 1 kΩ

　　1 百萬歐姆 ＝ 10^6 歐姆 ＝ 1 MΩ

　　10 億歐姆 ＝ 10^9 歐姆 ＝ 1 GΩ

【例 2.1.1】一捲圓柱型銅製導線長 10000 m，直徑為 1 cm，求沿長
度方向所量得的電阻大小若干?（試以 20℃計算）

【解】令 $l = 10000$ m

$$A = \frac{\pi d^2}{4} = \frac{\pi \times (1 \times 10^{-2})^2}{4} = 7.854 \times 10^{-5} \text{ m}^2$$

$\rho = 1.72 \times 10^{-8}$ Ω·m，代入（2.1.1）式可得:

$$R = \frac{(1.72 \times 10^{-8})(10000)}{(7.854 \times 10^{-5})} = 2.19 \text{ Ω}$$

與電阻相反的特性稱爲電導（the conductance），它是代表一種物質允許電流通過的特性，以英文字 G 表示，單位有兩種：姆歐（mhos）（符號爲℧）或 siemens（符號爲 S）。相同地，與電阻係數相反的，稱爲電導係數（the conductivity），以符號 σ 表示（發音爲 sigma），單位爲（$\Omega^{-1}\cdot m^{-1}$）或 S/m。電導可用下式表示：

$$G = \frac{1}{R} = \frac{1}{\rho}\frac{A}{l} = \sigma\frac{A}{l} \quad S \tag{2.1.2}$$

由表 2.1.1 中可以明顯看出，銀是最佳的導體，它的電阻係數最小，常見的繼電器或電驛（relay）接點便是用銀的材料來做，以提供高頻率切換時的電氣接觸，避免因多次接觸而氧化。但是銀的價格太貴，只有在特殊用途才使用。較常用的材質是銅，它的價格也比較便宜，電阻係數與銀相近，因此大多導線均是用銅爲基本材質。鋁的電阻係數雖較銅大 1.65 倍，但由於價格便宜，材質又輕，在長距離的高壓電力傳輸線上，爲避免重量過重，常用鋁的材質取代銅，例如：全鋁線（ACC）、全鋁合金線（AAAC）、鋼心鋁線（ACSR）、合金心鋁絞線（ACAR）等，其中鋁合金導體較鋁導體之抗張強度高；而鋼心鋁絞線將鋼線絞捲放置中心，加強拉力，外部再用多層鋁線絞成；至於合金心鋁絞線用一種高強度的合金線做線心，外絞若干層鋁線而成。在半導體材料方面，碳的電阻係數最低，可做爲電阻元件的材料，而鍺和矽都是構成半導體元件最基本的物質，其中鍺之電子脫離軌道只要 0.01 eV，而矽需要 0.05 eV，因此鍺之電阻係數較矽爲低，但是鍺的漏電性較大，因此目前仍以矽爲主要半導體元件的材料。在絕緣體方面，紙張及雲母常用於電容元件上，此將在第四章做介紹，而絕緣物本身因具極高的電阻係數，形成極大的電阻值，可阻止電流通過，達到隔離的目的。例如漆包導線外的塗漆、高壓輸電線的懸垂礙子等，都是做爲隔離電氣特性的電壓或電流用的。

在電路上，利用電阻特性所形成的元件稱爲電阻器（the resistor），其電路符號如圖 2.1.2 所示，而符號 R 或數值大小則標示在該

電路符號的旁邊。圖中鋸齒的形狀代表阻礙電流通過的現象，它也是一個兩端元件。若 R 等於零，則該兩端元件成爲短路，兩端電壓恆爲零；若 R 等於無限大，則形成開路或斷路，通過的電流必定爲零；若 R 爲正值，則將可利用下一節（第 2.2 節）的歐姆定律算出電壓與電流的關係。若圖 2.1.2 之電阻 R 爲固定值，則該圖所示之電阻器爲稱固定電阻器。與固定電阻器相對的電阻稱爲可變電阻器（the variable resistor），或稱電位計（the potentiometer），其電路符號如圖 2.1.3 所示。

圖2.1.2 電阻器之電路符號　　　**圖2.1.3 可變電阻器之電路符號**

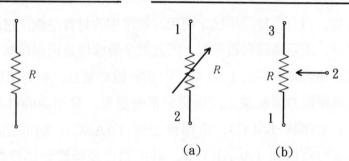

(a)　　　　　　(b)

在圖 2.1.3(a)中，於電阻器上加一箭號代表一個可調整旋鈕，則電阻 R 的大小受制於旋鈕位置，因此電阻 R 成爲可變的。換句話說，端點1、2 間所量測之電阻值 R 成爲可變的。圖 2.1.3(b)所示爲另一種可變電阻的表示，但是在端點1、3 間之電阻值爲固定，在1、2 端點或2、3 端點之電阻值也受調整旋鈕位置影響，因此由1、2 端或 2、3 端所量得的電阻值也是可變的。若將圖 2.1.3(b)之2、3 端點短路，則圖(a)及圖(b)之電路同樣在1、2 端點成爲可變電阻。

上述電阻器是依電阻器之固定與可變來分類，若按固定電阻器之內部材料分類，可分爲：碳質電阻器、碳膜電阻器、金屬膜電阻器、薄膜電阻器、厚膜電阻器、繞線電阻器等類。其中碳質電阻器在一般印刷電路板（PCB）上最常見，它的功率額定（請參考第 2.4 節）可

由外表看出，體積越大，功率額定越大。標準碳質電阻器的功率額定，可分爲 $\frac{1}{8}$W、$\frac{1}{4}$W、$\frac{1}{2}$W、1W、2W 等。金屬膜和碳膜電阻之製造材質，是將薄的金屬膜或碳膜放置於陶瓷材料表面做材質，因此價格較昂貴，但該類電阻器具有精確、穩定、低噪音等優點，尤其在低噪音上，是一般電路設計上的要求。厚膜及薄膜電阻器是在製造半導體時，內部電阻器的形成方式，此法也可同時製造出二極體（D）和電晶體（BJT）。繞線電阻器係將一條精密的金屬線，繞在陶瓷做的圓筒心上，再於外層塗上絕緣材料，它的優點在於具有極高的額定功率，比其他的電阻材質功率高，其額定可高達數十瓦特以上，而且電阻值精確度極高，誤差低於 1%，甚至可低至 0.01%，此外，該類材質對溫度變化的穩定性極高，唯一的缺點是價格比其他碳質電阻高出許多。可變電阻的架構與繞線電阻類似，但是可變電阻沒有絕緣，它是利用一個可移動的金屬體接觸於固定的金屬線上，當接觸體移動時，電阻的大小值就會隨位置改變，該移動的金屬體接點，相當於圖 2.1.2(b)之端點 2，而繞線電阻相當於端點 1 和端點 3 間的電阻。可變電阻或電位計的應用可參考第 2.7 節之分壓器觀念。另一類可變電阻稱爲十進位電阻箱（the decade resistor boxes），它是利用數個以十爲倍數的指撥接觸開關與標準電阻器相連接，將這些獨立操作的指撥接觸開關短路，便可選擇 0.0 Ω 至 999999 Ω 這種大範圍的電阻值大小，這類可變電阻器在實驗室中也常使用。

　　電阻器的數值除了可變電阻器的電阻值可隨接觸器的位置改變外，一般電阻器的電阻數值大小大多是固定，而且是一個標準值，基本標準值爲：10、11、12、13、15、16、18、20、22、24、27、30、33、36、39、43、47、51、56、62、68、75、82、91 等數。但電阻器在被製造時也會有些誤差存在，多半以百分比表示。例如：±5%、±10%、±20% 等。因此一個固定電阻除了標示電阻量外，也會標示出誤差值，有的以數字表示，直接標示於電阻器外表，但是有的電阻器的表面積太小，不易用數字直接印出，便以顏色的代碼表示，稱爲色碼電阻器。色碼電阻器

之電阻值依據顏色排列的計算公式如下：

$$R = (最前面兩個顏色的代碼) \times 10^{(第三個顏色的代碼)}$$

$$[1 \pm (第四個顏色的代碼)] \quad \Omega \qquad\qquad (2.1.3)$$

式中（最前面兩個顏色的代碼）是指按前述標準值的兩位數順序看的顏色排列。顏色代碼請參考表 2.1.2 所列。其中第四個顏色的代碼關係到誤差值，但只有兩個顏色表示誤差大小：金色（5％）、銀色（10％），若無色則為 20％誤差。由判斷誤差的顏色，或按前述標準值的兩位數順序看的顏色排列，可以決定色碼電阻之顏色順序。舉例說明：若一個色碼電阻器之顏色排列分別為：紅、黃、綠、銀（可先判斷銀色為誤差 10％的顏色），對照表 2.1.2 之數據，代碼分別為：2、4、5、10 ％，則該色碼電阻大小為：

$$24 \times 10^5 (1 \pm 10\%) \quad \Omega$$

亦即該色碼電阻標準值為 2.4 MΩ，誤差值為 10％，電阻數值介在 $2.4M(1-10\%) = 2.16$ MΩ 到 $2.4M(1+10\%) = 2.64$ MΩ 間。

表 2.1.2　**色碼電阻器之顏色數值對照表**

顏色	黑	棕	紅	橙	黃	綠	藍	紫	灰	白	金	銀	金	銀	無
數值	0	1	2	3	4	5	6	7	8	9	-1^*	-2^*	5%	10%	20%

* 表示只能用於第三個顏色的代碼，當做 10 的次方使用。

％表示是用於百分比誤差的顏色。

【**例** 2.1.2】一條實驗室用的延長線是由兩條平行的銅線（$\rho = 1.72 \times 10^{-8}$ Ω·m）所構成，已知將插座短路，而由插頭量入之電阻值為 0.1 Ω，銅線截面積為 5.5 mm²，求該延長線之長度若干？

【**解**】因延長線是由兩條平行的銅線在插座端短路所形成，因此電阻公式為：

$$R = \rho \frac{2l}{A} \quad , \quad l \text{ 代表由插頭到插座的長度}$$

$$\therefore l = \frac{RA}{2\rho} = \frac{0.1 \times 5.5 \times (1 \times 10^{-3})^2}{2 \times 1.72 \times 10^{-8}} = 15.98 \text{ m}$$　◎

【例 2.1.3】高壓傳輸線用鋁（$\rho = 2.62 \times 10^{-8}$ Ω·m）爲材料，由甲電廠拉至乙電廠總共長 150 公里，採用半徑爲 0.5 cm 之導線，求整條傳輸線之電阻值及電導值若干？

【解】$R = \dfrac{\rho l}{A} = \dfrac{2.62 \times 10^{-8} \times 150 \times 1000}{\pi \times (0.5 \times 10^{-2})^2} = 50.038$ Ω

$G = \dfrac{1}{R} = 0.01998$ S　◎

【本節重點摘要】

(1)電阻是阻礙電流通過的電氣特性。電阻係數則是阻礙電流通過的特性，與使用材質有關。電阻單位為歐姆或 Ω，電阻係數單位為 Ω·m。

(2)電阻值 R 與電流通過物質的有效長度 l 成正比，與電流通過的有效截面積 A 成反比，其間的比例常數為電阻係數 ρ，關係式為：

$$R = \rho \frac{l}{A} \quad \Omega$$

(3)電導 G 是電阻 R 的倒數，它是引導電流通過的電氣特性。電導係數 σ 為電阻係數 ρ 的倒數。電導單位為姆歐℧ 或 S，電導係數單位為 $\Omega^{-1} \cdot m^{-1}$或 S/m。

$$G = \frac{1}{R} = \frac{1}{\rho} \frac{A}{l} = \sigma \frac{A}{l} \quad S$$

【思考問題】

(1)負電阻器可否製造出來？若有負電阻器存在，它的特性與正電阻器有何不同？

(2)超導體之電阻值若為零，其電阻係數與電導係數若干？

(3)指出日常生活中使用電阻器特性工作的例子。

(4)如何量測電路元件之電阻值？

(5)電阻器用久了以後，其電阻數值會不會變動？如何防止數值的變動？

2.2 歐姆定理

在第 2.1 節中，我們已得知電阻在金屬導體中或物質內部之所以會形成的原因，最主要是因為其電流載子（自由電子）在某一個外加電場或電源影響下，會由外界吸收能量，進而脫離運轉軌道，而與固定不動的離子發生隨機性的碰撞。當一群電子達到穩態速度時，便形成穩定的電流流動。換言之，在不同長度、截面積以及電阻係數下，電阻越高，電子必須在更高的電場或電壓下獲取足夠的能量以克服高電阻，使產生相同的電流大小。在此條件下，外加電壓大小與電阻是成正比例的關係。以另一種角度來看，若將不同電壓置於同一電阻器上，則電子自較高的外加電壓會比較低的電壓獲取更多的能量，此根據第 1.3 節 (1.3.5a) 式之電子伏特能量關係，可以推導得知。既然電子獲得較高的能量，因此脫離電子軌道的自由電子必然增多，電流載子增多，則等效的電流量必增大。因此在相同的電阻條件下，外加電壓大小與導體電流量亦成正比例的關係。相同地，當外加固定電壓於一個導體時，依材質不同，電子撞擊離子之機率亦不同，電阻大的材質，表示自由電子與固定的離子碰撞機會增多，內部一群電子所能達到的平均速度便減緩，電子的流動便減少，因此當外加電壓相同下，電流大小與電阻值成反比。從上述所說明的電壓、電流與電阻關係，可以利用歐姆定理（Ohm's law）的公式來解釋：

$$V = RI \quad V \tag{2.2.1}$$

式中 R 為導體之電阻值，單位為 Ω；V 為導體兩端電壓，單位為 V；I 為由電壓 V 正端流入導體之電流，單位為 A。此公式係由德國物理學家歐姆（Georg Ohm）所發現，此乃電學上最基本也是最重要的定理之一。歐姆定理的其他表示式為：

$$R = \frac{V}{I} \quad \Omega \quad 或 \quad I = \frac{V}{R} \quad A \tag{2.2.2}$$

(2.2.1) 式及 (2.2.2) 式也可利用電導 G 來表示：

$$V = \frac{I}{G} \text{ A} \quad \text{或} \quad G = \frac{I}{V} \text{ S} \quad \text{或} \quad I = VG \text{ A} \qquad (2.2.3)$$

【例 2.2.1】(a)一個 100 Ω 的電阻器流過 1 A 之電流，求該電阻器兩端的電壓若干。(b)一電阻器兩端電壓為 10 V，通過之電流為 2 A，求該電阻器電阻值。(c)若 20 V 電壓跨接在 50 Ω 電阻器兩端，求通過之電流大小。

【解】(a) $V = RI = (100 \text{ Ω})(1 \text{ A}) = 100$ V

(b) $R = \dfrac{V}{I} = \dfrac{10 \text{ V}}{2 \text{ A}} = 5$ Ω

(c) $I = \dfrac{V}{R} = \dfrac{20 \text{ V}}{50 \text{ Ω}} = 0.4$ A　　◎

　　由歐姆定理可以發現，當一個導體材料特性固定時，外加電壓與流過的電流成正比，其比例係數恰為電阻。由單位來看，1 歐姆恰等於 1 (伏特/安培)。當我們將電阻器兩端放入第一章第 1.3 節之元件盒中時，它的電壓 $v(t)$ 和極性標示，以及電流 $i(t)$ 和方向標示便如圖 2.2.1 所示。

圖 2.2.1　電阻器之傳統電壓與電流被動符號

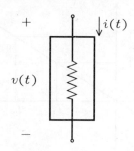

　　由 (2.2.1) 式可推知，若電阻 R 爲零，不論電流爲何，電壓恆爲零，此乃元件短路的特性；又由 (2.2.2) 式可推知，當電阻 R 爲無限大，不論電壓爲何，電流恆等於零，此乃元件開路的特性；而當電阻 R 介於零至無限大之間時，除了電壓與電流同時爲零的無電源情形外，電壓與電流呈現一種正比例的關係。若以電壓 $v(t)$ 爲縱座標，電流 $i(t)$ 爲橫座標，則電壓—電流之特性線恰爲一條斜率爲 R 且通過原點的直線，此乃線性電阻器（the linear resistor）之特性，如圖 2.2.2 所示。

　　此種線性電阻特性線除了經過電壓與電流同時爲零的零點 0 外，也跨佔電壓與電流平面的第壹（I）及第參（III）象限。若電阻器 R 之特性不是如圖 2.2.2 所示者，則稱非線性電阻器（the nonlinear resistor），可能不經過零點，也可能不是直線，也有可能橫跨三個象限，如圖 2.2.2 所示。只要找到兩組（電壓，電流）的座標數值：（V_1，I_1）及（V_2，I_2），便可求出圖 2.2.2 線性電阻值的大小：

$$R = \frac{V_2 - V_1}{I_2 - I_1} = \frac{\Delta V}{\Delta I} \ \Omega \tag{2.2.4}$$

若 R 是一個特殊的線性負電阻，則 (2.2.4) 式爲負值，在圖 2.2.2 上則是一條通過第貳（II）和第肆（IV）象限以及原點的直線。

圖 2.2.2　線性電阻器之電壓—電流特性曲線

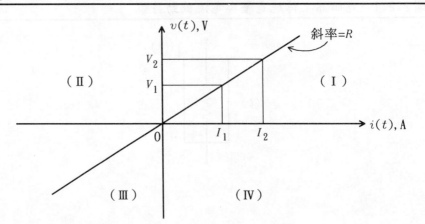

【例 2.2.2】若圖 2.2.2 中任兩點的（電壓 V，電流 A）座標為：(20,10) 及 (30,50)，求電阻值的大小。

【解】令 $V_1 = 20$ V，$I_1 = 10$ A，$V_2 = 30$ V，$I_2 = 50$ A，代入 (2.2.4) 式，可得：

$$R = \frac{30-20}{50-10} = \frac{10}{40} = \frac{1}{4} = 0.25 \; \Omega \qquad \qquad ◎$$

　　利用 (2.2.2) 式或 (2.2.4) 式所求得的電阻，是在某一特定點由電壓對電流的比值，或利用兩組（電壓，電流）座標參數決定的直線，來找出電阻值的大小，此電阻稱為直流電阻（the dc resistance）或靜態電阻（the static resistance），可用 R_{dc} 的符號表示。但是一個電阻元件的電壓或電流值常是變動的，且該電阻器之電壓—電流特性線不是一條直線時，如圖 2.2.3 所示之非線性元件（燈泡、二極體及特殊半導體元件 SCR），其電壓—電流特性線雖通過原點，但電壓—電流之變化並不是線性的改變，因此利用 (2.2.4) 式所求的電阻值，在每一點均不相同，此時要採用在某一個特定（電壓，電流）工作點對該特性線的點做切線來求其斜率，此斜率即是該工作點下的電阻，稱為交流電阻（the ac resistance），或稱動態電阻（the dynamic resistance），以 R_{ac} 的符號表示，其公式如下：

$$R_{ac} = \frac{dV}{dI} \quad \Omega \tag{2.2.5}$$

當電壓對電流之切線斜率為負值時，則該點所呈現之電阻值便是負電阻，此特性在許多半導體元件如：矽控整流器 SCR（silicon controlled rectifier）、單接面電晶體 UJT（unit junction transistor）、PUT（programmable unijunction transistor）、TRIAC（triade AC switch）、SSS（silicon symmetrical switch）、熱敏電阻等均可發現。

圖 2.2.3 非線性元件之電壓—電流特性曲線

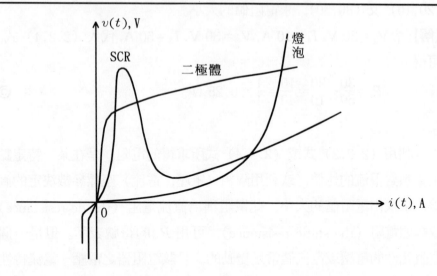

【例 2.2.3】若一燈泡電壓（V）對電流（A）的關係為：

$$v(t) = 10i(t) + [i(t)]^2 \ \text{V}$$

求在工作點（電壓，電流）＝（12V, 3A）之動態電阻值若干。

【解】$R_{ac} = \dfrac{dV}{dI} = 10 + 2i(t) = 10 + (2)(3) = 10 + 6 = 16 \ \Omega$

注意：$R_{dc} = 12/3 = 4 \ \Omega$，比 R_{ac} 小了 16/4 = 4 倍。　　　　◎

　　量測一般靜態的電阻值大小，或導線的開路、短路狀況，可用三用電表的歐姆檔檢測，而歐姆定理的公式，則可應用於特定工作條件下的線上電阻量測上，只要將一個電壓表（或稱伏特表），以及一個電流表（或稱安培表）做適當的連接，利用電壓表的讀數除以電流表的讀數即可求出工作下的電阻大小。但由於實際電壓表具有甚大的內部電阻 R_V（理想電壓表之 R_V 為無限大），而實際電流表的內部電阻 R_I 極小（理想電流表之 R_I 為零），對於量測不同電阻值大小的接線請參考圖 2.2.4。圖 2.2.4(a)所示為量測低電阻時之接線，將電壓表

連接在待測電阻兩端，因此電壓表讀值為真正待測電阻的電壓；而電流表所得的讀值除了電阻器電流外，還加上了流經電壓表的電流，但因電壓表之內電阻 R_v 甚大，流過 R_v 的電流很小，因此電流表讀數很接近待測電阻真正流過的電流。圖 2.2.4(b)所示則為量測高電阻元件之接線，該電流表與待測電阻直接相連，因此電流表的讀數便是待測電阻通過的真正電流；而電壓表跨接在待測電阻與電流表連接之外，所量的電壓除了待測電阻之電壓外，還要加上電流表的電壓，然而由於電流表之內電阻 R_I 很小，所產生的電壓極微，因此電壓表的讀數很接近該待測電阻的真正電壓。倘若將圖 2.2.4 之圖(a)接線用於量測高電阻而圖(b)接線用於量測低電阻，則會產生太大的誤差，在實驗上值得注意。而文中所述之高、低電阻是與電壓表之 R_v 與電流表之 R_I 做比較的，若非精密要求，一般電阻之量測均可用圖 2.2.4 中(a)(b)之任一種接線來完成。此外，欲量測極低的電阻值，則有專用的惠斯登電橋（Whistone Bridge），而量測極高的電阻值則有高阻抗儀表，此將於電儀表課程上做詳細介紹。

圖 2.2.4　電壓表與電流表之電阻量測

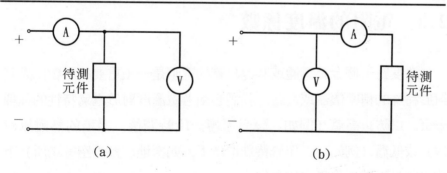

（a）　　　　　　　　　　（b）

【本節重點摘要】

(1)歐姆定理為電壓、電流與電阻之關係式：當電流固定時，電壓與電阻成正比；當電阻值一定時，電壓與電流成正比；當電壓為恆定時，電阻與電流成反比，其公式為：

$$V = RI \quad V$$

(2)線性電阻器之電阻數值 R_{dc} 可由電壓—電流特性曲線上任兩點座標之關係求出：

$$R = \frac{V_2 - V_1}{I_2 - I_1} = \frac{\Delta V}{\Delta I} \quad \Omega$$

此值恰為該曲線之斜率。

(3)非線性元件之動態電阻 R_{ac} 可由電壓—電流特性在工作點的切線斜率找出：

$$R_{ac} = \frac{dV}{dI} \quad \Omega$$

(4)量測電阻值可用電壓表及電流表做適當地接線，利用電壓對電流的比值求出。

【思考問題】

(1)負電阻之電壓電流特性仍可適用歐姆定理嗎？

(2)請找出實際線性電阻器的例子。

(3)一非線性電阻器與一線性電阻器連接後，電壓電流關係如何計算？

(4)請指出歐姆定理之電壓電流應用限制條件。

(5)對於一般無線電電波之發射或接收電路之電阻，歐姆定理是否可用？如何修正？

2.3 電阻的溫度係數

溫度對一個金屬導體或其他材質的電阻是一項重要的影響，尤其對於特殊的精密儀器或電路，我們必須考慮溫度對於電氣特性的種種影響，以防止高溫（例如：設備運轉一段時間後，累積的熱難以消散）或低溫（例如：工作於特殊環境下，如雪地、外太空等場所）下的電路是否會產生異常的動作。

首先考慮溫度對金屬導體的影響，當金屬導體的周圍溫度升高時，原本構成金屬晶格狀架構的離子或原子核，會吸收熱能，而使離子或原子核在原來的固定點附近做振動。由於原子的振動增加了自由電子與該原子碰撞的機率，因而導致該金屬導體電阻的增加。由此可

知，當溫度增加時，金屬導體之電阻會隨溫度的上升而增加，在銅、鋁、銀等金屬材質都是屬於這種特性，這類材質稱爲具有正的電阻溫度係數（temperature coefficient of resistance）。

　　然而一些導電性較差的材質，例如：碳或如半導體材料的矽和鍺，當溫度上升時，電子可自外界吸收熱能，使其具有抗拒原子核對本身的束縛力，在電子吸收足夠能量時，則使原子釋放更多的自由電子，產生更多的電流載子。如此一來，使該材質的導電特性隨之增高，電阻值便隨溫度的上升而減少了。這種材質稱爲具有負的電阻溫度係數。早期發明的電燈，是利用碳爲燈絲材料，但是碳會受溫度上升而電阻減少的影響，這類燈泡很容易燒壞，因此目前多改用以鎢絲（正的電阻溫度係數）爲燈絲材料。

　　另外有一些特殊材質，如銅鎳合金（constantan），它的電阻值在溫度上升時幾乎是一個常數，這是因爲當溫度上升時，雖然原子核的振動加劇，致使電子與原子核的碰撞增加，增加了材質的電阻，但另一方面受庫侖力束縛的電子也從外界吸收熱能，使更多電子脫離軌道形成自由電子，增加了導電性，與前述的電阻增加恰好抵銷，因此該類材質的電阻受溫度的影響極微，稱爲具有趨近於零的電阻溫度係數。這也是最理想的電路元件使用材質，但是價格也非常昂貴。

　　圖 2.3.1 所示爲某一種金屬導體典型電阻（R）隨溫度（T）變化的特性曲線，實線爲眞正的變化曲線，而虛線是其線性近似曲線。請注意圖 2.3.1 的實線與虛線只有在中間某一段呈現線性重合的特性，其中實線最左邊與溫度軸交會點之座標爲（$-273°C$，$0\ \Omega$），此溫度 $-273°C$（攝氏溫度）等於 $0°K$（凱氏溫度）點稱爲絕對溫度的零度，在此溫度下，任何材質的電阻值恰爲零。而圖中左側虛線與溫度軸交會點 T_0，稱爲理論的絕對溫度零度，它也是一個負值的攝氏溫度，處於該近似線性直線的最末端，提供計算電阻隨溫度變化之用。溫度特性曲線沿著 T_0 上升逐漸呈現線性且往右上方改變之趨勢，直到溫度上升至某一臨界點，實線之電阻突然增高，而虛線則仍

呈線性往右上發展。一般計算電阻值隨溫度之改變，便是按圖 2.3.1 之近似線性的曲線做計算的。

由圖 2.3.1 之一對座標（溫度，電阻）值可算出該近似直線的斜率，其中利用了三角形底與高的比例關係：

$$\text{曲線斜率} = \frac{R_b}{T_b - T_0} = \frac{R_a}{T_a - T_0} \quad \Omega/℃ \tag{2.3.1}$$

式中第一個等號右側項分母爲圖 2.3.1 中的三角形 *ABC* 之底長，分子爲該三角形之高；第二個等號右側項分母則爲三角形 *A′B′C* 之底長，分子則爲該三角形的高度。一般取 T_a 爲室溫 20℃，而 R_a 則爲室溫的電阻大小，T_a 及 R_a 這些數據都可假定爲已知常數。將(2.3.1)式做移項處理，可算出 R_b 在溫度爲 T_b 時的數值：

$$R_b = R_a \frac{T_b - T_0}{T_a - T_0} = R_a \frac{(T_a - T_0) + (T_b - T_a)}{T_a - T_0}$$

$$= R_a [1 + \alpha_T (T_b - T_a)] \quad \Omega \tag{2.3.2a}$$

或

$$R_b = R_a [1 + \alpha_T (T_b - T_a)] \quad \Omega \tag{2.3.2b}$$

圖 2.3.1　金屬導體典型電阻（R）隨溫度（T）變化的特性曲線

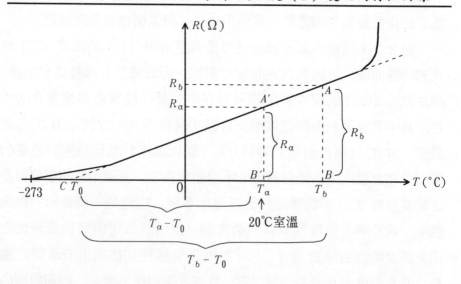

式中 α_T 稱爲電阻的溫度係數，單位爲（℃）$^{-1}$，以下式表示：

$$\alpha_T = \frac{1}{T_a - T_0} \quad (\text{℃})^{-1} \qquad\qquad (2.3.3)$$

表 2.3.1 所示爲各種不同材質在室溫 20℃ 的電阻溫度係數，由該表的數據可以得知，具有正的電阻溫度係數的材料是一般的金屬導體，其中特殊的銅鎳合金比銅的電阻溫度係數小了約 491.25 倍，因此該銅鎳合金非常適合於溫度變化極大的環境。表 2.3.1 中唯有碳質

表 2.3.1　**各種材質在室溫** 20℃ **時之電阻溫度係數**

材　　　質	電阻溫度係數 α_T（℃）$^{-1}$
導體材質：　　汞	0.0072
鎳	0.0062
鎢	0.005
鉍	0.004
銅（硬抽銅）	0.00393
鋁	0.0039
銀	0.0038
鋅	0.0037
銻	0.0036
金	0.0034
鉑	0.003
黃銅	0.002
蒙銅	0.0019
軟鋼	0.0016
錳鉻	0.00019
鉛	0.0002
德銀	0.0004
錳銅	0.000006
銅鎳合金	0.000005
亞亞鎳，銅鎳	0.000005
理想鎳，銅鎳	0.000005
半導體材質：　　碳	-0.0005
鍺	-0.06
矽	-0.08

材料、鍺和矽等半導體材料具有負的電阻溫度係數，在使用上應盡量避免在高溫下操作，以防止有燒壞之虞，這也是在使用半導體材料上一個非常重要的問題。

【例 2.3.1】 (a)一個燈泡以鎢做爲燈絲材料，在室溫 20℃ 時鎢之電阻溫度係數爲 0.005 （℃）$^{-1}$，已知在室溫的燈泡電阻爲 100 Ω，求當溫度上升至 100℃ 時之電阻值。(b)若燈絲改以碳爲材料，其電阻溫度係數爲 − 0.0005 （℃）$^{-1}$，重做(a)。

【解】 (a)令 $R_a = 100$ Ω，$T_a = 20℃$，$T_b = 100℃$，$\alpha_T = 0.005(℃)^{-1}$，代入 (2.3.2b) 式，可得：

$$R_b = R_a[1 + \alpha_T(T_b - T_a)]$$
$$= 100[1 + 0.005(100 - 20)] = 140 \text{ Ω}$$

比室溫之電阻值增加了 (140 − 100) = 40 Ω 。

(b)改令 $\alpha_T = -0.0005$ （℃）$^{-1}$，重做(a)，可得：

$$R_b = 100[1 + (-0.0005)(100 - 20)] = 96 \text{ Ω}$$

比室溫之電阻值減少了 （100 − 96）= 4 Ω。　　　　　　◎

【例 2.3.2】 一個汽車用直流燈泡，以鎢做爲燈絲材料，電阻溫度係數爲 0.005 （℃）$^{-1}$，室溫下爲 10 Ω。將該燈泡接上 12 V 汽車電池的電壓後，求：(a)室溫下該燈泡的電流及消耗功率若干？ (b)若電池電壓不變，當溫度上升至 80℃ 時，求此時燈泡之電流及功率？

【解】 (a)$I = \dfrac{V}{R} = \dfrac{12}{10} = 1.2$ A

$P = VI = 12 \times 1.2 = 14.4$ W

(b)$R(80℃) = R(20℃) \times [1 + \alpha(80 - 20)]$
$$= 10 \times [1 + 0.005(60)] = 13 \text{ Ω}$$

$I = \dfrac{V}{R(80℃)} = \dfrac{12}{13} = 0.923$ A

$P = VI = 12 \times 0.923 = 11.076$ W

由(a)(b)結果知，當溫度上升後，因為電阻值增大，故燈泡消耗功率下降。　　　　　　　　　　　　　　　　　　　　　　　　　　　◎

【本節重點摘要】

(1)電阻溫度係數在一般金屬材料為正值，溫度上升，電阻值增大；半導體材料之電阻溫度係數多為負值，溫度上升，電阻值減少；特殊材質，如銅鎳合金，則具有接近零的電阻溫度係數。

(2)電阻值與溫度的關係以直線近似公式表示為：

$$R_b = R_a \left[1 + \alpha_T (T_b - T_a) \right] \quad \Omega$$

式中一般以 T_a（℃）為室溫，R_a（Ω）為室溫電阻值，α_T 為室溫電阻溫度係數，單位為（℃）$^{-1}$。

【思考問題】

(1)為求真正電阻在極高溫及極低溫下的變化情形，則圖 2.3.1 之電阻對溫度之關係式應如何表示？

(2)是否每一種材質電阻對溫度之變化均可適用（2.3.2）式？

(3)有沒有那一種材質的電阻溫度係數不是常數的？請列舉說明。

(4)若 A 材質電阻器與 B 材質電阻器的電阻溫度係數，大小相同，極性相反，當這兩個電阻器連接後，是否形成零電阻溫度係數的電阻？

(5)半導體的材料如矽或鍺，均為負的電阻溫度係數，如何設計電路才能使其電阻溫度係數補償為零或正值？

2.4　功率與能量

在本章第 2.2 節中已說明過：一個線性電阻器的電壓與電流關係可用歐姆定理決定，配合第一章第 1.3 節的功率方程式應用，則一個電阻器 R 的功率 P_R 可以利用電阻器兩端所跨的電壓 V_R，或該電阻

器通過之電流 I_R 來表示，其中假設電流 I_R 流入電壓 V_R 之正端，亦即視電阻器正在消耗或吸收功率。首先用電阻器兩端的電壓 V_R 來表示功率：

$$P_R = V_R I_R = V_R (\frac{V_R}{R}) = \frac{V_R^2}{R} \quad \text{W} \tag{2.4.1}$$

式中電阻器電流 I_R 用電阻器兩端電壓 V_R 除以電阻值 R 來代替。若將功率 (2.4.1) 式中 P_R 之電壓 V_R 改用電流 I_R 乘以電阻 R 來取代，則電阻器之功率也可寫為：

$$P_R = V_R I_R = (I_R R) I_R = I_R^2 R \quad \text{W} \tag{2.4.2}$$

上面 (2.4.1) 式及 (2.4.2) 式兩式中之所有單位均為公制 (MKS) 單位。

【例 2.4.1】(a)若一個 10 Ω 電阻器兩端電壓為 20 V，求該電阻器通過之電流及所消耗的功率。(b)若本例(a)中的電阻器條件改為已知電流為 20 A，求電阻器兩端的電壓與消耗的功率。

【解】 (a)$P_R = \frac{(V_R)^2}{R} = \frac{(20)^2}{10} = \frac{400}{10} = 40$ W ——功率消耗

$I_R = \frac{V_R}{R} = \frac{20}{10} = 2$ A ——通過電流

(b)$P_R = (I_R)^2 R = (20)^2 10 = (400)(10) = 4000$ W ——功率消耗

$V_R = I_R R = (20)(10) = 200$ V ——兩端電壓　　　　◎

　　電阻器的功率 P_R 是指被該電阻器消耗或吸收的功率，等於兩端電壓 V_R 與通過電流 I_R 的乘積，要注意的是該電阻器之電流 I_R 的方向為流向電壓 V_R 之正極性端點，亦即電阻器是一個會吸收功率的被動元件，它自外面的電源吸收能量，使電流載子具有更大的動能以克服電阻的阻力，造成電流的流動。這種吸收的能量在電阻器內部，是經由自由電子撞擊固定的離子的動能形式，轉換成為其他能量的形

式，例如：熱能（如電熱器或電烤箱）、光能（如燈泡）等，此類能
量的轉變必須維持恆定，此即所謂的能量不滅定律，能量的形式雖然
改變，但是整體能量之總和仍保持不變。

電阻會吸收電的能量，而大部份將此能量轉變為熱，在電阻器內
部會發熱或產熱，因此一個電阻器要藉由本身外面的表面積或特殊材
質來做散熱，表面積越大表示其散熱能力越強，材質的導熱率越高散
熱能力也越大。因此有某些特殊高功率用途的電阻器，具有相當大的
表面積，或是表面以金屬體覆蓋幫助散熱，甚至連接散熱器、以風扇
冷卻等情形。但是當一個電阻器的散熱率小於其內部的發熱率時，則
會使該電阻器燒壞；反之，若電阻器之散熱率大於或等於發熱率，才
有足夠能力保護電阻器本身不致燒毀。因此一個電阻器一般都有最大
的功率額定值，以符號 $P_{R,max}$（單位：瓦特）來表示。當一個電阻器
之吸收功率低於 $P_{R,max}$ 時，則該電阻器可以安全地工作，不怕燒壞；
反之，若一個電阻器工作於大於 $P_{R,max}$ 的功率下，一般而言，該電阻
器就會燒毀（但有時設計電阻器時會考慮其超載能力，因此雖然超過
$P_{R,max}$，卻不會燒毀）。若一個電阻器之最大功率額定 $P_{R,max}$ 為已知，
則可分別利用（2.4.1）式及（2.4.2）式兩式，計算出該電阻器所能
承受的最大安全電壓 $V_{R,max}$（伏特）以及最大允許通過的安全電流
$I_{R,max}$（安培）：

$$P_{R,max} = \frac{(V_{R,max})^2}{R} \quad \text{W} \tag{2.4.3a}$$

或

$$V_{R,max} = \sqrt{P_{R,max}R} \quad \text{V} \tag{2.4.3b}$$

以及

$$P_{R,max} = (I_{R,max})^2 R \quad \text{W} \tag{2.4.4a}$$

或

$$I_{R,max} = \sqrt{\frac{P_{R,max}}{R}} \quad \text{A} \tag{2.4.4b}$$

若將（2.4.3b）式與（2.4.4b）式兩式相除，恰可求得 R 的數值：

$$R = \frac{V_{R,\max}}{I_{R,\max}} \quad \Omega \tag{2.4.5}$$

若將$(2.4.3b)$式與$(2.4.4b)$式兩式相乘，恰可求得$P_{R,\max}$的數值：

$$P_{R,\max} = V_{R,\max} I_{R,\max} \quad W \tag{2.4.6}$$

$(2.4.5)$ 式表示歐姆定理也適用於電阻之最大電壓與最大電流的條件，亦即電阻器兩端電壓爲最大 $V_{R,\max}$時，通過之電流必爲最大值 $I_{R,\max}$。圖 $2.4.1$ 所示爲電阻 R、$V_{R,\max}$、$I_{R,\max}$及 $P_{R,\max}$在電壓—電流特性線上的關係。

圖$2.4.1$　電阻器之 $V_{R,\max}$、$I_{R,\max}$及 $P_{R,\max}$關係

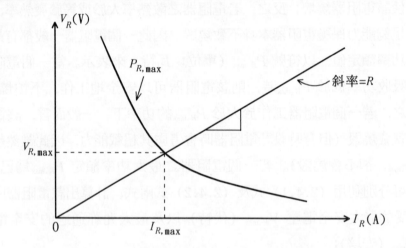

【例$2.4.2$】一個 $4\ \Omega$ 的電阻器具有 $100\ W$ 的最大功率額定，求該電阻器之最高工作電壓與最大工作電流。

【解】令 $R = 4\ \Omega$, $P_{R,\max} = 100\ W$，分別代入$(2.4.3b)$式及$(2.4.4b)$式可得：

$$V_{R,\max} = \sqrt{P_{R,\max} R} = \sqrt{100 \cdot 4} = 20\ V$$

$$I_{R,\max} = \sqrt{\frac{P_{R,\max}}{R}} = \sqrt{\frac{100}{4}} = 5\ A$$

驗證：$V_{R,\max} I_{R,\max} = (20)(5) = 100\ W = P_{R,\max}$　◎

若一個電阻器的功率為常數 P_R（單位：W），則其消耗或吸收的電能 W_R（單位：J）的計算，只需將功率 P_R 乘以時間 t 即可：

$$W_R = P_R t = V_R I_R t \quad \text{J} \tag{2.4.7}$$

【例 2.4.3】若例 2.4.1 中的電阻器吸收功率經過 1 分鐘（60 秒）的時間，求消耗電能若干？

【解】 (a)$P_R = 40$ W， $W_R = P_R t = (40)(60) = 2400$ J

(b)$P_R = 4000$ W， $W_R = P_R t = (4000)(60) = 240000$ J ◎

若一個電阻器所消耗的功率 $p_R(t)$ 會隨時間變化，則必須利用積分的方式求解電阻所吸收或消耗的能量 $w_R(t)$ 如下：

$$w_R(t) = \int_{t_0}^{t} p_R(\tau) d\tau \quad \text{J} \tag{2.4.8}$$

式中 t_0 到 t 之時間為計算電阻消耗電能的時間範圍，τ 則為虛擬時間積分變數。由於電阻器不是一種儲能元件，因此（2.4.8）式中不考慮電阻器可能在 t_0 的初值能量 $w_R(t_0)$。

【例 2.4.4】某一電阻器之功率消耗與時間的關係如下：

$$p_R(t) = t + 10 \quad \text{W}$$

求自 $t_0 = 0$ s 到 $t = 100$ s 間所消耗的電能。

【解】 $w_R(t) = \int_{t_0}^{t} p_R(\tau) d\tau = \int_{0}^{100} (\tau + 10) d\tau = \frac{1}{2}\tau^2 + 10\tau \Big|_{0}^{100}$

$$= \frac{1}{2}(100)^2 + 10(100) - 0 = 6000 \text{ J} \quad ◎$$

【本節重點摘要】

(1)一個電阻器 R 的消耗功率 P_R 可由兩端電壓 V_R 或流入之電流 I_R 直接表示：

$$P_R = V_R I_R = \frac{(V_R)^2}{R} = (I_R)^2 R \quad \text{W}$$

式中電流 I_R 方向由電壓 V_R 正端流入。

(2)一個電阻器 R 之最大功率額定為 $P_{R,\max}$，可決定該電阻器兩端最高安全電壓 $V_{R,\max}$ 與最大安全電流 $I_{R,\max}$：

$$V_{R,\max} = \sqrt{P_{R,\max} \cdot R} \quad \text{V}$$

$$I_{R,\max} = \sqrt{\frac{P_{R,\max}}{R}} \quad \text{A}$$

(3)電阻器的電能消耗在電阻功率為常數 P_R 時，可直接乘以經過的時間 t，表示如下：

$$W_R = P_R t \quad \text{J}$$

當電阻功率為時間函數 $p_R(t)$ 時，則改以對時間之積分式表示：

$$w_R(t) = \int_{t_0}^{t} p_R(\tau) d\tau \quad \text{J}$$

【思考問題】

(1)若電阻器之電阻值為負數，是否該負電阻不消耗功率？

(2)非線性電阻器之功率及能量是否可用本節的方程式計算？

(3)半導體元件最大功率額定如何定義？

(4)電阻器的散熱率如何定義？

(5)幫助電阻器散熱的方法有那些？這些熱可回收使用嗎？

2.5　串聯電路

　　本節所談的是有關在電路上，電路元件間最基本也是最重要的一種連接方式之一，即所謂串聯電路（series circuit）。此種連接方式，係將電路元件一個一個類似鍊條的鐵環一樣相連，一個電路元件緊扣著另一個電路元件，進而形成一個完整電路。

　　為了使讀者對電路之連接有所認識，首先以圖 2.5.1 為範例，對電路之專有名詞做一番說明：

1. 節點（nodes）

　　節點係指由兩個或兩個以上的電路元件所互相連接的共同點，它可以用一小圓圈（如 a 點）或一個黑圓點（如 e 點）來表示。在圖2.5.1中，a、b、c、c′、d、e 點均可爲節點。值得注意的是，節點 c 與節點 c′中間爲一條短路線，表示這兩個節點爲等電位或相同電壓，可視這兩個節點被「焊接」在一起，因此只需用一個節點 c 來表示即可。同理，節點 e 包含了四個電路元件之連接，因此這四個點可合成爲一個節點 e。

圖2.5.1　對電路專有名詞的説明

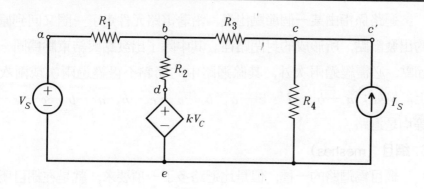

2. 主節點（principal nodes）

　　主節點係指特殊節點的一種，但要求較節點更加嚴格，它必須是包含三個或三個以上的電路元件所連接的點，如圖中之節點 b、c、e 便是主節點，而節點 a、d 只有兩個電路元件相連接，因此不是主節點。主節點的個數在計算電路方程式數目上極爲重要，此將在第三章中討論。（註：有些書上對於主節點的名詞改以連接點（junction）來表示。）

3. 路徑（paths）

　　路徑係指任何兩個節點間的通路，它可以是一個電路元件，或是由一個以上的電路元件所組成。例如：節點 a 與節點 b 之路徑爲電

阻元件 R_1，節點 c 與節點 e 之路徑爲電阻元件 R_4 及電流源 I_s，以此類推。圖 2.5.1 中共有 7 個路徑，等於該電路所有電路元件的個數。

4. **支路或分支**（branches）

支路爲路徑之一種，但是要求比路徑更加嚴格，它必須是任何兩個主節點之間的路徑，但是所選定的支路上不能有其他的主節點存在。例如：圖 2.5.1 中的主節點爲 b、c、e 三個，節點 b 與節點 e 間的 $R_1 - V_s$ 以及 $R_2 - kV_C$ 便是支路；R_3 是節點 b 與節點 c 之支路，節點 c 與節點 e 間的支路爲 R_4 以及 I_s 兩條。因此圖 2.5.1 中共有 5 條支路。

5. **迴路**（loops）

迴路係指由某一個節點出發，沿著電路元件走了一圈又回到原來的出發節點，所形成的封閉路徑。其中除了出發點與結束點爲同一個節點，必需經過兩次外，其餘迴路中的節點不得經過兩次或兩次以上。例如：$a-b-d-e-a$，$b-c-e-b$，$a-b-c-e-a$ 等均是迴路。

6. **網目**（meshes）

網目爲迴路的一種，但是比迴路多了一項要求，就是在網目所形成的一圈路徑內，不得包含其他的電路元件在其迴圈中。例如：圖 2.5.1 中的 $a-b-d-e-a$，$b-c-e-d-b$，$c-c'-e-c$ 均爲網目，但是在 $a-b-c-e-a$ 的迴路中間包含了 $R_2 - kV_C$ 的支路，因此該迴路不是網目。

有了上述電路的名詞說明後，在此將串聯電路的定義說明如下：若在一個電路中，任何電路元件的一個端點，只有唯一的一個電路元件的端點與其相連接，而且每一個節點所連接的電路元件個數爲 2，則稱該電路爲串聯電路。如圖 2.5.2(a)所示，電路元件 E_1 與 E_2 共同連接在節點 c 上，而電路元件 E_3 與 E_1 則連接在節點 b 上，電路元件 E_2 與 E_3 共同連接在節點 d 與 a 所形成的短路線上，該圖每一個電路元件的其中一個端點，只有唯一的一個電路元件的端點與其相連

接，而且每一個節點所連接的電路元件個數為 2，因此這三個電路元件以串聯的方式做連接。但是在圖 2.5.2(b)中，節點 b 連接了三個電路元件，而且將電路元件 E_1 與 E_2 和 E_3 又連接在一起，違背了串聯電路的條件，因此這種連接的方式不是串聯電路。圖 2.5.2(c)之節點 a 和 b 雖同樣連接兩個電路元件，但是這兩個節點共用於兩電路元件 E_1 及 E_2 上，並不是唯一的一個節點連接，因此該電路不是串聯電路。

圖 2.5.2　(a)串聯電路(b)(c)非串聯電路

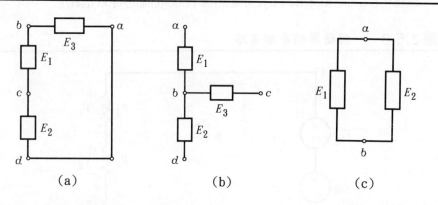

(a)　　　　　　(b)　　　　　　(c)

　　另一個串聯電路的定義或特性是：一個電路的某些電路元件稱為串聯者，該類電路元件具有相同的電流通過。這是根據上述說明中，「串聯電路元件的端點只有唯一的一個電路元件與其連接」，由電荷的流動來看，電荷在這些串聯電路元件中流動會造成電流，而且流出某一個電路元件的電流必然流入下一個所串接的電路元件，因此所有串接的電路元件電流完全相同（包含大小及方向），這種定義可在第 2.9 節的克希荷夫電流定律中得到驗證。

　　為瞭解串聯電路的應用，茲以圖 2.5.3 為例做一個說明。在圖 2.5.3 中，共有五個電路元件：兩個獨立電壓源 V_{s1} 及 V_{s2}，以及三個電阻 R_1、R_2、R_3，由於每個電路元件的一個端點只有唯一的另一電路元件端點相連接，又每個節點連接元件的個數為 2，因此該電路

是一個串聯電路。我們可以將該電路的電源視為兩個電池，而電阻元件 R_1、R_2、R_3 視為不同燈泡的內部電阻，則圖 2.5.3 所示便是兩個電池供應三個串聯燈泡的接線圖。另一個看法是：將電阻 R_1 看成是兩個獨立電壓源的總內部電阻，則電壓源與 R_1 形成了與實際電壓源近似的模型，節點 c 與節點 b 之端點便是該實際電壓源的輸出端點，若將電阻 R_3 看成是負載電阻，譬如一個電熱器之電阻線，電阻 R_2 可看成是一個簡單限制電流量的電阻（只可看成是等效電阻，實際限流電阻並不如此簡單），那麼圖 2.5.3 所示便是一個實際電壓源利用一個簡單限流電阻來限制加到電熱器負載電流的等效電路。

圖 2.5.3   一個簡單的串聯電路

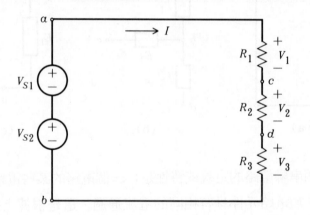

值得我們注意的是，基本電壓源的串聯一般是以 +、－、+、－ 的極性順序串接，如圖 2.5.3 左側電源所示，在節點 a 及節點 b 的電壓等於 V_{S1} 加上 V_{S2}。以兩個 1.5 V 的乾電池來說，兩個電池相加可以得到 3 V 的總電壓大小；兩個 9 V 的乾電池串聯便可以得到 18 V 的電壓值；把更多的電壓源按正負極性的基本方式串接，便可以得到相當高的電源電壓。但是根據串聯電路的定義，每一個電壓源被串在一起後的電流輸出量都變成相同了，因此串在一起的電壓源不論誰的輸出電流大，都會被限制成相同的值。倘若圖 2.5.3 中的獨立電壓源是

兩個 1.5 V 的乾電池，萬一將其中一個電池的極性接反了，在節點 a 和節點 b 間形成 +、-、-、+ 或是 -、+、+、- 的極性，則由於電壓相同極性相反，會使節點 ab 兩端的電壓變成 0 V，沒有電壓輸出。又萬一 V_{s1} 是一個 1.5 V 的乾電池，極性與圖 2.5.3 相同，但 V_{s2} 為一個 9 V 乾電池，極性與圖示相反，則真正節點 a 對節點 b 的電壓會變成 1.5 - 9 = - 7.5 V，這樣可能會造成電路故障，甚至會燒壞電路，值得注意。以上是有關電壓源串聯的部份，也可參考下一節的電壓串聯的關係。

　　若將圖 2.5.3 之兩個獨立電壓源全部改為電流源，亦即成為兩個電流源的串聯，則此時的條件就比多個電壓源串接時的條件限制了許多。因為一個獨立電流源所流出的電流是一個定值，根據串聯的定義，每一電路元件串聯在一起時，電路元件的電流要一樣。因此若要將電流源串聯，先決條件是每一電流源的電流大小在每一瞬間一定要相同，方向也要一樣，否則就違背了串聯的定義。舉例來說，一個 5 A 直流電流源僅能與 5 A 直流電流源以同一個方向串聯，絕對不能和 3 A 直流電流源或 $5\sqrt{2}\sin(377t)$ A 的交流 5 A 電流源串聯。在後面的第 2.8 節並聯電路中會瞭解，獨立電流源是很少以串聯的方式做連接的，它是比較常用並聯的方式做連接，如此才能提供較大的電流輸出。

　　一個串聯電路的特性及其功能，我們將在下面的兩小節：克希荷夫電壓定律以及分壓器法則中做介紹說明。

【例 2.5.1】請指出圖 2.5.4 的電路中，何者為串聯電路？何者不是？
【解】圖 2.5.4(a)(b) 之四個電路元件的任何一個端點只有唯一的一個電路元件連接，故此兩個電路均是串聯電路。　　　　　　　　◎

圖 2.5.4 例 2.5.1 之電路圖

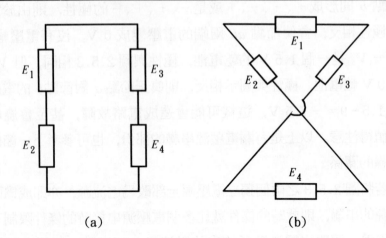

(a)   (b)

【本節重點摘要】

(1)節點係指由兩個或兩個以上的電路元件所互相連接的共同點。

(2)主節點係指特殊節點的一種，但要求較節點更加嚴格，它必須是包含三個或三個以上的電路元件所連接的點。

(3)路徑係指任何兩個節點間的通路，它可以是一個電路元件，或是由一個以上的電路元件所組成的通路。

(4)支路為路徑之一種，但是要求比路徑更加嚴格，它必須是任何兩個主節點之間的路徑，但是所選定的支路上不能有其他的主節點存在。

(5)迴路係指由某一個節點出發，沿著電路元件走一圈又回到原來的出發節點，所形成的封閉路徑。

(6)網目為迴路的一種，但是比迴路多了一項要求，便是在網目所形成的一圈路徑內，不得包含其他的電路元件在其迴圈中。

(7)串聯電路的定義：若在一個電路中，任何電路元件的一個端點，只有唯一的一個電路元件的端點與其相連接，而且每一個節點所連接的電路元件個數為2，則稱該電路為串聯電路。另一定義為：串聯電路之元件具有相同的電流通過。

(8)電壓源可以直接串聯，若極性安排正確（＋、－、＋、－），總電壓大小為直接相加的和；輸出電流則每一個電壓源均相同。

(9)電流源可以串聯的條件為：每一瞬間電流大小相同，方向亦相同。

【思考問題】

(1)試舉一日常電器用品串聯使用例子。

(2)若干的電壓源串聯後，電流量由那一個電壓源決定？

(3)燈泡若干個串聯後，亮不亮由那些因素決定？

(4)半導體元件與電阻器串聯後，電壓、電流、功率如何計算？

(5)一串聯電路中，某電路元件被開路或短路，對電路的電壓電流會有
何種影響？

2.6 克希荷夫電壓定律

除了第 2.2 節中的歐姆定理是電路學中最基本的定理外，由克希荷夫 (Kirchhoff) 所提出的基本電路定律：電壓定律以及電流定律，也將在本章中介紹。本節將先說明克希荷夫電壓定律 (Kirchhoff's voltage law)，簡稱為 KVL，它說明了一個電路中的迴路電壓，所應遵守的基本規則。

首先說明一個電路中的電壓的基本概念。當一個電路元件的電流由電壓的負端往電壓正端流動的時候，此時若以正電荷來看，相當於由一個低電位能提升至另一個高電位能，因此該正電荷必須吸收能量，而從元件的電壓正端放出能量或功率，我們稱這種電壓為電壓升 (voltage rise)，簡稱為壓升；反之，若電流是由電路元件的電壓正端往電壓負端流動，則以正電荷來看，相當於由一個高電位能降低至另一個低電位能，因此該正電荷釋放能量予電路元件，而電路元件吸收了該能量或功率，此種電壓稱為電壓降 (voltage drop)，簡稱為壓降。上述的壓升、壓降等觀念都牽涉了能量的應用，事實上，這種觀念與水位能、機械能的應用非常類似，所以重要的能量守恆定理就可以加以利用。克希荷夫電壓定律便是採用一個電路中能量之吸收與釋

放，或是電位之升高與降低的觀念所推導出的基本定律。它的說明如下：

在一個電路中，對於任何一個封閉的迴路而言，其所有電壓之代數和為零。

以方程式表示如下：

對電路中任何一個封閉的迴路：$\sum\limits_{i=1}^{n} V_i = 0$ V　　　　　(2.6.1)

式中 n 代表該迴路中電路元件之總數，V_i 代表第 i 個電路元件在該迴路中兩端的電壓。克希荷夫定律也可以改成下面的說明：

在一個電路中，對於任何一個封閉的迴路而言，其電壓升的總和等於電壓降的總和。

以方程式表示如下：

電路中，對相同一個迴路：$\sum\limits_{i=1}^{k} V_{ri} = \sum\limits_{j=1}^{m} V_{dj}$ V　　　　　(2.6.2)

式中下標 r 代表壓升，而下標 d 代表壓降，k 代表某一個迴路中之電壓升的個數，而 m 則代表同一迴路中電壓降的數目，則 $k + m = n$，等於一個迴路中電路元件的總數。

應用 KVL 於一個電路中做分析時，其步驟如下：

(1)必須先確定某一迴路的元件電壓與極性均已標示完成。

(2)之後我們可以選擇該迴路中的任何一個節點出發，將所遇到的第 i 個電路元件兩端的電壓 V_i 逐一地相加：若遇到電路元件電壓之極性為負號的，則在 V_i 前加一個負號；若遇到第 i 個電路元件的電壓 V_i 為正號，則在 V_i 前加一個正號，方向可以選擇為順時鐘或反時鐘，或按迴路指定電流的方向選擇，一直到該迴路所有電路元件電壓完全加好了為止。

(3)此時必定回到原來的出發節點，若不是回到原出發節點，表示沒有

完成一個迴路，必須繼續完成到原出發節點爲止。

對 (2.6.1) 式來說，將該迴路的全部電壓相加令其總和爲零，便是一個 KVL 方程式。對 (2.6.2) 式而言，將同一個迴路中的電路元件電壓升全部併到等號左側相加，而將同一迴路所有電路元件電壓降全部併到等號右側相加，這個方程式便是 KVL 方程式。請注意：有時就在寫 (2.6.1) 式之電壓極性時容易混淆，建議以上述的方法，當繞迴路一圈寫 KVL 方程式時，由某一節點出發，遇到電路元件第一端點的電壓 V_i 爲負極性時，則電壓 V_i 前面加一個負號；若遇電路元件的第一端點電壓 V_i 爲正極性時，則在電壓 V_i 前面寫成正號，如此便可將 KVL 方程式順利寫出，不會產生電壓極性之加減號混淆不清的情形。

根據第一章中第 1.2 節的說明，將一個單位正電荷沿著與電場相反的方向移動，可以算出電場中任意兩點的相對電位，該電位也可以利用這兩點的能量變化除以電荷大小算出。依據克希荷夫定理的說明，當一個正電荷沿著一個迴路繞一圈回到原出發點時，其電位差變化自然等於零，因爲出發點與結束點相同；再者，能量也等於零，因爲在一個迴路中，一個正電荷通過電路所產生電位能的升升降降，一直回到原出發點時並沒有作功，因此能量總變化恆等於零，維持了能量不滅定理的關係。茲舉一個簡單圖形來說明。

如圖 2.6.1 所示，一個簡單電路含有一個直流電壓源 11 V；兩個電阻 R_1 及 R_2，電壓分別爲 2 V 及 7 V；一個相依電壓源，電壓已知爲 5 V；一個電流源兩端電壓爲 6 V；一個未知電路元件兩端之電壓爲 V_3，其極性如圖 2.6.1 所示。利用 (2.6.1) 式從節點 a 出發，沿著節點 b、c、d、e、f，再回到原出發的節點 a，可以寫出 KVL 如下：

$$V_{ab} + V_{bc} + V_{cd} + V_{de} + V_{ef} + V_{fa} = 0 \quad V$$

或

$$-11 + 2 - 5 + 6 - V_3 + 7 = 0 \quad V$$

圖 2.6.1　KVL 應用之電路說明

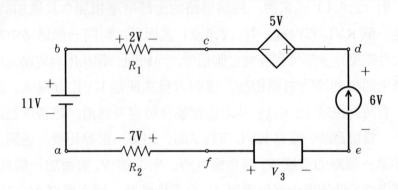

可以解得 $V_3 = -1$ V。若以 (2.6.2) 式來表示，方向也是由節點 a 開始，沿著相同方向繞一圈，則可以寫出 KVL 方程式爲：

$$11 + 5 + V_3 = 2 + 6 + 7 \quad V$$

也可以得到相同的答案。其中答案 $V_3 = -1$ V，表示節點 f 對節點 e 的電壓爲 -1 V，也可以說是節點 e 對節點 f 之電壓爲 1 V。如此方便的計算法，便是利用克希荷夫電壓定律在一個簡單迴路中所推算得到的。

　　值得我們注意的是，雖然 (2.6.1) 式及 (2.6.2) 式兩式的電壓符號爲大寫，但是在後面的章節中我們會發現，克希荷夫電壓定律除了像本節的直流電壓量能適用外，交流的相量以及瞬時值的電壓也一樣能適用。因此，對於一個電路的封閉迴路，不論電壓是直流、交流相量、或瞬時值，只要是在同一個工作電源頻率下的量，則該迴路的電壓關係必須滿足克希荷夫電壓定律。這個道理與第 2.9 節的克希荷夫電流定律一樣，同是電路學上非常重要的一個觀念。

【例 2.6.1】若圖 2.6.1 中的相依電壓源改用 kV_3 表示，試分別利用 (2.6.1) 式及 (2.6.2) 式求 V_3 的數值。

【解】(a)利用 (2.6.1) 式之 KVL 表示式如下：

$$-11 + 2 - kV_3 + 6 - V_3 + 7 = 0 \quad \text{V}$$

解得: $V_3 = \dfrac{-11 + 2 + 6 + 7}{1+k} = \dfrac{4}{1+k}$ V

(b)利用 (2.6.2) 式之 KVL 表示式如下:

$$11 + kV_3 + V_3 = 2 + 6 + 7$$

解得: $V_3 = \dfrac{2+6+7-11}{1+k} = \dfrac{4}{1+k}$ V ◎

【例2.6.2】如圖2.6.2所示之電路, 利用 KVL 求未知電壓 V_x 及 V_y 之值。

圖2.6.2 例2.6.2之電路

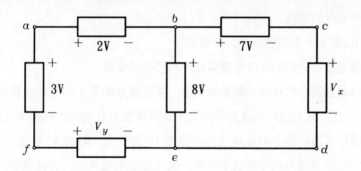

【解】由 $a - b - e - f - a$ 所形成迴路之 KVL 方程式為:

$$+2 + 8 - V_y - 3 = 0$$

∴ $V_y = 2 + 8 - 3 = 7$ V

由 $b - c - d - e - b$ 所形成迴路之 KVL 方程式為:

$$+7 + V_x - 8 = 0$$

∴ $V_x = 8 - 7 = 1$ V

若由 $a - b - c - d - e - f - a$ 寫成迴路之 KVL 方程式為:

$$+2 + 7 + V_x - V_y - 3 = 0$$

無法解出 V_x 及 V_y, 故須要由兩個迴路 KVL 方程式求解。 ◎

【本節重點摘要】

(1)克希荷夫電壓定律（KVL）說明：「在一個電路中，對於任何一個封閉的迴路而言，其所有電壓之代數和為零。」以方程式表示如下：

$$對電路中任何一個封閉的迴路： \sum_{i=1}^{n} V_i = 0 \quad V$$

式中 n 代表該迴路中電路元件之總數，V_i 代表第 i 個電路元件在該迴路中兩端的電壓。

(2)克希荷夫定律也可以改成下面的說明：「在一個電路中，對於任何一個封閉的迴路而言，其電壓升的總和等於電壓降的總和。」以方程式表示如下：

$$電路中，對相同一個迴路： \sum_{i=1}^{k} V_{ri} = \sum_{j=1}^{m} V_{dj} \quad V$$

式中下標 r 代表壓升，而下標 d 代表壓降，k 代表某一個迴路中之電壓升的個數，而 m 則代表同一迴路中電壓降的數目，則 $k + m = n$，等於一個迴路中電路元件的總數。

(3)應用 KVL 於一個電路中時，步驟如下：

①先確定某一迴路的元件電壓與極性均已標示完成。

②選擇該迴路中的任何一個節點出發，將所遇到的第 i 個電路元件兩端的電壓 V_i 逐一地相加：若遇到電路元件電壓極性為負號的，則在 V_i 前加一個負號；若遇到第 i 個電路元件的電壓 V_i 為正號，則在 V_i 前加一個正號，方向可以選擇為順時鐘或反時鐘，或按迴路指定電流的方向選擇，一直到該迴路所有電路元件電壓完全加好了為止。

【思考問題】

(1)請猜一猜 KVL 可能應用於交流及瞬時值的表示式。

(2)KVL 適用於含有非線性元件之電路嗎？

(3)當電路某一迴路中含有開路或短路時，KVL 仍可適用嗎？

(4)由於 KVL 符合能量守恆定理，可否將 KVL 改為能量方程式？表示式如何？

(5)請以自由電子流動的觀念，說明一個電路迴路中，能量的吸收與釋放情形。

2.7 分壓器法則

在一個串聯電路中，若已經知道該串聯電路兩端所跨的電壓大小，而且每一個串聯電阻器的電阻值大小也為已知，那麼利用本節的分壓器法則（the voltage-division principle），可以很方便地算出各個電阻器兩端的電壓。

如圖 2.7.1 所示，一個獨立電壓源 V_S 供應給 R_1、R_2、$\cdots$、R_n 等 n 個串聯電阻器，每一個電阻兩端所跨的電壓分別為：V_1、V_2、$\cdots$、V_n。假設電流 I 流經所有的電阻器（由於串聯電路之故），根據歐姆定理，每一個電阻器兩端所跨的電壓大小分別為：

$$V_i = R_i I \quad \text{V} \qquad i = 1, 2, \cdots, n \qquad (2.7.1)$$

利用克希荷夫電壓定律（KVL），按順時鐘方向由節點 b 出發繞迴路一圈，寫出圖 2.7.1 之迴路電壓方程式為：

$$-V_S + V_1 + V_2 + \cdots + V_n = 0 \quad \text{V} \qquad (2.7.2)$$

將 (2.7.2) 式左側的 $-V_S$ 移項到等號右側，則 (2.7.2) 式可重新寫成：

$$V_1 + V_2 + \cdots + V_n = V_S \quad \text{V} \qquad (2.7.3)$$

圖 2.7.1　串聯電路之分壓器法則應用

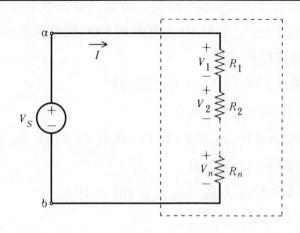

將 (2.7.1) 式中各電阻器兩端的電壓 V_i，利用電流 I 乘上電阻 R_i 的歐姆定理關係，分別代入 (2.7.3) 式可得：

$$V_S = IR_1 + IR_2 + \cdots + IR_n = I(R_1 + R_2 + \cdots + R_n)$$
$$= IR_T = IR_{eq} \quad \text{V} \tag{2.7.4}$$

式中

$$R_T = R_{eq} = R_1 + R_2 + \cdots + R_n \quad \Omega \tag{2.7.5}$$

R_T 稱爲總電阻 (the total resistance)，它是等於該電路的電壓源 V_S 由節點 a、b 端看入的總電阻值；R_{eq} 稱爲等效電阻 (the equivalent resistance)，它是將電路所有串聯的電阻合併爲一個的等效電阻。若 (2.7.5) 式中的每個電阻器的電阻大小值完全相同，且等於 R，則總電阻 R_T 便是一個電阻值 R 的 n 倍，即等於 nR。由 (2.7.5) 式中，我們也可以知道，在 n 個電阻器 R_1、R_2、$\cdots$、R_n 串聯在一起時，總電阻 R_T 的大小必定會大於或等於該 n 個電阻器中，具有最大電阻數值的電阻器 (此最大電阻值也包含特殊的開路電阻 $R_{OC} = \infty$ Ω)，用方程式表示爲：

$$R_T \geq \text{Max}(R_1, R_2, \cdots, R_n) \quad \Omega \tag{2.7.6}$$

式中符號 $\text{Max}(\cdot)$ 表示取 $\cdot$ 中最大的一個數據。

【例 2.7.1】 (a)有三個電阻器：10 Ω、20 Ω、30 Ω 被串聯在一起，求串聯後之總電阻大小。(b)有 10 Ω 電阻器 3000 個被連接成串聯電路，求總串聯電阻值若干。

驗證您的結果是否與 (2.7.6) 式相符合？

【解】 (a)$R_T = 10 + 20 + 30 = 60$ Ω

驗證： 60 Ω > $\text{Max}(10, 20, 30) = 30$ Ω。滿足 (2.7.6) 式。

(b)$R_T = (10)(3000) = 30000$ Ω

驗證： 30000 Ω > $\text{Max}(10, 10, \cdots, 10) = 10$ Ω。

亦滿足 (2.7.6) 式。 ◎

由 (2.7.5) 式可知，串聯電路所形成的等效電阻係將這些電阻直接相加起來，成爲一個單一的電阻大小，因此圖 2.7.1 之電路可用圖 2.7.2 之虛線方塊圖形來代表。

在圖 2.7.2 中，電壓源同樣爲 V_S，由電壓源流出之電流同樣爲 I，完全與圖 2.7.1 相同，只是將圖 2.7.1 中的 n 個串聯電阻器以單一個等效電阻器 R_{eq} 來取代而已，其電路特性完全與圖 2.7.1 相同。因此稱圖 2.7.2 爲圖 2.7.1 之等效電路。將 (2.7.4) 式中的電流 I 表示爲電壓源電壓 V_S 除以總電阻 R_T（或 R_{eq}）的關係，可以得到：

$$I = \frac{V_S}{R_T} = \frac{V_S}{R_{eq}} = \frac{V_S}{R_1 + R_2 + \cdots + R_n} \quad \text{A} \tag{2.7.7}$$

圖 2.7.2　對應於圖 2.7.1 之等效電路

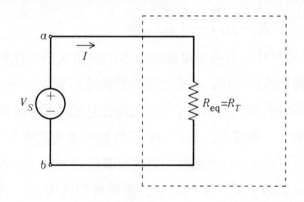

利用 (2.7.7) 式可以算出由電壓源 V_S 所流出的電流大小 I，此式也是圖 2.7.2 的歐姆定理應用，由該式可知，若電壓源大小 V_S 爲已知，每個串聯的電阻也是已知，則總電流 I 可立即由 (2.7.7) 式計算得到，再代入 (2.7.1) 式便可算出跨在每個串聯電阻器兩端的電壓大小。若 (2.7.7) 式中有某一個電阻器被短路，則總電阻值必定減少，但因電壓源大小 V_S 爲定值，因此電流 I 便會增加；反之，若有某一個電阻器被開路，則總電阻變成無限大，電流 I 成爲零值，沒有電流通過各個電阻器，因此每一個電阻器兩端都沒有電壓，只有

被開路的那個電阻器兩端電壓為電源電壓 V_s。此種方式也是判斷一個串聯電路中有沒有發生開路的一種方法。

　　上面所述的電阻器電壓求法，是先求出串聯電路的總電阻 R_T，再由電壓源大小 V_s 除以總電阻 R_T 算出電流 I，然後再將電流 I 乘以各個電阻值 R_i，以算出每個電阻器兩端的電壓大小 V_i。我們將嘗試利用另一種方法來求各個電阻器兩端的電壓大小，該法不必先算出電流 I 就可直接推算出每個電阻器兩端的電壓，這就是分壓器法則的方法。我們來看一看分壓器法則是如何得到的，首先將 (2.7.1) 式與 (2.7.4) 式相除，得到下面的表示式：

$$\frac{V_i}{V_s} = \frac{IR_i}{I(R_1 + R_2 + \cdots + R_n)} = \frac{R_i}{R_1 + R_2 + \cdots + R_n} \tag{2.7.8}$$

因此跨在第 i 個電阻器兩端的電壓 V_i 可以由 (2.7.8) 式改寫為：

$$V_i = V_s \frac{R_i}{R_1 + R_2 + \cdots + R_n} \quad \text{V} \tag{2.7.9}$$

由 (2.7.9) 式可知，若各個串聯電阻器的數值大小為已知，將所有串聯電阻的總和放於分母，將指定電阻器的電阻值放於分子，再乘以跨在總串聯電阻兩端的電壓大小 V_s，則指定電阻器兩端的電壓數值便可計算出來了。事實上，(2.7.9) 式等號右側的電壓 V_s 除以總串聯電阻值便是電流 I，只不過改用電壓及電阻表示罷了。但是這樣的表示法，可以少去了電流 I 的計算，節省計算的時間，直接求出指定電阻器兩端的電壓數值。(2.7.9) 式的另一個重點在於，固定電壓 V_s 分配於一些以串聯方式連接的電阻器時，電阻值越大的電阻器，分配得到的電壓值越高；電阻值越小的電阻器，分得的電壓值就越低，這是按電阻數值大小平均分配電壓的，故稱為分壓器法則。但是在一個串聯電路中，若某一個電阻器發生開路，則所有電壓源的電壓 V_s 將完全落在該開路電阻器兩端，其他電阻器的電壓則便成零。因為只要有一個電阻器被開路，總串聯電路的電阻值必為無限大，利用 (2.7.9) 式來看，當要求某一個非開路的電阻器兩端電壓時，受分母

爲無限大，而分子爲有限値的影響，該電阻器電壓必定爲零；但若求開路電阻器兩端的電壓時，分子爲無限大，分母亦爲無限大，此時必須採用羅必達法則求極限値，此電壓結果恰爲電壓源電壓 V_S。反之，若串聯電路中，有某一個電阻器被短路，該被短路電阻値使 (2.7.9) 式的分子爲零，則該電阻兩端電壓一定爲零；但求其他非短路電阻時，但總電阻 R_T 變成減少，而電壓源電壓大小 V_S 不變，因此其他電阻器兩端便可分配較多的電壓。

【例 2.7.2】一個串聯電路，電壓源爲 100V，三個電阻器分別爲：20Ω、30Ω、50Ω，試用下列兩種方法求 50Ω 兩端的電壓：(a)先求通過電阻器的電流，再用歐姆定理求解。(b)直接用分壓器法則求解。

【解】 (a)$I = \dfrac{100}{20 + 30 + 50} = \dfrac{100}{100} = 1 \ A$

　$V = IR = (1)(50) = 50 \ V$

(b)$V = \dfrac{(100)(50)}{20 + 30 + 50} = \dfrac{5000}{100} = 50 \ V$　　　　　◎

【例 2.7.3】如圖 2.7.3 所示之電路：(a)試用分壓器法則計算各電阻器兩端的電壓。(b)各電路元件之功率（消耗或放出）値。

圖 2.7.3　例 2.7.3 之電路

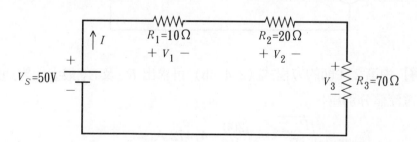

【解】 (a) $V_1 = 50 \times \dfrac{10}{10 + 20 + 70} = 50 \times \dfrac{10}{100} = 5$ V

$V_2 = 50 \times \dfrac{20}{10 + 20 + 70} = 50 \times \dfrac{20}{100} = 10$ V

$V_3 = 50 \times \dfrac{70}{10 + 20 + 70} = 50 \times \dfrac{70}{100} = 35$ V

(b) $I = \dfrac{V_s}{R_1 + R_2 + R_3} = \dfrac{50}{10 + 20 + 70} = \dfrac{50}{100} = 0.5$ A

$P_{V_s} = 50 \times 0.5 = 25$ W（送出功率）

$P_{R1} = I^2 \times 10 = (0.5)^2 \times 10 = 2.5$ W（消耗功率）

$P_{R2} = I^2 \times 20 = (0.5)^2 \times 20 = 5$ W（消耗功率）

$P_{R3} = I^2 \times 30 = (0.5)^2 \times 70 = 17.5$ W（消耗功率）

驗證： $P_{V_s} = P_{R1} + P_{R2} + P_{R3}$　滿足功率守恆定則。　　　　◎

【例 2.7.4】 如圖 2.7.4 所示之電路，各電阻器之電阻值及額定功率均已標示在圖上，求不致使串聯電阻之功率額定超過之最大電源電壓值 $V_{S,\max}$ 若干？

圖 2.7.4　例 2.7.4 之電路

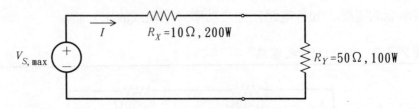

【解】 由第 2.4 節的方程式（2.4.4b）可求出 R_X 及 R_Y 最大能夠通過的電流值分別爲：

$$I_{R_X,\max} = \sqrt{\dfrac{P_{R_X,\max}}{R_X}} = \sqrt{\dfrac{200}{10}} = 4.472 \text{ A}$$

$$I_{R_Y,\max} = \sqrt{\dfrac{P_{R_Y,\max}}{R_Y}} = \sqrt{\dfrac{100}{50}} = 1.414 \text{ A}$$

由於 R_X 及 R_Y 是串聯的，故電流 I 的值不能超過 $I_{R_Y,\max}$，否則 R_Y 會先燒毀，$\therefore I = 1.414$ A。

$$\therefore V_{s,\max} = I(R_X + R_Y) = 1.414(10+50) = 84.84 \text{ V}$$

只要 $V_S \leq V_{s,\max}$，不會使電阻值之功率額定超過。　　　　　◎

【例 2.7.5】如圖 2.7.5 所示之電路，若已知由電源端看入之總電阻值 $R_T = 5\ \Omega$，求電源電壓 V_s 之大小。

圖 2.7.5　例 2.7.5 之電路

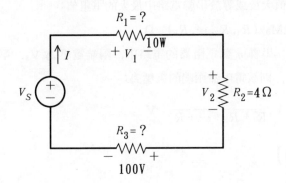

【解】由 KVL 方程式知：$V_S = V_1 + V_2 + 100$　V

總電阻 $R_T = 5 = V_S / I$，$\therefore I = (V_S/5)$　A，

$$V_1 = \frac{P_1}{I} = \frac{10}{V_S/5} = \frac{50}{V_S}\ \text{V}$$

$$V_2 = I \times 4 = \frac{V_S}{5} \times 4 = \frac{4}{5}V_S\ \text{V}$$

將 V_1 及 V_2 代入 KVL 方程式可得：

$$V_S = \frac{50}{V_S} + \frac{4}{5}V_S + 100$$

$$V_S{}^2 - \frac{4}{5}V_S{}^2 - 100V_S - 50 = 0$$

$$V_S{}^2 - 500V_S - 250 = 0$$

$$\therefore V_s = \frac{500 \pm \sqrt{(-500)^2 + 4 \times (250)}}{2} = 500.5V \ \text{或} -0.5V$$

當 $V_s = -0.5V$ 時無法使 R_3 之電壓為 300V，故 $V_s = 500.5V$。　◎

【本節重點摘要】

(1)串聯電路的總電阻值或等效電阻值，為所有串聯電阻器各個電阻大小數值的總和：
$$R_T = R_{eq} = R_1 + R_2 + \cdots + R_n \quad \Omega$$

(2)串聯總電阻值大於或等於串聯電路中最大的電阻值：
$$R_T \geq \text{Max}(R_1, R_2, \cdots, R_n) \quad \Omega$$

(3)分壓器法則：串聯 n 個電阻器的電路中，兩端電壓為 V_s，第 i 個電阻器的電阻值為 R_i，則該電阻器兩端的電壓為：
$$V_i = V_s \frac{R_i}{R_1 + R_2 + \cdots + R_n} \quad V$$

【思考問題】

(1)若一個電阻器被開路，利用 (2.7.1) 式求該電阻器兩端的電壓是否應為無限大？為什麼？

(2)分壓器法則可否用於含有非線性元件之電路？

(3)若電壓源大小 V_s 為隨時間變動的交流量，分壓器法則仍可適用嗎？

(4)串聯電路中，由電源送出的功率，是否依電阻大小值平均分配？

(5)若串聯電路中，某一個電阻器的數值未知，只知該電阻器兩端的電壓，請問該電阻器的數值可否求出？

2.8　並聯電路

並聯電路 (parallel circuit) 與串聯電路一樣，都是電路元件間最重要也是最基本的連接方式之一。此種並聯方式，是指將該電路中所

有電路元件的兩個端點，類似火車的車廂架在的平行火車軌道一般，一個一個同時連接於電路的兩個共同節點上，可以用圖 2.8.1 的電路來說明。

圖 2.8.1 並聯電路

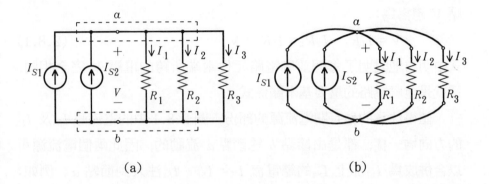

(a)   (b)

茲將並聯電路定義說明如下：在一個電路中，任何電路元件的兩個端點，完全連接在相同的兩個電路節點上，亦即這兩個節點所連接電路元件個數等於所有電路元件的個數，稱該電路為並聯電路。圖 2.8.1(a)中電流源 I_{S1} 及 I_{S2} 的兩端，與三個電阻器 R_1、R_2、R_3 的兩端，均接在節點 a 和節點 b 上，節點 a、b 所連接的電路元件個數為 5，等於該電路所有的元件個數，因此該電路為一個並聯電路。節點 a 和節點 b 在圖 2.8.1(a)中用虛線圍起來，表示這些電路元件類似用「焊接」的方式連接在同一個節點上，可以看成裡面完全短路，沒有任何電阻存在，因此這種節點也可以縮成像圖 2.8.1(b)中所示的情形，用短路線引接到電路元件上。

並聯電路的另一種定義或特性是：一個電路中的某些電路元件為並聯者，該類電路元件兩端具有相同的電壓。這是根據前面所說的：「每一個電路元件兩端，完全連接在相同的兩個電路節點上」，既然全部元件都連接在這兩個節點上，因此元件兩端的電壓都應等於這兩個節點的相對電壓。以電荷移動的觀念看，由並聯電路中任何電路元件

爲移動路徑，因爲全部電路元件都只有連接在兩個節點上，只要是由一個節點移動至另一個節點的，電壓都完全一樣。從圖 2.8.1 中所示可以得知，當這些電路元件被並聯在一起時，所有並聯電路元件兩端的電壓完全相同，都等於 V。如果電阻器 R_1、R_2、R_3 的電流大小如圖 2.8.1 中所示，分別爲 I_1、I_2、I_3 時，則跨在電路元件兩端的電壓 V 應寫爲：

$$V = I_1 R_1 = I_2 R_2 = I_3 R_3 \quad \text{V} \tag{2.8.1}$$

式中明白地說明了每個並聯電路元件兩端所跨的電壓 V 完全相同，這就是並聯電路的重要基本關係式。

　　值得注意的是有關電流源的部份，圖 2.8.1 中的電流源 I_{S1} 及 I_{S2} 的方向均一樣，都是由節點 b 往節點 a 流動的，因此兩個電流源可以合併成爲 I_{S1} 加上 I_{S2} 的總電流 $I_T = I_{S1} + I_{S2}$ 注入到節點 a。例如：$I_{S1} = 5$ A，$I_{S2} = 3$ A，則 $I_T = 5 + 3 = 8$ A。若有更多的電流源並聯在節點 a 和節點 b 兩端，方向又與圖 2.8.1 相同的話，則注入節點 a 的總電流大小爲所有電流源大小的和。若其中一個電流源的大小爲負值，或是電流爲正值但流動方向相反，則該電流源在總電流相加合成計算時，須取負值。例如：$I_{S1} = 5$ A, $I_{S2} = -3$ A（或 $I_{S2} = 3$ A 但方向與圖 2.8.1 相反），則 $I_T = 5 - 3 = 5 + (-3) = 2$ A。雖然本節只談論數個直流的電流源的合成，但是這種關係也可以應用到交流或特殊波形上直接相加合成。

　　倘若將圖 2.8.1 中的並聯獨立電流源全部改成並聯的獨立電壓源，則限制就增加許多，因爲並聯的特性是電路元件之電壓必須相同，又獨立電壓源是一個兩端電壓爲一定的電路元件，在並聯時，其條件除了極性要相同外，瞬間的電壓值也要完全相同才可以，否則就違背了並聯的基本條件。例如：一個 10 V 的直流電壓源只能與同一個極性的 10 V 電壓源相互並聯，對於 8 V 或 $10\sqrt{2}\sin(377t)$ V 的電壓源是不能與其並聯的。與第 2.5 節的說明相同，電壓源一般多做串聯使用，極少做並聯連接，除了要提供較大的電流場合外，爲了避免

產生環流（或迴路電流），是不會刻意將電壓源做並聯使用的。

【例 2.8.1】試指出圖 2.8.2 中的電路，那一個是並聯電路，那一個不是並聯電路？

【解】圖 2.8.2(a)(b)之四個元件及三個元件兩端，均連接在共同的節點上，故這兩個電路均是並聯電路。圖 2.8.2(c)中，最下面的元件 E_X 的存在，使其他五個元件無法形成並聯電路，除非 E_X 元件為短路，否則圖 2.8.2(c)就不是並聯電路。 ◎

圖 2.8.2　例 2.8.1 之電路

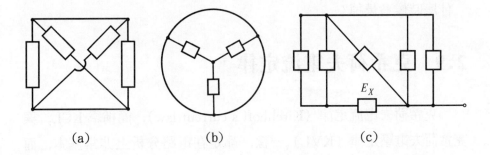

(a)　　　　　　(b)　　　　　　(c)

【本節重點摘要】

(1)並聯電路定義如下：在一個電路中，任何電路元件的兩個端點，完全連接在相同的兩個電路節點上，亦即這兩個節點所連接電路元件個數等於所有電路元件的個數，稱該電路為並聯電路。

(2)並聯電路的另一種定義是：一個電路中的某些電路元件為並聯者，該類電路元件兩端具有相同的電壓。

(3)電流源可以直接並聯，若方向正確，總電流為每個電流源直接相加的和；兩端電壓則每個電流源均相同。

(4)電壓源可以直接並聯的條件為：每一瞬間電壓大小相同，極性亦相同。

【思考問題】

(1)一個非線性電路元件與其他電路元件並聯在一起時, 該元件兩端電壓是否仍與其他元件電壓相同?

(2)一個電流源與一個電壓源並聯在一起時, 那一個會吸收功率? 那一個會放出功率? (請參考圖 1.5.9 之電路)

(3)並聯電路中, 電源送出的功率如何分配給其他電路元件?

(4)一個並聯電路, 只有兩個 1.5 V 電池, 請問在什麼連接條件下會燒掉?

(5)一個並聯電路, 只有兩個電流源, 說明在什麼情況下會正常動作? 什麼時候會燒掉?

2.9 克希荷夫電流定律

克希荷夫電流定律 (Kirchhoff's current law), 簡稱為 KCL, 與克希荷夫電壓定律 (KVL) 一樣, 都是在電路分析上非常基本, 而且非常重要的定律。KVL 主要在說明一個封閉迴路中, 各電路元件兩端電壓所應遵守的基本關係, 這在第 2.6 節中已做過介紹。本節的 KCL, 主要在說明一個電路中, 任何一個節點或一個封閉面上, 流進或流出電流所應遵守的基本規則。

首先說明一個電路中的電流流動的概念。電流是電荷在導體中的流動, 類似水在水管中流動一樣, 越靠近自來水廠的水管管徑越粗, 到家中的水管管徑就很纖細了。自來水廠所流出的水流, 若沒有經過破洞或洩漏的水管, 則應等於所有流到家中用水的總和。水在經過大水管、中水管到小水管的分配管處時, 流入分配管的水總量應等於流出分配管的水總量。這種理念來自於整條水管中不會累積額外的水, 有多少水流進來, 就應該有多少水流出去。這種觀念與電線中的電荷流動類似, 電荷不會累積在導體內, 因此該有多少電荷流進去, 就應

該有多少電荷流出去，以維持導體本身的電中性。

克希荷夫電流定律便是利用電荷在導體內流入與流出的基本觀念，所推導出來的定律，可以用文字敘述如下：

在電路中的任何一個節點或一個封閉面（a closed surface），其電流的代數和恆等於零。

以方程式表示為：

一節點或一封閉面：$\sum\limits_{i=1}^{n} I_i = 0$ A (2.9.1)

式中的 n 代表該節點或封閉面電路元件的電流個數，I_i 則代表第 i 個電路元件在該節點或封閉面的電流。若以流入節點的電流 I_i 定為正值，則流出該節點的電流 I_i 就定為負值；反之，若以流入節點電流 I_i 定為負值，則流出該節點的電流 I_i 就定為正值。流入或流出節點電流之正負只要一確定，KCL 立即可以表示出來。

另一種 KCL 的敘述為：

流入電路任何一個節點或封閉面的電流和必等於流出該節點或該封閉面的電流和。

以方程式表示為：

一節點或一封閉面：$\sum\limits_{i=1}^{k} I_{\text{in},i} = \sum\limits_{j=1}^{m} I_{\text{out},j}$ A (2.9.2)

式中 I_{in} 代表流入該節點或封閉面的電流，I_{out} 代表流出該節點或封閉面的電流，k 表示流入該節點的電流個數，而 m 表示流出該節點的電流個數，其中 $k + m = n$，n 等於該節點連接電路元件的個數，與 (2.9.1) 式中的 n 相同。

克希荷夫電流定律的物理意義，可以由微觀的電荷特性來看：在一個電路中，電荷的流動不會聚集或停止於某一個節點上，一個節點流入多少電荷就應該由該節點流出多少電荷，這才符合能量不滅定

理。否則，一個節點流入電荷不等於流出的電荷，那麼必然有部份的電荷由該節點洩漏出去或被累積儲存在該節點內，此在電路學來看，已違背了能量守恆定理或電中性的特性。若擴大一個節點的觀念形成一個封閉的面，則道理相同，流入一個封閉面的電荷，應等於流出該封閉面的電荷，此時可以將該封閉面內的電路元件視為全部熔化然後焊接在一起成為一糰，形成一個大節點，稱為超節點(a super node)，因此該超節點的特性應該與一個簡單的節點特性完全一致，符合流入電荷等於流出電荷的關係。

茲舉一個電路來說明 (2.9.1) 式及 (2.9.2) 式兩式的應用。如圖 2.9.1 所示，該圖中一共有 5 個電路元件共同連接到一個節點 N 上：兩個電阻 R_1 及 R_2，R_1 電阻的電流為 3 A，方向為流出節點 N，R_2 電阻之電流為 7 A，方向為流入節點 N；一個 2 A 獨立電流源，方向為流入節點 N；一個 4 A 相依電流源，方向為自節點 N 流出；一個 5 V 獨立電壓源，電流為 I，方向為流入節點 N。依據 (2.9.1) 式，我們可以寫出在節點 N 的電流關係式為：

$$(-3)+7+2+(-4)+I=0 \quad A$$

圖 2.9.1　克希荷夫電流定律之應用說明

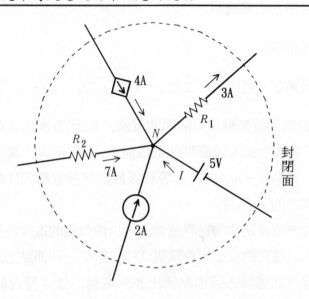

式中以流入節點 N 的電流為正號，流出節點 N 的電流為負號。上式很容易可以推算出 5 V 獨立電壓源注入節點 N 的電流大小 I 為 $7-9$ $=-2$ A，亦即該電壓源自節點 N 流入 2 A，可以再推導出該 5 V 電壓源正在吸收 $(2)(5) = 10$ W 的功率。改用 (2.9.2) 式的寫法，圖 2.9.1 在節點 N 的電流關係式為：

$$7 + 2 + I = 3 + 4 \quad \text{A}$$

式中等號左側為流入節點 N 之電流總和，等號右側則為流出節點 N 之電流總和。該式所求得的答案和 (2.9.1) 式的解答一樣，都是 I $=-2$ A，只是寫法上將流入節點 N 的電流與流出節點 N 的電流分開在等號兩側罷了。

　　(2.9.1) 式及 (2.9.2) 式兩式的電流雖然在符號上是用大寫的 I 表示，但是在後面的章節中我們會發現，克希荷夫電流定律 KCL 同第 2.6 節的克希荷夫電壓定律 KVL 一樣，除了直流量適用外，它們也可以適用在交流的相量，以及瞬時值的量方面。因此，對電路中的任何一個節點或一個封閉面，不論流入或流出該節點的電流是直流、交流或瞬時值，只要這些電流是在同一個工作電源頻率下的量，則它們都必須滿足克希荷夫電流定律，這是在電路學上非常重要的一個觀念。

【例2.9.1】若圖2.9.1中的相依電流源改為 kI，試分別利用(2.9.1) 式及 (2.9.2) 式求電流 I 的數值。

【解】(a)利用 (2.9.1) 式之 KCL 表示如下：

$$(-3) + 7 + 2 + (kI) + I = 0 \quad \text{A}$$

解得：$I = \dfrac{3-7-2}{1+k} = \dfrac{-6}{1+k} \quad \text{A}$

(b)利用 (2.9.2) 式之 KCL 表示如下：

$$7 + 2 + kI + I = 3 \quad \text{A}$$

解得：$I = \dfrac{3-7-2}{1+k} = \dfrac{-6}{1+k} \quad \text{A}$　◎

【例2.9.2】如圖2.9.2所示之電路，試求出電流 I_1 及 I_2 之數值。

【解】 N_1 節點之 KCL 方程式為：

$$-7-4+8-I_1=0, \quad \therefore I_1 = -7-4+8 = -3 \text{ A}$$

N_2 節點之 KCL 方程式為：

$$-8+I_1+I_2=0, \therefore I_2 = 8-I_1 = 8-(-3) = 11 \text{ A}$$

I_2 之電流也可以由 N_3 節點或圖2.9.2左側的切集（cut set）方程式求出：

$$7+4-I_2=0, \quad \therefore I_2 = 11 \text{ A} \qquad \qquad ◎$$

圖2.9.2　例2.9.2之電路

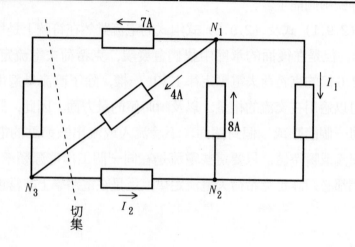

【本節重點摘要】

(1)克希荷夫電流定律之說明為：「在電路中的任何一個節點或一個封閉面，其電流的代數和恆等於零。」用方程式表示為：

$$\text{一節點或一封閉面：} \sum_{i=1}^{n} I_i = 0 \quad \text{A}$$

式中的 n 代表該節點或封閉面電路元件的電流個數，I_i 則代表第 i 個電路元件在該節點或封閉面的電流。

(2)KCL 的另一種敘述為：「流入電路任何一個節點或封閉面的電流和必等於流出該節點或該封閉面的電流和。」用方程式表示為：

一節點或一封閉面：$\sum\limits_{i=1}^{k} I_{\text{in},i} = \sum\limits_{j=1}^{m} I_{\text{out},j}$　A

式中 I_{in} 代表流入該節點或封閉面的電流，I_{out} 代表流出該節點或封閉面的電流，k 表示流入該節點的電流個數，而 m 表示流出該節點的電流個數，其中 $k + m = n$，n 等於該節點連接電路元件的個數。

【思考問題】

(1)KCL 可用於電路節點含有非線性電路元件之情況嗎？

(2)若 KCL 滿足能量不滅定律，請問如何修改 (2.9.1) 式及 (2.9.2) 式兩式為能量的關係？

(3)若一個電路節點含有開路元件與短路元件，KCL 仍可適用嗎？

(4)試問若一個節點無法滿足 KCL，那個節點應該會是什麼樣的節點？

(5)若流入節點之電流為交流值或瞬時值，請猜一猜 KCL 的方程式表示。

2.10　分流器法則

由上一小節的克希荷夫電流定律 (KCL)，我們得到一個電路節點或封閉面上，電流的流入及流出的重要關係式。本節將綜合第 2.8 節的並聯電路以及克希荷夫電流定律，來計算並分析在並聯電路中各電阻器的電流大小。此即為並聯電路的分流器法則(the current-division principle)。

如圖 2.10.1 所示，一個獨立電流源 I_S 及 n 個電阻器 R_1、R_2、…、R_n，全部並聯於節點 a 及節點 b 上。電流源 I_S 之電流流入節點 a，而各電阻器之電流分別為 I_1、I_2、…、I_n，均自節點 a 往節點 b 流動。節點 a 對節點 b 的電壓為 V，該電壓跨在電流源 I_S 及所有的電阻器的兩端。由歐姆定理知，該電壓 V 可寫為其他 n 個電阻器電壓與電流的關係如下：

$$V = I_1 R_1 = I_2 R_2 = \cdots = I_n R_n \quad \text{V} \qquad (2.10.1)$$

圖2.10.1　並聯電路之分流器法則計算

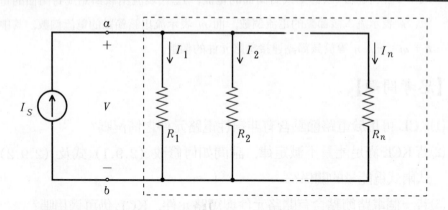

應用克希荷夫電流定律KCL之 (2.9.2) 式於節點 a，可以得到電流源大小 I_S 與其他電阻器電流 I_1、I_2、$\cdots$、I_n 間的關係：

$$I_S = I_1 + I_2 + \cdots + I_n \quad \text{A} \tag{2.10.2}$$

再利用 (2.10.1) 式，將第 i 個電阻器的電流 I_i 表示為電壓 V 除以第 i 個電阻器電阻值 R_i 大小的關係（$I_i = V/R_i$，$i = 1, 2, \cdots, n$），代入 (2.10.2) 式，可以得到：

$$
\begin{aligned}
I_S &= \frac{V}{R_1} + \frac{V}{R_2} + \cdots + \frac{V}{R_n} = V\left(\frac{1}{R_1} + \frac{1}{R_2} + \cdots + \frac{1}{R_n}\right) \\
&= V(G_1 + G_2 + \cdots + G_n) \\
&= VG_T = VG_{eq} = \frac{V}{R_T} = \frac{V}{R_{eq}} \quad \text{A}
\end{aligned}
\tag{2.10.3}
$$

式中 G_1、G_2、$\cdots$、G_n 為各電阻器的電導值，亦即電阻值的倒數，因為各個電導是並聯在節點 a 及節點 b 兩端的，只要將各電阻器之電導值相加，就可求得總電導 G_T（或等效電導 G_{eq}），其值恰為總電阻 R_T（或等效電阻 R_{eq}）的倒數：

$$G_T = G_{eq} = G_1 + G_2 + \cdots + G_n = \sum_{i=1}^{n} G_i \quad \text{S} \tag{2.10.4}$$

R_T（或 R_{eq}）是由節點 a 及節點 b 看入的等值電阻大小，因此圖 2.10.1 的電阻器並聯部份，可以用一個電阻器 R_T 或 R_{eq} 來取代，變成圖 2.10.1 的等效電路，如圖 2.10.2 所示。

圖2.10.2　對應於圖2.10.1之等效電路

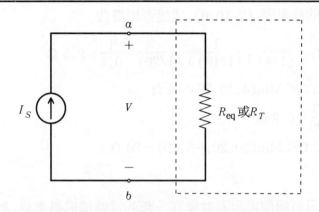

　　將 (2.10.4) 式整理後，可以得到 n 個並聯電阻器之總電阻值 R_T 的表示式：

$$R_T = \frac{1}{G_T} = \frac{1}{G_1 + G_2 + \cdots + G_n}$$

$$= \frac{1}{(1/R_1) + (1/R_2) + \cdots + (1/R_n)} \quad \Omega \qquad (2.10.5)$$

由 (2.10.5) 式知，只要將各個並聯電阻器的電阻值先倒過來，由倒數來求各電導，再將各電導相加得到總電導，然後再將總電導倒過來求倒數，就可求出總電阻值 R_T。如果 R_1、R_2、$\cdots$、R_n 等 n 個電阻器的電阻值大小全部都一樣，都等於 R，則由 (2.10.5) 式可以計算得到總電阻 R_T 應等於 R/n。由 (2.10.5) 式，我們也可以得知，當有 n 個電阻器R_1、R_2、$\cdots$、R_n 並聯在一起時，總電阻 R_T 必定小於或等於該n 個電阻器中具有最小數值的電阻器（此最小電阻值也包含特殊的短路電阻 $R_{sc} = 0\ \Omega$），以方程式表示為：

$$R_T \leq \mathrm{Min}(R_1,\ R_2, \cdots, R_n) \quad \Omega \qquad (2.10.6)$$

式中的符號Min($\cdot$)表示取$\cdot$中最小的一個數據。

【例2.10.1】 (a)有三個電阻器，其電阻值（Ω）分別為：4、10、20，被連接成並聯，求並聯後之總電阻值為若干。(b)有 20 Ω 電阻器 100

個，連接成並聯架構，求等效電阻值。

請驗證您的結果與（2.10.6）式是否相符合。

【解】 (a)$R_T = \dfrac{1}{(1/4)+(1/10)+(1/20)} = \dfrac{1}{0.4} = 2.5\ \Omega$

驗證：$2.5\ \Omega < \text{Min}(4,10,20) = 4\ \Omega$

(b)$R_T = \dfrac{20}{100} = 0.2\ \Omega$

驗證：$0.2\ \Omega < \text{Min}(20,20,\cdots,20) = 20\ \Omega$ ◎

　　一般只有兩個電阻器並聯在一起的電路情形最常見，如圖2.10.3 所示，電阻器 R_1 及 R_2 並聯在節點 c 和節點 d 之上，兩端電壓爲 V，通過電阻器的電流分別爲 I_1 及 I_2，利用（2.10.5）式，我們可以得 到一個常用的兩電阻並聯等效電阻公式：

$$R_{eq2} = \frac{1}{(1/R_1)+(1/R_2)} = \frac{R_1 R_2}{R_1 + R_2}\ \Omega \qquad (2.10.7)$$

兩電阻並聯的等效電阻值 R_{eq2} 由方程式（2.10.7）式可以記爲：「兩 電阻值相加分之相乘」，因爲該等效電阻 R_{eq2} 分母爲兩電阻值相加， 分子爲兩電阻值相乘，此式在求一個電路由某兩端點看入的等效電阻 值時非常有用。

圖 2.10.3 　兩個電阻器之並聯電路

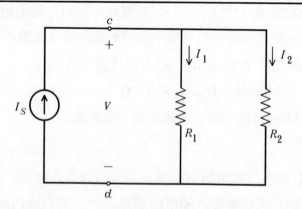

　　讓我們深入分析看看兩個並聯電阻器中的一個發生開路及短路的情形。假設電阻器 R_2 此時變成開路，則所有電流源的電流 I_s 應該全部流入電阻器 R_1，此時總電阻值 R_{eq2} 應等於 R_1，此時的數值比 R_2 不是開路時的值還要大，因此電壓 V 由原來的 $R_{eq2}I_s$ 升高至 R_1I_s 的大小。若電阻器 R_2 變成短路，則該短路特性會令電壓 V 降為零，且電流源電流 I_s 全部通過該短路線，亦即 $I_2 = I_s$，此種情形稱為電阻器 R_1 被旁路（bypass）或被短路掉了，R_1 此時放在電路中或是被移去，都不會影響整個電路，主要是因為 R_1 被並聯了一個短路元件。

【例 2.10.2】兩個電阻器：$R_1 = 10\ \Omega$，$R_2 = 30\ \Omega$，並聯在一起，一個 10 A 電流源流入此並聯電路。求：(a)等效電阻值及兩端電壓。(b)當 R_1 被開路時，等效電阻值及兩端電壓。(c)當 R_1 被短路時，等效電阻值及兩端電壓。

【解】(a)$R_T = \dfrac{R_1 R_2}{R_1 + R_2} = \dfrac{(10)(30)}{10 + 30} = \dfrac{300}{40} = 7.5\ \Omega$

$V = R_T I_s = (7.5)(10) = 75$ V

(b)$R_T = R_2 = 30\ \Omega$，$V = R_T I_s = (30)(10) = 300$ V

(c)$R_T = 0\ \Omega$，$V = R_T I_s = (0)(10) = 0$ V　　　　　◎

　　由 (2.10.1) 式，利用相同的電壓 V 可以計算出各個電阻器通過的電流值 I_i 為：

$$I_i = \frac{V}{R_i}\ \text{A} \qquad i = 1, 2, \cdots, n \tag{2.10.8}$$

將 (2.10.8) 式除以 (2.10.3) 式算出各個電阻器的電流 I_i 與電流源電流 I_s 的比值為：

$$\frac{I_i}{I_s} = \frac{V/R_i}{V/R_T} = \frac{1/R_i}{1/R_T} = \frac{G_i}{G_T} = \frac{G_i}{G_1 + G_2 + \cdots + G_n} \tag{2.10.9}$$

再將 (2.10.9) 式等號左右兩側同時乘以 I_s，便可以得到通過第 i 個

電阻器 R_i 的電流 I_i 與總電流 I_s 間的關係爲：

$$I_i = I_s \frac{G_i}{G_1 + G_2 + \cdots + G_n} \quad \text{A} \tag{2.10.10}$$

(2.10.10) 式就是重要的分流器法則。因爲總電流 I_s 將電流分配給 n 個並聯的電阻器時，其分配的法則是：電導值 G 越大的（或電阻值 R 越小的）電阻器，分配得到的電流 I 越多；反之，電導值 G 越小的（或電阻值 R 越大的）電阻器，分配得到的電流越少。事實上，這種特性與多條水管中流動的水流特性一樣，水必定選擇最好走的管路流動，亦即選擇阻力（水阻）最小的水管來走，相同地，電流也一定選最好走的路徑來流動，該路徑一定是電阻最小的一條。若有某一個電阻器被短路了，則該電阻器的電導 G 爲無限大，因此全部的總電流 I_s 完全流到該短路電阻器中，好像電流完全被短路吃掉了一般，而其他與該短路電阻器並聯的電路元件就分配不到電流，也就是被旁路掉了。(2.10.10) 式等號右邊的 I_s 與（$G_1 + G_2 + \cdots + G_n$）相除，其實就等於電流源兩端的電壓 V，將 V 乘以指定電阻器 R_i 的電導值 G_i，便是該電阻器通過的電流值 I_i。

將 (2.10.10) 式應用在圖 2.10.3 的兩個電阻器並聯電路上，則圖中電流 I_1 及 I_2 的大小可用非常重要的公式來表示：

$$I_1 = I_s \frac{G_1}{G_1 + G_2} = I_s \frac{R_T}{R_1} = I_s \frac{1}{R_1} \frac{R_1 R_2}{R_1 + R_2} = I_s \frac{R_1}{R_1 + R_2} \quad \text{A}$$

$$\tag{2.10.11a}$$

或

$$I_1 = I_s \frac{R_2}{R_1 + R_2} \quad \text{A} \tag{2.10.11b}$$

$$I_2 = I_s \frac{G_2}{G_1 + G_2} = I_s \frac{R_T}{R_2} = I_s \frac{1}{R_2} \frac{R_1 R_2}{R_1 + R_2} = I_s \frac{R_1}{R_1 + R_2} \quad \text{A}$$

$$\tag{2.10.12a}$$

或

$$I_2 = I_s \frac{R_1}{R_1 + R_2} \quad \text{A} \tag{2.10.12b}$$

由（2.10.11b）式及（2.10.12b）式兩式中可以發現，若是要求通過電阻器 R_1 的電流 I_1，則分子一定是放著另一個電阻 R_2 的值；若是要求流過 R_2 的電流 I_2，則分子便放著另一個電阻 R_1 的大小，而這兩式的分母同樣為兩電阻值之和。這種電流分配法，也可以說是：電阻值越大的，電流一定越小；電阻值越小的，分配所得的電流一定越多。例如：若 R_2 大於 R_1，則欲求電流 I_1，分子就放上 R_2 的電阻值，因此所分得的電流 I_1 一定會因 R_2 的值較大而提高；若要求電流 I_2，則分子放著較小值的 R_1，可以使所分得的電流較少。因此，分流器法則是靠電阻值的大小關係，將總電流分配於各個電阻器上，電阻值越大，電流越難通過，因此分得的電流自然減少，若電阻值小，則電流能很順利地通過，可分得較多的電流值。

表 2.10.1 所列的，表示串聯電路與並聯電路間對偶性之重要關係，請讀者參考。

表 2.10.1　**串聯電路與並聯電路間的對偶性關係**

串聯電路	並聯電路
電壓源　V_S	電流源　I_S
電阻　R_i, $i=1,2,\cdots,n$	電導　G_i, $i=1,2,\cdots,n$
總電阻　$R_T = \sum_{i=1}^{n} R_i$	總電導　$G_T = \sum_{i=1}^{n} G_i$
電源流入之電流　$I = \dfrac{V_S}{R_T}$	電源兩端之電壓　$V = \dfrac{I_S}{G_T}$
分壓定律　$V_i = \dfrac{R_i}{R_T} V_S$	分流定律　$I_i = \dfrac{G_i}{G_T} I_S$

【例 2.10.3】有三個電阻器，電阻值（Ω）分別為：$R_1 = 100$、$R_2 = 200$、$R_3 = 40$，同時並聯於 10 A 電流源兩端，試利用分流器法則分別求三個電阻器的電流。

【解】 $I_{R1} = \dfrac{10(1/100)}{(1/100)+(1/200)+(1/40)} = (10)(0.01)(25) = 2.5 \text{ A}$

$$I_{R2} = \frac{10(1/200)}{(1/100) + (1/200) + (1/40)} = (10)(0.005)(25) = 1.25 \text{ A}$$

$$I_{R3} = \frac{10(1/40)}{(1/100) + (1/200) + (1/40)} = (10)(0.025)(25) = 6.25 \text{ A}$$

驗證：$I_{R1} + I_{R2} + I_{R3} = 2.5 + 1.25 + 6.25 = 10 \text{ A}$ ◎

【例2.10.4】如圖2.10.4所示之電路，求 R_{eq}，I_1、I_2 之值，以及各元件功率。

【解】 $(1)R_{eq} = \dfrac{R_1 R_2}{R_1 + R_2} = \dfrac{10 \times 40}{10 + 40} = \dfrac{400}{50} = 8 \ \Omega$

驗證：$R_{eq} = 8 \ \Omega \leq \text{Min}(10, 40) = 10 \ \Omega$

$(2)I_1 = 100 \times \dfrac{R_2}{R_1 + R_2} = 100 \times \dfrac{40}{10 + 40} = 2 \times 40 = 80 \text{ A}$

$\quad I_2 = 100 \times \dfrac{R_1}{R_1 + R_2} = 100 \times \dfrac{10}{10 + 40} = 2 \times 10 = 20 \text{ A}$

驗證：$80 \text{ A} + 20 \text{ A} = 100 \text{ A} = I_S$

$(3)V = I_1 R_1 = 80 \times 10 = 800 \text{ V}$

$\quad P_{I_s} = 100 \times 800 = 80000 = 80 \text{ kW （放出功率）}$

$\quad P_{R1} = (I_1)^2 \cdot R_1 = (80)^2 \times 10 = 6400 \times 10 = 64 \text{ kW （吸收功率）}$

$\quad P_{R2} = (I_2)^2 \cdot R_2 = (20)^2 \times 40 = 400 \times 40 = 16 \text{ kW （吸收功率）}$

驗證：$P_{I_s} = P_{R1} + P_{R2}$ ◎

圖2.10.4　例2.10.4之電路

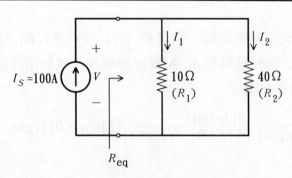

【例 2.10.5】 如圖 2.10.5 所示之電路，各電阻器均有標示其電阻值及額定功率，求不致使電阻器燒壞之電流源最大安全電流值。

圖 2.10.5　例 2.10.5 之電路

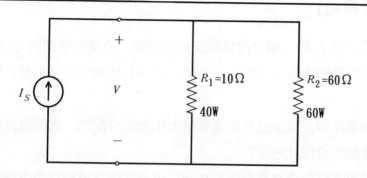

【解】 圖 2.10.5 所示之電路為並聯電路，電源值 V 跨在兩個電阻器兩端，我們只要選擇兩個電阻器較小的最大電壓值即可。

$$V_{R1,\max} = \sqrt{P_1 \cdot R_1} = \sqrt{40 \times 10} = 20 \text{ V}$$

$$V_{R2,\max} = \sqrt{P_2 \cdot R_2} = \sqrt{60 \times 60} = 60 \text{ V}$$

故取 $V = V_{R1,\max} = 20$ V，則

$$I_S = \frac{V}{R_1} + \frac{V}{R_2} = \frac{20}{10} + \frac{20}{60} = 2 + \frac{1}{3} = 2.3333 \text{ A}$$　◎

【本節重點摘要】

(1) n 個電阻器 R_1、R_2、$\cdots$、R_n 並聯在一起時，並聯電阻器之總電阻值 R_T 的表示式為：

$$R_T = \frac{1}{(1/R_1) + (1/R_2) + \cdots + (1/R_n)} \ \Omega$$

(2) n 個電阻器 R_1、R_2、$\cdots$、R_n 並聯在一起時，總電阻 R_T 必定小於或等於該 n 個電阻器中具有最小數值的電阻器：

$$R_T \leq \text{Min}(R_1, R_2, \cdots, R_n) \ \Omega$$

(3) 兩電阻器 R_1、R_2 並聯之等效電阻公式：

$$R_{eq2} = \frac{R_1 R_2}{R_1 + R_2} \ \Omega$$

(4) 分流器法則： n 個電阻器 R_1、R_2、$\cdots$、R_n （電導值分別為 G_1、G_2、$\cdots$、G_n）

並聯在一起時，通過第 i 個電阻器 R_i 的電流 I_i 與總電流 I_S 間的關係為：

$$I_i = I_S \frac{G_i}{G_1 + G_2 + \cdots + G_n} \quad \text{A}$$

【思考問題】

(1)若電流源 I_S 為一個交流量或任意波形時，分流器法則仍可適用嗎？

(2)當並聯電路中含有非線性元件時，分流器法則可以適用嗎？如何修正？

(3)並聯電路中，電流量是依電導值大小加以分配的，試問電源送出的能量是否也依此分配？

(4)當並聯電路中含有負電阻存在時，該負電阻之電流是否仍適用分流器法則？

(5)按分流器法則，若想使家中流入的電流增加，如何辦到？

2.11 串並聯電路

一般電路中，電路元件的連接除了第 2.5 節的串聯電路，以及第 2.8 節的並聯電路外，也有可能是兩者的組合，即串並聯電路，或並串聯電路。茲舉兩個圖形說明該類電路的分析方法。

2.11.1 串並聯電路 （series-parallel circuit）

圖 2.11.1(a)所示，為一個簡單的串並聯電路，一個獨立電壓源 V_S，先與電阻器 R_1 串聯，再與電阻器 R_2 並聯，再串聯電阻器 R_3，最後再與電阻器 R_4 連接，一共有四個節點 a、b、c、d 將這五個電路元件連接在一起。為了要求解各個電阻器的電壓及電流，我們將由距離電壓源最遠的部份電路開始處理，其處理程序重點為：

(1)將電阻器之電阻值依串聯或並聯合併，由離電源最遠處著手，一直到電源兩端變成一個等效電阻 R_{eq} 為止。

圖 2.11.1 一個簡單的串並聯電路及其化簡

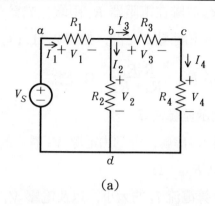

(a)

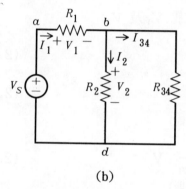

(b)

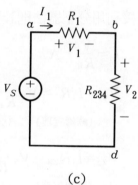

(c)

(2)將電源與等效電阻做歐姆定律處理：若電源是電壓源時，將電壓源
電壓除以等效電阻可得流入等效電阻電流；若電源是電流源時，將
電流源電流乘以等效電阻可以算出等效電阻兩端的電壓。

(3)等效電阻電流與電壓都算出後，接著可以利用 KVL、分壓器法則
算出串聯電路部份各電路元件兩端的電壓值或通過的電流值；或利
用 KCL、分流器法則算出並聯電路部份各電路元件通過的電流值
或兩端的電壓值。當完成所有電路元件電壓與電流的分析後，可以
進一步求出各元件之功率及能量等。

　　茲將圖 2.11.1(a)的電路分析過程，列在下面數個步驟中：

(1)將電阻器 R_3 與電阻器 R_4 先予以串聯，得到一個等效電阻 R_{34}，置
於節點 b 與 d 間，如圖 2.11.1(b)所示：

$$R_{34} = R_3 + R_4 \quad \Omega \tag{2.11.1}$$

(2)再將等效電阻 R_{34} 並聯在電阻器 R_2 兩端，成為一個新的等效電阻 R_{234}，置於節點 b 和節點 d 之間，如圖 2.11.1(c)所示：

$$R_{234} = R_2 /\!/ R_{34} = \frac{R_2 R_{34}}{R_2 + R_{34}} \quad \Omega \tag{2.11.2}$$

式中的符號 $/\!/$ 表示並聯運算。

(3)將電阻器 R_{234} 與 R_1 串聯，得到由電源 V_S 看入的等效電阻值 R_{eq}：

$$R_{eq} = R_1 + R_{234} \quad \Omega \tag{2.11.3}$$

(4)利用歐姆定理計算電流 I_1 的大小，以及電壓 V_1 及 V_2 的數值，或者直接利用分壓器法則計算出電壓 V_1 及 V_2：

$$I_1 = \frac{V_S}{R_{eq}} \quad A \tag{2.11.4}$$

$$V_1 = \underset{\text{(歐姆定理)}}{I_1 R_1} = \underset{\text{(分壓器法則)}}{V_S \frac{R_1}{R_1 + R_{234}}} \quad V \tag{2.11.5}$$

$$V_2 = \underset{\text{(歐姆定理)}}{I_1 R_{234}} = \underset{\text{(分壓器法則)}}{V_S \frac{R_{234}}{R_1 + R_{234}}} \quad V \tag{2.11.6}$$

電壓 V_1 及 V_2 與電源電壓 V_S 在迴路 $a-b-d-a$ 也滿足克希荷夫電壓定律 KVL：

$$V_S = V_1 + V_2 \quad V \tag{2.11.7}$$

(5)步驟(4)已經算出了 V_2 及 I_1，這剛好是 R_{234} 兩端的電壓及通過的電流，我們可將目標轉回圖 2.11.1(b)，利用歐姆定理或分流器法則計算電流 I_2 及 I_3：

$$I_2 = \underset{\text{(歐姆定理)}}{\frac{V_2}{R_2}} = \underset{\text{(分流器法則)}}{I_1 \frac{R_{34}}{R_2 + R_{34}}} \quad A \tag{2.11.8}$$

$$I_3 = \underset{\text{(歐姆定理)}}{\frac{V_2}{R_{34}}} = \frac{V_2}{R_3 + R_4} = \underset{\text{(分流器法則)}}{I_1 \frac{R_2}{R_2 + R_{34}}} \quad A \tag{2.11.9}$$

電流 I_2 及 I_3 與電流 I_1 在節點 b 也滿足克希荷夫電流定律 KCL：

$$I_1 = I_2 + I_3 \quad \text{A} \tag{2.11.10}$$

(6)步驟(5)已經算出了 I_3，配合 V_2 已經求出，這兩個數據剛好是 R_{34} 通過的電流及兩端的電壓，我們可將目標轉回圖 2.11.1(a)，則電阻器 R_3 及 R_4 兩端的電壓 V_3 及 V_4 便可再利用歐姆定理或分壓器法則計算出來：

$$V_3 = I_3 R_3 = V_2 \frac{R_3}{R_3 + R_4} \quad \text{V} \tag{2.11.11}$$

　　（歐姆定理）　　（分壓器法則）

$$V_4 = I_3 R_4 = V_2 \frac{R_4}{R_3 + R_4} \quad \text{V} \tag{2.11.12}$$

　　（歐姆定理）　　（分壓器法則）

電壓 V_3 及 V_4 與 V_2 在迴路 $b - c - d - b$ 的關係也滿足克希荷夫電壓定律 KVL：

$$V_2 = V_3 + V_4 \quad \text{V} \tag{2.11.13}$$

電流 I_3 與 I_4 在節點 c 滿足克希荷夫電流定律 KCL：

$$I_3 = I_4 \quad \text{A} \tag{2.11.14}$$

　　由以上的分析方法我們可以發現，此種單電源的串並聯電路在各個電阻值以及電壓源已知的情形下，是先由該電路中離電源最遠的部份，將電阻器一個一個以串聯或並聯的方式計算，直到算出由電壓源看入的總電阻值爲止。接著再利用歐姆定理算出由電壓源流入的總電流，再逐一地利用歐姆定理或分壓器及分流器法則算出各電阻器兩端的電壓及通過的電流大小，當每一個電路元件的電壓值及電流值全部計算完畢，也可以進一步計算各電路元件吸收或消耗的功率及能量。

2.11.2　並串聯電路（parallel-series circuit）

　　讓我們再分析另一種並串聯電路，如圖 2.11.2(a)所示。一個獨立電流源 I_S 先與電阻器 R_1 並聯，再串聯電阻器 R_2，最後再連接電阻器 R_3，此四個電路元件以三個節點 a、b、c 互相連接。讓我們按

照電路分析的重點，將步驟列出如下：

(1)首先將離電源最遠的電阻器 R_2 及 R_3 串聯合併為一個等效電阻 R_{23}，連接在節點 a 及 b 上，如圖 2.11.2(b)所示。等效電阻 R_{23} 為：

$$R_{23} = R_2 + R_3 \ \Omega \tag{2.11.15}$$

(2)接著將 R_1 及 R_{23} 並聯為一個等效電阻值 R_{eq}，此電阻即是由電流源 I_S 看入的總電阻：

$$R_{eq} = R_1 /\!/ R_{23} = \frac{R_1 \cdot R_{23}}{R_1 + R_{23}} \ \Omega \tag{2.11.16}$$

(3)利用歐姆定理可以計算出電阻器 R_1 兩端的電壓，以及 R_1 和 R_{23} 的電流大小，也可以利用分流器法則計算電流 I_1 及 I_2：

$$V_1 = I_S R_{eq} \ V \tag{2.11.17}$$
（歐姆定理）

$$I_1 = \frac{V_1}{R_1} = I_S \frac{R_{23}}{R_1 + R_{23}} \ A \tag{2.11.18}$$
（歐姆定理）　　（分流器法則）

$$I_2 = \frac{V_1}{R_{23}} = I_S \frac{R_1}{R_1 + R_{23}} \ A \tag{2.11.19}$$
（歐姆定理）　　（分流器法則）

圖 2.11.2　一個並串聯電路及其化簡

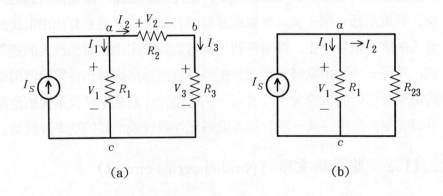

(a)　　　　　　　　　　(b)

電流源之電流 I_s 與 I_1 及 I_2 在節點 a 也滿足克希荷夫電流定律 KCL：

$$I_S = I_1 + I_2 \quad \text{A} \tag{2.11.20}$$

(4)當計算出電流 I_2 及電壓 V_1 後，將目標轉回原圖 2.11.2(a)，電流 I_2 及電壓 V_1 分別是流經電阻器 R_2 及 R_3 的電流，以及跨在 R_2 及 R_3 串聯兩端的電壓大小。利用歐姆定理或分壓器法則可以很容易地分別計算出電阻器 R_2 及 R_3 兩端的電壓 V_2 及 V_3：

$$V_2 = I_2 R_2 = V_1 \frac{R_2}{R_2 + R_3} \quad \text{V} \tag{2.11.21}$$

　　　（歐姆定理）　（分壓器法則）

$$V_3 = I_2 R_3 = V_1 \frac{R_3}{R_2 + R_3} \quad \text{V} \tag{2.11.22}$$

　　　（歐姆定理）　（分壓器法則）

相同的，電壓 V_1 與兩電壓 V_2 及 V_3 在迴路 $a - b - c - a$ 也滿足克希荷夫電壓定律 KVL：

$$V_1 = V_2 + V_3 \quad \text{V} \tag{2.11.23}$$

電流 I_2 及 I_3 在節點 b 則滿足克希荷夫電流定律 KCL：

$$I_2 = I_3 \quad \text{A} \tag{2.11.24}$$

　　以上步驟已完成圖 2.11.2(a)之所有電路元件的電壓及電流計算，若再將電壓乘以電流，則各電路元件的功率甚至能量也可計算出來。由上面的計算我們可以知道，一個單電源的並串聯電路也可以由距離電源最遠的部份，將電阻器一項一項地做串聯或並聯處理，直到算出由電源看入的總電阻值。再利用基本的歐姆定理，分壓器及分流器法則來計算各個電路元件的電壓及電流，如此才可以完成一個電路的完整分析及計算。

【例 2.11.1】如圖 2.11.3 所示之無限級的串並聯電阻組合電路，若每一個電阻器之值皆為 R Ω，求由節點 a、b 端看入之等效電阻值 $R_{eq} = ?$

圖 2.11.3　**例** 2.11.1 之電路

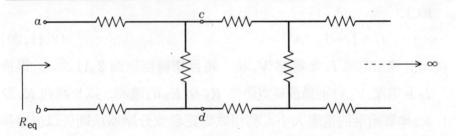

【解】 由於圖 2.11.3 為無限級的電阻串並聯組合, 故由任一級節點 c、d 看入之電阻值亦為 R_{eq}, 圖 2.11.3 之電路可重繪如下:

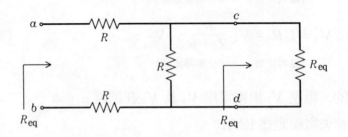

由節點 a、b 端看入之總等效電阻值為:

$$R_{eq} = R + R + R /\!/ R_{eq} = 2R + \frac{R \cdot R_{eq}}{R + R_{eq}}$$

$$\therefore R_{eq}^2 + R \cdot R_{eq} = 2R^2 + 2R \cdot R_{eq} + R \cdot R_{eq}$$

$$R_{eq}^2 - 2R \cdot R_{eq} - 2R^2 = 0$$

$$\therefore R_{eq} = \frac{2R \pm \sqrt{(2R)^2 + 8R^2}}{2} = \frac{2R \pm 2\sqrt{3}R}{2} = R(1 \pm \sqrt{3}) \quad \Omega$$

$$\because 1 < \sqrt{3}, \quad \therefore R_{eq} 為負值不合$$

故

$$R_{eq} = R(1 + \sqrt{3}) = 2.732R \quad \Omega$$

◎

【例 2.11.2**】** 如圖 2.11.4 之串並聯電路, 求各元件之電壓、電流及功率。

圖 2.11.4　例 2.11.2 之電路

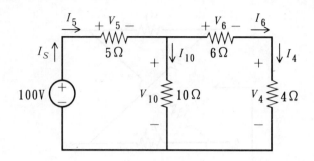

【解】先計算由電源看入之總電阻 R_T：

$$R_T = (6+4) /\!/ (10) + 5 = 10 /\!/ 10 + 5 = 5 + 5 = 10 \ \Omega$$

$$\therefore I_s = \frac{100}{10} = 10 \ A$$

(1)100 V 電壓源：電流為 $I_s = 10 \ A$

$$P_S = 10 \times 100 = 1000 \ W \ （送出功率）$$

(2)5 Ω：$I_5 = I_s = 10 \ A$，$V_5 = I_5 \times 5 = 10 \times 5 = 50 \ V$

$$P_5 = I_5{}^2 \times 5 = (10)^2 \times 5 = 500 \ W \ （消耗功率）$$

(3)10 Ω：$I_{10} = I_5 \times \frac{1}{2} = 5 \ A$，$V_{10} = 5 \times 10 = 50 \ V$

$$\therefore P_{10} = 5 \times 50 = 250 \ W \ （消耗功率）$$

(4)$I_6 = \frac{1}{2} I_5 = 5 \ A$，$V_6 = 6 \times 5 = 30 \ V$

$$P_6 = I_6{}^2 \times 6 = 5^2 \times 6 = 150 \ W \ （消耗功率）$$

(5)$I_4 = I_6 = 5 \ A$，$V_4 = 4 \times 5 = 20 \ V$

$$P_4 = I_4{}^2 \times 4 = 5^2 \times 4 = 100 \ W \ （消耗功率）$$

驗證：$P_S = P_5 + P_{10} + P_6 + P_4$　　　　　　　　◎

【例 2.11.3】如圖 2.11.5 所示之電路，求由節點 a、b 端看入之電阻值，當(a)c、d 端開路時，(b)當 c、d 端短路時。

圖2.11.5 例2.11.3之電路

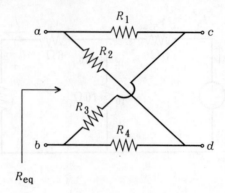

【解】(a)當 c、d 端開路時，圖2.11.5可以重畫如下：

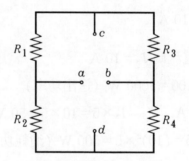

故　　　　$R_{eq} = R_{ab} = (R_1 + R_3) /\!/ (R_2 + R_4)$

$$= \frac{(R_1 + R_3)(R_2 + R_4)}{R_1 + R_2 + R_3 + R_4} \ \Omega$$

(b)當 c、d 端短路時，圖2.11.5可以重畫如下：

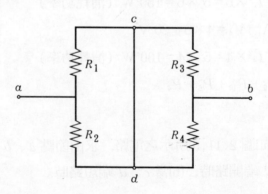

故　　　　$R_{eq} = R_{ab} = (R_1 /\!/ R_2) + (R_3 /\!/ R_4)$

$$= \frac{R_1 R_2}{R_1 + R_2} + \frac{R_3 R_4}{R_3 + R_4} \quad \Omega$$

◎

【例 2.11.4】如圖 2.11.6 所示之串並聯電路，各電阻器之電阻值以及額定功率均已標示在圖上，求不致於使電阻器燒毀之最大電壓源電壓值 $V_{S,max} = ?$

圖 2.11.6 *例* 2.11.4 *之電路*

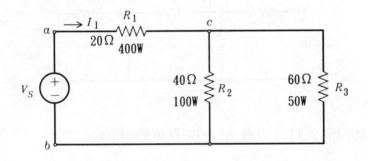

【解】因為 R_2 及 R_3 是並聯的，故節點 c、b 間之電壓相同，必須取兩者中較低的電壓額定值：

$$V_{R2,max} = \sqrt{P_2 \cdot R_2} = \sqrt{100 \times 40} = 63.245 \text{ V}$$

$$V_{R3,max} = \sqrt{P_3 \cdot R_3} = \sqrt{50 \times 60} = 54.772 \text{ V}$$

故取 $V_{cb} = V_{R3,max} = 54.772$ V，將此電壓加在 c、b 兩端
由 KCL 可求出 I_1：

$$I_1 = \frac{V_{R3,max}}{40} + \frac{V_{R3,max}}{60} = 1.3693 + 0.91287 = 2.282 \text{ A}$$

然而電阻 R_1 也有它的最大電流額定：

$$I_{R1,max} = \sqrt{\frac{P_1}{R_1}} = \sqrt{\frac{400}{20}} = 4.4721 \text{ A}$$

$I_{R1,max} > I_1$，故不會使電阻器 R_1 燒毀。

由 KVL 我們可算出 $V_{S,\max}$ 之值如下：

$$V_{S,\max} = I_1 R_1 + I_1(R_2 /\!/ R_3) = I_1(20 + 40 /\!/ 60)$$

$$= 2.282(44) = 100.408 \text{ V}$$

◎

【例 2.11.5】如圖 2.11.7 所示之無限級梯形電阻電路，求由節點 a、b 看入之總電阻值 $R_T = ?$

圖 2.11.7　例 2.11.5 之電路

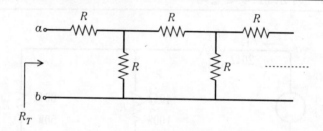

【解】仿照例 2.11.1 之做法，將電路重繪如下：

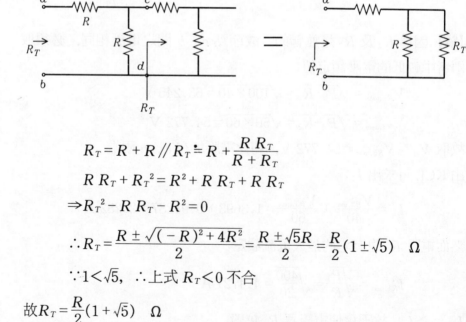

$$R_T = R + R /\!/ R_T \doteq R + \frac{R R_T}{R + R_T}$$

$$R R_T + R_T{}^2 = R^2 + R R_T + R R_T$$

$$\Rightarrow R_T{}^2 - R R_T - R^2 = 0$$

$$\therefore R_T = \frac{R \pm \sqrt{(-R)^2 + 4R^2}}{2} = \frac{R \pm \sqrt{5}R}{2} = \frac{R}{2}(1 \pm \sqrt{5}) \quad \Omega$$

$$\because 1 < \sqrt{5}, \quad \therefore 上式 R_T < 0 \text{ 不合}$$

故 $R_T = \dfrac{R}{2}(1 + \sqrt{5}) \quad \Omega$

由 a、b 端寫出 R_T 之關係式也可如下表示

$$R_T = R + \cfrac{1}{G + \cfrac{1}{R + \cfrac{1}{G + \cfrac{1}{\vdots}}}}$$

式中 $G = \dfrac{1}{R}$。這種 R_T 的表示式就是梯形電阻連接之方程式。　◎

【例2.11.6】一個梯形電路如圖 2.11.8 所示，試求最右端之電阻兩端電壓。

圖2.11.8 　例2.11.6之電路

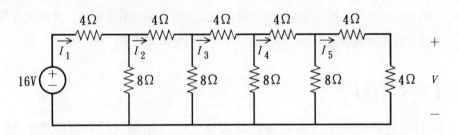

【解】最右端之 4 Ω 與 4 Ω 串聯後為 8 Ω，再與 8 Ω 並聯後又恢復為 4 Ω，依此特性類推，最後由 16 V 看入之電阻值為：

$$R_{eq} = 4\ \Omega + 4\ \Omega = 8\ \Omega$$

$$\therefore I_1 = \frac{16}{8} = 2\ \text{A}$$

$$I_2 = 2 \times \frac{8}{8+8} = 2 \times \frac{1}{2} = 1\ \text{A}$$

$$I_3 = I_2 \times \frac{1}{2} = \frac{1}{2}\ \text{A}$$

$$I_4 = I_3 \times \frac{1}{2} = \frac{1}{4}\ \text{A}$$

$$I_5 = I_4 \times \frac{1}{2} = \frac{1}{8}\ \text{A}$$

$$\therefore V = I_5 \times 4 = \frac{1}{8} \times 4 = \frac{1}{2}\ \text{V}$$
　◎

【本節重點摘要】

為了要求解串並聯或並串聯電路各個電阻器的電壓及電流，其處理程序重點為：

(1)將電阻器之電阻值依串聯或並聯合併，由離電源最遠處著手，一直到電源兩端變成一個等效電阻 R_{eq} 為止。

(2)將電源與等效電阻做歐姆定律處理：若電源是電壓源時，將電壓源電壓除以等效電阻可得流入等效電阻電流；若電源是電流源，將電流源電流乘以等效電阻可以算出等效電阻兩端的電壓。

(3)等效電阻電流與電壓都算出後，接著可以利用 KVL、分壓器法則算出串聯電路部份各電路元件兩端的電壓值或通過的電流值；或利用 KCL、分流器法則算出並聯電路部份各電路元件通過的電流值或兩端的電壓值。完成所有電路元件電壓與電流的分析後，進一步可求出功率及能量。

【思考問題】

(1)若串並聯電路中，含有會隨時間變化的電阻器（時變電阻器）時，如何求解電壓與電流？

(2)由電源所放出的功率，與所有電阻器所吸收的功率完全相同嗎？為什麼？

(3)在含有兩個電源的串並聯電路中，一個電源在左邊，一個電源在右邊，要如何由最遠的電路部份開始分析呢？

(4)某一個串並聯電路的電阻器被短路或開路時，會不會影響我們分析的工作？

(5)含有相依或受控電源在串並聯電路時，該如何求解電壓電流值？

2.12 Y−Δ 轉換

在電路元件的連接架構上，除了基本的串聯、並聯、以及串並聯

（或並串聯）的連接外，還有兩種非常重要的連接架構，都是由三個電路元件所構成的，其中一種電路的連接稱為Y連接（Y connection），或稱 T 連接（Tee connection），分別如圖 2.12.1(a)及(b)所示。會如此稱呼的原因，主要是由於它們的連接形狀很像英文字的 Y 及 T 字，這種連接的電路元件是由 E_1、E_2、E_3 三個元件所構成，它們都有一個端點共同連接在同一個節點 n 上，另一個端點則向外拉出去，以提供外部電路其他元件的連接。請注意：三個電路元件因為有一個共同的連接點 n 存在，因此除了端點 1、2、3 可連接外部電路外，也可多一個端點 n 與外部電路連接，形成四線連接，這類接法在第十章的三相電路中稱為三相四線式連接（three-phase four-wire connection），若只引出端點 1、2、3 做連接，則稱為三相三線式連接（three-phase three-wire connection）。這兩種接法在電力系統輸電或配電上，都是很重要的接法。

圖 2.12.1　(a)Y 連接電路　(b)T 連接電路

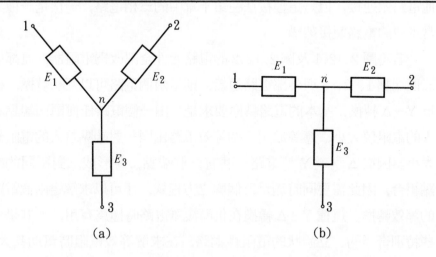

(a)　　　　　　　　　(b)

另一種電路連接的架構稱為 Δ 連接（Δ-connected），或稱 π 連接（pi-connected），分別如圖 2.12.2(a)及(b)所示。它們的連接形狀也是很像符號的Δ（發音為delta）及 π（發音為pai），因而得名。這種連

圖 2.12.2 (a)△ 連接電路 (b)π 連接電路

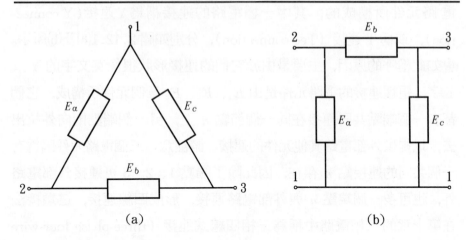

(a)　　　　　　　　　　(b)

接方式分別由三個電路元件 E_a、E_b、E_c 構成一個邊，都是一個電路
元件串聯著另一個電路元件，因此這種接法沒有像 Y 連接的架構含
有一個共同的接點，也因此這種接法只能拉出三個端點 1、2、3 與其
他電路做連接，但是這種接法在第十章中的三相電路，一樣是一種非
常重要的電路連接架構。

　　若將圖 2.12.1 及圖 2.12.2 的電路元件全部改為電阻器，並都以
三個端點 1、2、3 與外部電路連接，則這兩個電路可以互相轉換，稱
為 Y–△ 轉換，基本的電路轉換要求是：由一個電路任何兩個端點看
入的電阻值大小，應等於另一個等效電路由同一對端點看入的電阻值
大小。因為 △ 型或 Y 型電路一共有三個端點，會形成三對不同的端
點組合，因此需要同時滿足三個聯立方程式，才可以求解這兩個電路
的等效轉換。這種 Y–△ 轉換在化簡複雜電路時極為有用，尤其是一
些特別奇怪的、立體狀的電阻性網路，在求解等效電阻時幫助甚大。
在第八章中，這種 Y–△ 轉換技巧將可擴展到交流電路的弦波阻抗轉
換上，屆時再做詳細說明。

2.12.1　△連接到 Y 連接的等效轉換

首先，我們將推導如何由 △ 連接的電路轉換爲 Y 連接的等效電路。如圖 2.12.3 所示，實線所表示的爲 △ 連接電路，虛線表示它的 Y 連接等效電路，兩個電路都連接在節點 1、2、3 上，其中 △ 連接電路中的電阻 R_a、R_b、R_c 分別接在 (1、2),(2、3),(3、1) 等三對節點上。Y 連接的等效電路電阻 R_1、R_2、R_3 則分別置於 (1、n),(2、n),(3、n) 等三對節點上。根據等效電路轉換的要求，兩個電路由相同一對端點看入的電阻值大小必須相同。茲將下面的三個方程式第一個等號右側塡入 △ 連接電路由端點看入的電阻大小，第一個等號左側則塡入 Y 連接電路由同一對端點看入的電阻值大小，以方便對照。

圖 2.12.3　△ 連接到 Y 連接的轉換

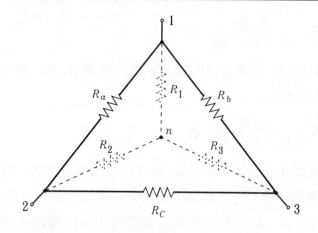

由第一對端點 (1、2) 間的看入的電阻值大小爲：

$$R_1 + R_2 = R_a /\!/ (R_b + R_c) = \frac{R_a(R_b + R_c)}{R_a + R_b + R_c} \ \ \Omega \qquad (2.12.1)$$
$$\text{(Y 連接)} \qquad \text{(△ 連接)}$$

由第二對端點 (2、3) 間所看入的電阻值大小爲：

$$R_2 + R_3 = R_c /\!/ (R_a + R_b) = \frac{R_c(R_a + R_b)}{R_a + R_b + R_c} \quad \Omega \qquad (2.12.2)$$

$\quad$ (Y 連接) $\quad$ (△ 連接)

從第三對端點 (3、1) 間所看入的電阻值大小爲:

$$R_1 + R_3 = R_b /\!/ (R_a + R_c) = \frac{R_b(R_a + R_c)}{R_a + R_b + R_c} \quad \Omega \qquad (2.12.3)$$

$\quad$ (Y 連接) $\quad$ (△ 連接)

得到兩個電路間的聯立方程式後, 先用 (2.12.3) 式減去 (2.12.2) 式來消去 R_3, 以求得電阻 R_1 及 R_2 間的關係:

$$R_1 - R_2 = \frac{R_a(R_b - R_c)}{R_a + R_b + R_c} \quad \Omega \qquad (2.12.4)$$

再將 (2.12.4) 式與 (2.12.1) 式相加, 消去 R_2, 則電阻器 R_1 的關係式可以由 R_a、R_b、R_c 表示爲:

$$R_1 = \frac{R_a R_b}{R_a + R_b + R_c} \quad \Omega \qquad (2.12.5)$$

將 (2.12.1) 式減去 (2.12.4) 式, 可以得到電阻器 R_2 的表示式爲:

$$R_2 = \frac{R_a R_c}{R_a + R_b + R_c} \quad \Omega \qquad (2.12.6)$$

最後將 (2.12.2) 式減去 (2.12.6) 式, 消去 R_2 項, 則可求得電阻器 R_3 的表示式爲:

$$R_3 = \frac{R_b R_c}{R_a + R_b + R_c} \quad \Omega \qquad (2.12.7)$$

若能同時滿足 (2.12.5) 式~(2.12.7) 式三個方程式, 則 Y 連接架構就是 △ 連接架構的等效轉換。我們可以明顯地發現, (2.12.5) 式到 (2.12.7) 式三個方程式等號右側的分母, 同樣爲 △ 型電路三個電阻器元件電阻相加的和, 而分子部份最爲有趣, 可以配合圖2.12.3 來看: 在節點 1 上, Y 連接電路的電阻 R_1 其兩相鄰的電阻, 恰爲 △ 連接電路的 R_a 及 R_b, 將兩個電阻值相乘剛好放在 (2.12.5) 式的分子; 在節點 2 上, Y 連接電路的電阻 R_2 之兩相鄰電阻, 恰爲 △ 連接電路的 R_a 及 R_c, 將兩個相乘剛好放在 (2.12.6) 式的分子; 在節點

3上，Y 連接電路的電阻 R_3 之兩相鄰電阻，恰為 Δ 型電路的 R_b 及 R_c，將 R_b 及 R_c 相乘，剛好是 (2.12.7) 式的分子。從上面的說明我們可以找到由 Δ 連接電路轉換成 Y 連接電路的元件電阻值計算記憶法：

$$R_Y = \frac{\text{與該 Y 連接電阻相鄰的兩個 Δ 連接電阻的乘積}}{\text{Δ 連接電路的三個元件電阻值代數和}} \quad \Omega \qquad (2.12.8)$$

若 Δ 連接電路中的三個電阻器電阻大小都相同，數值為 R_Δ，則 Y 連接等效電路的電阻大小 R_Y 應為：

$$R_Y = \frac{R_\Delta}{3} \quad \Omega \qquad (2.12.9)$$

舉例而言，若 Δ 連接電路中的每個電阻值均等於 $3\,\Omega$，則 Y 連接電路等效電阻值每個都是 $1\,\Omega$，剛好差了三倍，而且是 Δ 型電路的電阻值為 Y 型電路的電阻值的三倍。若 Δ 連接電路中的一個電阻值為零（短路），則由 (2.12.5) 式～(2.12.7) 式可以知道，與該電阻器頭尾相連的 Y 型電阻器之電阻值必為零，亦為短路。

【例 2.12.1】若圖 2.12.3 中的 Δ 連接電阻值（Ω）分別為：$R_a = 10$，$R_b = 20$，$R_c = 70$，求：(a)Y 連接的等效電阻值。(b)若 R_a 被短路，重做(a)。

【解】(a) $R_1 = \dfrac{R_a R_b}{R_a + R_b + R_c} = \dfrac{(10)(20)}{10 + 20 + 70} = \dfrac{200}{100} = 2\,\Omega$

$R_2 = \dfrac{R_a R_c}{R_a + R_b + R_c} = \dfrac{(10)(70)}{100} = 7\,\Omega$

$R_3 = \dfrac{R_b R_c}{R_a + R_b + R_c} = \dfrac{(20)(70)}{100} = 14\,\Omega$

(b) $R_1 = \dfrac{R_a R_b}{R_a + R_b + R_c} = \dfrac{(0)(20)}{0 + 20 + 70} = \dfrac{0}{90} = 0\,\Omega$

$R_2 = \dfrac{R_a R_c}{R_a + R_b + R_c} = \dfrac{(0)(70)}{90} = 0\,\Omega$

$$R_3 = \frac{R_b R_c}{R_a + R_b + R_c} = \frac{(20)(70)}{90} = 15.555 \ \Omega$$

注意: 受 R_a 短路影響, R_1 及 R_2 亦爲短路。 ◎

2.12.2 Y 連接電路轉換爲 Δ 連接電路

接著, 我們要繼續推導 Y 連接電路的電阻值轉換爲 Δ 連接等效電路的電阻值。如圖 2.12.4 所示, 實線部份爲 Y 連接電路的三個電阻器 R_1、R_2、R_3, 虛線部份則是 Δ 連接電路的電阻器 R_a、R_b、R_c, 這個圖形和圖 2.12.3 完全一樣, 只是實線和虛線調換過來罷了, 因此這兩個電路的轉換關係, 可以將圖 2.12.3 所推導的結果加以利用。因爲由任一對端點看入的電阻值大小關係, 已在前面的 (2.12.1) 式至 (2.12.3) 式中說明過了, 只要稍加整理, 即可求出 Y 連接電路轉換爲 Δ 連接電路的關係式。茲將 (2.12.5) 式、 (2.12.6) 式及 (2.12.7) 式三個方程式的電阻 R_1、R_2、R_3 以下面的關係式展開, 然後化簡:

$$
\begin{aligned}
R_1 R_2 + R_2 R_3 + R_3 R_1 &= \frac{R_a^2 R_b R_c + R_b^2 R_a R_c + R_c^2 R_a R_b}{(R_a + R_b + R_c)^2} \\
&= \frac{R_a R_b R_c (R_a + R_b + R_c)}{(R_a + R_b + R_c)^2} \\
&= \frac{R_a R_b R_c}{R_a + R_b + R_c} \quad \Omega^2 \quad\quad (2.12.10)
\end{aligned}
$$

將(2.12.10)式分別除以(2.12.7)式、(2.12.6)式以及(2.12.5)式三個方程式, 恰好可以得到 Δ 連接電路的電阻值 R_a、R_b、R_c 以 Y 連接電路電阻 R_1、R_2、R_3 的表示式的方程式:

$$R_a = \frac{R_1 R_2 + R_2 R_3 + R_3 R_1}{R_3} \quad\quad (2.12.11)$$

$$R_b = \frac{R_1 R_2 + R_2 R_3 + R_3 R_1}{R_2} \qu\quad\quad (2.12.12)$$

$$R_c = \frac{R_1 R_2 + R_2 R_3 + R_3 R_1}{R_1} \quad\quad (2.12.13)$$

圖 2.12.4　Y 連接電路轉換爲 △ 連接電路

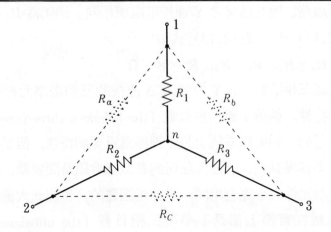

由 (2.12.11) 式～(2.12.13)式三個方程式，我們明顯發現等號右側的分子完全相同，剛好等於 Y 連接電路電阻 R_1、R_2、R_3 中，任兩個乘積的和，而分母的結果也是非常有趣，可以對照圖 2.12.4 之電路架構：要求 △ 連接電路的 R_a 時，分母就取 Y 連接電路中 R_a 對面的電阻R_3；計算 △ 連接電路的電阻 R_b 時，分母就取 Y 連接電路中 R_b 對面的電阻R_2；若要計算 △ 連接電路的電阻 R_c 時，則分母就要取 Y 連接電路中 R_c 對面的電阻R_1。由上面的這些說明，我們可以歸納由 Y 連接電路轉換爲 △ 連接電路的簡單計算記憶法：

$$R_\Delta = \frac{\text{Y 連接電路中任一對電阻乘積的和}}{\text{△ 連接電路元件對面的 Y 連接電路電阻}} \ \Omega \qquad (2.12.14)$$

若 Y 連接電路中，每一個電阻值大小均相同，皆等於 R_Y Ω，代入 (2.12.11) 式～(2.12.13) 式，可以求得 △ 連接電路的每一個電阻也是完全相同，都等於 R_Δ Ω，其關係式爲：

$$R_\Delta = 3R_Y \ \Omega \qquad\qquad (2.12.15)$$

恰與 (2.12.9) 式之表示式相同。若 R_Y 爲 1 Ω，則 R_Δ 大小爲 3 Ω。在電路元件電阻值都一樣時，△ 連接的電阻大小總是 Y 連接電阻值的三倍。當 Y 連接電路中，有一個電阻值爲零（短路）時，則該電

阻器對面的 △ 電阻值必爲無限大（開路），其餘兩個 △ 連接之電阻值
則與未被短路、與其連接之 Y 連接電阻值相同。例如當 $R_1 = 0\ \Omega$ 時，
由 (2.12.11) 式～(2.12.13) 式知：

$$R_a = R_2,\ \ R_b = R_3,\ \ R_c = \infty\ \ \ \Omega$$

在交流三相電路上，Y 連接或 △ 連接的三個電路元件若具有完
全相同的特性，稱爲平衡三相負載（the balanced three-phase loads），
在電力公司的三相電源系統上是一種極爲重要的特性，但是在實際的
電路上卻不容易見到，因爲大部份的負載都會隨時間變動，所以要達
到三個電路元件大小完全相同，是非常困難的，也因此大部份的三相
電路的負載在實際上都是不平衡三相負載（the unbalanced three-
phase loads），此將在第十章的平衡及不平衡三相電路上做一詳細介
紹。

【例 2.12.2】若圖 2.12.4 的 Y 連接電阻值（Ω）分別爲：$R_1 = 100$，
$R_2 = 200$，$R_3 = 500$，求其 △ 連接的等效電阻值。

【解】 $R_a = \dfrac{R_1 R_2 + R_2 R_3 + R_3 R_1}{R_3}$

$$= \frac{(100)(200) + (200)(500) + (500)(100)}{500}$$

$$= \frac{170000}{500} = 340\ \Omega$$

$$R_b = \frac{R_1 R_2 + R_2 R_3 + R_3 R_1}{R_2} = \frac{170000}{200} = 850\ \Omega$$

$$R_c = \frac{R_1 R_2 + R_2 R_3 + R_3 R_1}{R_1} = \frac{170000}{100} = 1700\ \Omega \qquad ◎$$

【例 2.12.3】如圖 2.12.5 所示之電路，試用 Y－△ 轉換法求由電源端
看入之總電阻值。

圖2.12.5 例2.12.3之電路

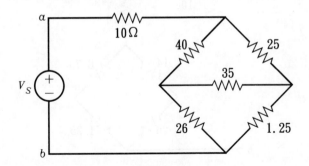

【解】先將橋式電路上半部份之 Δ 型轉換為 Y 型：

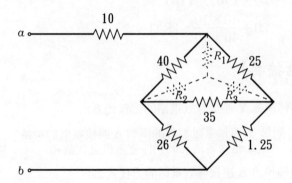

$$R_1 = \frac{40 \times 25}{40 + 25 + 35} = \frac{1000}{100} = 10 \ \Omega$$

$$R_2 = \frac{40 \times 35}{100} = 14 \ \Omega$$

$$R_3 = \frac{25 \times 35}{100} = 8.75 \ \Omega$$

變成下面的等效電路：

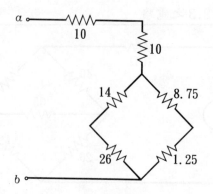

$$R_T = R_{ab} = 10 + 10 + (14 + 26) /\!/ (8.75 + 1.25)$$
$$= 20 + (40) /\!/ (10)$$
$$= 20 + \frac{40 \times 10}{40 + 10} = 28 \ \Omega$$

◎

【本節重點摘要】

(1)Δ 連接電路轉換為 Y 連接等效電路的方程式為:

$$R_Y = \frac{與該\ Y\ 連接電阻相鄰的兩個\ \Delta\ 連接電阻的乘積}{\Delta\ 連接電路三個元件電阻值之代數和} \quad \Omega$$

(2)Y 連接電路轉換為 Δ 連接等效電路的方程式為:

$$R_\Delta = \frac{Y\ 連接電路中任一對電阻乘積的和}{\Delta\ 連接電路元件對面的\ Y\ 連接電路電阻} \quad \Omega$$

【思考問題】

(1)當 Y 連接或 Δ 連接上的電阻值 R 是隨時間變動的量時, 兩個電路的轉換方程式仍成立嗎?

(2)當 Y 連接的三個電路元件上, 其中一個元件發生開路時, Δ 連接的三個電阻值會發生什麼改變?

(3)當 Δ 連接的三個電路元件上, 其中一個元件發生開路時, Y 連接的三個電阻值會發生什麼改變?

(4)當 Y 連接或 Δ 連接上的電阻值 R 是非線性元件時, 兩個電路的轉換方程式如何修改?

⑸Y 連接（或 △ 連接）的等效轉換除了本節所述的情形外，有沒有其他不同的等效轉換電路?

2.13 利用網路對稱性求等效電阻

對稱性在電學上的應用甚多，例如前一節中談到的 Y 連接電路或 △ 連接電路用於三相交流系統分析時，若每一邊的直流電阻（或交流弦波下的阻抗）相同時，稱為三相平衡電路，我們可以只取其中的一相電路電壓及電流做分析，再根據三個相各差 120 度的對稱觀念，無須經由重覆的冗長計算，直接推導出其他兩相的電壓或電流的關係。又如: 三相發電機及電動機的線圈繞組的接線，也是利用三個相繞組對稱分佈於一個圓周空間 360 度的觀念來設計。這些觀念將在第十章中做介紹。此外，又如: 濾波器，電場、磁場的理論等，均可經由對稱性的方法，減少分析的複雜程度。

有關網路對稱性的問題，通常在一看見網路架構時，無法一下子意會及瞭解它的對稱性，往往需要將網路的電阻、電壓源或電流源重新繪過一遍，或經過調整變動，才可以使原電路的架構呈現對稱性。茲舉出以下各種不同的電路對稱的特性，提供讀者參考。

1.水平對稱性

如圖 2.13.1 所示，電路的一個電阻器 R，可以改成兩個相同的串聯電阻器（$R/2$），使這兩個相同的電阻器（$R/2$）產生水平軸的對稱性，亦即產生上下對稱的情形。

2.垂直對稱性

如圖 2.13.2 所示，同一個電阻器 R 也可以拆成兩個相同的電阻器 $2R$ 做並聯，因而使得這兩個電阻器均能對垂直的中心線對稱，亦即產生了左右對稱的情形。

經過這種對稱變換的過程後，若電路呈現了上下對稱的情形，則應利用中心對稱軸節點電位相等的關係化簡該電路。如圖 2.13.3 左

圖2.13.1　水平對稱電路之轉換

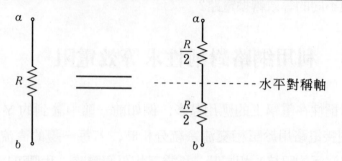

圖2.13.2　垂直對稱電路之轉換

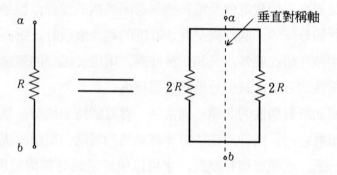

圖2.13.3　利用對稱水平軸化簡電路

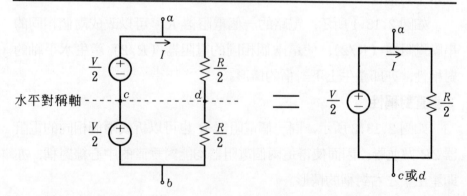

側所示，該電路對水平軸對稱，因此節點 c 和節點 d 電位相同，可以將它們予以短路，因而得到右側的等效電路，電流 $I=(V/2)/(R/2)$ $=V/R$ ，與左側原電路之電流 $I=V/R$ 相同。

　　經過電路適當的轉變後，若電路呈現了左右對稱的情形，則可以利用垂直中心軸兩半電路通過之電流相等的關係化簡該電路。如圖 2.13.4 左側所示，左右兩半電路對垂直軸產生對稱，因此節點 a 、b 間及節點 c 、d 間的短路線沒有電流通過，可以將這兩條短路線移去，因而化簡為右側的等效電路，此時電壓 $V=(I/2)(2R)=IR$ ，結果與左側原電路圖之電壓 $V=[(I/2)+(I/2)][2R//2R]=(I)$ $(R)=IR$ 之計算結果相同。這些都是有關基本電路對稱的化簡電路法。

圖 2.13.4　利用對稱垂直軸化簡電路

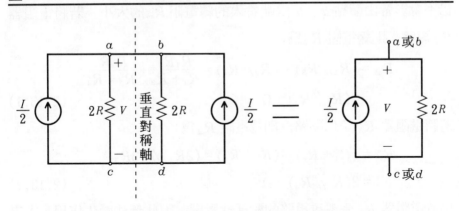

　　有關對稱電路的簡化計算，可依下述的幾個重要原則來做：

(1)若一個電路中，某一個支路的電壓或電流等於零，則可以將該支路短路或開路：電壓為零改為短路，電流為零改為開路。

(2)若一個電路中，有若干個節點的電壓均相同，可以用短路線將這些節點全部連接在一起。

(3)若相鄰的兩個網目，其內部電流相同，方向也相同，則兩網目間共用的電阻器一定沒有電流通過，因此可以將該共用的電阻器斷開或

移去。

(4)若將一個電路的電源（電壓源或電流源）反接，則電路內部所有電壓的極性變成相反，而電流方向亦將反向，但電壓或電流的大小並沒有改變。

茲以下面的數個電路實例做爲對稱電路化簡的說明參考。

2.13.1　平衡電橋電路

如圖 2.13.5 所示，該電路爲一個電橋電路，由四個電阻器 R_1、R_2、R_3、R_4 構成電橋的四個臂，另一電阻器 R_X 則放置於節點 c 和節點 d 上。若 $R_1 = R_2$ 且 $R_3 = R_4$，則可以用虛線繪出一條平貼於電阻器 R_X 的水平對稱軸，四個電橋臂將對該軸對稱，因此節點 c 和節點 d 呈現等電位或相同電壓。我們可將這兩個節點予以短路或開路，仍不會影響由節點 a、b 兩端看入的總電阻 R_{ab} 的大小。若將電阻器 R_X 短路，則總電阻 R_{ab} 爲：

$$R_{ab} = (R_1 // R_3) + (R_2 // R_4) = \frac{R_1 R_3}{R_1 + R_3} + \frac{R_2 R_4}{R_2 + R_4}$$
$$= 2(R_1 // R_3) \quad \Omega \qquad (2.13.1)$$

若將電阻器 R_X 予以開路，則總電阻 R_{ab} 爲：

$$R_{ab} = (R_1 + R_2) // (R_3 + R_4) = (2R_1) // (2R_3)$$
$$= 2(R_1 // R_3) \quad \Omega \qquad (2.13.2)$$

由於電阻器 R_X 受電橋電路的對稱性影響，因此無法產生作用。本電路中因爲 $R_1 = R_2$ 且 $R_3 = R_4$，該兩個等式也可以相除，變成：

$$\frac{R_1}{R_3} = \frac{R_2}{R_4} \qquad (2.13.3)$$

或寫成該電橋四個臂相互對面電阻值乘積的結果：

$$R_1 R_4 = R_2 R_3 \qquad (2.13.4)$$

(2.13.3) 式及 (2.13.4) 式兩式均爲電橋電路平衡的重要條件，亦爲對稱網路的關係式。

圖2.13.5 平衡電橋電路之對稱性

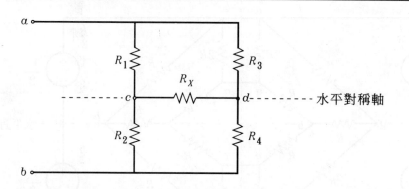

圖2.13.6 兼具水平對稱及垂直對稱的電路

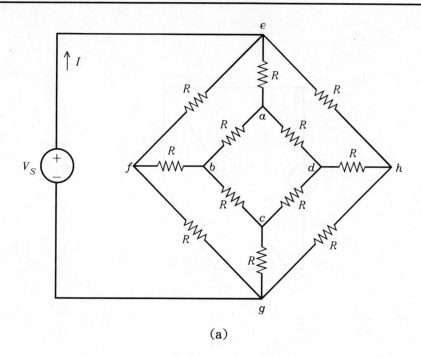

(a)

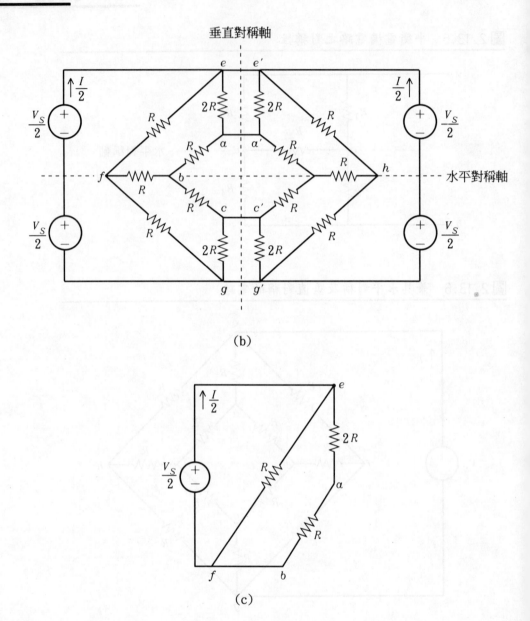

(b)

(c)

2.13.2 兼具水平對稱及垂直對稱的電路

如圖 2.13.6(a)所示, 爲一個獨立電壓源 V_s 加到一個平面網路的架構, 該平面網路一共有八個節點 a、b、c、d、e、f、g、h, 將

12個電阻值皆爲 R 的相同電阻器做上下左右四個方位的對稱連接，電壓源 V_s 之流出電流 I 經由節點 e 流入該平面網路，再由網路節點 g 流出。由於該電阻網路爲四個方位之對稱，因此可以依照水平及垂直方向的變化，將電源部份整理成對稱的電壓及電流分佈。

　　如圖 2.13.6(b)所示，將原(a)圖的電壓源 V_s 拆成四個，其中兩個（$V_s/2$）串接的電壓源仍如原圖放在網路左邊，另外兩個串接的電壓源（$V_s/2$）則放置於網路右側，四個電壓源的電壓極性與電流方向和原電壓源 V_s 完全相同，但是四個新電壓源電壓大小均爲原電壓源的一半（$V_s/2$），而新電壓源注入網路的電流量大小只分配原電壓源流出電流的一半（$I/2$），這是有關電源處理爲對稱的部份。

　　而處理電阻網路對稱的部份，可仿照圖 2.13.2 的做法，將節點 e 和節點 a 間，以及節點 c 和節點 g 間的電阻器 R 都拆成兩個 $2R$ 電阻器的並聯，由垂直軸線部份予以平分爲兩半，因而四個節點 e、a、c、g 均可化爲 ee'、aa'、cc'、gg' 的短路線做連接；在水平軸線部份，由於在節點 f 和節點 b 間以及節點 d 和節點 h 間的兩電阻器 R，剛好位於上下對稱的部份，因此這四個節點 f、b、d、h 必爲等電位，可以將它們短路起來，因此這兩個電阻器也失去效用。基於以上的說明，(b)圖的整個電路正是水平兼垂直的對稱電路，可以按水平軸線和垂直軸線所畫分的四塊對稱電路，取其中一塊電路來分析即可，如圖 2.13.6(c)所示，是取出(b)圖之左上方電路而得。根據圖(c)的簡單電路，我們可以很容易地寫出由電壓源（$V_s/2$）兩端看入的等效電阻 R_{eq} 的大小：

$$R_{eq} = \frac{V_s/2}{I/2} = \frac{V_s}{I} = R \,/\!/\, (2R+R) = R \,/\!/\, 3R$$

$$= \frac{3R^2}{4R} = \frac{3R}{4} \quad \Omega \tag{2.13.5}$$

式中 $R_{eq} = V_s/I$，與圖 2.13.6(a)由電壓源 V_s 看入之等效電阻相同。

圖 2.13.7 立體方塊的對稱電路

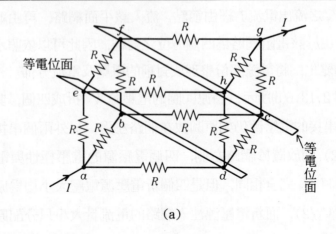

(a)

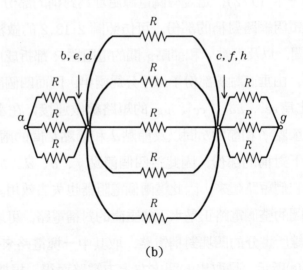

(b)

2.13.3 立體方塊的對稱電路

如圖 2.13.7(a)所示，為一個立體方塊的對稱電路，每一個立體邊均為電阻值 R 的電阻器，一共有八個節點 a、b、c、d、e、f、g、h，將 12 個相同的電阻器架成一個立體的方塊。電流 I 由節點 a 流入，而從節點 g 流出。由該電路來看，此立體方塊之電流流入點

a，到電流流出點 g，恰在該立體方塊的最左下角及最右上角，若站在該方塊上方來看，電流 I 在流經該立體方塊內部電路時，必然是以節點 a 到節點 g 所畫的一直線的兩邊，以對稱方式灌入。但是與節點 a 或節點 g 相連的電阻器分別有三個，與節點 a 相連的電阻器分別為 R_{ab}、R_{ad}、R_{ae}，與節點 g 相連的電阻器分別為 R_{cg}、R_{hg}、R_{fg}，均呈現立體排列。因此總電流 I 勢必在這些電阻器中平均分配，造成相同的電壓降。亦即與節點 a 相連接的三個電阻器電壓降均為：$V_{ab} = V_{ae} = V_{ad} = R(I/3)$，而與節點 g 相連接的三個電阻器電壓降皆為：$V_{fg} = V_{hg} = V_{cg} = R(I/3)$。就此觀念，節點 b、e、d 三點的電位應該相同，而節點 c、f、h 三個節點的電位也應該相等，因此圖 2.13.7(a)上各繪出一個用虛線表示的等電位線面。將這兩個等電位線面的節點以短路線相連接，或各自縮成一個節點，可以化簡成圖 2.13.7(b)所示的等效電路。由此(b)圖的等效電路，我們可以很順利地將節點 a 到節點 g 間的等效電阻 R_{eq} 算出來：

$$R_{eq} = \frac{R}{3} + \frac{R}{6} + \frac{R}{3} = \frac{2R + R + 2R}{6} = \frac{5R}{6} \ \Omega \qquad (2.13.6)$$

2.13.4　對稱晶格電路

圖 2.13.8(a)左側所示，為一個對稱晶格電路，節點 a、c 間及節點 b、d 間的水平電阻器值同為 R_X，稱為直接分支；節點 a、d 間和節點 b、c 間的交叉電阻器的值同樣為 R_Y，稱為交叉分支，該圖是完整的畫法，但是因為四個電阻器中有兩對完全一樣，因此可以改畫為(a)圖右側的簡圖，只畫出連接於節點 a 的兩個電阻器 R_x 及 R_Y，另外兩個電阻器改以虛線表示，虛線表示與實線的電阻器數值對稱者，具有相同的電阻值。

從(a)圖來看，節點 a、b 構成一對端子，稱為一個埠（port），該埠兩端的電壓為 V_1；而節點 c、d 則構成另一對端點，形成另一個埠，其兩端的電壓為 V_2。因此這四端網路形成雙埠網路（two-port

圖 2.13.8　對稱晶格電路

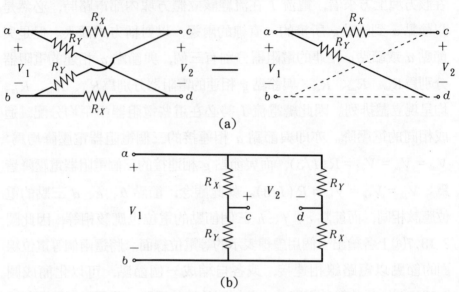

(a)

(b)

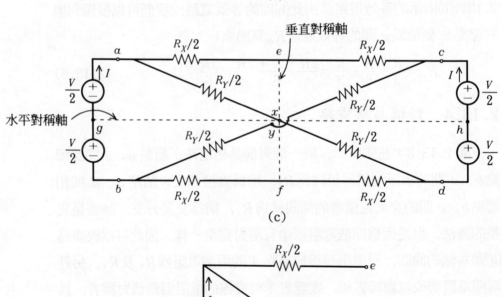

(c)

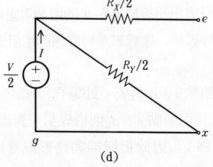

(d)

network）。這個對稱晶格網路看起來好像是立體的，但其實也可以將節點 c、d 往節點 a、b 的方向由外向內拉，平貼成一個平面電路，剛好形成一個等效的電橋電路，如圖 2.13.8(b)所示。可以和前面的圖 2.13.5 的平衡電橋電路比較，若 $R_X = R_Y$，則成爲一個平衡的電橋電路。

　　圖 2.13.8(a)左側的電路，若令 $V_1 = V_2 = V$，再將該電路左右兩個電壓源，分別拆成上下對稱的兩對串接的電壓源（$V/2$），再分別放置於電路左右兩側。然後將四個對稱的電阻器，拆爲八個電阻器的串接，每個電阻器值均爲原電阻值的一半。最後再將該變換過的電路取出水平對稱軸及垂直對稱軸，如圖 2.13.8(c)所示。此時電路一下子變成爲一個上下、左右都對稱的電路。由該圖可以得知，節點 g、y、x、h 均爲等電位點，可以連成一條短路線；節點 e、f 爲無電流通過的節點，可以予以斷開。再按水平及垂直軸線切成四塊後，取出左上方的那塊電路，如此便形成了圖 2.13.8(d)的等效電路。由圖(d)可以計算出由電壓源（$V/2$）流入的總電流 I（對稱電流）爲：

$$I = \frac{V/2}{R_Y/2} = \frac{V}{R_Y} \quad \text{A} \tag{2.13.7}$$

而電阻值 R_Y 爲：

$$R_Y = \frac{V}{I} \quad \Omega \tag{2.13.8}$$

由圖(d)所示可知，當半個直接分支電阻器（$R_X/2$）被斷開時，（$V/2$）除以對稱輸入電流 I，恰等於半個電路的輸入電阻，其值爲（$R_Y/2$），因此稱（2.13.8）式中的 R_Y 爲斷路平分電阻，以 R_{och}（och 爲 open-circuit-half 的簡寫）的符號表示。

【例 2.13.1】 如圖 2.13.9 所示之無限大電路，利用對稱電路特性，求由節點 a、b 看入之等效電阻值 R_{eq}。

圖 2.13.9　例 2.13.1 之電路

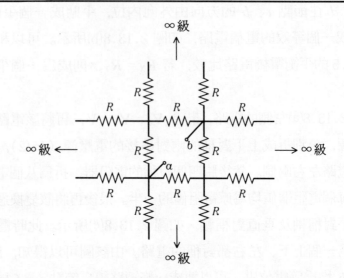

【解】由於是無限大的網路，由任一個正方形對角點，量入之電阻值皆等於 R_{eq}，將圖 2.13.9 之節點 a、b 端加上一個電流源 I，並將該圖整個以順時鐘方向旋轉 135°，再將原電路拆成上下左右對稱電路，如圖(a)所示：

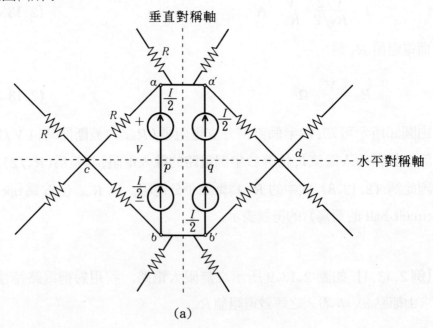

(a)

其中節點 c、p、q、d 為同電位，可以予以短路，而垂直對稱軸之
線段無電流，可以予以開路。

由於圖(a)左右對稱，先取其左半部，化簡為圖(b)，再取圖(b)之上半
部，可得(c)圖。

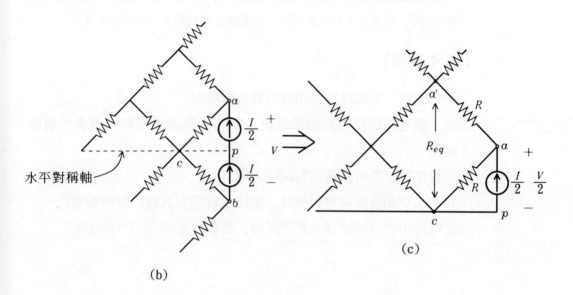

(b)

(c)

$\because V/I = R_{eq}$ 為所求等效電阻值，與由上圖(c)之 $a'c$ 之電阻值相同

$$\therefore R_{eq} = R \,//\, (R + R_{eq}) = \frac{R^2 + RR_{eq}}{2R + R_{eq}}$$

$$R_{eq}^{\,2} + RR_{eq} - R^2 = 0$$

$$\therefore R_{eq} = \frac{-R \pm \sqrt{R^2 + 4R^2}}{2} = \frac{-R \pm \sqrt{5}R}{2} \quad (\text{負不合})$$

$$\therefore R_{eq} = (-1 + \sqrt{5})\frac{R}{2} \quad \Omega \qquad \qquad ◎$$

【本節重點摘要】

有關對稱電路的簡化計算，可依下述的幾個重要原則來做：

(1)若一個電路中，某一個支路的電壓或電流等於零，則可以將該支路短路或開

　路：電壓為零改為短路，電流為零改為開路。

(2)若一個電路中，有若干個節點的電壓均相同，可以用短路線將這些節點全部連接在一起。

(3)若相鄰的兩個網目，其內部電流相同，方向也相同，則兩網目間共用的電阻器一定沒有電流通過，因此可以將該共用的電阻器斷開或移去。

(4)若將一個電路的電源（電壓源或電流源）反接，則電路內部所有電壓的極性變成相反，而電流方向亦將反向，但電壓或電流的大小並沒有改變。

【思考問題】

(1)是否任何一種電路均可用對稱觀念求解?

(2)當一個電路轉換為對稱電路後，整體電路的功率與能量會不會改變?

(3)非線性電阻器可否適用對稱法求解?

(4)除了水平軸及垂直軸對稱外，電路求解還有其他的對稱軸嗎?

(5)當電路中含有相依或受控電源時，對稱法如何應用? 為什麼?

習 題

/2.1節/

1. 若一條銅線（$\rho = 1.72 \times 10^{-8}\,\Omega \cdot m$）在室溫20℃下之電阻值為 5 Ω，已知該導線之長度為 100 m，求其截面積大小為多少 cm²？

2. 一個未知元件，只知道其長度為 10 m，截面積為 5 mm²，室溫下之電導值為 10 S，求該元件之電導係數值。

3. 一個普通的色碼電阻器，其顏色順序分別為：橙、橙、橙、金，求該電阻器電阻值之範圍。

/2.2節/

4. 一個家用電源插座，電壓為 $v(t) = 110\sqrt{2}\sin(377t + 40°)$ 連接於一個 5 Ω 電阻器上，求通過該電阻器之電流值。

5. 一個半導體元件，其電壓電流關係式為：

$$v(t) = 20i(t) + 50i^2(t) \quad V$$

求在電壓＝3 V，電流＝2 A 之直流電阻與交流電阻值。

/2.3節/

6. 已知某材料在 20℃ 時為 50 Ω，80℃ 時為 150 Ω，求該材料之電阻溫度係數，並求電阻為零時之理論絕對零度。

7. 一個鋁製導線，其電阻溫度係數 $\alpha_T = 0.00391$ (℃)⁻¹，在室溫之電阻值為 100 Ω，求在 -200℃ 及 +300℃ 下之電阻值。

/2.4節/

8. 1000 W 之電熱器連接於 110 V 直流電源上，(a)求電流之數值，以及等效電阻大小，(b)若連接於 110 V 電源經過 1 天的時間，求總消耗電能若干。

9.10 Ω 電阻器，額定爲 100 W，求：(a)最大額定電流，(b)最大額定電壓，(c)若連接於 220 V 電源，則電流與功率之數值若干？

10.三個電阻器分別爲：(a)5 Ω，100 W，(b)10 Ω，60 W，以及(c)1 Ω，80 W，試問三個電阻器中，那一個具有最大的電壓額定，那一個具有最大的電流額定？

/2.5 節及 2.6 節/

11.如圖 P2.11 所示之電路，求 V_1 及 V_2 之值。

圖 P2.11

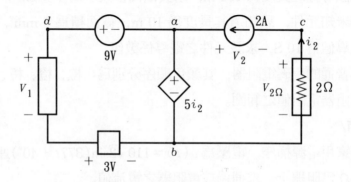

12.如圖 P2.12 所示之電路，求 V_1、V_2 及 V_3 之值。

圖 P2.12

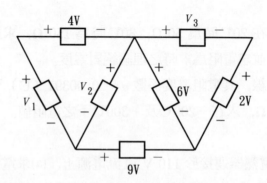

/2.7 **節**/

13.四個電阻器串聯在一起, 已知最小電阻值的大小爲其他三個的電阻
值的$\frac{1}{2}$、$\frac{1}{4}$、$\frac{1}{8}$, 當電源電壓爲 150 V 時, 最小電阻值之電流爲 1
A, 求: (a)串聯總電阻, (b)四個電阻之數值, (c)電源之流出功率。

14.如圖 P2.14 所示之電路, 求各電阻器兩端之電壓值。

圖 P2.14

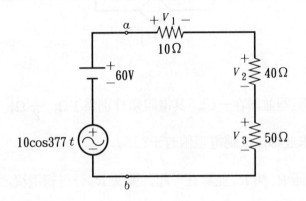

15.有一百個電阻器串聯在一起, 其電阻值分別爲 1 Ω, 2 Ω, 3 Ω,
…, 100 Ω, 求串聯後之等效電阻值。

/2.8 **節及** 2.9 **節**/

16.如圖 P2.16 所示之電路, 求 I_1, I_2 及 I_3 之值。

圖 P2.16

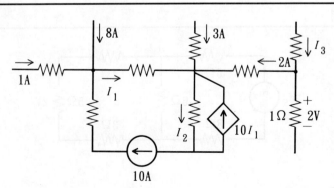

17.如圖 P2.17 所示之電路，求 I_1 及 I_2。

圖 P2.17

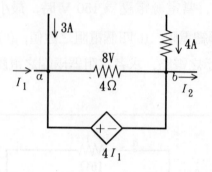

/2.10 節/

18.一百個電阻器並聯在一起，其電阻值分別爲 $1\,\Omega$, $\frac{1}{2}\,\Omega$, $\frac{1}{3}\,\Omega$, …, $\frac{1}{100}\,\Omega$，求並聯後之總電阻值若干？

19.兩個電阻器 R_1 與 R_2 並聯在一起，要使 R_1 分得總電流之 $\frac{1}{5}$，求 R_1 與 R_2 之關係如何？

20.三個電阻器 R_1、R_2、R_3 並聯在 300 V 之直流電壓源上，已知 R_1 吸收 100 W，R_2 電流爲 2 A，電壓源供應 3000 W 功率，求 R_1，R_2 及 R_3 之數值。

/2.11 節/

21.試求圖 P2.21 之電壓源電壓 V_S 之值。

圖 P2.21

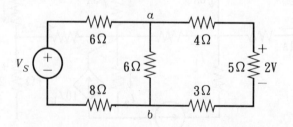

22.試求圖 P2.22 中當 a、b 開路時之 V_{ab} 以及 a、b 短路時之 I_{ab}。

圖 P2.22

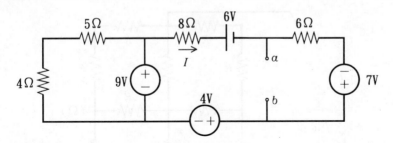

/2.12 **節**/

23.如圖 P2.23 所示之電路，求 R_{ab} 之值。

圖 P2.23

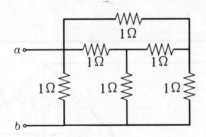

24.如圖 P2.24 所示，試用 Y-Δ 轉換法求負載 R_L 之消耗功率。

圖 P2.24

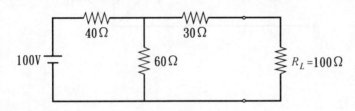

/2.13 **節**/

25.如圖 P2.25 所示之電路，試利用對稱性電路觀念求輸入電阻大小

R_{in}。

圖 P2.25

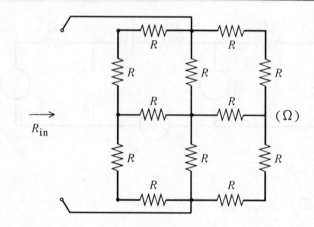

26.如圖 P2.26 所示之電路，試利用電路之對稱性求 R_{ab} 之值。

圖 P2.26

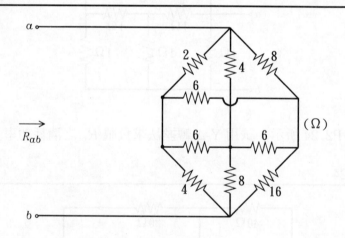

第三章　基本網路理論

　　基本網路理論（basic circuit theory）是分析比較複雜的電路時，重要的理論及應用工具。第二章的電阻電路分析，是很基本的簡單電路計算，其中幾個定理，如：歐姆定理、克希荷夫電壓定律(KVL)、分壓器法則、克希荷夫電流定律（KCL）、分流器法則等，對於簡單的單一電源電路分析時非常容易。但對於多個電源同時存在的電路，或特殊網路時，第二章的基本定理無法滿足計算時的需要，因此必須借用本章的數個重要定理來求解。本章各節的重點略述如下：

●3.1 節為重疊定理，它常用於分析電路中含有多個獨立電源時，各獨立電源對於單一個或數個電路元件兩端的電壓或通過的電流計算上。將各電源各別作用的結果，以合成或重疊的方式相加，以計算出電路元件真正的總電壓或電流。

●3.2 節為電壓源及電流源轉換，除獨立電源外，受控或相依電源間的互換，可做為簡化電路的一種方法。

●3.3 節為網目分析法，此法以平面的網目電流為變數或未知數，由寫出聯立的克希荷夫電壓定律 KVL 方程式，來求解電路的網目電流，進一步求解各電路元件通過的電流及兩端的電壓。

●3.4 節為節點分析法，此法是以電路的節點電壓為變數或未知數，由寫出聯立的克希荷夫電流定律 KCL 方程式，以求解電路的節點電壓，進一步求解各電路元件兩端的電壓及通過的電流。

●3.5 節為戴維寧定理，也包含了諾頓定理，它們的重要功能是能將

由某兩個電路端點看入的複雜電路，簡化爲單一個獨立電源與單一個電阻元件合併在一起的簡單電路，在化簡複雜電路上功能極大。

● 3.6 節爲互易定理，它可將由電源所激發的電壓或電流量與電路元件電壓或電流響應間的關係互換，對於對稱網路的電路計算上，非常適用。

● 3.7 節爲密爾曼定理，此定理在處理多個實際電壓源並聯，或數個實際電流源並聯時，對於電路的簡化極有幫助。

● 3.8 節爲最大功率轉移定理，它是應用於電路電源與負載間的電阻匹配上，使最大功率能經由電源轉移至負載，此定理常用於音響或無線電收發裝置上。

3.1　重疊定理

重疊定理（the superposition theorem）是電路分析上一個重要的定理之一，特別適用於含有多個電源的網路上，但是其重要的限制條件是僅適用於線性網路。茲將該定理內容說明如下：

> 在--個線性的網路中，含有若干個獨立電源（電壓源或電流源）時，該網路中某一個電路元件之響應（電壓或電流），是由這若干個獨立電源一個一個作用於該電路元件上所產生響應的代數和。

重疊定理的要點有下列數項：

(1)僅可以用於線性網路。

(2)適用於處理多個獨立電源的網路分析。

(3)該電路中的電路元件響應，只有電壓或電流，但是並不包含功率或能量，因爲一個電阻性元件的功率方程式爲：

$$P = VI = \frac{V^2}{R} = I^2R \quad W$$

是一個具有電壓平方或電流平方關係的量，並非是一個線性的量，因此重疊定理所合成的響應不包含一個電路元件功率的重疊計算。(註：本章因僅談論直流電源，故直流功率之計算不適用重疊定理，但到了第六章以後的弦式電源或交流電源時，只要獨立電源彼此間均互為正交，則功率的重疊計算是成立的。至於正交是什麼？在此僅簡單舉例，譬如當電源為：10 V 直流、$20\sin(10t)$ V、$50\cos(10t)$ V 等頻率不同的直流或交流正弦與餘弦電壓源，均為正交關係。或是$5\sin(5t)$ V、$\sin(t)$或$10\cos(2t)$、$7\cos(9t)$雖然同為正弦或餘弦函數，但因為角頻率不同，故亦為正交關係。)

(4)若干個獨立電源一個一個單獨作用時，要注意此處的電源重點僅指獨立電源，但是不含相依或受控電源的處理。

(5)要將獨立電源一個一個單獨地作用，以計算某一電路元件受個別電源作用下的部份響應，則一個獨立電源單獨作用時，其他的電源必須要關閉或不動作，不論是理想電源或實際電源，其關閉的處理均為：

(a)電壓源：將電壓源大小令為零值

$$V_s = 0 \quad \text{V} \tag{3.1.1}$$

其結果為變成一個等效短路，但是實際電壓源之串聯電阻仍需保留下來，只有將理想電壓源部份短路而已。

(b)電流源：將電流源大小令為零值

$$I_s = 0 \quad \text{A} \tag{3.1.2}$$

其結果變成一個等效開路，但是實際電流源之並聯電阻仍需保留下來，只有將理想電流源部份開路而已。

這兩種電源關閉的觀念，其實也可以由理想電壓源內阻為零（短路），以及理想電流源內阻為無限大（開路）來獲得。

(6)當獨立電源單獨作用，而其他電源按關閉的方式處理過後，則某一個電路元件受該電源作用下的響應可用分壓器法則、分流器法則、歐姆定理、節點電壓法或網目電流法、或 Y－Δ 轉換法、網路對稱

法求出。方法上當然是以最快速正確的方式來做最好。

(7)當每個電源對某一個待測電路元件的部份響應都求出後, 只要將這些部份響應的單位都化成一樣, 那麼該待測電路元件的正確響應就是將這些部份響應相加就可以了。

(8)若一個線性網路含有 n 個獨立電源, 則需要費 n 次的工夫去做每一個獨立電源的部份響應, 如此一來, 重疊定理的工作就並不見得會比前面幾節的分析定理簡單, 尤其是當 n 很大時, 分析工作會顯得特別繁瑣。因此重疊定理之應用須看網路的複雜度而定。然而重疊定理在第七章的交流弦式穩態電路中, 分析多個不同電源且為多種不同工作頻率下的電路時, 其效果才能顯著。但是不要忘記重要的一點, 重疊定理僅適用線性網路而已, 即使是交流電路也必須是線性才可以。

在此舉一個含有三個獨立電源的較複雜例子做重疊定理的說明應用。如圖3.1.1(a)所示, 三個電阻器 R_a、R_b、R_c 與三個獨立電源

圖3.1.1　**重疊定理應用於含有三個電源的電路及其電路簡化**

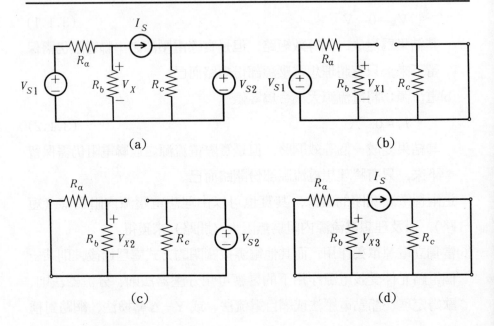

(a)　　　　　　　　　　(b)

(c)　　　　　　　　　　(d)

V_{S1}、V_{S2}、I_S 連接接成一個電路，其中兩個電源 V_{S1}、V_{S2}為電壓源，一個電源 I_S 為電流源，今要求電阻器 R_b 兩端的電壓 V_X，我們可以按電源一個一個地求解如下：

⑴當僅有電壓源 V_{S1}作用時，其他的電源應予以關閉：電流源 I_S 開路，電壓源 V_{S2}短路，此時等效電路如圖 3.1.1(b)所示。圖中電阻器R_c被短路，因此電阻器R_a、R_b為串聯，一起分配電壓源的電壓 V_{S1}，故此時電阻器 R_b 兩端的電壓由電壓源V_{S1}所提供的量 V_{X1}為：

$$V_{X1} = \frac{R_b}{R_a + R_b} V_{S1} \quad V$$

⑵當僅有電壓源 V_{S2}作用時，其他的電源應予以關閉：電壓源 V_{S1}為短路，電流源 I_S 為開路，此時之等效電路如圖 3.1.1(c)所示。兩電阻器 R_a、R_b 並聯在一起，但是因為電流源 I_S 開路，使得電阻器 R_b 兩端分配不到電壓源 V_{S2}的電壓，因此電阻器 R_b 兩端的電壓由電壓源 V_{S2}所提供的量 V_{X2}為：

$$V_{X2} = 0 \quad V$$

⑶當僅有電流源 I_S 作用時，其他的電源應予以關閉：其中兩電壓源 V_{S1}、V_{S2}應為短路，故此時之等效電路如圖 3.1.1(d)所示。兩電阻器 R_a、R_b 並聯在一起而電阻器R_c被短路，因此電阻器 R_b 兩端之電壓由電流源I_S 所提供的量 V_{X3}為：

$$V_{X3} = -(R_a /\!/ R_b) I_S = \frac{-R_a R_b}{R_a + R_b} I_S \quad V$$

最後將分別由三個獨立電源 V_{S1}、V_{S2}、I_S 所個別提供給電阻器R_b 兩端的電壓量 V_{X1}、V_{X2}、V_{X3}加在一起，或稱重疊在一起，即為電阻器 R_b 兩端電壓 V_X 的正確答案：

$$V_X = V_{X1} + V_{X2} + V_{X3}$$
$$= (\frac{R_b}{R_a + R_b} V_{S1}) + (0) + (\frac{-R_a R_b}{R_a + R_b} I_S)$$
$$= \frac{R_b}{R_a + R_b}(V_{S1} - R_a I_S) \quad V$$

　　由上面的答案可以得知，電阻器 R_b 兩端的電壓 V_x 與電壓源 V_{S2} 的大小無關，僅與其他兩個電源 V_{S1}、I_S 有關而已。

【例 3.1.1】如圖 3.1.2 所示之電路，試用重疊定理求節點 1、2 間的電壓 V_{12} 之值。

圖 3.1.2　例 3.1.1 之電路

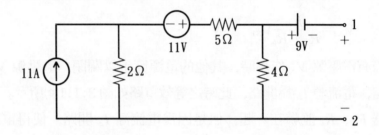

【解】(1)先求 11 A 對 V_{12} 之分量，11 V、9 V 均短路：

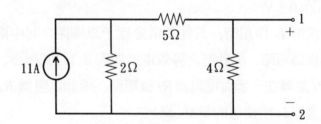

$$V_{12(1)} = 11 \times \frac{2}{2+9} \times 4 = 8 \text{ V} \quad (利用分流器法則與歐姆定律)$$

(2)再求 11 V 對 V_{12} 之分量，將 11 A 開路，9 V 短路：

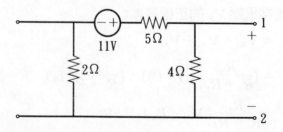

$$V_{12(2)} = 11 \times \frac{4}{2+5+4} = 4 \text{ V} \qquad (利用分壓器法則)$$

(3)後求 9 V 對 V_{12} 之分量, 將 11 A 開路, 11 V 短路:

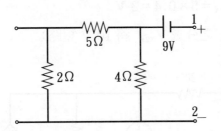

$$V_{12(3)} = -9 \text{ V} \qquad (由於 4 \, \Omega 兩端無電壓, 由 KVL 可求出 V_{12})$$

故 V_{12} 之電壓為:

$$V_{12} = V_{12(1)} + V_{12(2)} + V_{12(3)} = 8 + 4 + (-9) = 3 \text{ V} \qquad ◎$$

【例 3.1.2】如圖 3.1.3 含有相依電源之電路, 試利用重疊定理求 10 Ω 兩端之電壓 V_X 之值。

圖 3.1.3 例 3.1.2 之電路

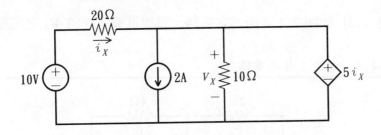

【解】(1)先求 10 V 電壓源對 V_X 之分量 V_{X1}, 將 2 A 開路:

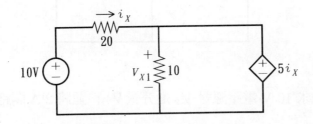

由 KVL： $-10+20i_X+5i_X=0$

$$\therefore i_X=\frac{10}{25}=0.4 \text{ A}$$

故　　　　$V_{X1}=5i_X=5\times0.4=2 \text{ V}$

(2)再求 2 A 對 V_X 之分量 V_{X2}，將 10 V 短路：

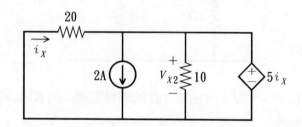

由 KVL： $20i_X+5i_X=0$

$$\therefore i_X=0$$

故　　　　$V_{X2}=5i_X=0 \text{ V}$

(3) $V_X=V_{X1}+V_{X2}=2+0=2 \text{ V}$　　　◎

【例 3.1.3】如圖 3.1.4 所示之電路，試用重疊定理求 V_Y 之電壓值。

圖 3.1.4　例 3.1.3 之電路

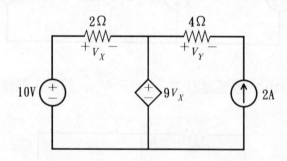

【解】(1)先求 10 V 電壓源對 V_Y 之分量 V_{Y1}，並將 2 A 開路：

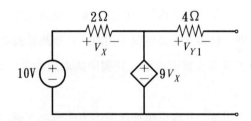

由於 2 A 開路，故 $V_{Y1} = 0\text{V}$

(2)再求 2 A 對 V_Y 之分量 V_{Y2}，並將 10 V 短路：

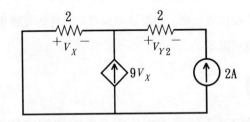

V_{Y2} 受 2 A 串聯影響，故

$$V_{Y2} = 2 \times (-2) = -4 \text{ V}$$

(3)$V_Y = V_{Y1} + V_{Y2} = 0 - 4 = -4 \text{ V}$　　　◎

【本節重點摘要】

(1)重疊定理是電路分析上一個重要的定理之一，特別適用於含有多個電源的網
　路上，但是其重要的限制條件是僅適用於線性網路。該定理內容如下：「在
　一個線性的網路中，含有若干個獨立電源時，該網路中某一個電路元件之響
　應（電壓或電流），是由這若干個獨立電源一個一個作用於該電路元件上所
　產生響應的代數和。」

(2)重疊定理的要點如下：

　①僅可以用於線性網路。

　②適用於處理多個獨立電源的網路分析。

　③該電路中的電路元件響應，只有電壓或電流，但是並不包含功率。

　④若干個獨立電源一個一個單獨作用時，要注意此處的電源重點僅指獨立電
　　源，但是不含相依電源。

⑤要將獨立電源一個一個單獨地作用，以計算某一電路元件受個別電源作用
　下的部份響應，則一個獨立電源單獨作用時，其他的電源必須要關閉或不
　動作，不論是理想電源或實際電源，其關閉的處理均為：(a)電壓源短路，
　(b)電流源開路。

⑥當獨立電源單獨作用時，其他電源按關閉的方式也處理過，則某一個電路
　元件受該電源作用下的響應可用不同的電路分析法求出。方法上是以最快
　速正確的方式來做最好。

⑦當每個電源對某一個待測電路元件的部份響應都求出後，只要將這些部份
　響應的單位都化成一樣，那麼該待測電路元件的正確響應就是將這些部份
　響應相加就可以了。

【思考問題】

(1)為什麼重疊定理不能處理相依電源對電路響應的重疊關係？

(2)從何種觀點可以發現重疊定理不適用非線性網路？

(3)一個電路元件的響應不受電路中某個電源的影響，請問該電源與電
　阻有何微妙關係？

(4)重疊定理如何由節點電壓法或網目電流法來證明呢？

(5)若電路元件中含有一個會隨時間變化的線性電阻元件，請問可否用
　重疊定理分析？

3.2　電壓源及電流源轉換
　　（含受控電源之介紹）

在第 1.5 節中已經介紹過了獨立和相依兩種不同的電壓源和電流
源特性，在第 2.5 節及第 2.8 節中也分別說明了它們在與電阻器串聯
或並聯時的電壓、電流關係。以下將分兩部份討論電壓源及電流源的
相互轉換，第一部份我們將討論獨立電源間的轉換情形；第二部份則
說明相依或受控電源間的相互轉換。

3.2.1　獨立電壓源與獨立電流源的轉換

　　如圖 3.2.1(a)所示, 虛線部份爲一個獨立電壓源 V_s 與一個電阻器 R_s 的串聯, 此串聯電路同時連接到節點 a 和節點 b 上, 其中電壓源 V_s 的正端靠近節點 a, 節點 b 則靠近電壓源的負端, 而在這兩個節點間, 接上了一個負載電阻 R_L。假設節點 a 對節點 b 的電壓爲 V, 電流 I 由節點 a 流出經過負載電阻 R_L 流向節點 b。用虛線圍起來的部份, 就是一個通用的實際電壓源模型, 它可以看成是一個理想電壓源 V_s, 與實際電壓源的內部電阻 R_s 串聯成一體。當負載電阻 R_L 改變時, 電流 I 也會跟著改變, 使得端點電壓 V 也隨之變動, 與一個實際電壓源的供電電壓情形類似, 因此一般均以圖 3.2.1(a)中的虛線部份代表實際電壓源的等效電路。

圖 3.2.1　(a)實際電壓源模型 (b)實際電流源模型與負載之連接

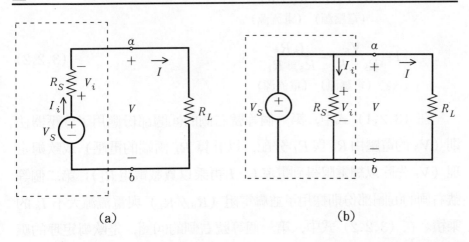

(a)　　　　　　　　　　　　　(b)

　　圖 3.2.1(b)所示的虛線部份, 爲一個獨立電流源 I_s 與一個電阻器 R_s 並聯的電路, 該並聯電路同時連接到節點 a 和節點 b 上, 其中電流源 I_s 的電流方向由節點 b 往節點 a 流動, 這兩個節點右側連接了一個負載電阻 R_L。同於圖 3.2.1(a)的假設, 節點 a 對節點 b 的電壓爲 V, 由節點 a 流出的電流 I, 經過負載電阻 R_L 後流向節點 b。我

們將理想的電流源 I_s 與實際電流源內部的電阻 R_s 並聯的部份用虛線框起來，如圖 3.2.1(b)所示，這個虛線的部份可以稱為一個實際電流源的模型，因為當負載電阻 R_L 變動時，流經 R_L 的電流 I 也會跟著改變，端點電壓 V 也自然隨之變化，此與一個實際電流源的供電電流特性類似。因此一般以圖 3.2.1(b)虛線的部份為實際電流源的等效電路。

圖 3.2.1(a)和(b)兩個電路的負載電阻 R_L、負載電壓 V，以及負載電流 I 完全相同，只有虛線的部份不一樣，(a)圖是一個電壓源 V_s 串聯一個電阻 R_s，(b)圖是一個電流源 I_s 並聯一個電阻 R_s。我們可以根據這兩個電路的端點條件：V 和 I 相同的特性，找到兩個電路虛線部份的轉換關係式。茲將下面兩個方程式第一個等號右側放置(a)圖的關係，第二個等號右側放上(b)圖的關係：

$$V = \frac{V_s R_L}{R_s + R_L} = \frac{I_s R_s R_L}{R_s + R_L} \quad \text{V}$$

$$\qquad \text{（電壓源）} \quad \text{（電流源）} \qquad\qquad (3.2.1)$$

$$I = \frac{V_s}{R_s + R_L} = \frac{I_s R_s}{R_s + R_L} \quad \text{A}$$

$$\qquad \text{（電壓源）} \quad \text{（電流源）} \qquad\qquad (3.2.2)$$

在 (3.2.1) 式中，第一個等號右側的(a)圖部份應用了分壓器法則（V_s 的電壓由 R_s 與 R_L 分配，以計算 R_L 兩端的電壓）或歐姆定理（V_s 先除以總電阻得到電流 I，I 再乘以負載電阻 R_L）；第二個等號右側的(b)圖部份則採用了並聯電阻（$R_s /\!/ R_L$）與電流源大小 I_s 的乘積。在 (3.2.2) 式中，第一個等號右側的(a)圖，是歐姆定理的應用（V_s 除以總電阻得到電流 I）；第二個等號右側的(b)圖，是利用分流器法則（I_s 分配給 R_L 的部份）所寫出來的。由於分母完全相同，因此分別比較這兩個方程式的分子係數，可以得到：

$$V_s = I_s R_s \quad \text{V} \qquad\qquad (3.2.3)$$

或寫為：

$$I_s = \frac{V_s}{R_s} \quad \text{A} \tag{3.2.4}$$

(3.2.3) 式及 (3.2.4) 式這兩個方程式是非常重要的電壓源與電流源間的轉換工具。例如當圖 3.2.1(a)之虛線內部實際電壓源模型的串接的電路元件 V_s 及 R_s 的數值為已知時，我們可以利用 (3.2.4) 式將 I_s 的數據求出，再將電流源 I_s 與電阻器 R_s 並聯，即可得到圖 3.2.1(b)之虛線部份的實際電流源模型。同理，當一個實際電流源模型如圖 3.2.1(b)虛線內部所示之並聯電路元件 I_s 及 R_s 的數據為已知時，利用 (3.2.3) 式可以立即算出 V_s 的大小，再將 V_s 串聯 R_s，則圖 3.2.1(a)的虛線內部實際電壓源模型即可得到。這就是所謂的電壓源與電流源的相互轉換，這在電路分析上是一個極為有用的簡化工具。請注意：圖 3.2.1(a)中之電壓源的電壓極性為上面正（靠近節點 a）下面負（靠近節點 b），而圖 3.2.1(b)中電流源的電流方向為由節點 b 流向節點 a，電壓源極性與電流源方向都在使負載 R_L 兩端的電壓 V 及通過的電流 I 一致，這兩項在電源轉換時務必正確。

　　另外值得注意的是，圖 3.2.1(a)和(b)之內部電阻 R_s 兩端的電壓 V_i 及通過的電流 I_i 在兩個電路上除了較特殊的情況外，均無相同的情形發生，無法達到相同轉換的目的。茲用下述的方程式做解釋。圖 3.2.1(a)的 V_i 及 I_i 計算之結果分別為：

$$V_i = \frac{V_s R_s}{R_s + R_L} \quad \text{V} \tag{3.2.5}$$

$$I_i = \frac{V_s}{R_s + R_L} \quad \text{A} \tag{3.2.6}$$

圖 3.2.1(b)的 V_i 及 I_i 之計算結果分別為：

$$V_i = \frac{I_s R_s R_L}{R_s + R_L} \quad \text{V} \tag{3.2.7}$$

$$I_i = \frac{I_s R_L}{R_s + R_L} \quad \text{A} \tag{3.2.8}$$

在(3.2.5)式中的內部電阻電壓 V_i 是用分壓器法則或歐姆定理寫出的，而 (3.2.7) 式的 V_i 是用歐姆定理的並聯等效電阻值乘以電流 I_s，其結果與 (3.2.1) 式第二個等號的負載電壓 V 相同。在

(3.2.6) 式中的電流 I_i 是用歐姆定理計算的結果，它與 (3.2.2) 式第一個等號右側的負載電流 I 相同，而 (3.2.8) 式的 I_i 則是用分流器法則的結果表示。由這四個方程式的係數比較可以知道，除非在 $V_s = R_L I_s$，否則內部電阻的電壓 V_i 及電流 I_i 在圖 3.2.1(a)及(b)中是不會相等的。但這在 (3.2.3) 式中已知 $V_s = I_s R_s$，除非是當 $R_s = R_L$ 時，否則無法得到圖(a)及圖(b)相同內部電阻電壓 V_i 與相同電流 I_i 之 R_s 等效轉換。但是一個電源內部電阻 R_s 與負載電阻 R_L 的關係除了將在第 3.7 節的最大功率轉移定理中為 $R_s = R_L$ 外，一般是不會相同的，例如實際負載電阻值的時常變動，也因此圖 3.2.1(a)及(b)所示電路的 R_s 雖然一樣，但是在 R_s 兩端的電壓及通過電流無法得到相同的轉換，必須回到原電路去做分析才算正確，這也是在分析電路時必須要注意的地方。

【例 3.2.1】若圖 3.2.1(a)之電壓源模型參數為 $V_s = 24$ V，$R_s = 2\ \Omega$。(a)求其電流源模型的電路參數。(b)若 $R_L = 10\ \Omega$，分別求電壓源模型與電流源模型內部電阻 R_s 的電壓 V_i 與電流 I_i。

【解】(a)電流源模型如圖 3.2.1(b)所示，其參數 I_s 及 R_s 計算如下：

$$I_s = \frac{V_s}{R_s} = \frac{24}{2} = 12 \text{ A}$$

$R_s = 2\ \Omega$ 與電壓源模型參數 R_s 相同。

(b)電壓源模型：$V_i = \frac{V_s R_s}{R_L + R_s} = \frac{(24)(2)}{10 + 2} = 4$ V

$$I_i = \frac{V_s}{R_L + R_s} = \frac{24}{10 + 2} = 2 \text{ A}$$

電流源模型：$V_i = I_s(R_s /\!/ R_L) = \frac{I_s R_s R_L}{R_s + R_L} = \frac{(12)(2)(10)}{2 + 10} = 20$ V

$$I_i = \frac{I_s R_L}{R_s + R_L} = \frac{(12)(10)}{2 + 10} = 10 \text{ A}$$

由結果得知，電壓源與電流源相互轉換後的內部電阻電壓 V_i 與電流 I_i 不會相同，不能將 V_i 與 I_i 在模型間互換。 ◎

3.2.2 受控（相依）電壓源與受控（相依）電流源 的轉換

本節第二部份將說明相依電源或受控電源之電壓源及電流源間的轉換。如圖 3.2.2(a)所示的虛線內部爲一個相依電壓源 V_c 與一個電阻R_c 串聯的電路，節點 a 及節點 b 分別連接到此串聯電路的兩端，其中節點 a 靠近 V_c 的正端，而節點 b 則靠近 V_c 的負端。另一個負載電阻 R_L 連接到節點a、b 兩端，其中負載兩端電壓爲 V，通過的電流爲 I。圖 3.2.2(b)所示虛線部份爲一個相依電流源 I_c 與一個電阻R_c 並聯，連接在節點 a、b 上，其中 I_c 的方向是由節點 b 往節點 a 流動的。另一個負載電阻 R_L 接在節點a、b 上，負載兩端的電壓亦爲 V，電流亦爲 I。假設控制相依電壓源電壓 V_c 和相依電流源電流 I_c 的控制訊號爲同一個（可能爲某節點間的電壓或某支路的電流），而且不存在圖 3.2.2(a)或(b)自己本身的虛線內部，參照圖 3.2.1(a)(b) 可以相互轉換的條件，我們也可以寫出相依電壓源 V_c 與相依電流源 I_c 間的轉換方程式如下：

$$V_c = R_c I_c \quad \text{V} \tag{3.2.9}$$

或寫爲：

$$I_c = \frac{V_c}{R_c} \quad \text{A} \tag{3.2.10}$$

當圖 3.2.2(a)虛線部份的相依電壓源電壓 V_c 及電阻大小R_c 爲已知，我們可以利用 (3.2.10) 式算出等效電流源的電流 I_c，將它並聯一個電阻 R_c，就可以得到圖 3.2.2(b)的等效相依電流源的模型。同理，當圖 3.2.2(b)虛線部份的相依電流源大小 I_c 及電阻值R_c 爲已知，則利用 (3.2.9) 式可以計算出相依電壓源的電壓 V_c，只要再串聯一個電阻器 R_c，便可得到圖 3.2.2(a)虛線部份的相依電壓源等效電路模型。請注意：圖 3.2.2(a)之相依電壓源電壓極性爲上面正、下面負，因此圖 3.2.2(b)之相依電流源的電流方向爲由下往上，這種電壓源極

性與電流源方向，在電源轉換上非常重要。而與獨立電源的轉換情形
相同，內部電阻 R_c 在圖 3.2.2(a)(b)兩圖間不是等效轉換，它也必須
回到原電路中分析才算正確。另外，相依電源的轉換條件是：控制訊
號必須是同一個，而且它的位置不可以是圖 3.2.2(a)及(b)虛線內部的
元件電壓或電流，否則不能轉換，這是轉換相依電源時重要的特殊要
求。

圖 3.2.2　(a)相依電壓源模型(b)相依電流源模型與負載之連接

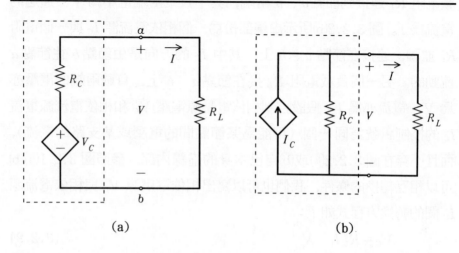

(a)　　　　　　　　　　　　(b)

【例 3.2.2】若圖 3.2.2(a)中的相依電壓源大小為 $V_c = 100V_x$（V），
$R_c = 50$（Ω）。V_x 是該電路其他部份某電路元件兩端的電壓，不在虛
線內部。求轉換為相依電流源的參數。

【解】相依電流源模型如圖 3.2.2(b)所示，其參數 I_c 及 R_c 計算如下：

$$I_c = \frac{V_c}{R_c} = \frac{100V_x}{50} = 2V_x \quad A$$

$R_c = 50$ Ω 與相依電壓源電阻參數值相同。　　　　　　　　　　◎

【例 3.2.3】如圖 3.2.3 所示之電路，試利用電源轉換法，求負載 R_c
之電壓、電流及功率。

圖 3.2.3　例 3.2.3 之電路

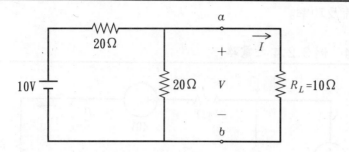

【解】首先將 10 V 與 20 Ω 串聯的部份轉換為電流源與電阻之並聯：

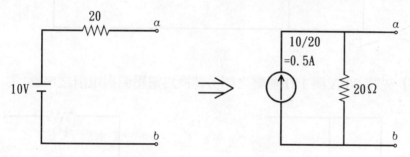

將轉換後的電路與原電路合併如下：

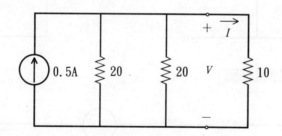

如由電流源看入之等效電阻值為：

$$R_{eq} = (20 /\!/ 20) /\!/ 10 = 10 /\!/ 10 = 5 \ \Omega$$

負載電壓 $V = 0.5 \times R_{eq} = 0.5 \times 5 = 2.5$ V

負載電流 $I = \dfrac{V}{R_L} = \dfrac{2.5}{10} = 0.25$ A

負載功率 $P = VI = 2.5 \times 0.25 = 0.625$ W（吸收功率）　　◎

【例3.2.4】如圖3.2.4所示之電路，試用電源轉換法求負載 R_L 之電壓、電流及功率。

圖3.2.4　例3.2.4之電路

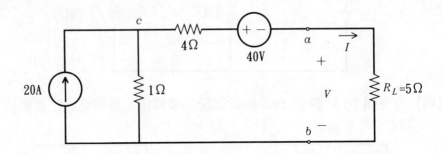

【解】先將 20 A 與 1 Ω 並聯之部份轉換為電壓源與電阻之串聯：

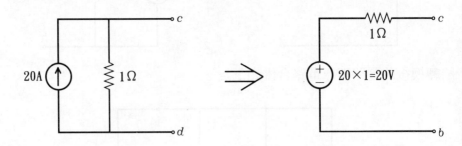

將結果併入原電路圖：

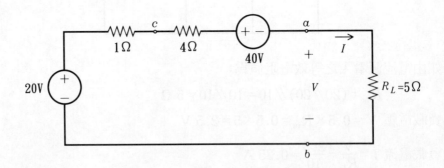

上圖節點 a、b 左半部可以化簡為單一個電壓源與單一個電阻器之串聯如下：

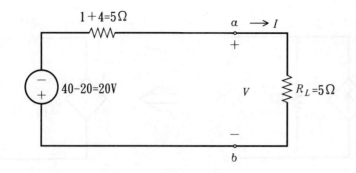

$$\therefore 負載電流\ I = \frac{-20}{5+5} = -2\ \text{A}$$

$$負載電壓\ V = I \times R_L = -2 \times 5 = -10\ \text{V}$$

$$負載功率 P = V \cdot I = (-2)(-10) = 20\ \text{W}\ (吸收功率)\qquad ◎$$

【例 3.2.5】如圖 3.2.5 所示之含相依電源電路，求負載 R_L 之電壓、電流及功率。

圖 3.2.5 例 3.2.5 之電路

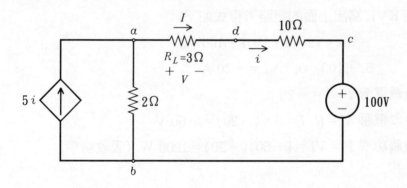

【解】首先將圖 3.2.5 左側相依電流源與 2 Ω 電阻器轉換為相依電壓源及電阻器之串聯：

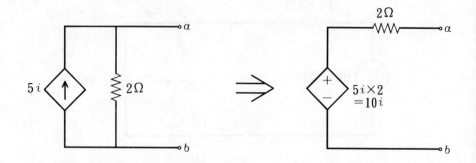

再將此轉換後的電路與原電路合併如下:

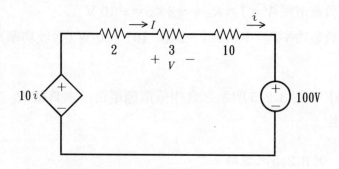

利用 KVL 寫出上面的迴路方程式如下:

$$-10i + (2+3+10)i + 100 = 0$$

$$5i + 100 = 0, \quad \therefore i = -20 \text{ A}$$

∴負載電流 $I = i = -20$ A

　負載電壓 $V = R_L I = 3 \times (-20) = -60$ V

　負載功率 $P = VI = (-60)(-20) = 1200$ W （吸收功率）

【例 3.2.6】試求下面(a)(b)圖形之電壓 V_{ad}。（電源移動法）

圖 3.2.6　*例* 3.2.6 *之電路*

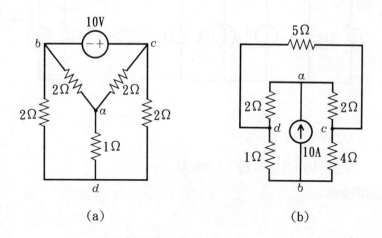

(a)　　　　　　　　　　　　(b)

【**解**】(a)原圖可改為：

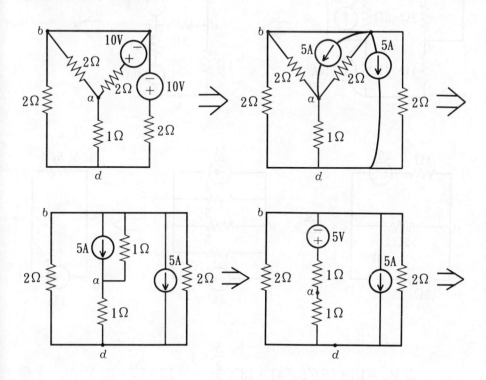

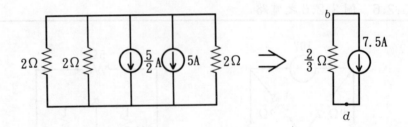

$$\therefore V_{db} = \frac{2}{3} \times 7.5 = 5 \text{ V}$$

$$V_{cd} = 10 + V_{bd} = 10 - 5 = 5 \text{ V}$$

(b)原圖可改爲：

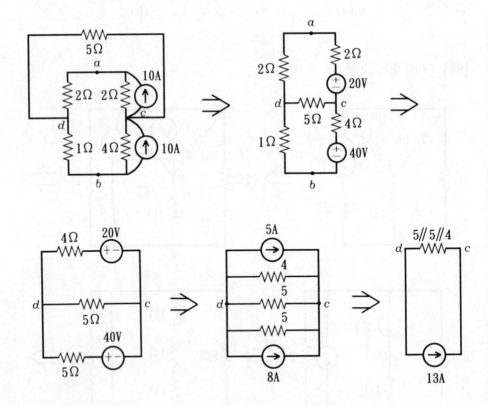

$$\therefore V_{cd} = 13 \times (5 /\!/ 5 /\!/ 4) = 13 \times \frac{\frac{5}{2} \times 4}{\frac{5}{2} + 4} = 13 \times \frac{20}{13} = 20 \text{ V}$$

◎

註：電源移動法之技巧可參考下面兩圖：

(a)當網路任意兩節點 a、b 間含有理想電壓源 V_S 時，可將其推入與
a、b 節點連接之元件中，使其與元件串聯，而原 a、b 節點則短路，
但電壓特性不變。

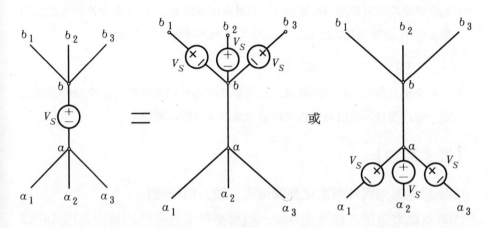

(b)當網路任意兩節點 a、b 間含有理想電流源 I_S 時，可將其分散繞於
a、b 間的元件旁，使其與元件並聯，向原 a、b 節點則開路，但電
流特性不變。

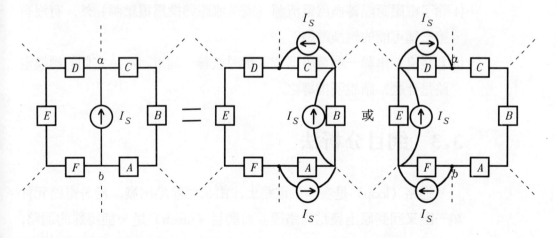

【本節重點摘要】

(1)實際獨立電壓源為理想電壓源 V_S 串聯內部電阻 R_S，實際獨立電流源為理想

電流源 I_s 並聯內部電阻 R_s，兩電源間的轉換方程式為：

$$V_s = R_s I_s \quad \text{V} \quad \text{或} \quad I_s = \frac{V_s}{R_s} \quad \text{A}$$

(2)實際電壓源與實際電流源間的相互轉換，在負載端點的電壓與電流會相同，但內部電阻 R_s 兩端的電壓 V_i 與通過的電流 I_i，並不會相同。

(3)相依或受控的電壓源為電壓源 V_c 串聯內部電阻 R_c，相依或受控的電流源為電流源 I_c 並聯內部電阻 R_c，兩相依電源間的轉換方程式為：

$$V_c = R_c I_c \quad \text{V} \quad \text{或} \quad I_c = \frac{V_c}{R_c} \quad \text{A}$$

(4)相依電壓源與電流源間的轉換，其限制條件為控制電壓源或電流源的訊號為同一個，而且不可以是電源與內阻合成方塊內的一部份。

【思考問題】

(1)理想電壓源與理想電流源間可否互換？為什麼？

(2)若負載電阻為非線性元件時，電壓源與電流源間的轉換方程式仍成立嗎？

(3)若獨立電源與相依電源同時出現在一個電路中，是否可用本節的方法同時轉換？為什麼？

(4)除了電壓源能轉換為電流源（或電流源轉換為電壓源）外，有沒有第三種可能的轉換電路？

(5)若電流源串聯一個電阻器或電壓源並聯一個電阻器，它們的轉換電路是什麼？請說明推導之。

3.3　網目分析法

　　迴路（loop）是在一個電路上，由某個節點出發，沿著電路元件繞一圈又回到原出發點的路徑。而網目（mesh）是一種特殊的迴路，即在該迴路的內部不包含任何的電路元件，其限制比迴路嚴格。這兩個電路名詞在第 2.5 節中已經提過。第 2.6 節的克希荷夫電壓定律 KVL 可以應用在一個電路的數個迴路或網目上，只要將一個迴路或

網目的元件電壓以代數方式相加令其爲零，即爲一個克希荷夫電壓定律 KVL 的方程式。本節的網目分析法（mesh analysis），又稱網目電流分析法（mesh current analysis），或迴路電流分析法（loop current analysis），便是利用電路中的數個網目先設定網目電流，再寫出這數個網目的克希荷夫電壓定律 KVL，以形成聯立方程式，再由方程式求解假設的網目電流，最後利用所求出的網目電流找出其他支路的電流或元件電壓，再者可以進一步算出各電路元件的功率及能量。注意：此網目電流分析法僅適用於平面式的電路分析，對於立體式的電路不適用。

我們將以圖 3.3.1 來說明如何由支路電流的寫法轉換成網目電流的分析法。圖 3.3.1 中共有兩個獨立電壓源 V_{S1} 及 V_{S2}，三個電阻器 R_a、R_b、R_c，連接在四個節點 1、2、3、4 上。假設支路電流 I_a、I_b、I_c 分別流過電阻器 R_a、R_b、R_c，方向如圖 3.3.1 所示。以迴路來看，路徑 1－2－4－1、2－3－4－2、1－2－3－4－1 三組爲該電路的三個迴路，但是只有迴路 1－2－4－1 及 2－3－4－1 這兩個迴路爲網目，因爲它們內部沒有任何電路元件存在，而迴路 1－2－3－4－1 並非網目，因爲電路元件 R_c 恰在該迴路內，使它無法成爲網目。因此我們用(1)(2)兩個符號代表該電路的網目，並假設網目電流 I_1 及 I_2 以順時鐘的方向流過這兩個網目。

圖 3.3.1 兩個網目的電路

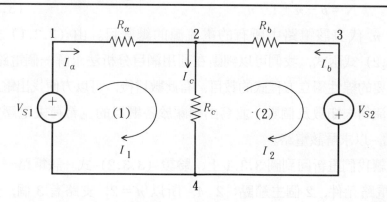

　　在還沒有分析電路前，讓我們想一想，究竟需要選擇幾個網目電流，才能將一個電路完整地求解出來呢？就解聯立方程式來看，若獨立的聯立方程式數目多於未知數的個數，則可能有許多組答案；若聯立方程式數目少於未知數的個數，則無法求解；又若聯立方程式數目，恰等於未知數的個數，則有唯一的解。因此，若選擇未知數的個數為 N，則我們必須另外找到能配合未知數的 N 個獨立聯立方程式，才有辦法找到唯一的解。反過來講，若確定獨立方程式的個數為 M，我們也必須找到 M 個電路未知數以配合求解。就電路理論而言，對於任何一個電路，利用網目分析法來求解該電路時，所需要的線性獨立聯立方程式的個數 N 為：

$$N = b - (n-1) = b - n + 1 \tag{3.3.1}$$

式中符號 b 代表該電路的分支個數（branch number），n 則代表電路的主節點或連接點個數（junction number）。$(n-1)$ 的個數在電路拓樸學上，恰為樹（tree）的分支數目，而樹是代表連接了所有電路節點但不會形成迴路的電路元件連接架構，因此 $b - (n-1)$ 的數目即為總電路分支數減去樹的分支數目，即為鍊結（link）或補樹（cotree）的分支數目，此數目恰為求解網目電流法的方程式數目或網目的個數。若該電路中已有一些電流源（包含相依電流源及獨立電流源）存在，則網目電流變數關係可以由於這些電流源的加入，而增加了化簡的條件，因此使總線性獨立方程式的數目可以減少為：

$$N = b - n + 1 - n_i \tag{3.3.2}$$

式中 n_i 代表該電路中所有的電流源的總數目。由（3.3.1）式或（3.3.2）式兩式，我們可以判斷在利用網目分析法求解一個電路時，所需要的線性獨立方程式的數目，有此數目後，可以方便找出電路網目電流的未知數及個數，並寫出相關於各網目的克希荷夫電壓定律 KVL，以求解該電路。

　　讓我們重新回到圖 3.3.1 上，驗證（3.3.2）式。該電路一共有 5 個電路元件，2 個主節點：2、4，所以 $n = 2$；支路有 3 個，分別

為：2—1—4、2—3—4、2—4，所以 $b=3$；電流源個數：0，因此 $n_i=0$。代入（3.3.2）式，則該電路線性獨立方程式的數目應為 $N=b-n+1-n_i=3-2+1-0=2$ 個方程式。而在圖 3.3.1 中，我們已假設網目電流 I_1 及 I_2 兩個未知數，因此必須寫出兩個聯立方程式，以配合兩個未知數，使其恰有唯一的解。這兩個聯立方程式就是按照克希荷夫電壓定律 KVL，在這個電路兩個網目上所寫出來的方程式。由圖 3.3.1 所示的電路，我們可以知道：在網目(1)中，支路電流 I_a 自節點 4 流入電壓源 V_{S1} 負端再到節點 1，再經過電阻器 R_a 到達節點 2，該電流與網目電流 I_1 相同，故 $I_a=I_1$。在網目(2)中，電流 I_b 自節點 4 流入電壓源 V_{S2} 的負端到達節點 3，再經過電阻器 R_b 到達節點 2，因此該電流與網目電流 I_2 相反，故 $I_b=-I_2$。但是圖 3.2.1 中間的電流 I_c 是由節點 2 通過電阻器 R_c 流到節點 4，電流 I_c 與 I_1 或 I_2 的關係是如何呢？這是寫網目電流方程式時很重要的關鍵，請注意下面的說明。

先考慮圖 3.3.2 所示的電路，一個電阻器 R_{XY} 接在節點 a、b 間，而 R_{XY} 也恰好在兩個網目電流 I_X 及 I_Y 的中間，因此該電阻器 R_{XY} 為兩個網目所共用的電阻器，左邊的網目電流 I_X 以順時鐘方向流動，右邊的網目電流 I_Y 同樣以順時鐘方向流動。問題是：通過 R_{XY} 的電流究竟是多少？此與圖 3.3.1 中間的電路電阻 R_c 所通過的電流為多少相同。先考慮左側的電流 I_X，它是以順時鐘方向流動，因此它也以由上往下的方式自節點 a 通過電阻器 R_{XY} 往節點 b 的方向流動；右側的電流 I_Y 也是順時鐘方向流動，但是 I_Y 卻是由節點 b 通過電阻器 R_{XY} 流向節點 a。若將 I_X 及 I_Y 這兩個電流的效果同時考慮，則由節點 a 經過電阻器 R_{XY} 流向節點 b 的電流應為：

$$I_{ab}=I_X-I_Y \quad \text{A} \tag{3.3.3}$$

讓我們將目標轉回到圖 3.3.1 中，利用（3.3.3）式的寫法，則自節點 2 通過電阻器 R_c 流向節點 4 的電流應為：

$$I_c=I_1-I_2 \quad \text{A} \tag{3.3.4}$$

圖 3.3.2 兩個網目共用一個電阻器時的電流說明

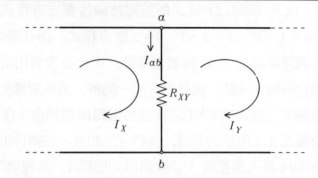

當圖 3.3.1 中所有電路元件通過的電流都瞭解後，我們可以完整地寫出網目(1)及網目(2)中利用網目電流 I_1 及 I_2 為變數，並以克希荷夫電壓定律 KVL 所寫出的兩個聯立線性獨立方程式：

$$網目(1) \quad -V_{S1} + R_a I_1 + R_c(I_1 - I_2) = 0 \quad V \tag{3.3.5}$$

$$網目(2) \quad R_b I_2 - V_{S2} + R_c(I_2 - I_1) = 0 \quad V \tag{3.3.6}$$

將電壓源 V_{S1} 及 V_{S2} 分別放置於 (3.3.5) 式及 (3.3.6) 式等號右側，其他項放置於等號左側，並將網目電流變數 I_1 及 I_2 整理過後可得：

$$網目(1) \quad (R_a + R_c)I_1 + (-R_c)I_2 = V_{S1} \quad V \tag{3.3.7}$$

$$網目(2) \quad (-R_c)I_1 + (R_b + R_c)I_2 = V_{S2} \quad V \tag{3.3.8}$$

這兩個方程式就是利用網目電流分析法所求得的線性獨立的聯立方程式，只要利用魁雷瑪法則 (Cramer's Rules)，就可求出未知數 I_1 及 I_2 的數值。讀者可能會想，為什麼一定要取網目(1)、(2)來做分析，不取迴路 1─2─3─4─1 的克希荷夫電壓定律 KVL 的關係呢？在此要請讀者注意，前段文字有特別談到「獨立」的字眼，我們由網目電流所寫出的方程式一定是獨立方程式，若取 1─2─3─4─1 的迴路來寫電壓方程式，會變成：

$$R_a I_1 + R_b I_2 - V_{S1} - V_{S2} = 0 \quad V \tag{3.3.9}$$

恰好是 (3.3.5) 式與 (3.3.6) 式兩式相加的結果。此表示說迴路 1

—2—3—4—1所寫出的 KVL 方程式 (3.3.9) 式與兩個網目電流方程式 (3.3.5) 式與 (3.3.6) 式相依，旣然是相依的關係，自然表示這個迴路方程式 (3.3.9) 式是多餘的。我們要找的是獨立方程式，不是相依的方程式。如果讀者選擇了 (3.3.9) 式與 (3.3.5) 式或 (3.3.6) 式其中的一個方程式，這樣一定無法求解，因爲要解聯立方程式，一定要找獨立方程式，否則找不到眞正的答案。此種解聯立方程式的觀點，務必要請各位讀者注意。

　　歸納 (3.3.7) 式與 (3.3.8) 式的寫法，對於一個電路未含任何相依電源之兩個網目的基本網目電流方程式通式應寫爲：

$$R_{11}I_1 - R_{12}I_2 = V_{11} \quad V \tag{3.3.10}$$

$$-R_{21}I_1 + R_{22}I_2 = V_{22} \quad V \tag{3.3.11}$$

式中符號爲：I_i = 第 i 個網目的電流，以順時鐘方向爲基準，$i = 1,2$。

R_{ii} = 第 i 個網目內部的電阻總和，$i = 1, 2$。符號前面的極性爲正號，R_{ii} 稱爲自電阻(the self resistance)。

$R_{ij} = R_{ji}$ = 網目 i、j 間的共用電阻總和，i、$j = 1, 2$。符號前面的極性爲負號，要特別注意。R_{ij} 或 R_{ji} 稱爲互電阻 (the mutual resistance)。

V_{ii} = 第 i 個網目內部電源電壓的代數和，$i = 1,2$。若網目電流 I_i 是自電源電壓的正端流出，表示驅動 I_i 流動，則取正號；若由電源電壓負端流出，表示阻礙 I_i 流動，則取負號。

　　再舉一個電路來做說明。圖 3.3.3 所示爲一個含有三個網目的電路，它不具任何相依 (或受控) 電源，可以直接寫出網目方程式如下：

網目(1)　$(R_1 + R_2 + R_3 + R_4 + R_5)I_1 - R_4I_2 - R_5I_3 = V_{S1} \quad V$

$$\tag{3.3.12}$$

網目(2)　$-R_4I_1+(R_4+R_6+R_7)I_2-R_7I_3=-V_{S2}$　V　　　　(3.3.13)

網目(3)　$-R_5I_1-R_4I_2+(R_5+R_7+R_8)I_3=-V_{S3}$　V　　　　(3.3.14)

同理，我們也可以寫出不含任何相依電源下，具有三個網目電路的網目電流方程式通式：

$$R_{11}I_1-R_{12}I_2-R_{13}I_3=V_{11}　V \tag{3.3.15}$$

$$-R_{21}I_1+R_{22}I_2-R_{23}I_3=V_{22}　V \tag{3.3.16}$$

$$-R_{31}I_1-R_{32}I_2+R_{33}I_3=V_{33}　V \tag{3.3.17}$$

式中的符號可以參考（3.3.10）式及（3.3.11）式兩式的符號說明。

將（3.3.15）式〜（3.3.17）式三式，改用矩陣表示如下：

$$\begin{bmatrix} R_{11} & -R_{12} & -R_{13} \\ -R_{21} & R_{22} & -R_{23} \\ -R_{31} & -R_{32} & R_{33} \end{bmatrix} \begin{bmatrix} I_1 \\ I_2 \\ I_3 \end{bmatrix} = \begin{bmatrix} V_{11} \\ V_{22} \\ V_{33} \end{bmatrix} 　V \tag{3.3.18a}$$

或用下面的簡單方程式表示：

$$[R][I]=[V]　V \tag{3.3.18b}$$

圖 3.3.3　三個網目的電路

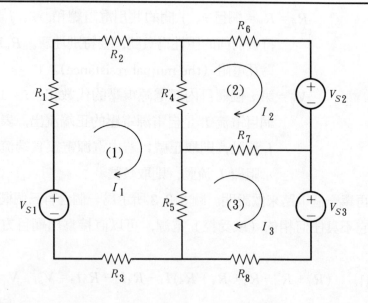

由 (3.3.18a) 式與 (3.3.18b) 式兩式對照,可以知道: 矩陣 $[R]$ 是一個對稱矩陣,因爲 $R_{ij} = R_{ji}$,$i \cdot j = 1,2,3$。其主對角線全部都是正值,而主對角線外的矩陣元素全部都是負值,故以主對角線爲對稱軸線,產生右上矩陣與左下矩陣的對稱。這種對稱性只有在電路不含任何相依電源時才成立。

為讓電路含有相依電源時,會對矩陣 $[R]$ 產生不對稱性的情形出現,將原圖 3.3.1 之右邊網目(2)加入一個電流控制的相依電壓源 V_c 在電壓源 V_{s2} 和節點 4 之間,如圖 3.3.4 所示。圖中控制該相依電壓源的電流為 I_x,恰爲流過電阻器 R_a 的電流,因此 $I_x = I_1$。第(1)個網目的方程式不變,與 (3.3.7) 式相同,但是第(2)個網目的方程式要加入相依電壓源的項,變成:

$$R_b I_2 - V_{S2} - kI_x + R_c(I_2 - I_1) = 0 \quad \text{V} \tag{3.3.19}$$

將控制電流 I_x 以 I_1 取代,則 (3.3.19) 式可整理爲:

$$(-R_c - k)I_1 + (R_b + R_c)I_2 = V_{S2} \quad \text{V} \tag{3.3.20}$$

從 (3.3.20) 式的結果發現,當 k 不爲零時,則 (3.3.7) 式與 (3.3.20)式兩式所形成的$[R]$矩陣不會是對稱矩陣;但當k等於零時,則圖 3.3.4 之相依電壓源消失 (被短路),恢復爲原來圖 3.3.1 的電路,因此 $[R]$ 也恢復爲原來的對稱矩陣。

由圖 3.3.4 的說明來看,只要電路沒有相依電源的時候,不論對 2個或3個網路的電路,我們可以分別取用(3.3.10)式及(3.3.11)式兩式或 (3.3.15) 式~(3.3.17) 式三式,馬上直接寫出網目方程式,來求解電路的網目電流。至於含有相依電源時,我們建議不要急著寫出網目方程式,此時要一項一項地將網目中的電壓按照克希荷夫電壓定律 KVL 的關係寫出,並將相依電壓源或相依電流源的控制電壓或控制電流以網目的電流來表示,然後將所得的方程式整理成基本的網目方程式,最後再利用魁雷瑪法則求出網目電流。一旦網目電流計算出來了,其他支路的電流或元件電壓,甚至電路功率便可完全計算出來。

圖3.3.4　含有一個相依電壓源的兩網目電路

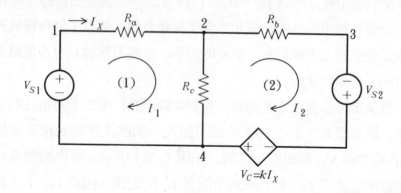

本節最後，僅利用一點小篇幅說明及介紹如何應用魁雷瑪法則求解線性聯立方程式。若兩個未知數 X_1 及 X_2 所形成的聯立線性獨立方程式為：

$$a_1 X_1 + b_1 X_2 = c_1 \tag{3.3.21}$$

$$a_2 X_1 + b_2 X_2 = c_2 \tag{3.3.22}$$

式中 a_1、a_2、b_1、b_2、c_1、c_2 均為已知的常數係數。這兩個方程式以矩陣方式來寫，可表示為：

$$\begin{bmatrix} a_1 & b_1 \\ a_2 & b_2 \end{bmatrix} \begin{bmatrix} X_1 \\ X_2 \end{bmatrix} = \begin{bmatrix} c_1 \\ c_2 \end{bmatrix} \tag{3.3.23}$$

由 a_1、a_2、b_1、b_2 四個係數所構成的矩陣行列式值為：

$$\Delta = \begin{vmatrix} a_1 & b_1 \\ a_2 & b_2 \end{vmatrix} = a_1 b_2 - a_2 b_1 \tag{3.3.24}$$

將行列式 Δ 中的第一欄用（3.3.23）式等號右邊的欄中係數取代，可得 Δ_1；若行列式的第二欄用（3.3.23）式的等號右邊欄中係數取代可得 Δ_2，其表示式分別如下：

$$\Delta_1 = \begin{vmatrix} c_1 & b_1 \\ c_2 & b_2 \end{vmatrix} = c_1 b_2 - c_2 b_1 \tag{3.3.25}$$

$$\Delta_2 = \begin{vmatrix} a_1 & c_1 \\ a_2 & c_2 \end{vmatrix} = a_1c_2 - a_2c_1 \qquad (3.3.26)$$

則未知數 X_1 及 X_2 解分別為：

$$X_1 = \frac{\Delta_1}{\Delta} = \frac{c_1b_2 - c_2b_1}{a_1b_2 - a_2b_1} \qquad (3.3.27)$$

$$X_2 = \frac{\Delta_2}{\Delta} = \frac{a_1c_2 - a_2c_1}{a_1b_2 - a_2b_1} \qquad (3.3.28)$$

若擴展為三個未知數 X_1、X_2、X_3，假設形成的聯立方程式為：

$$a_1X_1 + b_1X_2 + c_1X_3 = d_1 \qquad (3.3.29)$$

$$a_2X_1 + b_2X_2 + c_2X_3 = d_2 \qquad (3.3.30)$$

$$a_3X_1 + b_3X_2 + c_3X_3 = d_3 \qquad (3.3.31)$$

式中 a_i、b_i、c_i、d_i，$i = 1,\ 2,\ 3$，均為常數的係數。各行列式值分別為：

$$\Delta = \begin{vmatrix} a_1 & b_1 & c_1 \\ a_2 & b_2 & c_2 \\ a_3 & b_3 & c_3 \end{vmatrix}$$

$$= a_1b_2c_3 + b_1c_2a_3 + c_1a_2b_3 - c_1b_2a_3 - a_1c_2b_3 - b_1a_2c_3$$

$$(3.3.32)$$

式中每一項三個量的乘積順序的下標全部都是 1→2→3，前三項為正號，是以 abc、bca、cab 的 $a \leftarrow b \leftarrow c$ 左移的順序改變；後三項為負號，是以 cba、acb、bac 的 $c \rightarrow b \rightarrow a$ 右移的順序改變，非常方便記憶。而

$$\Delta_1 = \begin{vmatrix} d_1 & b_1 & c_1 \\ d_2 & b_2 & c_2 \\ d_3 & b_3 & c_3 \end{vmatrix} \qquad (3.3.33)$$

$$\Delta_2 = \begin{vmatrix} a_1 & d_1 & c_1 \\ a_2 & d_2 & c_2 \\ a_3 & d_3 & c_3 \end{vmatrix} \qquad (3.3.34)$$

$$\Delta_3 = \begin{vmatrix} a_1 & b_1 & d_1 \\ a_2 & b_2 & d_2 \\ a_3 & b_3 & d_3 \end{vmatrix} \qquad (3.3.35)$$

則未知數 X_1、X_2、X_3 可用下列方程式求出:

$$X_1 = \frac{\Delta_1}{\Delta} \qquad (3.3.36)$$

$$X_2 = \frac{\Delta_2}{\Delta} \qquad (3.3.37)$$

$$X_3 = \frac{\Delta_3}{\Delta} \qquad (3.3.38)$$

【例 3.3.1】如圖 3.3.5 所示之電路,求網目電流 I_1 及 I_2 之值。

圖 3.3.5   例 3.3.1 之電路

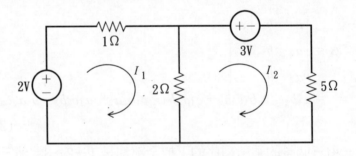

【解】直接寫出網目電流方程式之矩陣如下(因為電路中無相依電源):

$$\begin{bmatrix} 1+2 & -2 \\ -2 & 2+5 \end{bmatrix} \begin{bmatrix} I_1 \\ I_2 \end{bmatrix} = \begin{bmatrix} 2 \\ -3 \end{bmatrix} \quad \text{V}$$

或

$$\begin{bmatrix} 3 & -2 \\ -2 & 7 \end{bmatrix} \begin{bmatrix} I_1 \\ I_2 \end{bmatrix} = \begin{bmatrix} 2 \\ -3 \end{bmatrix} \quad \text{V}$$

$$\therefore \Delta = \begin{vmatrix} 3 & -2 \\ -2 & 7 \end{vmatrix} = 7 \times 3 - (-2)(-2) = 21 - 4 = 17$$

$$I_1 = \frac{\begin{vmatrix} 2 & -2 \\ -3 & 7 \end{vmatrix}}{\Delta} = \frac{(2)(7)-(-2)(-3)}{17} = \frac{14-6}{17} = \frac{8}{17} A$$

$$I_2 = \frac{\begin{vmatrix} 3 & 2 \\ -2 & -3 \end{vmatrix}}{\Delta} = \frac{(3)(-3)-(2)(-2)}{17} = \frac{-9+4}{17} = \frac{-5}{17} A ◎$$

【例 3.3.2】 如圖 3.3.6 含有相依電源之電路，求網目電流 I_1 之值。

圖 3.3.6 例 3.3.2 之電路

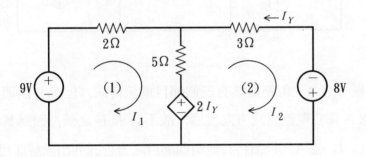

【解】 因該電路含有相依電源，故無法一下子直接寫出矩陣表示式，茲按網目(1)、(2)，一項一項寫出如下：

$$-9 + 2I_1 + 5(I_1 - I_2) + 2I_Y = 0 \quad V \qquad ①$$

$$-2I_Y + 5(I_2 - I_1) + 3I_2 - 8 = 0 \quad V \qquad ②$$

式中的 I_Y 由圖 3.3.6 知 $I_Y = -I_2$，代入①、②式，整理得：

$$7I_1 - 7I_2 = 9 \quad V$$

$$-5I_1 + 10I_2 = 8 \quad V$$

$$\therefore \Delta = \begin{vmatrix} 7 & -7 \\ -5 & 10 \end{vmatrix} = (7)(10) - (-7)(-5) = 70 - 35 = 35$$

故

$$I_1 = \frac{\begin{vmatrix} 9 & -7 \\ 8 & 10 \end{vmatrix}}{\Delta} = \frac{(9)(10)-(-7)(8)}{35} = \frac{90+56}{35} = \frac{146}{35} A \quad ◎$$

【例 3.3.3】如圖 3.3.7 所示含有獨立電流源之三個網目電路，求網目電流 I_2 之值。

圖 3.3.7   例 3.3.3 之電路

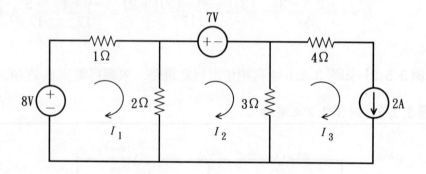

【解】圖 3.3.7 之電路雖然有三個網目電流待求，但第 3 個網目電流 I_3 與 2 A 獨立電流源同方向流過，故不必求 I_3 之值，因為其值就等於 2 A：$I_3 = 2$ A，只須將其他兩個網目之方程式列出求解即可。

$$-8 + I_1 + 2(I_1 - I_2) = 0 \quad 或 \quad 3I_1 - 2I_2 = 8 \quad V \qquad ①$$

$$2(I_2 - I_1) + 7 + 3(I_2 - I_3) = 0 \quad 或 \quad -2I_1 + 5I_2 = -1 \quad V$$

$$②$$

$$\therefore \Delta = \begin{vmatrix} 3 & -2 \\ -2 & 5 \end{vmatrix} = (3)(5) - (-2)(-2) = 15 - 4 = 11$$

$$I_2 = \frac{\begin{vmatrix} 3 & 8 \\ -2 & -1 \end{vmatrix}}{\Delta} = \frac{(3)(-1) - (8)(-2)}{11}$$

$$= \frac{-3 + 16}{11} = \frac{13}{11} \text{ A} \qquad ◎$$

【例 3.3.4】如圖 3.3.8 所示之電路，在兩個網目中含有一個獨立電流源，試解出網目電流 I_1 之值。

圖3.3.8 例3.3.4之電路

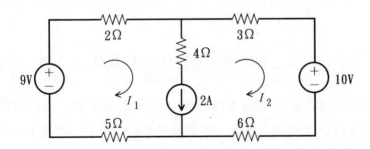

【解】本例與前一例不同在獨立電流源是放在兩個網目中間，而非放在一個網目的邊上。由於電流源只知通過之電流，未知兩端的電壓，故圖3.3.8無法由個別兩個網目寫出迴路方程式，須繞過此電流源之支路，改由外面的大迴路來寫，此大迴路稱爲超網目（supermesh），以與原網目做區別，原網目也可稱爲主網目（the principal mesh）。超網目如下圖：

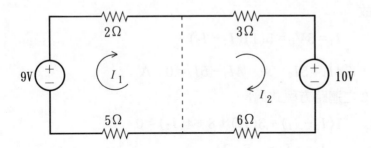

繞超網目一圈所寫出的迴路方程式如下：

$$5I_1 - 9 + 2I_1 + 3I_2 + 10 + 6I_2 = 0$$

或　　　$7I_1 + 9I_2 = -1$　V　　　　　　　　　　　　　　①

另外由於電流源是介在網目1與網目2之間，故其電流關係式爲：

$$I_1 - I_2 = 2$$　A　　　　　　　　　　　　　　②

由①、②方程式，恰可解出 I_1 及 I_2 兩網目電流，其中網目電流 I_1 之解爲：

$$\Delta = \begin{vmatrix} 7 & 9 \\ 1 & -1 \end{vmatrix} = (7)(-1) - (9)(1) = -7 - 9 = -16$$

$$I_1 = \frac{\begin{vmatrix} -1 & 9 \\ 2 & -1 \end{vmatrix}}{\Delta} = \frac{(-1)(-1) - (9)(2)}{-16} = \frac{1-18}{-16} = \frac{17}{16} \text{ A}$$

注意圖 3.3.8 中間的電阻 4 Ω 因與 2 A 電流源串聯，並沒有使用到，因為該 4 Ω 之電流就是 2 A，電壓就是 2×4 = 8 V，因此不必再求了。

◎

【例 3.3.5】如圖 3.3.9 所示之電路，含有相依電流源在網目 1 中，試求網目 2 之電流值 I_2。

【解】由於含有相依電源在網目中，我們必須一項一項列出，才可表示為網目方程式之關係。網目 1 中含有相依電流源，兩端電壓未知，故網目 1 之迴路電壓方程式無法寫出，但是 $5V_C$ 之電流與 I_1 方向相同，故

$$I_1 = 5V_C = 5(1)(I_1 - I_2)$$

$$\therefore 4I_1 = 5I_2 \quad \text{或} \quad 4I_1 - 5I_2 = 0 \quad \text{A} \tag{①}$$

網目 2 之迴路方程式為：

$$1(I_2 - I_1) + 3(I_2) + 8 + 4(I_2) = 0 \quad \text{V}$$

$$\text{或} \qquad -I_1 + 8I_2 = -8 \quad \text{V} \tag{②}$$

圖 3.3.9　例 3.3.5 之電路

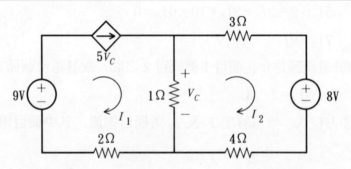

由①、②可解出 I_2 之數值爲：

$$\Delta = \begin{vmatrix} 4 & -5 \\ -1 & 8 \end{vmatrix} = (4)(8) - (-5)(-1) = 32 - 5 = 27$$

$$I_2 = \frac{\begin{vmatrix} 4 & 0 \\ -1 & -8 \end{vmatrix}}{\Delta} = \frac{4(-8)}{27} = \frac{-32}{27} \text{ A} \qquad \bigcirc$$

【本節重點摘要】

(1)網目分析法，又稱網目電流分析法，或迴路電流分析法，是利用電路中數個網目設定網目電流，寫出這數個網目的克希荷夫電壓定律 KVL，以形成獨立線性聯立方程式，再由方程式求解假設的網目電流，最後利用所求出的網目電流找出其他支路的電流或元件電壓。此種方法僅適用於平面電路分析。

(2)就電路理論而言，對於任何一個電路，利用網目分析法來求解該電路時，所需要的線性獨立聯立方程式的個數 N 爲：

$$N = b - n + 1 - n_i$$

式中符號 b 代表該電路的分支個數，n 則代表電路的主節點或連接點個數，n_i 代表該電路中所有電流源（獨立或相依）的總數目。

(3)一個電路未含任何相依電源之兩個網目的基本網目電流方程式通式爲：

$$R_{11}I_1 - R_{12}I_2 = V_{11} \text{ V}$$

$$-R_{21}I_1 + R_{22}I_2 = V_{22} \text{ V}$$

或 $[R][I] = [V]$　V

式中符號爲：I_i ＝ 第 i 個網目的電流，以順時鐘方向爲基準，$i = 1,\ 2$。

R_{ii} ＝ 第 i 個網目內部的電阻總和，$i = 1,\ 2$。符號前面的極性爲正號。R_{ii} 稱爲自電阻。

$R_{ij} = R_{ji}$ ＝ 網目 i、j 間的共用電阻總和，i、$j = 1,\ 2$。符號前面的極性爲員號。R_{ij} 或 R_{ji} 稱爲互電阻。

V_{ii} ＝ 第 i 個網目內部電源電壓的代數和，$i = 1,\ 2$。若網目電流 I_i 是自電源電壓的正端流出，則取正號；若由電源電壓員端流出，則取員號。

(4)矩陣 $[R]$ 是一個對稱矩陣，因爲 $R_{ij} = R_{ji}$，其主對角線全部都是正值，而

主對角線外的矩陣元素全部都是負值，故以主對角線為對稱軸線，產生右上矩陣與左下矩陣的對稱。這種對稱性只有在電路不含任何相依電源時才成立。

【思考問題】

(1)若一個電路的網目中含有電流源時，如何寫出網目電流方程式？

(2)如何判定所寫出的聯立方程式為相依或獨立？

(3)若電路為立體狀或非平面時，網目電流方程式可否寫出？為什麼？

(4)當若網目電流方向改為逆時鐘方向，所解出來的答案會不會一樣？

(5)若電路元件有開路或短路時，網目電流法如何處理？

(6)若電路之行列式 Δ 之值為零，代表什麼物理意義？

3.4 節點分析法

　　節點分析法（node analysis），又稱為節點電壓分析法（node voltage analysis），與第 3.3 節的網目分析法同樣是在分析電路上的一大工具，但是節點分析法比網目分析法的用途更多，不管是不是平面電路（planar network），節點分析法均可適用，而網目分析法主要是先找出網目，然後寫出網目的克希荷夫電壓定律 KVL，因此選取網目非常重要，但若電路是屬於立體的或是非平面（nonplanar）的架構，則在選取網目時容易產生混淆，因此當電路是非平面時，建議選用本節所用的節點分析法。

　　節點分析法或節點電壓分析法，它是應用電路的節點電壓為未知數，以寫出節點的克希荷夫電流定律 KCL 為方程式，進而解出節點電壓的一種分析技巧。而第 3.3 節所介紹的網目分析法，是應用網目電流為未知數，然後將該電路的各個網目的克希荷夫電壓定律 KVL 寫成方程式，再來求解網目電流，這兩個方法恰巧相互對應，這就是前面我們說過的電路對偶性（duality）。

　　我們將以圖 3.4.1 做爲說明節點分析法的例子。節點電壓分析法是利用節點的電壓做爲分析的電路未知數，然而電壓是指電路兩個節點的相對電位，整個電路必須要有一個共同的參考點當做其他節點對於該參考點的關係，這就是應用節點分析法的第一步：選取電路的參考點。爲減少計算上的麻煩，增加求解的效率，通常電路共同的參考點是選最多電路元件相連接的節點，如圖 3.4.1 中的節點 3 共有四個電路元件與其相連，節點 1、2 都只有三個電路元件連接，因此選取節點 3 爲該電路的參考點。參考點通常用符號 ⏚ 表示或用 G 的英文字表示在旁邊，代表它是零電位或接地（ground），或是大地（earth）的接地。爲了和節點 1、2 區別，通常參考點以號碼 0 表示，也方便代表了零電位。

圖 3.4.1　**兩節點電壓的電路**

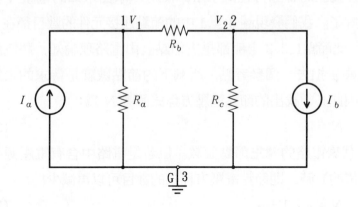

　　接地的符號除了圖 3.4.1 所示的外，一般電子設備的「外殼接地」是用 ⏛ 來表示，兩者有些差別。「外殼接地」是指將電路的共同零電位點與電子設備的金屬體外殼連接，可以防止電子電路雜訊的干擾，像有些電腦就將整個金屬外殼連接於電腦印刷電路板的零電位點。「大地接地」是指將電路或設備的共同點連接於打入大地中的接地金屬棒或接地金屬板上，這就是將整個地球看成是一個相同零電位

的導體。例如一般家用的單相交流 110V 的插座（新型的插座有三個插孔，舊的插座仍爲兩個插孔），其中一個插孔不會使人觸電（感電）的，稱爲地線，另一個插孔會使人觸電的，稱爲火線，其中地線就是在尚未連接到家中的接戶線前就先在桿上配電變壓器予以接地，因此當我們用手去接觸地線時不會發生觸電的危險，這也是因爲我們的雙腳常踏在地面上（即使穿上絕緣強度夠的鞋子）與大地接近等電位的關係。

選擇了圖 3.4.1 共同參考點號爲節點 3 後，剩下的兩個節點 1、2，就令節點 1 之電壓爲 V_1，節點 2 的電壓爲 V_2，兩個電壓同爲電路的未知數。注意：電壓 V_1 及 V_2 是分別代表節點 1 和節點 2 對參考點（節點 3）的電壓。這樣設定好了電路的未知數後，只要寫出節點 1 及節點 2 的克希荷夫電流定律 KCL 方程式，由兩個未知數配合兩個線性獨立的聯立方程式求解，便可以求出未知的電壓 V_1 及 V_2 的唯一解了。我們發現圖 3.4.1 中的節點連接元件的數目都在 3 個或 4 個，因此節點 1、2、3 全部都是主節點。由電路理論知，將電路之主節點個數 n 扣去一個參考點，所剩下的節點數就是待求的未知數的個數，因此必須找出的節點電壓方程式個數 N 爲：

$$N = n - 1 \qquad\qquad\qquad (3.4.1)$$

式中 n 代表電路的總主節點個數。但若是電路中含有電壓源（獨立的或相依的）時，則節點電壓方程式的數目可以再減少爲：

$$N = n - 1 - n_v \qquad\qquad\qquad (3.4.2)$$

式中 n_v 代表該電路所包含的獨立或相依電壓源的個數。由圖 3.4.1 的主節點數，代入 (3.4.2) 式的計算可以得知，只需要 $N = 3 - 1 - 0 = 2$ 個節點方程式，便可求解該電路，與上面的說明相符合。

現在，就讓我們利用克希荷夫電流定律 KCL 在節點 1、2 上，以未知數 V_1 及 V_2 的關係來寫出這兩個節點方程式。茲將等號左側放入各電阻器由節點向外流的電流代數和，等號右側放入流入節點的電流源大小數值代數和。因此，節點 1、2 的電流方程式分別爲：

節點 1: $\dfrac{V_1}{R_a} + \dfrac{V_1 - V_2}{R_b} = I_a$　A　　　　　　　(3.4.3)

節點 2: $\dfrac{V_2}{R_c} + \dfrac{V_2 - V_1}{R_b} = -I_c$　A　　　　　　(3.4.4)

將相同的電壓變數做整理，並將所有電阻值 R 改為電導值 G，則所得的結果為：

節點 1: $(G_a + G_b)V_1 + (-G_b)V_2 = I_a$　A　　　　　(3.4.5)

節點 2: $(-G_b)V_1 + (G_b + G_c)V_2 = -I_c$　A　　　　(3.4.6)

由 (3.4.5) 式及 (3.4.6) 式的結果，我們可以寫出兩個節點電壓方程式的基本通式為：

$$G_{11}V_1 - G_{12}V_2 = I_{11} \quad \text{A} \tag{3.4.7}$$

$$-G_{21}V_1 + G_{22}V_2 = I_{22} \quad \text{A} \tag{3.4.8}$$

式中符號為: G_{ii} = 第 i 個節點所連接的總電導和，$i = 1$，2。G_{ii} 稱為自電導(the self conductance)，前面的符號為正號。

$G_{ij} = G_{ji}$ = 第 i 個和第 j 個節點間的電導總和，i、$j = 1, 2$。G_{ij} 或 G_{ji} 稱為互電導（the mutual conductance），前面的符號為負號。

V_i = 第 i 個節點對參考點的電壓，$i = 1,2$。

I_{ii} = 第 i 個節點所相連接之電流源大小代數和，以注入節點之電流為正號，流出節點之電流為負號，$i = 1,2$。

若擴大到三個節點電壓的方程式，可用圖 3.4.2 來做說明。圖 3.4.2 所示，為含有五個獨立電流源、五個電阻器之電路，這十個電路元件連接在四個主節點上，雖然每個節點都連接了五個電路元件，我們還是選取最下面的主節點當做參考點。在節點1、2、3上，先令電壓分別為 V_1、V_2、V_3，然後再利用克希荷夫電流定律 KCL 在這三個節點上寫出節點電壓方程式如下：

節點 1: $\dfrac{V_1}{R_1} + \dfrac{V_1 - V_2}{R_2} = I_1 - I_2 + I_3$　A　　　(3.4.9)

節點 2：$\dfrac{V_2 - V_1}{R_2} + \dfrac{V_2}{R_3} + \dfrac{V_2 - V_3}{R_4} = I_2 - I_4$　A　　　　(3.4.10)

節點 3：$\dfrac{V_3 - V_2}{R_4} + \dfrac{V_3}{R_5} = -I_3 + I_4 - I_5$　A　　　　(3.4.11)

圖 3.4.2　三個節點電壓的電路

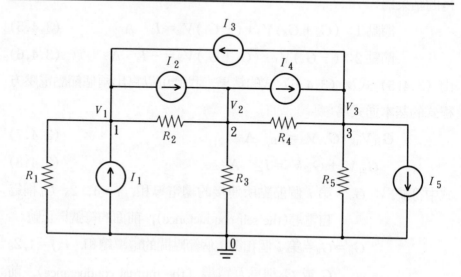

將 (3.4.9) 式～(3.4.11) 式三式相同電壓變數的項合併，並將所有電阻值 R 改爲電導值 G，其結果變成：

$$(G_1 + G_2)V_1 - G_2 V_2 = I_1 - I_2 + I_3 \quad \text{A} \quad\quad (3.4.12)$$

$$-G_2 V_1 + (G_2 + G_3 + G_4)V_2 - G_4 V_3 = I_2 - I_4 \quad \text{A} \quad (3.4.13)$$

$$-G_4 V_2 + (G_4 + G_5)V_3 = -I_3 + I_4 - I_5 \quad \text{A} \quad\quad (3.4.14)$$

將 (3.4.12) 式～(3.4.14) 式之結果寫成三個節點電壓方程式的通式爲：

$$G_{11} V_1 - G_{12} V_2 - G_{13} V_3 = I_{11} \quad \text{A} \quad\quad (3.4.15)$$

$$-G_{21} V_1 + G_{22} V_2 - G_{23} V_3 = I_{22} \quad \text{A} \quad\quad (3.4.16)$$

$$-G_{31} V_1 - G_{32} V_2 + G_{33} V_3 = I_{33} \quad \text{A} \quad\quad (3.4.17)$$

式中各使用符號與 (3.4.7) 式及 (3.4.8) 式兩式的說明相同。若將 (3.4.15) 式～(3.4.17) 式以矩陣方式表示，可以寫爲：

$$
\begin{bmatrix} G_{11} & -G_{12} & -G_{13} \\ -G_{21} & G_{22} & -G_{23} \\ -G_{31} & -G_{32} & G_{33} \end{bmatrix} \begin{bmatrix} V_1 \\ V_2 \\ V_3 \end{bmatrix} = \begin{bmatrix} I_{11} \\ I_{22} \\ I_{33} \end{bmatrix} \quad \text{A} \qquad (3.4.18a)
$$

或以簡單方程式表示為:

$$[G][V] = [I] \quad \text{A} \qquad (3.4.18b)$$

對照 (3.4.18a) 式的 $[G]$ 矩陣，可以發現它也是一個對稱矩陣，矩陣的對角線元素全部是正值，而非主對角線之元素全部是負數，而且右上部份的元素與左下部份的元素對其主對角線產生對稱。但是這種對稱情形只有當電路不含有任何相依電源，而只有獨立電源及線性被動電阻性元件時才成立。

讓我們看一看當電路含有相依電源時的情形，參考圖 3.4.3 所示，它是將圖 3.4.1 之節點 1 與節點 2 間，加入一個相依電流源，該相依電流源之大小是由節點電壓 V_1 所控制。利用克希荷夫電流定律 KCL 在節點 1 與節點 2 對參考節點 3 所寫出的節點電壓方程式分別為:

節點 1: $\dfrac{V_1}{R_a} + \dfrac{V_1 - V_2}{R_b} = I_a - kV_1 \quad$ A $\qquad (3.4.19)$

圖 3.4.3 含有相依電源的兩節點電壓電路

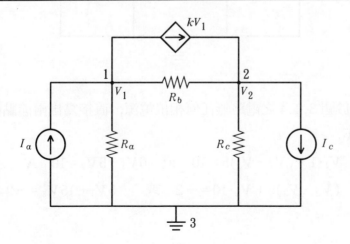

節點 2:　$\dfrac{V_2}{R_c} + \dfrac{V_2 - V_1}{R_b} = kV_1 - I_c$　A　　　　　(3.4.20)

將 (3.4.19) 式及 (3.4.20) 式之電壓變數項整理在一起, 並將所有電阻值 R 改爲電導值 G, 所寫出的結果如下:

節點 1:　$(G_a + G_b + k)V_1 - G_bV_2 = I_a$　A　　　　(3.4.21)

節點 2:　$-(G_b + k)V_1 + (G_b + G_c)V_2 = -I_c$　A　　(3.4.22)

若 k 不等於零, 則〔G〕矩陣不是對稱矩陣; 但若 k 等於零, 該相依電流源變成爲開路, 則 (3.4.21) 式及 (3.4.22) 式兩式與原圖 3.4.1 之 (3.4.5) 式及 (3.4.6) 式兩式相同, 〔G〕矩陣也會成爲對稱矩陣。

【例 3.4.1】如圖 3.4.4 所示之電路, 求節點 V_1 及 V_2 之電壓值。

圖 3.4.4　例 3.4.1 之電路

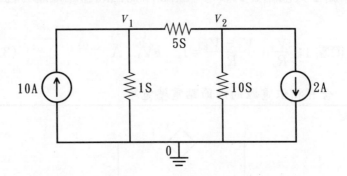

【解】由於圖 3.4.4 之電路無任何相依電源, 直接寫出兩節點電壓方程式如下:

$$V_1 \cdot 1 + (V_1 - V_2)5 = 10　\text{或}　6V_1 - 5V_2 = 10　\text{A}　　　①$$

$$(V_2 - V_1)5 + V_2 \cdot 10 = -2　\text{或}　-5V_1 + 15V_2 = -2　\text{A}　②$$

故

$$\Delta = \begin{vmatrix} 6 & -5 \\ -5 & 15 \end{vmatrix} = 6 \times 15 - (-5)(-5) = 90 - 25 = 65$$

$$V_1 = \frac{\begin{vmatrix} 10 & -5 \\ -2 & 15 \end{vmatrix}}{\Delta} = \frac{(10)(15) - (-5)(-2)}{65} = \frac{150 - 10}{65}$$

$$= \frac{140}{65} = \frac{28}{13} \text{ V}$$

$$V_2 = \frac{\begin{vmatrix} 6 & 10 \\ -5 & -2 \end{vmatrix}}{\Delta} = \frac{(6)(-2) - (10)(-5)}{65}$$

$$= \frac{-12 + 50}{65} = \frac{38}{65} \text{ V} \qquad \circledcirc$$

【例3.4.2】如圖3.4.5所示，含有一個相依電源的電路，求節點電壓 V_2 之值。

圖3.4.5 例3.4.2之電路

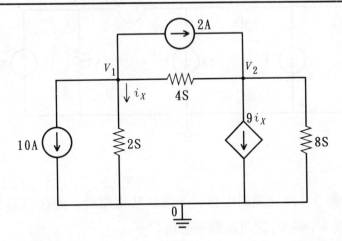

【解】由於電路含有相依電源，必須一項一項寫出節點電壓方程式如下：

節點1: $2V_1 + (V_1 - V_2)4 = -10 - 2$

或 $\qquad 6V_1 - 4V_2 = -12$ A $\qquad\qquad$ ①

$$節點 2: 8V_2 + 4(V_2 - V_1) = -9i_x + 2 \quad A \qquad ②$$

將 $i_x = 2V_1$ 代入②式可得:

$$14V_1 + 12V_2 = 2 \quad A \qquad ②'$$

解①, ②′之未知數 V_2 如下:

$$\Delta = \begin{vmatrix} 6 & -4 \\ 14 & 12 \end{vmatrix} = 6 \times 12 - (-4)(14) = 128$$

$$V_2 = \frac{\begin{vmatrix} 6 & -12 \\ 14 & 2 \end{vmatrix}}{\Delta} = \frac{6 \times 12 - (-12) \times 14}{128} = 1.875 \quad V \qquad ◎$$

【例 3.4.3】如圖 3.4.6 所示, 爲一個含有獨立電壓源及電流源之電路。試用節點電壓法, 求各節點之電壓。

圖 3.4.6 例 3.4.3 之電路

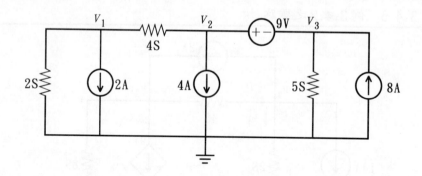

【解】由於圖 3.4.6 之電路中含有一個 9 V 電壓源, 接在節點 2 與節點 3 上, 故 V_2 與 V_3 之電壓關係必爲:

$$V_2 = 9 + V_3$$

但是電壓源之電壓已知, 可是電流未知, 無法直接在節點 2 與節點 3 以 KCL 表示方程式, 但是可以將 9 V, 節點 2, 節點 3 之部份圍起來, 形成一個超節點 (supernode), 寫成下面的電路:

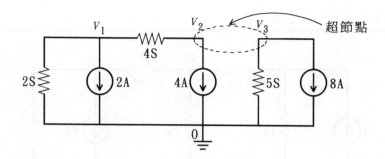

我們寫出節點 1 與超節點之 KCL 方程式如下：

節點 1：$2V_1 + (V_1 - V_2)4 = -2$　A　　　　　①

超節點：$(V_2 - V_1)4 + V_3 \cdot 5 = -4 - 8$　A　　②

①式整理爲：$6V_1 - 4V_2 = -2$　A　　　　　　①′

②式將 $V_3 = V_2 - 9$ 代入可得

$$-4V_1 + 4V_2 + 5(V_2 - 9) = -12$$

或　　　　$-4V_1 + 9V_2 = 33$　A　　　　　　②′

解①′, ②′式之節點電壓爲：

$$\Delta = \begin{vmatrix} 6 & -4 \\ -4 & 9 \end{vmatrix} = (6)(9) - (-4)(-4) = 54 - 16 = 38$$

$$V_1 = \frac{\begin{vmatrix} -2 & -4 \\ 33 & 9 \end{vmatrix}}{\Delta} = \frac{(-2)(9) - (-4)(33)}{38} = \frac{114}{38} = 3 \text{ V}$$

$$V_2 = \frac{\begin{vmatrix} 6 & -2 \\ -4 & 33 \end{vmatrix}}{\Delta} = \frac{(6)(33) - (-2)(-4)}{38} = \frac{190}{38} = 5 \text{ V}$$

$$\therefore V_3 = V_2 - 9 = 5 - 9 = -4 \text{ V}$$　　　　◎

【例 3.4.4】如圖 3.4.7 所示之電路，求 V_3 之電壓。

【解】節點 2 與節點 3 間有相依電壓源 $3i_Y$，

$$\because i_Y = 4V_1$$

圖 3.4.7 例 3.4.4 之電路

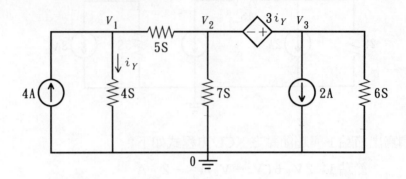

$$\therefore V_2 + 3i_Y = V_3, \quad V_2 + 12V_1 = V_3 \quad \text{V}$$

將節點 2、相依電源及節點 3 圍成一個超節點，寫出節點 1 與超節點之 KCL 方程式如下：

$$4V_1 + 5(V_1 - V_2) = 4 \quad \text{A} \qquad \qquad ①$$

$$7V_2 + (V_2 - V_1)5 + 6V_3 = -2 \quad \text{A} \qquad \qquad ②$$

將①、②整理，並代入 $V_3 = V_2 + 12V_1$，可得

$$9V_1 - 5V_2 = 4 \quad \text{A} \qquad \qquad ①'$$

$$-5V_1 + 12V_2 + 6(V_2 + 12V_1) = -2 \quad \text{A}$$

或 $\qquad 67V_1 + 18V_2 = -2 \quad \text{A} \qquad \qquad ②'$

解①'，②'式之 V_1 及 V_2 可得：

$$\Delta = \begin{vmatrix} 9 & -5 \\ 67 & 18 \end{vmatrix} = 9 \times 18 - (-5)(67) = 497$$

$$V_2 = \frac{\begin{vmatrix} 9 & 4 \\ 67 & -2 \end{vmatrix}}{\Delta} = \frac{9(-2) - 4 \times 67}{497} = \frac{-286}{497} \quad \text{V}$$

$$V_1 = \frac{\begin{vmatrix} 4 & -5 \\ -2 & 18 \end{vmatrix}}{\Delta} = \frac{4 \times 18 - (-5)(-2)}{497} = \frac{62}{497} \quad \text{V}$$

$$\therefore V_3 = V_2 + 12V_1 = \frac{-286}{497} + \frac{12 \times 62}{497} = \frac{458}{497} \quad \text{V}$$

◎

【本節重點摘要】

(1)節點分析法，又稱為節點電壓分析法，不論電路是不是平面電路，節點分析法均可適用。節點分析法或節點電壓分析法，它是應用電路的節點電壓為未知數，以寫出節點的克希荷夫電流定律 KCL 為方程式，進而解出節點電壓的一種分析技巧。

(2)應用節點分析法的第一步：選取電路的參考點。為減少計算上的麻煩，增加求解的效率，通常選擇電路共同的參考點是選取最多電路元件相連接的節點。

(3)由電路理論分析，節點電壓方程式個數 N 為：

$$N = n - 1 - n_v$$

式中 n 代表電路的總主節點個數，n_v 代表該電路所包含的獨立或相依電壓源的個數。

(4)未含相依電源之兩個節點電壓方程式的基本通式為：

$$G_{11}V_1 - G_{12}V_2 = I_{11} \quad A$$
$$-G_{21}V_1 + G_{22}V_2 = I_{22} \quad A$$

或　　　$[G][V] = [I]$　A

式中符號為：$G_{ii} =$ 第 i 個節點所連接的總電導和，$i = 1，2$。G_{ii}稱為自電導，前面的符號為正號。

$G_{ij} = G_{ji} =$ 第 i 個和第 j 個節點間的電導總和，i、$j = 1，2$。G_{ij}稱為互電導，前面的符號為負號。

$V_i =$ 第 i 個節點對參考點的電壓，$i = 1，2$。

$I_{ii} =$ 第 i 個節點所相連接之電流源大小代數和，以注入節點為正，流出節點為負，$i = 1，2$。

(5)$[G]$ 矩陣是一個對稱矩陣，矩陣的對角線元素全部是正值，而非主對角線之元素全部是負數，而且右上部份的元素與左下部份的元素對其主對角線產生對稱。這種對稱情形只有當電路不含有任何相依電源，而只含有獨立電源及線性被動電阻性元件時才成立。

(6)當電路中含有相依電源，在寫節點電壓方程式時，必須一項一項表示出來，並將相依電源的電壓或電流以節點電壓的變數關係表示。

【思考問題】

(1)若參考點電位不是零電位，節點電壓方程式應如何修正？

(2)為何節點分析法適用非平面電路？試說明理由。

(3)當電路含有時變元件時，節點分析法可適用否？

(4)當節點含有電壓源時，節點電壓方程式如何表示？

(5)當〔G〕矩陣的互電導 G_{ij} 為零時，節點電壓的結果會發生什麼改變？其物理意義為何？

3.5 戴維寧定理

戴維寧定理（Thévenin's theorem）是電路上一個極為重要的分析定理。當一個電路的某些部份為固定元件，另外一些部份為可變元件時，我們可以將固定電路部份的許多電路元件組合，以一個簡單的理想獨立電壓源和一個電阻器串聯，以取代原固定電路，該等效電路與一個實際電壓源的模型類似，稱為戴維寧定理。若將固定部份的電路以一個電流源並聯一個電阻器的方式取代，變成類似實際電流源的模型時，稱為諾頓定理（Norton's theorem）。

3.5.1 戴維寧定理

如圖 3.5.1(a)所示，左側的網路 N_A 可能包含若干電源（獨立的或相依的電壓源或電流源），以及若干個電阻器，連接於節點1、2 間，另一個網路 N_B 內部也可能包含許多電路元件，包含變動的負載或非線性負載，同樣也連接到節點1、2 上。戴維寧定理可將圖 3.5.1(a)的網路 N_A 以圖(b)的虛線內部等效電路表示，虛線所表示的就是戴維寧等效電路（Thévenin's equivalent circuit），它以一個理想獨立的電壓源 V_{TH} 以及一個電阻器 R_{TH} 串聯表示，其中電壓源 V_{TH} 之極性為上面正、下面負。請注意：在圖 3.4.1(a)(b)兩圖中的節點電壓 V 及通過

的電流 I 完全相同，此表示戴維寧定理在取代原網路 N_A 後，不使電路的邊界條件：端點電壓 V 的大小及極性以及端點電流 I 的數值和方向發生改變，這就是等效電路的特性。

3.5.2　諾頓定理

再參考圖 3.5.1(c)的電路，原圖(a)的電路 N_A 也可以用一個理想獨立的電流源並聯一個電阻器來取代，虛線中的電路稱爲諾頓等效電路（Norton's equivalent circuit），其電流源的方向爲由下往上流，端點電壓 V 的數值和極性以及端點電流 I 的大小和方向，均與圖 3.5.1(a)(b)之情形完全相同，此方塊可稱爲等效電路。

圖 3.5.1　**戴維寧定理與諾頓定理之電路應用**

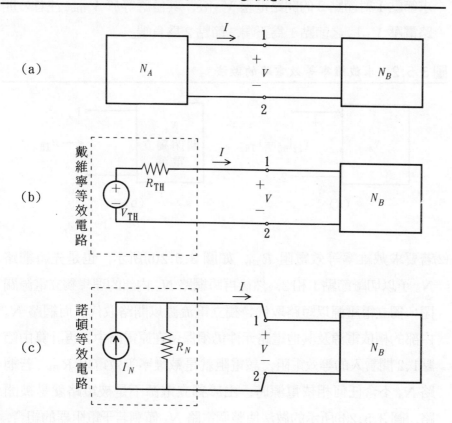

　　請注意：在利用戴維寧定理及諾頓定理將圖3.5.1(a)的網路 N_A 轉換爲等效電路時，其限制條件是當網路 N_A 中若含有相依電源時，控制該相依電源的電壓或電流訊號只能存在於網路 N_A 中，不可以是網路 N_B 內部元件的電壓或電流，如此才可以完成戴維寧及諾頓的等效電路轉換。

3.5.3　戴維寧等效電路

　　如何求得戴維寧等效電路的電壓源 V_{TH} 的大小及電阻器 R_{TH} 的數值呢？請參考圖3.5.2所示的做法，分兩部份來說明：

(1)若要求戴維寧的電壓源電壓 V_{TH}，如圖3.5.2(a)中所示，在保持原網路 N_A 的情形下，將網路 N_B 予以切離節點1和節點2，然後再求節點1對節點2的開路電壓 $V_{12}|_{OC}$，其值應等於 V_{TH}。注意：開路電壓 $V_{12}|_{OC}$ 之節點1爲正端，節點2爲負端。

圖 3.5.2　**求戴維寧等效電路的做法**

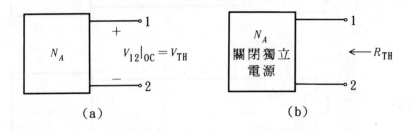

(a)　　　　　　　　　　　　　　(b)

(2)若要求戴維寧等效電阻 R_{TH}，如圖3.5.2(b)所示，也是先將網路 N_B 予以切離節點1和2，然後再將網路 N_A 內部的理想獨立電源關閉：獨立電壓源以短路取代；獨立電流源以開路取代。而網路 N_A 內部的相依電源及其他電路元件仍須保留在原電路中。再計算由節點1、2間看入的等效電阻，該電阻就是戴維寧等效電阻 R_{TH}。若網路 N_A 不含任何相依電源時，由於獨立電源不是被短路就是被開路，圖3.5.2(b)所示的做法使整個電路 N_A 僅剩若干電阻器的組合，

因此可以利用電阻的串聯、並聯、串並聯、並串聯，甚至 Y－Δ、對稱電路等轉換法來辦到。

　　但是相依電源存在於網路 N_A 中時，由於相依電源是依照控制訊號源的大小來動作的，因此絕對不可以仿照獨立電源的短路或開路的方式處理，必須按照當時的網路輸入情形決定。圖3.5.3就提供了兩種決定 R_{TH} 的選擇方式，圖3.5.3(a)是在節點1、2 間接上一個輔助電壓源 V_s'，並將該電壓源的正端接於節點 1 上，負端則接在節點 2 上，如此只要能算出由輔助電壓源 V_s' 往節點 1 流入的電流 I'，則將 V_s' 除以 I' 即可得到 R_{TH}；圖3.5.3(b)也是在節點1、2 間加上一個輔助電源，但是改爲 1A 的獨立電流源注入節點 1，只要計算出節點 1 對節點 2 的電壓 V'，則該 V' 的數值即爲 R_{TH} 的大小。有時將圖3.5.3的做法應用在較複雜的電路時，不是一下子就可以解出 R_{TH}，可能需要網目電流法或節點電壓法的幫助才能算出 R_{TH}，因此本章中前面幾節所介紹過的幾個分析電路定理要靈活運用。

圖3.5.3　當網路 N_A 含有相依電源時的 R_{TH} 或 R_N 的求法

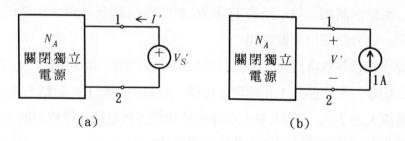

$$(a) \qquad\qquad\qquad (b)$$

　　當我們將戴維寧等效電路求出來後，可以再與網路 N_B 相連接，利用基本網路分析法就可求出電壓 V 及電流 I 了。如圖3.5.4所示，網路 N_B 之負載電阻 R_L 重新與網路 N_A 連接後，整個電路變成非常簡單，該圖只要用簡單的歐姆定理便可求出電壓 V 及電流 I。在本章的第3.8節中我們將可利用 R_{TH} 的計算，設計負載電阻 R_L 的大小，以使最大的電功率 $P_{L,max}$ 能由電源轉移給負載電阻 R_L，達到電路匹配

(match) 的目的，我們將會發現一個有趣的答案，就是當 R_L 等於 R_{TH} 時，就是發生最大功率轉移或電路匹配的條件，因此對於 V_{TH} 及 R_{TH} 的計算將是非常重要的工作。

圖 3.5.4　戴維寧等效電路與網路 N_B 之電阻 R_L 的連接

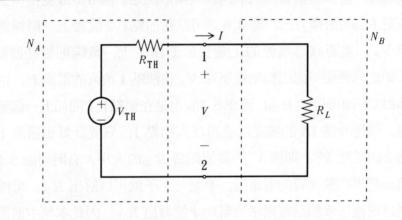

3.5.4　諾頓等效電路

　　至於求諾頓等效電路的 I_N 及 R_N 的方法，請參考圖 3.5.5(a)及(b) 所示，亦分兩部份來做說明：

(1)要求諾頓等效電流源 I_N 時，如圖 3.5.5(a)所示，可將網路 N_B 先予以切離，再將節點 1 和節點 2 短路，計算由節點 1 往節點 2 通過的電流大小 $I_{12}|_{SC}$，該電流大小即等於諾頓等效電路的電流源的大小。注意：短路電流一定要由節點 1 流向節點 2。

(2)諾頓等效電阻 R_N 的求法，可如圖 3.5.5(b)所示，先將網路 N_B 予以切離，再將網路 N_A 內部的理想獨立電壓源及電流源關閉，然後計算由節點 1、2 間看入的電阻值，該電阻值即等於 R_N。其實圖 3.5.5(b)與圖 3.5.2(b)是一樣的方式求節點 1、2 間看入的等效電阻值，也因此 $R_N = R_{TH}$。若網路 N_A 內部含有相依電源時，可利用圖 3.5.3(a)(b)的方法找出等效電阻，在此不再重覆贅述。

圖 3.5.5　求諾頓等效電路的做法

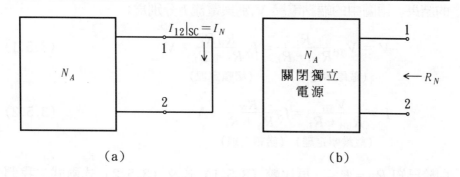

（a）　　　　　　　　　　　　　（b）

當網路 N_A 的諾頓等效電路參數 I_N 及 R_N 找出以後，我們可以再將網路 N_B 重新接回去，假設網路 N_B 為一個負載電阻 R_L，如圖 3.5.6 所示，此時節點1、2間的電壓仍為 V，由網路 N_A 流向網路 N_B 的電流仍為 I，因此網路 N_A 在轉換前後仍舊保持端點電壓 V 及電流 I 的數值不變，這是等效電路轉換的基本特性。再由歐姆定理的應用，可以很方便地求出電壓 V 及電流 I 的大小。

圖 3.5.6　諾頓等效電路與網路 N_B 之電阻 R_L 的連接

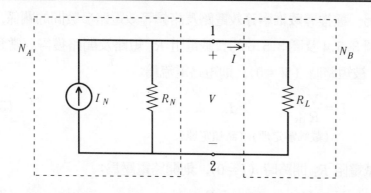

3.5.5　戴維寧等效電路及諾頓等效電路的等效轉換

由於戴維寧等效電路及諾頓等效電路可做同一個電路的等效轉換，我們可以根據端點電壓 V 與電流 I 相同的關係，找出兩個等效電路的參數關係式。茲以圖 3.5.4 及圖 3.5.6 做一個說明，以下兩式

第一個等號右側為戴維寧定理的結果，第二個等號右側則為諾頓定理的結果。兩圖中的端點電壓 V 別與電流 I 分別為：

$$V = V_{TH} \underbrace{\frac{R_L}{R_{TH} + R_L}}_{\text{(戴維寧定理)}} = I_N \underbrace{\frac{R_N R_L}{R_N + R_L}}_{\text{(諾頓定理)}} \quad V \tag{3.5.1}$$

$$I = \underbrace{\frac{V_{TH}}{R_{TH} + R_L}}_{\text{(戴維寧定理)}} = \underbrace{I_N \frac{R_N}{R_N + R_L}}_{\text{(諾頓定理)}} \quad A \tag{3.5.2}$$

由於已知 $R_N = R_{TH}$，再比較（3.5.1）式及（3.5.2）式兩式，我們發現兩個等號右側的分母完全相同，因此分子也應該相同，是故：

$$V_{TH} = I_N R_N = I_N R_{TH} \quad V \tag{3.5.3}$$

（3.5.3）式就是戴維寧等效電路和諾頓等效電路間參數的轉換關係式，由該式可知一個網路 N_A 可以轉換為一個理想獨立電壓源 V_{TH} 串聯一個電阻器 R_{TH} 的電路，也可以轉換為一個理想獨立電流源 I_N 並聯一個電阻器 R_N 的電路，其間的轉換關係式（3.5.3）式與本章第3.2 節所談的實際電壓源模型與實際電流源模型間的轉換關係一致。

　　另一種推導戴維寧等效電路及諾頓等效電路參數間的關係，可直接由圖 3.5.4 及圖 3.5.6 的負載電阻 R_L 短路及開路獲得。當負載電阻 R_L 被短路時（$V = 0$），則短路電流為：

$$I = \underbrace{\frac{V_{TH}}{R_{TH}}}_{\text{(戴維寧定理)}} = \underbrace{I_N}_{\text{(諾頓定理)}} \quad A \tag{3.5.4}$$

當負載電阻 R_L 開路時（$I = 0$），則開路電壓為：

$$V = \underbrace{V_{TH}}_{\text{(戴維寧定理)}} = \underbrace{I_N R_N}_{\text{(諾頓定理)}} \quad V \tag{3.5.5}$$

這樣所得的方程式關係與（3.5.3）式所得結果完全相同。因此有了兩個等效電路間的轉換關係，在處理上非常方便，可以將同樣一個電路轉換為電壓源模型或電流源模型。

將 (3.5.4) 式與 (3.5.5) 式的關係合併，我們可以知道戴維寧等效電阻或諾頓等效電阻之值爲：開路電壓與短路電流之比值

$$R_{\text{TH}} = R_N = \frac{V_{12}|_{\text{OC}}}{I_{12}|_{\text{SC}}} = \frac{V_{\text{TH}}}{I_N} \quad \Omega \qquad (3.5.6)$$

這在求等效 R_{TH} 或 R_N 電阻時，也是一種非常有用的方程式。

【例 3.5.1】如圖 3.5.7 所示之電路，求由節點 1、2 間的戴維寧等效電路及諾頓等效電路。若負載 $R_L = 5\,\Omega$ 接在節點 1、2 間，求負載 R_L 之電壓、電流及功率。

圖 3.5.7　例 3.5.1 之電路

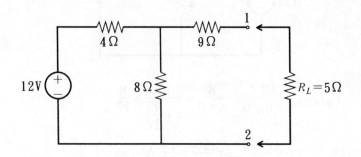

【解】(1)先求戴維寧等效電路：

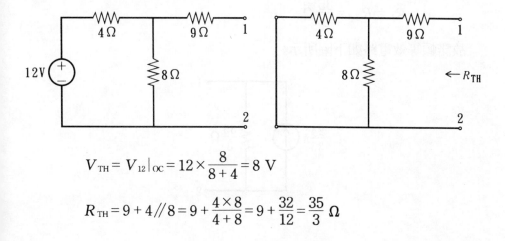

$$V_{\text{TH}} = V_{12}|_{\text{OC}} = 12 \times \frac{8}{8+4} = 8 \text{ V}$$

$$R_{\text{TH}} = 9 + 4 /\!/ 8 = 9 + \frac{4 \times 8}{4+8} = 9 + \frac{32}{12} = \frac{35}{3} \ \Omega$$

故戴維寧等效電路如下圖所示：

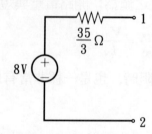

(2)再求諾頓等效電路：

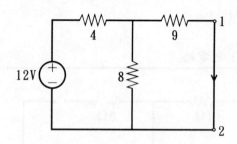

$$I_{12}|_{SC} = \frac{12}{4 + 8//9} \times \frac{8}{8+9} = \frac{12}{4 + \dfrac{72}{17}} \times \frac{8}{17}$$

$$= \frac{12 \times 8}{4 \times 17 + 72} = \frac{96}{140} = \frac{24}{35} \text{ A}$$

或 $$I_N = \frac{V_{TH}}{R_{TH}} = \frac{8}{35/3} = \frac{24}{35} \text{ A}$$

$$R_N = R_{TH} = \frac{35}{3} \text{ Ω}$$

故諾頓等效電路如下圖所示：

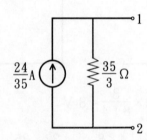

(3)以戴維寧等效電路與負載連接之電路圖如下：

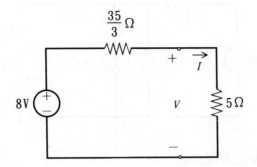

負載電流 I，電壓 V 及功率 P 分別為

$$I = \frac{8}{\frac{35}{3}+5} = \frac{8}{\frac{35}{3}+\frac{15}{3}} = \frac{8 \times 3}{50} = \frac{24}{50} = \frac{12}{25} \text{ A}$$

$$V = IR = \frac{12}{25} \times 5 = \frac{12}{5} \text{ V}$$

$$P = VI = \frac{12}{5} \times \frac{12}{25} = \frac{144}{125} \text{ W}$$ ◎

【例 3.5.2】如圖 3.5.8 所示，為一個含有相依電源的電路，求節點 1、2 兩端的戴維寧等效電路。

圖 3.5.8 例 3.5.2 之電路

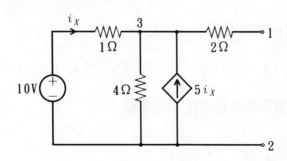

【解】(1)先求 V_{TH}

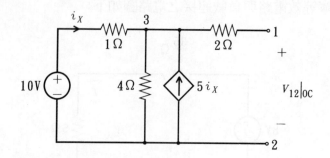

圖 3.5.8 之 KVL 方程式如下：

$$-10 + i_X + (5i_X + i_X)4 = 0$$

$$25i_X = 10, \quad \therefore i_X = \frac{10}{25} = \frac{2}{5}\,\text{A}$$

$$\therefore V_{12}|_{OC} = V_{TH} = 4(i_X + 5i_X) = 4 \times 6i_X = 4 \times 6 \times \frac{2}{5} = \frac{48}{5}\,\text{V}$$

(2)再求 R_{TH}，將獨立電壓源短路，加上 1 A 電流源於節點1、2 端可得下圖：

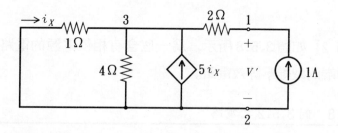

KCL 方程式在節點 3 為：

$$5i_X + 1 + i_X = \frac{-i_X}{4} \qquad (\because V_{32} = -i_X \cdot 1 = -i_X)$$

其中 $-i_X$ 代表節點 3 對節點 2 之電壓

$$\therefore (6 + \frac{1}{4})i_X = -1$$

$$\frac{25}{4}i_X = -1 \Rightarrow i_X = \frac{-4}{25}\,\text{A}$$

$$V' = 2 \times 1 + (-i_X) = 2 - i_X = 2 - (\frac{-4}{25}) = \frac{50 + 4}{25} = \frac{54}{25} \text{ V}$$

故 $R_{TH} = \frac{54}{25} \ \Omega$

(3)完整的戴維寧等效電路為：

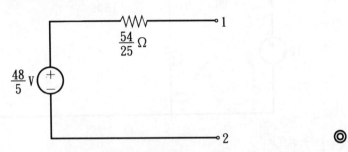

【例 3.5.3】 求圖 3.5.9 中，電晶體放大器電路的戴維寧等效電路，試用開路電壓除以短路電流求戴維寧等效電路。

圖 3.5.9　例 3.5.3 之電路

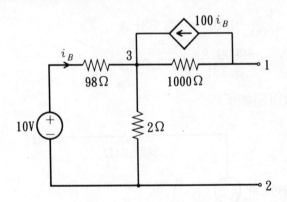

【解】 (1)求 $V_{TH} = V_{12}|_{OC}$

$$i_B = \frac{10}{98 + 2} = \frac{10}{100} = 0.1 \text{ A}$$

$$\therefore V_{TH} = V_{OC}|_{12} = 2 \times i_B - 100 i_B \times 1000$$

$$= 2 \times 0.1 - 100 \times 0.1 \times 1000 = -9999.8 \text{ V}$$

(2)求 $I_N = I_{sc}|_{12}$，將節點 1、2 短路，變成下面的電路：

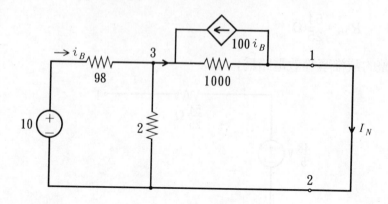

KVL 方程式：

$$-10 + 98i_B + (1000/\!/2) \times (101)i_B = 0$$

$$-10 + 98i_B + \frac{1000 \times 2}{1000 + 2} \times 101i_B = 0$$

$$\therefore i_B = 0.033378 \text{ A}$$

$$V_{32} = 10 - i_B \times 98 = 6.7289 \text{ V}$$

$$\therefore I_N = \frac{V_{32}}{1000} - 100i_B = -3.331 \text{ A}$$

$(3)\therefore R_{TH} = \dfrac{V_{OC}}{I_{SC}} = \dfrac{-9999.8}{-3.331} = 3002.04 \ \Omega$

故戴維寧等效電路如下：

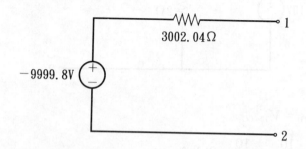

【本節重點摘要】

(1)將固定電路部份的許多電路元件組合，以一個簡單的理想獨立電壓源和一個

電阻器串聯，以取代原固定電路，稱為戴維寧定理。若將固定部份的電路以一個電流源並聯一個電阻器的方式取代，稱為諾頓定理。

(2)在利用戴維寧定理及諾頓定理將網路轉換為等效電路時，其限制條件是當網路中含有相依電源時，控制該相依電源的電壓或電流訊號只能存在於該網路中，不可以是另一個網路內部元件的電壓或電流。

(3)戴維寧等效電路求法：

①戴維寧的電壓源電壓 V_{TH}：保持原待求網路，然後將節點開路，求節點間的開路電壓，其值應等於 V_{TH}。

②戴維寧等效電阻 R_{TH}：將網路節點開路，並將內部的理想獨立電源關閉：獨立電壓源以短路取代；獨立電流源以開路取代。而網路內部的相依電源及其他電路元件仍須保留在原電路中。再計算由節點間看入的等效電阻，該電阻就是戴維寧等效電阻 R_{TH}。

(4)當相依電源在網路內部時，求 R_{TH} 或 R_N 的方法：

①在節點間接上一個輔助電壓源 V_s'，並算出由輔助電壓源 V_s' 往節點流入的電流 I'，則將 V_s' 除以 I' 即可得到 R_{TH}。

②在節點間加上一個 1A 輔助電流源，只要計算出節點間的電壓 V'，則該 V' 的數值即為 R_{TH} 的大小。

(5)諾頓等效電路的求法：

①諾頓等效電流源 I_N：在網路節點間加以短路，計算短路電流的大小，該電流大小即等於諾頓等效電路的電流源的大小 I_N。

②諾頓等效電阻 R_N：同於戴維寧等效電阻 R_{TH} 的求法。

(6)戴維寧等效電路及諾頓等效電路的等效轉換方程式：

$$V_{TH} = I_N R_N = I_N R_{TH} \quad V$$

【思考問題】

(1)當網路中含有非線性元件時，可否求出戴維寧或諾頓等效電路？

(2)轉換為戴維寧或諾頓等效電路後的電路元件功率，與未轉換前的元件功率是否相同？

(3)除了戴維寧與諾頓等效電路可相互轉換外，有沒有第三種等效電路可與這兩種電路互換的？

(4)若一個網路的電路參數如電壓、電流、電阻均在變化，是否戴維寧與諾頓等效電路也是變化的參數？

(5)有沒有可能一個網路的 R_{TH} 或 R_N 為負值、零或無限大？如果有，那會是什麼樣的網路？

3.6 互易定理

互易定理（reciprocity theorem），主要在說明一個線性被動網路中的激發或激勵（excitation）與其響應（response）間的關係。若一個電路具有互易的特性，則稱為互易電路（reciprocal circuits）。互易定理中所謂的激發，可以看成是網路中某一個獨立電壓源或獨立電流源的輸入，而所謂的響應可以當做是該網路中某兩個節點間的電壓或是某支路通過的電流。互易定理即在說明下面其中的一種重要特性：

(1)一個線性被動網路，若在某兩節點端加入一個獨立電壓源做為激發或輸入，另外有一個理想的電流表或安培表與該電路某個支路串聯當做其響應或輸出。若將輸入的電壓源與輸出的電流表調換，則電流表的讀數不變。

(2)一個線性被動網路，在某兩個端點加入一個獨立電流源做為電路的激發或輸入，另外有一個理想的電壓表或伏特表連接於該網路某兩個端點間當做響應或輸出。若將輸入的電流源與輸出的電壓表調換，則該電壓表的讀數不變。

讓我們先說明(1)的重要關係。如圖 3.6.1(a)所示，一個線性被動網路具有 n 個網目，當我們只有在第 j 個網目的節點 j、j' 間連接上一個獨立電壓源 V_S 時（輸入激發），並將第 k 個網目的節點 k、k' 間連接一個理想的電流表或安培表（內部電阻為零或短路）時，假設此時會造成通過網目 j 之電流為 I_j，並產生通過第 k 個網目的電流為 I_k（響應），因此該安培表的讀數應為 I_k。此時電路的激發為 V_S，響應為 I_k。

圖 3.6.1　*互易定理之應用*(1)

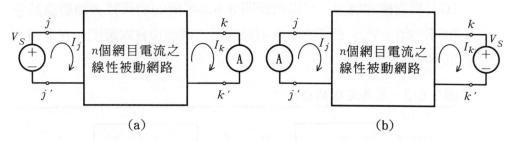

(a)　　　　　　　　　　　　　　(b)

　　接著，我們將圖 3.6.1(a)節點 j、j' 間的電壓源 V_S 與節點 k、k' 間的安培表調換，變成圖 3.6.1(b)的電路。此時電路在第 j 個網目的節點 j、j' 間所連接元件變成理想的安培表，節點 k、k' 間變成連接一個獨立的電壓源 V_S。此時電路的激發爲 V_S，響應爲 I_j。由於網路是線性被動的，因此我們依照互易電路的觀念，或按網目電流分析中的電阻矩陣 〔R〕 爲對稱的觀念，可以判斷圖 3.6.1(a)與(b)的安培表讀數應該會相同，均爲 I_k。此將在本章附錄的第一個部份會做證明，在本節中不予詳述。

　　接下來，讓我們再看看(2)的重要關係。如圖 3.6.2(a)所示，一個線性被動網路具有 m 個節點電壓（亦即整個電路共有 $m+1$ 個節點，其中一個爲參考點，m 個節點電壓就是 m 個節點對該參考點的相對電壓）。當我們只有在節點 x、y 間連接上一個方向由節點y往節點x流動的獨立電流源 I_s（輸入激發），並將節點 p、q 間連接一個理想的電壓表或伏特表（內部電阻爲無限大或開路）時，假設此時會造成節點 x 與節點 y 間的電壓差爲V_{xy}，並產生節點 p 與節點q 間的電壓差爲 V_{pq}（響應），因此該伏特表的讀數應爲 V_{pq}。此時電路的激發爲 I_S，響應爲 V_{pq}。

　　接著，我們將圖 3.6.2(a)節點 x、y 間的電流源 I_s 與節點 p、q 間的伏特表調換，變成圖 3.6.2(b)的電路。此時電路在節點 x、y 間所連接的元件變成理想的伏特表，節點 p、q 間變成連接一個獨立的電流源I_s，此時電路的激發爲 I_S，響應爲 V_{xy}。由於網路是線性被動

的，因此我們依照互易電路的觀念，或按節點電壓分析中的電導矩陣 〔G〕爲對稱的觀念，可以判斷圖 3.6.2(a)與(b)的伏特表讀數應該會相同，均爲 V_{pq}。此將在本章附錄的第二個部份會做證明，在本節中也不再詳述。

圖 3.6.2 **互易定理的應用**(2)

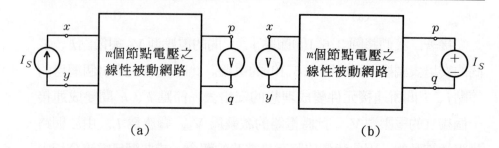

(a)　　　　　　　　　(b)

本節的重點主要在說明線性被動網路的特性，由上面(1)及(2)的說明，配合第 3.3 節的網目電流分析法及第 3.4 節的節點電壓分析法應用，我們可以瞭解線性被動網路就是不含任何電源（此電源包含電壓源及電流源、相依以及獨立電源等），只含被動的電路元件如電阻器時，網目分析法中的電阻矩陣〔R〕及節點分析法中的電導矩陣〔G〕必爲對稱矩陣，具有如此特性矩陣的網路就是互易網路。

【例 3.6.1**】** 如圖 3.6.3 所示之電路，由電流 I 證明該電路滿足互易定理。

圖 3.6.3 **例** 3.6.1 **之電路**

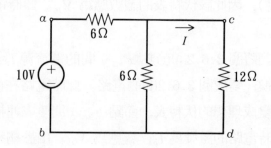

【解】⑴原圖 3.6.3 之電流 I 為：

$$I = \frac{10}{6 + 6//12} \times \frac{6}{6 + 12} = \frac{10}{10} \times \frac{6}{18} = \frac{1}{3} \text{ A}$$

⑵將 10 V 與 12 Ω 串聯，並將 a、b 節點短路，如下圖所示：

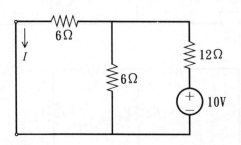

則該電路之電流 I 為：

$$I = \frac{10}{6//6 + 12} \times \frac{6}{6 + 6} = \frac{10}{3 + 12} \times \frac{1}{2} = \frac{1}{3} \text{ A}$$

與原電路相同，故知該圖 3.6.3 之電路滿足互易定理。　　　　◎

【例 3.6.2】如圖 3.6.4 所示之實驗電路，⒜圖為第一次實驗電路，所得數據為：$V_1 = 0.8V_S$，$V_1' = 0.6V_S$，$R_5 = 5$ Ω。⒝圖為第二次實驗電路，所得數據為：$V_2 = 0.3V_S$，$V_2' = 0.4V_S$。試用互易定理求 R_1 之值。

【解】因為 $R_5 = 5$ Ω，由第一次實驗數據 $V_1' = 0.6V_S$，故⒜圖之短路電流 I_{cd} 為：

$$I_{cd} = \frac{0.6V_S}{5} = 0.12V_S$$

由互易定理知 I_{cd} 之值應等於⒝圖 I_{ab} 之值，已知⒝圖之 $V_2 = 0.3V_S$，故

$$R_1 = \frac{V_2}{I_{ab}} = \frac{0.3V_S}{0.12V_S} = 2.5 \text{ Ω}$$

　　　　◎

圖 3.6.4　例 3.6.2 之電路

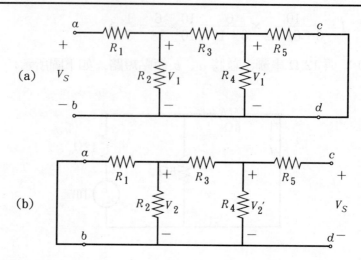

【本節重點摘要】

(1)互易定理主要在說明一個線性被動網路中的激發與其響應間的關係。所謂的
　激發，可以看成是網路中某一個獨立電壓源或獨立電流源的輸入，而所謂的
　響應可以當做是該網路中某兩個節點間的電壓或是某支路通過的電流。

(2)互易定理在說明下面其中的一種重要特性：

　①一個線性被動網路，若在某兩節點端加入一個獨立電壓源做為激發或輸
　　入，另外有一個理想的電流表或安培表與該電路某個支路串聯當做其響應
　　或輸出。若將輸入的電壓源與輸出的電流表調換，則電流表的讀數不變。

　②一個線性被動網路，在某兩個端點加入一個獨立電流源做為電路的激發或
　　輸入，另外有一個理想的電壓表或伏特表連接於該網路某兩個端點間當做
　　響應或輸出。若將輸入的電流源與輸出的電壓表調換，則該電壓表的讀數
　　不變。

(3)線性被動網路就是不含任何電源，只含被動的電路元件。它的網目分析法中
　的電阻矩陣〔R〕及節點分析法中的電導矩陣〔G〕必為對稱矩陣，具有如
　此特性矩陣的網路就是互易網路。

【思考問題】

(1)若網路中含有隨時間改變的電路元件時，互易定理能適用嗎？

(2)半導體元件工作於線性區時，可否用互易定理求解？

(3)若安培表不是理想的短路，伏特表也不是理想的開路，互易定理的
   (1)、(2)特性仍舊能成立嗎？

(4)若被動網路只含電阻器不含任何電源，但是該網路某兩節點電壓或
   某支路電流控制了外面某一個電路的相依電源，試問此網路仍爲互
   易網路嗎？

3.7 密爾曼定理

　　密爾曼定理（Millman's theorem）是將本章第 3.2 節的單一獨立
電壓源與單一獨立電流源間的轉換關係，擴大到多個獨立電壓源並聯
的情形。該定理可將這多個獨立電壓源並聯的情形，化簡爲單一個電
壓源的等效電路。其原理在於利用將多個實際獨立電壓源模型，轉換
爲多個實際獨立電流源模型的合併關係，再配合並聯電流源以及並聯
電阻器的化簡，最後可以將電路轉變成爲單一個實際獨立電壓源模
型。茲用圖 3.7.1 來做說明。

　　如圖 3.7.1 中(a)所示之電路，一共有 n 個實際獨立電壓源的模
型同時並聯在節點1、2 間，每個實際電壓源模型都是一個理想電壓源
串聯一個電阻器。利用密爾曼定理先將各個實際電壓源模型轉換爲實
際電流源的模型，該實際電流源模型是一個理想電流源並聯一個電阻
器，全部 n 個實際電流源模型全部並聯與節點1、2 間，如圖 3.7.1(b)
所示。每個理想電流源的電流大小爲：

$$I_{Si} = \frac{V_{Si}}{R_i} \quad \text{A} \tag{3.7.1}$$

式中 $i = 1, 2, \cdots, n$。將所有並聯在節點1、2間的理想電流源相加，

圖 3.7.1 密爾曼定理之電路應用

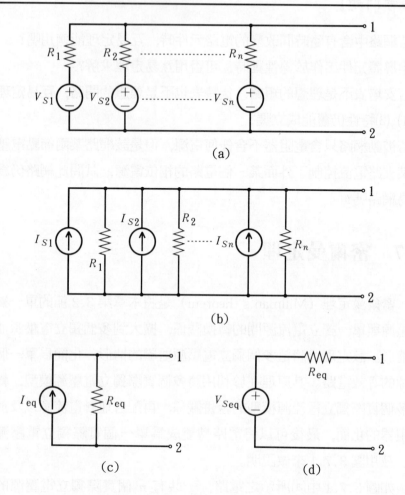

(a)

(b)

(c)　　　　　　　　(d)

得到一個等效的電流源 I_{eq}，其表示式為：

$$I_{\text{eq}} = I_{S1} + I_{S2} + \cdots + I_{Sn} = \sum_{i=1}^{n} I_{Si}$$

$$= \frac{V_{S1}}{R_1} + \frac{V_{S2}}{R_2} + \cdots + \frac{V_{Sn}}{R_n} = V_{S1}G_1 + V_{S2}G_2 + \cdots + V_{Sn}G_n$$

$$= \sum_{i=1}^{n} V_{Si} G_i \quad \text{A} \tag{3.7.2}$$

再將所有實際電流源的電阻互相並聯成為一個等效電阻 R_{eq}，其表示式為：

$$R_{eq} = R_1 /\!/ R_2 /\!/ \cdots /\!/ R_n = \frac{1}{G_1 + G_2 + \cdots + G_n}$$

$$= \frac{1}{G_{eq}} = \frac{1}{\sum\limits_{i=1}^{n} G_i} \quad \Omega \tag{3.7.3}$$

再將 I_{eq} 與 R_{eq} 並聯為一個實際電流源的模型, 如圖 3.7.1(c)所示。最後再利用單一個實際電流源模型轉換為單一個實際電壓源模型的方法將圖 3.7.1(c)變換為圖 3.7.1(d)的等效電路, 其等效電壓源電壓大小為:

$$V_{Seq} = I_{eq} R_{eq} = \frac{I_{eq}}{G_{eq}} = \frac{V_{S1}G_1 + V_{S2}G_2 + \cdots + V_{Sn}G_n}{G_1 + G_2 + \cdots + G_n} \quad V$$

$$\tag{3.7.4}$$

(3.7.3) 式及 (3.7.4) 式兩式就是密爾曼定理的重要結果, 只要知道各個並聯電壓源模型的電壓值與電阻值, 代入 (3.7.4) 式, 即可算出合併後的等效電壓源電壓; 而合併後的等效電壓源電阻值即為 (3.7.3) 式的表示式, 恰等於各電壓源電阻值並聯的結果。

【**例** 3.7.1】試利用密爾曼定理, 將圖 3.7.2 所示之電路化簡, 並求出負載電壓 V 及電流 I 之值。

圖 3.7.2　*例 3.7.1 之電路*

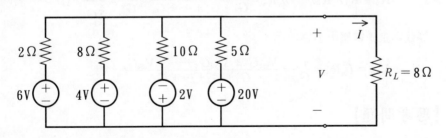

【**解**】利用密爾曼定理直接求出 V_{Seq} 及 R_{eq} 之值:

$$R_{eq} = \frac{1}{G_1 + G_2 + G_3 + G_4} = \frac{1}{\frac{1}{2} + \frac{1}{8} + \frac{1}{10} + \frac{1}{5}}$$

$$= \frac{1}{0.925} = 1.081 \ \Omega$$

$$V_{Seq} = \frac{V_{S1}G_1 + V_{S2}G_2 - V_{S3}G_3 + V_{S4}G_4}{G_1 + G_2 + G_3 + G_4}$$

$$= \frac{6 \times \frac{1}{2} + 4 \times \frac{1}{8} - 2 \times \frac{1}{10} + 20 \times \frac{1}{5}}{0.925}$$

$$= \frac{7.3}{0.925} = 7.892 \ V$$

$$\therefore I = \frac{V_{Seq}}{R_{eq} + 8} = \frac{7.892}{1.081 + 8} = 0.869 \ A$$

$$V = I \cdot R_L = 6.952 \ V$$

◎

【本節重點摘要】

(1)密爾曼定理可將多個獨立電壓源並聯的情形，化簡為單一個電壓源的等效電路。其原理在於利用將多個實際獨立電壓源模型，轉換為多個實際獨立電流源模型的合併關係，再配合並聯電流源及並聯電阻器的化簡，最後可以將電路轉變成為單一個實際獨立電壓源的模型。

(2)假設有 n 個實際電壓源並聯在一起，每個電壓源的電壓為 V_{Si}，電阻值為 R_i，$i = 1, 2, \cdots, n$。則等效的電壓源電阻值 R_{eq} 為將所有實際電源的電阻值並聯，其表示式為：

$$R_{eq} = R_1 /\!/ R_2 /\!/ \cdots /\!/ R_n = \frac{1}{G_1 + G_2 + \cdots + G_n} = \frac{1}{G_{eq}} = \frac{1}{\sum\limits_{i=1}^{n} G_i} \ \Omega$$

等效電壓源電壓大小為：

$$V_{Seq} = I_{eq}R_{eq} = \frac{I_{eq}}{G_{eq}} = \frac{V_{S1}G_1 + V_{S2}G_2 + \cdots + V_{Sn}G_n}{G_1 + G_2 + \cdots + G_n} \ V$$

【思考問題】

(1)若有 n 個相依電壓源並聯在一起，可否利用密爾曼定理求解出一個等效的相依電壓源？

(2)若並聯的 n 個電壓源中，有一個電壓源的電阻被短路或開路，如何得到等效的電壓源模型呢？

(3)時變的電壓源如交流電壓源，是否也適用密爾曼定理呢？

(4)舉例說明實際密爾曼定理的應用。

(5)一個實驗室中，有許多 24 V 的直流電壓源供應器之輸出插座並聯在一起，密爾曼定理可否應用於此插座？

3.8　最大功率轉移定理

　　一般電路的電源大多是固定的架構，而負載卻多為可變的型式，因此如何使負載由電源獲得最大的功率，做出最大的功，是電路應用上的重要問題，稱為最大功率轉移定理（maximum power transfer theorem）。在應用該定理時可以配合戴維寧定理（或諾頓定理）化簡電路，變成一個單一的獨立電壓源 V_S 和單一個電阻器 R_S 串聯的等效電路（或單一個獨立電流源 I_S 與單一個電阻器 R_S 並聯的等效電路），如圖 3.8.1 虛線內部所示，這與一個實際電壓源模型相類似。我們將輸出的節點1、2 連接上一個可變的負載電阻 R_L，令端電壓為 V 及通過的電流為 I，則電阻器 R_L 所消耗或吸收的功率為：

$$P_L = I^2 R_L = (\frac{V_S}{R_S + R_L})^2 R_L = \frac{V_S^2 R_L}{(R_S + R_L)^2} \quad \text{A} \qquad (3.8.1)$$

圖 3.8.1　**最大功率轉移定理之應用**

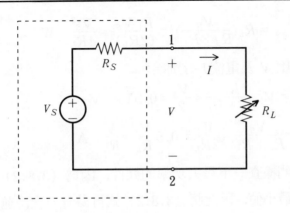

由於只有電阻器 R_L 為可變，因此為了要求出最大的負載電阻功率，可以將 (3.8.1) 式的關係對 R_L 微分，然後令其值為零，以解出發生最大負載功率時的 R_L 數值：

$$\frac{dP_L}{dR_L} = 0 \quad \text{W/}\Omega \text{ 或 V}^2 \tag{3.8.2}$$

將 (3.8.1) 式的 P_L 關係代入 (3.8.2) 式，可以得到：

$$\frac{V_S^2[(R_S + R_L)^2 - 2R_L(R_S + R_L)]}{(R_S + R_L)^2} = 0 \quad \text{V}^2 \tag{3.8.3}$$

在 (3.8.3) 式中，分子第一項 V_S^2 為電壓平方，不可能為零，否則無功率傳送至負載；分子中括號中的值若為零則可以滿足 (3.8.3) 式，因此：

$$(R_S + R_L)^2 - 2R_L(R_S + R_L) = 0 \quad \Omega^2 \tag{3.8.4}$$

將 (3.8.4) 式展開可得：

$$R_S^2 + 2R_S R_L + R_L^2 - 2R_S R_L - 2R_L^2$$
$$= R_S^2 - R_L^2 = (R_S + R_L)(R_S - R_L) = 0 \quad \Omega^2 \tag{3.8.5}$$

由 (3.8.5) 式可以求解得到：

$$R_L = R_S \quad \Omega \tag{3.8.6}$$

亦即當負載電阻大小 R_L 等於由節點1、2 端看入的電源內阻大小 R_S 時，就是最大功率轉移給負載電阻 R_L 的條件，此最大功率為：

$$P_{L,\max} = R_L (\frac{V_S}{R_S + R_L})^2 = \frac{R_L V_S^2}{(2R_L)^2} = \frac{V_S^2}{4R_L} \quad \text{W} \tag{3.8.7}$$

而負載的電壓 V 及電流 I 分別為：

$$V = V_S \frac{R_L}{R_S + R_L} = \frac{V_S}{2} = 0.5 V_S \quad \text{V} \tag{3.8.8}$$

$$I = \frac{V_S}{R_S + R_L} = \frac{V_S}{2R_L} = 0.5 \frac{V_S}{R_L} = \frac{V}{R_L} \quad \text{A} \tag{3.8.9}$$

最後，讓我們檢查一下最大功率的條件，因為 (3.8.2) 式的微分式也可能導致最小值，因此將 (3.8.2) 式再微分一次，並令 $R_L = R_S$，可以由判斷其是否為負值來決定：

$$\frac{d^2 P_L}{dR_L{}^2}\bigg|_{R_L = R_s} = \frac{d}{dR_L}\left(\frac{dP_L}{dR_L}\right)\bigg|_{R_L = R_s}$$

$$= \frac{V_s^2\{[2(R_s + R_L) - 4R_L - 2R_s](R_s + R_L)^4 - [(R_L + R_S)^2 - 2R_L(R_L + R_S)]4(R_L + R_S)^3\}}{(R_S + R_L)^8}$$

$$= \frac{V_s^2[-32R_L{}^5]}{(2R_L)^8} = \frac{-V_s^2}{(2R_L)^3} \quad V^2/\Omega^3 \tag{3.8.10}$$

由 (3.8.10) 式的負值結果可以判斷，所求出的條件 $R_L = R_s$，的確是
最大功率轉移給負載電阻 R_L 的條件。

【例 3.8.1】 如圖 3.8.2 所示之電路，當負載電阻 R_L 為何值時，可獲得
最大功率? 最大功率之值為何?

圖 3.8.2　*例 3.8.1 之電路*

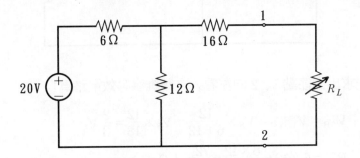

【解】 先求節點 1、2 左側看入之戴維寧等效電路:

$$V_{TH} = V_{12}|_{OC} = 20 \times \frac{12}{6+12} = 20 \times \frac{12}{18} = \frac{40}{3} \text{ V}$$

$$R_{TH} = 16 + 6 // 12 = 16 + \frac{6 \times 12}{6 + 12} = 16 + 4 = 20 \ \Omega$$

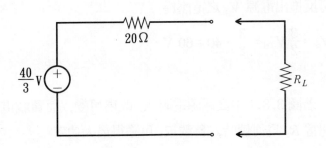

故知當 $R_L = 20\ \Omega$ 時，可獲得最大功率 $P_{L,\max}$

$$P_{L,\max} = \frac{V_S{}^2}{4R_L} = \frac{(\frac{40}{3})^2}{4 \times 20} = \frac{1600}{9 \times 80} = \frac{20}{9}\ \text{W}$$

◎

【例 3.8.2】如圖 3.8.3 所示之電路，若負載 R_L 獲得之最大功率為 100 W，求電源 V_S 之電壓值若干?

圖 3.8.3   例 3.8.2 之電路

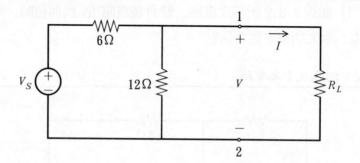

【解】先求出由節點 1、2 向左看入之戴維寧等效電路為:

$$V_{\text{TH}} = V_{12}|_{\text{OC}} = V_S \times \frac{12}{6+12} = V_S \times \frac{12}{18} = \frac{2}{3} V_S \qquad ①$$

$$R_{\text{TH}} = 6 \,/\!/\, 12 = \frac{6 \times 12}{6+12} = \frac{72}{18} = 4\ \Omega$$

$\therefore$ 當 $R_L = R_{\text{TH}} = 4\ \Omega$ 時，最大功率為:

$$100 = \frac{V_{\text{TH}}{}^2}{4 \times R_L} = \frac{V_{\text{TH}}{}^2}{4 \times 4}$$

$$\therefore V_{\text{TH}} = \sqrt{16 \times 100} = 40\ \text{V}$$

代入①式可反推出電源 V_S 之電壓為

$$V_S = \frac{3}{2} V_{\text{TH}} = \frac{3}{2} \times 40 = 60\ \text{V}$$

◎

【例 3.8.3】若圖 3.8.1 中之電源電阻 R_S 改為可變，而負載電阻 R_L 改為固定，則當 R_S 為何值時，負載 R_L 可獲得最大功率?

【解】 由 (3.8.1) 式:

$$P_L = \frac{V_S{}^2 R_L}{(R_S + R_L)^2} \quad \text{W}$$

由於只有 R_S 可變，R_L 固定，故若分母愈小，則 P_L 愈大，因此只有當 R_S 減少至 $R_S = 0\ \Omega$ 時（R_S 不可能為負值），可以使 P_L 之功率最大。

【本節重點摘要】

(1)一般電路的電源大多是固定的架構，而負載卻多為可變的型式，因此如何使負載由電源獲得最大的功率，做出最大的功，是電路應用上的重要問題，稱為最大功率轉移定理。

(2)在應用最大功率轉移定理時，可以配合戴維寧定理化簡電路，變成一個單一的獨立電壓源 V_S 和單一個電阻器 R_S 串聯的等效電路。若負載電阻為 R_L，則最大功率轉移定理的發生條件為:

$$R_L = R_S \quad \Omega$$

此最大功率為:

$$P_{L,\max} = R_L \left(\frac{V_S}{R_S + R_L}\right)^2 = \frac{R_L V_S{}^2}{(2R_L)^2} = \frac{V_S{}^2}{4R_L} \quad \text{W}$$

【思考問題】

(1)若一負載的電阻值時常在變，最大功率如何求得?

(2)若電源電阻值 R_S 與負載電阻值 R_L 同時是可變的，則最大功率條件為何?

(3)交流電壓源是否也可適用最大功率轉移?

(4)若網路中含有相依電源時，如何求出最大功率轉移條件?

習　題

/3.1節/

1.如圖 P3.1 所示之電路，試用重疊定理求 I_x 之值。

圖 P3.1

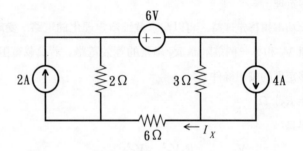

2.如圖 P3.2 所示之電路，試用重疊定理求 V_x 之電壓。

圖 P3.2

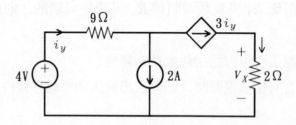

3.如圖 P3.3 所示之電路，試用重疊定理求 i_x 之電流。

圖 P3.3

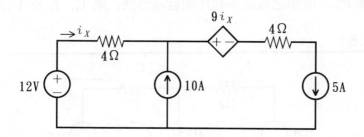

/3.2 節/

4.如圖 P3.4 所示之電路，試利用電源轉換法求：$R_L =$ (a)500 Ω，(b) $R_L = 100$ Ω 時之負載電壓 V 與電流 I。

圖 P3.4

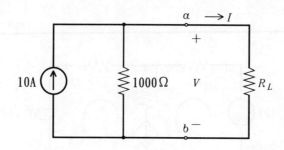

5.如圖 P3.5 所示之電路，試利用電源轉換法，求負載兩端之電壓與通過之電流。

圖 P3.5

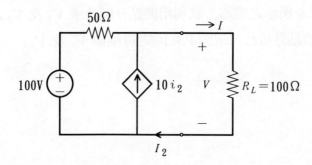

/3.3 節/

6.如圖 P3.6 所示之電路, 利用網目電流法, 求 I_1, I_2 及 V_1 之值。

圖 P3.6

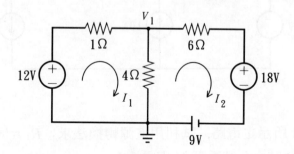

7.如圖 P3.7 所示之電路, 試利用迴路電流法求解 I_1 及 I_2。

圖 P3.7

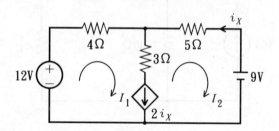

8.如圖 P3.8 所示之電路, 試利用網目電流法求解 8 V 電壓源送出之功率。

/3.4 節/

9.如圖 P3.9 所示之電路, 試利用節點分析法求 V_1 及 V_2 之電壓。

10.試利用節點分析法, 求圖 P3.10 之電壓值 V_1 及 V_2。

圖 P3.8

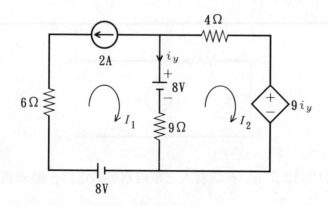

圖 P3.9

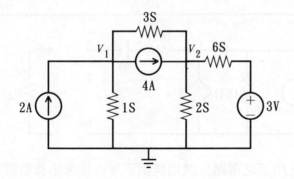

圖 P3.10

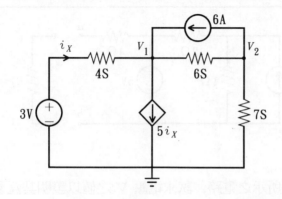

/3.5 節/

11.試求由圖 P3.11 之 a、b 端看入之戴維寧與諾頓等效電路。

圖 P3.11

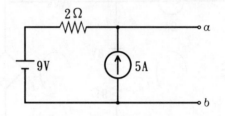

12.試求圖 P3.12 由 a、b 端看入之戴維寧等效電路，並求負載兩端電壓 V_L。

圖 P3.12

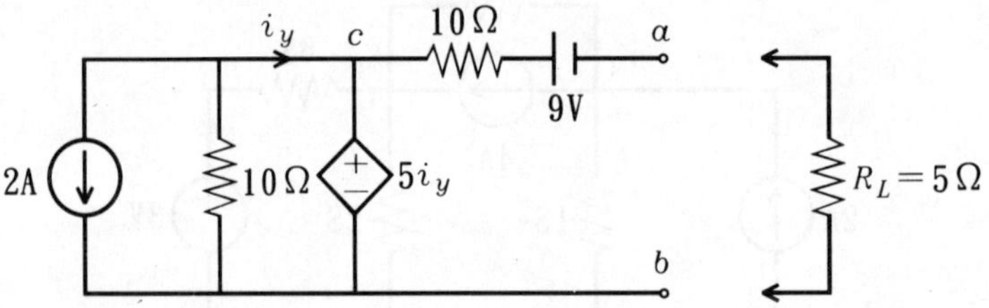

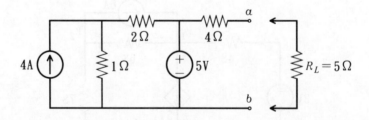

13.如圖 P3.13 所示之電路，試用諾頓定理直接求出負載電流 I_L 之值。

圖 P3.13

14.如圖 P3.14 所示之電路，試求電壓 V 之值以證明其互易性。

/3.6 節/

圖 P3.14

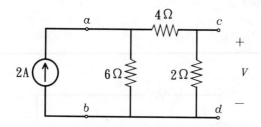

/3.7 節/

15.試利用密爾曼定理，求圖 P3.15 負載 R_L 之電壓與電流。

圖 P3.15

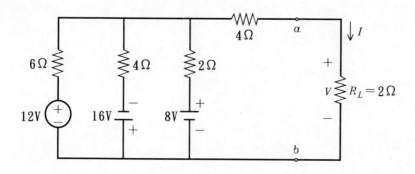

/3.8 節/

16.如圖 P3.16 所示之電路，求負載之電阻值以使負載獲得最大功率，並求該最大功率值。

圖 P3.16

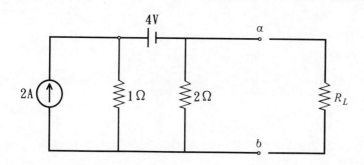

17.如圖 P3.17 所示之電路，求 R_S 之值，以使負載 R_L 獲得最大功率，最大功率為何？

圖 P3.17

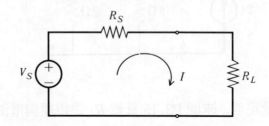

附錄：互易定理的證明

互易定理在本章第 3.6 節中以用簡單方程式說明一個線性被動網路中，電路的激發與其響應間的關係，本附錄將利用第 3.6 節的圖 3.6.1 及圖 3.6.2 證明之。

一、圖 3.6.1 的證明部份

圖 3.6.1(a)中所示，為一個線性被動網路具有 n 個網目，當我們只有在第 j 個網目的節點 j、j' 間連接上一個獨立電壓源 V_s 時，假設流在該網目的電流為 I_j，第 k 個網目通過節點 k、k' 間的電流為 I_k。利用第 3.3 節的說明，可以寫出該電路的網目電流方程式為：

$$R_{11}I_1 + R_{12}I_2 + \cdots + R_{1j}I_j + \cdots + R_{1k}I_k + \cdots + R_{1n}I_n = 0 \quad \text{V}$$

$$R_{21}I_1 + R_{22}I_2 + \cdots + R_{2j}I_j + \cdots + R_{2k}I_k + \cdots + R_{2n}I_n = 0 \quad \text{V}$$

$$\cdots\cdots\cdots\cdots\cdots\cdots\cdots\cdots\cdots\cdots\cdots\cdots\cdots\cdots$$

$$R_{j1}I_1 + R_{j2}I_2 + \cdots + R_{jj}I_j + \cdots + R_{jk}I_k + \cdots + R_{jn}I_n = V_S \quad \text{V} \qquad (1)$$

$$\cdots\cdots\cdots\cdots\cdots\cdots\cdots\cdots\cdots\cdots\cdots\cdots\cdots\cdots$$

$$R_{k1}I_1 + R_{k2}I_2 + \cdots + R_{kj}I_j + \cdots + R_{kk}I_k + \cdots + R_{kn}I_n = 0 \quad \text{V}$$

$$\cdots\cdots\cdots\cdots\cdots\cdots\cdots\cdots\cdots\cdots\cdots\cdots\cdots\cdots$$

$$R_{n1}I_1 + R_{n2}I_2 + \cdots + R_{nj}I_j + \cdots + R_{nk}I_k + \cdots + R_{nn}I_n = 0 \quad \text{V}$$

或以矩陣表示為：

$$\begin{bmatrix} R_{11} & R_{12} & \cdots & R_{1j} & \cdots & R_{1k} & \cdots & R_{1n} \\ R_{21} & R_{22} & \cdots & R_{2j} & \cdots & R_{2k} & \cdots & R_{2n} \\ \cdots & \cdots & & \cdots & & \cdots & & \cdots \\ R_{j1} & R_{j2} & \cdots & R_{jj} & \cdots & R_{jk} & \cdots & R_{jn} \\ \cdots & \cdots & & \cdots & & \cdots & & \cdots \\ R_{k1} & R_{k2} & \cdots & R_{kj} & \cdots & R_{kk} & \cdots & R_{kn} \\ \cdots & \cdots & & \cdots & & \cdots & & \cdots \\ R_{n1} & R_{n2} & \cdots & R_{nj} & \cdots & R_{nk} & \cdots & R_{nn} \end{bmatrix} \begin{bmatrix} I_1 \\ I_2 \\ \cdots \\ I_j \\ \cdots \\ I_k \\ \cdots \\ I_n \end{bmatrix} = \begin{bmatrix} 0 \\ 0 \\ \cdots \\ V_s \\ \cdots \\ 0 \\ \cdots \\ 0 \end{bmatrix} \text{V} \qquad (2)$$

(2) 式可簡單寫成：

$$[R][I] = [V] \quad \text{V} \qquad (3)$$

令電阻矩陣〔R〕之行列式值爲：

$$\Delta_R = \det\mathbf{R} = \begin{vmatrix} R_{11} & R_{12} & \cdots & R_{1j} & \cdots & R_{1k} & \cdots & R_{1n} \\ R_{21} & R_{22} & \cdots & R_{2j} & \cdots & R_{2k} & \cdots & R_{2n} \\ \cdots & \cdots & & \cdots & & \cdots & & \cdots \\ R_{j1} & R_{j2} & \cdots & R_{jj} & \cdots & R_{jk} & \cdots & R_{jn} \\ \cdots & \cdots & & \cdots & & \cdots & & \cdots \\ R_{k1} & R_{k2} & \cdots & R_{kj} & \cdots & R_{kk} & \cdots & R_{kn} \\ \cdots & \cdots & & \cdots & & \cdots & & \cdots \\ R_{n1} & R_{n2} & \cdots & R_{nj} & \cdots & R_{nk} & \cdots & R_{nn} \end{vmatrix} \qquad (4)$$

我們可以利用魁雷瑪法則來求第 k 個網目的電流 I_k：

$$I_k = \frac{1}{\Delta_R} \begin{vmatrix} R_{11} & R_{12} & \cdots & R_{1j} & \cdots & 0 & \cdots & R_{1n} \\ R_{21} & R_{22} & \cdots & R_{2j} & \cdots & 0 & \cdots & R_{2n} \\ \cdots & \cdots & \cdots & \cdots & & \cdots & \cdots & \cdots \\ R_{j1} & R_{j2} & \cdots & R_{jj} & & V_S & \cdots & R_{jn} \\ \cdots & \cdots & \cdots & \cdots & & \cdots & \cdots & \cdots \\ R_{k1} & R_{k2} & \cdots & R_{kj} & \cdots & 0 & \cdots & R_{kn} \\ \cdots & \cdots & \cdots & \cdots & & \cdots & \cdots & \cdots \\ R_{n1} & R_{n2} & \cdots & R_{nj} & \cdots & 0 & \cdots & R_{nn} \end{vmatrix} \text{A} \qquad (5)$$

第 j 列

第 k 行

由於 (5) 式的分子第 k 行 (the kth column) 中，除了 V_S 的元素不為零外，其餘的矩陣元素均為零，因此分子部份可以用 V_S 乘以扣除第 j 列 (the jth row) 和第 k 行 (the kth column) 後的餘因子 (co-factor) 取代，餘因子表示式為：

$$\Delta_{jk} = (-1)^{j+k} \begin{vmatrix} R_{11} & R_{12} & \cdots & R_{1j} & \cdots & R_{1,k-1} & R_{1,k+1} & \cdots & R_{1n} \\ R_{21} & R_{22} & \cdots & R_{2j} & \cdots & R_{2,k-1} & R_{2,k+1} & \cdots & R_{2n} \\ \cdots & \cdots & \cdots & \cdots & & & \cdots & \cdots & \cdots \\ R_{j-1,1} & R_{j-1,2} & \cdots & R_{j-1,j} & \cdots & R_{j-1,k-1} & R_{j-1,k+1} & \cdots & R_{j-1,n} \\ R_{j+1,1} & R_{j+1,2} & \cdots & R_{j+1,j} & \cdots & R_{j+1,k-1} & R_{j+1,k+1} & \cdots & R_{j+1,n} \\ \cdots & \cdots & \cdots & \cdots & & & \cdots & \cdots & \cdots \\ R_{k1} & R_{k2} & \cdots & R_{kj} & \cdots & R_{k,k-1} & R_{k,k+1} & \cdots & R_{kn} \\ \cdots & \cdots & \cdots & \cdots & & & \cdots & \cdots & \cdots \\ R_{n1} & R_{n2} & \cdots & R_{nj} & \cdots & R_{n,k-1} & R_{n,k+1} & \cdots & R_{nn} \end{vmatrix} \qquad (6)$$

因此第 k 個網目的電流 I_k 可以簡單表示為：

$$I_k = \frac{\Delta_{jk}}{\Delta_R} V_S \quad \text{A} \qquad (7)$$

當我們在節點 k、k' 間接上一個理想的電流表時，它的讀數就是 I_k。

同理，如圖 3.6.1(b)所示，我們將同樣一個獨立電壓源 V_S 接在

節點 k、k' 上，將節點 j、j' 間短路，則 (1) 式及 (2) 式等號右邊第 j 個方程式的 V_s 與第 k 個方程式的 0 互相調換。(4) 式之電阻矩陣 $[R]$ 行列式不變，此時求電流 I_j，須將 (5) 式改爲：

$$I_j = \frac{1}{\Delta_R} \begin{vmatrix} R_{11} & R_{12} & \cdots & 0 & \cdots & R_{1k} & \cdots & R_{1n} \\ R_{21} & R_{22} & \cdots & 0 & \cdots & R_{2k} & \cdots & R_{2n} \\ \cdots & \cdots & \cdots & \cdots & \cdots & \cdots & & \cdots \\ R_{j1} & R_{j2} & \cdots & 0 & \cdots & R_{jk} & \cdots & R_{jn} \\ \cdots & \cdots & \cdots & \cdots & \cdots & \cdots & & \cdots \\ R_{k1} & R_{k2} & \cdots & V_s & \cdots & R_{kk} & \cdots & R_{kn} \\ \cdots & \cdots & \cdots & \cdots & \cdots & \cdots & & \cdots \\ R_{n1} & R_{n2} & \cdots & 0 & \cdots & R_{nk} & \cdots & R_{nn} \end{vmatrix} \text{A} \tag{8}$$

第 k 列

第 j 行

同於前面圖 3.6.1(a)的情形，(8) 式的分子第 j 行 (the jth column) 只有一個不是零的元素 V_s，它是位於第 k 列 (the kth row) 的地方。將 (8) 式分子的行列式扣除第 j 行及第 k 列後所剩下的餘因子爲：

$$\Delta_{kj} = (-1)^{k+j} \begin{vmatrix} R_{11} & R_{12} & \cdots & R_{1,j-1} & R_{1,j+1} & \cdots & R_{1k} & \cdots & R_{1n} \\ R_{21} & R_{22} & \cdots & R_{2,j-1} & R_{2,j+1} & \cdots & R_{2k} & \cdots & R_{2n} \\ \cdots & \cdots & \cdots & \cdots & \cdots & & \cdots & & \cdots \\ R_{j1} & R_{j2} & \cdots & R_{jj-1} & R_{j,j+1} & \cdots & R_{jk} & \cdots & R_{jn} \\ \cdots & \cdots & \cdots & \cdots & \cdots & & \cdots & & \cdots \\ R_{k-1,1} & R_{k-1,2} & \cdots & R_{k-1,j-1} & R_{k-1,j+1} & \cdots & R_{k-1,k} & \cdots & R_{k-1,n} \\ R_{k+1,1} & R_{k+1,2} & \cdots & R_{k+1,j-1} & R_{k+1,j+1} & \cdots & R_{k+1,k} & \cdots & R_{k+1,n} \\ \cdots & \cdots & \cdots & \cdots & \cdots & & \cdots & & \cdots \\ R_{n1} & R_{n2} & \cdots & R_{nj-1} & R_{nj+1} & \cdots & R_{nk} & \cdots & R_{nn} \end{vmatrix} \tag{9}$$

利用 (9) 式的結果，電流 I_j 可以表示爲：

$$I_j = \frac{\Delta_{kj}}{\Delta R} V_s \quad \text{A} \tag{10}$$

若一個理想的電流表接在節點 j、j' 間，它的讀數應為 I_j 的大小。由於圖 3.6.1 所示的網路為被動線性網路，電阻矩陣 〔R〕必為對稱矩陣，因此扣除第 k 列第 j 行後所得的餘因子，應與扣除第 j 行第 k 列後所得的餘因子相同，亦即：

$$\Delta_{jk} = \Delta_{kj} \tag{11}$$

因此 (7) 式中的 I_k 與 (10) 式中的 I_j 應該相同。總而言之，同樣的電壓源 V_s 接在圖 3.6.1(a)之節點 j、j' 間與接在圖 3.6.1(b)之節點 k、k' 間，則(a)圖的理想的電流表讀數，應與(b)圖的理想的電流表讀數相同，故互易定理第一個部份得證。

二、圖 3.6.2 的證明部份

圖 3.6.2(a)所示，為一個線性被動網路，假設除了參考點外，共有 m 個節點，其中只有在節點 x、y 間接上一個獨立電流源 I_s，方向由節點 y 流向節點 x，而節點 p、q 間為開路或裝上一個理想電壓表。利用本章第 3.4 節的節點電壓分析法，可以寫出該電路 m 個節點的方程式為：

$$G_{11}V_1 + G_{12}V_2 + \cdots + G_{1x}V_x + G_{1y}V_y + \cdots + G_{1p}V_p + G_{1q}V_q + \cdots + G_{1m}V_m = 0 \quad \text{A}$$

$$G_{21}V_1 + G_{22}V_2 + \cdots + G_{2x}V_x + G_{2y}V_y + \cdots + G_{2p}V_p + G_{2q}V_q + \cdots + G_{2m}V_m = 0 \quad \text{A}$$

$$\cdots\cdots\cdots\cdots\cdots\cdots\cdots\cdots\cdots\cdots\cdots\cdots\cdots\cdots\cdots\cdots$$

$$G_{x1}V_1 + G_{x2}V_2 + \cdots + G_{xx}V_x + G_{xy}V_y + \cdots + G_{xp}V_p + G_{xq}V_q + \cdots + G_{xm}V_m = I_s \quad \text{A}$$

$$G_{y1}V_1 + G_{y2}V_2 + \cdots + G_{yx}V_x + G_{yy}V_y + \cdots + G_{yp}V_p + G_{yq}V_q + \cdots + G_{ym}V_m = -I_s \quad \text{A}$$

$$\cdots\cdots\cdots\cdots\cdots\cdots\cdots\cdots\cdots\cdots\cdots\cdots\cdots\cdots\cdots\cdots$$

$$G_{p1}V_1 + G_{p2}V_2 + \cdots + G_{px}V_x + G_{py}V_y + \cdots + G_{pp}V_p + G_{pq}V_q + \cdots + G_{pm}V_m = 0 \quad \text{A}$$

$$G_{q1}V_1 + G_{q2}V_2 + \cdots + G_{qx}V_x + G_{qy}V_y + \cdots + G_{qp}V_p + G_{qq}V_q +$$
$$\cdots + G_{qm}V_m = 0 \quad A$$

$$\cdots\cdots\cdots\cdots\cdots\cdots\cdots\cdots\cdots\cdots\cdots\cdots\cdots\cdots\cdots\cdots\cdots\cdots$$

$$G_{m1}V_1 + G_{m2}V_2 + \cdots + G_{mx}V_x + G_{my}V_y + \cdots + G_{mp}V_p + G_{mq}V_q$$
$$+ \cdots + G_{mm}V_m = 0 \quad A \tag{12}$$

或以矩陣形式表示爲：

$$
\begin{bmatrix}
G_{11} & G_{12} & \cdots & G_{1x} & G_{1y} & \cdots & G_{1p} & G_{1q} & \cdots & G_{1m} \\
G_{21} & G_{22} & \cdots & G_{2x} & G_{2y} & \cdots & G_{2p} & G_{2q} & \cdots & G_{2m} \\
\cdots & \cdots & \cdots & \cdots & \cdots & \cdots & \cdots & \cdots & \cdots & \cdots \\
G_{x1} & G_{x2} & \cdots & G_{xx} & G_{xy} & \cdots & G_{xp} & G_{xq} & \cdots & G_{xm} \\
G_{y1} & G_{y2} & \cdots & G_{yx} & G_{yy} & \cdots & G_{yp} & G_{yq} & \cdots & G_{ym} \\
\cdots & \cdots & \cdots & \cdots & \cdots & \cdots & \cdots & \cdots & \cdots & \cdots \\
G_{q1} & G_{p2} & \cdots & G_{px} & G_{py} & \cdots & G_{pp} & G_{pq} & \cdots & G_{pm} \\
G_{p1} & G_{q2} & \cdots & G_{qx} & G_{qy} & \cdots & G_{qp} & G_{qq} & \cdots & G_{qm} \\
\cdots & \cdots & \cdots & \cdots & \cdots & \cdots & \cdots & \cdots & \cdots & \cdots \\
G_{m1} & G_{m2} & \cdots & G_{mx} & G_{my} & \cdots & G_{mp} & G_{mq} & \cdots & G_{mm}
\end{bmatrix}
\begin{bmatrix}
V_1 \\ V_2 \\ \cdots \\ V_x \\ V_y \\ \cdots \\ V_p \\ V_q \\ \cdots \\ V_m
\end{bmatrix}
=
\begin{bmatrix}
0 \\ 0 \\ \cdots \\ I_s \\ -I_s \\ \cdots \\ 0 \\ 0 \\ \cdots \\ 0
\end{bmatrix}
A \tag{13}
$$

或簡單地寫成：

$$[G][V] = [I] \quad A \tag{14}$$

令電導矩陣 $[G]$ 之行列式值爲：

$$
\Delta_G = \det \mathbf{G} =
\begin{vmatrix}
G_{11} & G_{12} & \cdots & G_{1x} & G_{1y} & \cdots & G_{1p} & G_{1q} & \cdots & G_{1m} \\
G_{21} & G_{22} & \cdots & G_{2x} & G_{2y} & \cdots & G_{2p} & G_{2q} & \cdots & G_{2m} \\
\cdots & \cdots & \cdots & \cdots & \cdots & \cdots & \cdots & \cdots & \cdots & \cdots \\
G_{x1} & G_{x2} & \cdots & G_{xx} & G_{xy} & \cdots & G_{xp} & G_{xq} & \cdots & G_{xm} \\
G_{y1} & G_{y2} & \cdots & G_{yx} & G_{yy} & \cdots & G_{yp} & G_{yq} & \cdots & G_{ym} \\
\cdots & \cdots & \cdots & \cdots & \cdots & \cdots & \cdots & \cdots & \cdots & \cdots \\
G_{p1} & G_{p2} & \cdots & G_{px} & G_{py} & \cdots & G_{pp} & G_{pq} & \cdots & G_{pm} \\
G_{q1} & G_{q2} & \cdots & G_{qx} & G_{qy} & \cdots & G_{qp} & G_{qq} & \cdots & G_{qm} \\
\cdots & \cdots & \cdots & \cdots & \cdots & \cdots & \cdots & \cdots & \cdots & \cdots \\
G_{m1} & G_{m2} & \cdots & G_{mx} & G_{my} & \cdots & G_{mp} & G_{mq} & \cdots & G_{mm}
\end{vmatrix}
$$

$$\tag{15}$$

利用魁雷瑪法則可以將節點 p 及節點 q 對參考點的相對電壓 V_p 及 V_q
求出:

$$V_p = \frac{1}{\Delta_G} \begin{vmatrix} G_{11} & G_{12} & \cdots & G_{1x} & G_{1y} & \cdots & 0 & G_{1q} & \cdots & G_{1m} \\ G_{21} & G_{22} & \cdots & G_{2x} & G_{2y} & \cdots & 0 & G_{2q} & \cdots & G_{2m} \\ \cdots & \cdots & \cdots & \cdots & \cdots & \cdots & \cdots & \cdots & & \cdots \\ G_{x1} & G_{x2} & \cdots & G_{xx} & G_{xy} & \cdots & I_S & G_{xq} & \cdots & G_{xm} \\ G_{y1} & G_{y2} & \cdots & G_{yx} & G_{yy} & \cdots & -I_S & G_{yq} & \cdots & G_{ym} \\ \cdots & \cdots & \cdots & \cdots & \cdots & \cdots & \cdots & \cdots & & \cdots \\ G_{p1} & G_{p2} & \cdots & G_{px} & G_{py} & \cdots & 0 & G_{pq} & \cdots & G_{pm} \\ G_{q1} & G_{q2} & \cdots & G_{qx} & G_{qy} & \cdots & 0 & G_{qq} & \cdots & G_{qm} \\ \cdots & \cdots & \cdots & \cdots & \cdots & \cdots & \cdots & \cdots & & \cdots \\ G_{m1} & G_{m2} & \cdots & G_{mx} & G_{my} & \cdots & 0 & G_{mq} & \cdots & G_{mm} \end{vmatrix} V$$

第 x 列
第 y 列

第 q 行

(16)

$$V_q = \frac{1}{\Delta_G} \begin{vmatrix} G_{11} & G_{12} & \cdots & G_{1x} & G_{1y} & \cdots & G_{1p} & 0 & \cdots & G_{1m} \\ G_{21} & G_{22} & \cdots & G_{2x} & G_{2y} & \cdots & G_{2p} & 0 & \cdots & G_{2m} \\ \cdots & \cdots & \cdots & \cdots & \cdots & \cdots & \cdots & \cdots & & \cdots \\ G_{x1} & G_{x2} & \cdots & G_{xx} & G_{xy} & \cdots & G_{xp} & I_S & \cdots & G_{xm} \\ G_{y1} & G_{y2} & \cdots & G_{yx} & G_{yy} & \cdots & G_{yp} & -I_S & \cdots & G_{ym} \\ \cdots & \cdots & \cdots & \cdots & \cdots & \cdots & \cdots & \cdots & & \cdots \\ G_{p1} & G_{p2} & \cdots & G_{px} & G_{py} & \cdots & G_{pp} & 0 & \cdots & G_{pm} \\ G_{q1} & G_{q2} & \cdots & G_{qx} & G_{qy} & \cdots & G_{qp} & 0 & \cdots & G_{qm} \\ \cdots & \cdots & \cdots & \cdots & \cdots & \cdots & \cdots & \cdots & & \cdots \\ G_{m1} & G_{m2} & \cdots & G_{mx} & G_{my} & \cdots & G_{mp} & 0 & \cdots & G_{mm} \end{vmatrix} V$$

第 x 列
第 y 列

(17)

第 q 行

由於電壓 V_p 的分子第 p 行除了與第 x 列及第 y 列相交的元素不等於

零外，其餘元素均爲零，因此可以利用扣除第 x 列第 p 行的餘因子 Δ_{xp} 與扣除第 y 列第 p 行的餘因子 Δ_{yp} 來求出 V_p：

$$V_p = \frac{1}{\Delta_G}\ (I_S\Delta_{xp} - I_S\Delta_{yp})\ = \frac{I_S}{\Delta_G}\ (\Delta_{xp} - \Delta_{yp}) \qquad \text{V} \qquad (18)$$

同理，電壓 V_q 的分子第 q 行除了與第 x 列及第 y 列相交的元素不爲零外，其餘元素均爲零，因此也可以利用扣除第 x 列第 q 行的餘因子以及扣除第 y 列第 q 行的餘因子來求出 V_q：

$$V_q = \frac{1}{\Delta_G}\ (I_S\Delta_{xq} - I_S\Delta_{yq})\ = \frac{I_S}{\Delta_G}\ (\Delta_{xq} - \Delta_{yq}) \qquad \text{V} \qquad (19)$$

綜合電壓 V_p 及 V_q 的表示式，節點 p 對節點 q 的相對電壓 V_{pq} 可寫爲：

$$V_{pq} = V_p - V_q = \frac{I_S}{\Delta_G}\ (\Delta_{xp} - \Delta_{yp} - \Delta_{xq} + \Delta_{yq}) \qquad \text{V} \qquad (20)$$

當一個理想電壓表安裝在節點 p 和節點 q 之間時，它的讀數就如 (20) 式所示的答案。

對於圖 3.6.2(b)所示的電路，我們僅需將從 (12) 式開始的幾個方程式稍做變換即可。首先由圖示可知，獨立電流源 I_S 由節點 q 流出而由節點 p 注入，因此 (12) 式各方程式等號左側不變，電導矩陣 〔G〕的行列式值 (15) 式維持不變，只有第 p 列及第 q 列方程式的等號右側應分別改爲 I_S 及 $-I_S$，原方程式 (12) 式第 x 列及第 y 列等號右側則改爲零：

$$G_{11}V_1 + G_{12}V_2 + \cdots + G_{1x}V_x + G_{1y}V_y + \cdots + G_{1p}V_p + G_{1q}V_q + \cdots + G_{1m}V_m = 0 \quad \text{A}$$

$$G_{21}V_1 + G_{22}V_2 + \cdots + G_{2x}V_x + G_{2y}V_y + \cdots + G_{2p}V_p + G_{2q}V_q + \cdots + G_{2m}V_m = 0 \quad \text{A}$$

$$\cdots\cdots\cdots\cdots\cdots\cdots\cdots\cdots\cdots\cdots\cdots\cdots\cdots\cdots\cdots\cdots\cdots\cdots\cdots\cdots\cdots$$

$$G_{x1}V_1 + G_{x2}V_2 + \cdots + G_{xx}V_x + G_{xy}V_y + \cdots + G_{xp}V_p + G_{xq}V_q + \cdots + G_{xm}V_m = 0 \quad \text{A}$$

$$G_{y1}V_1 + G_{y2}V_2 + \cdots + G_{yx}V_x + G_{yy}V_y + \cdots + G_{yp}V_p + G_{yq}V_q +$$

$$\cdots + G_{ym}V_m = 0 \quad \text{A}$$

....

$$G_{p1}V_1 + G_{p2}V_2 + \cdots + G_{px}V_x + G_{py}V_y + \cdots + G_{pp}V_p + G_{pq}V_q +$$
$$\cdots + G_{pm}V_m = I_S \quad \text{A}$$

$$G_{q1}V_1 + G_{q2}V_2 + \cdots + G_{qx}V_x + G_{qy}V_y + \cdots + G_{qp}V_p + G_{qq}V_q +$$
$$\cdots + G_{qm}V_m = -I_S \quad \text{A}$$

....

$$G_{m1}V_1 + G_{m2}V_2 + \cdots + G_{mx}V_x + G_{my}V_y + \cdots + G_{mp}V_p + G_{mq}V_q$$
$$+ \cdots + G_{mm}V_m = 0 \quad \text{A} \tag{21}$$

利用魁雷瑪法則可以求出電壓 V_X 及 V_Y 分別爲:

$$V_x = \frac{1}{\Delta_G} \begin{vmatrix} G_{11} & G_{12} & \cdots & 0 & G_{1y} & \cdots & G_{1p} & G_{1q} & \cdots & G_{1m} \\ G_{21} & G_{22} & \cdots & 0 & G_{2y} & \cdots & G_{2p} & G_{2q} & \cdots & G_{2m} \\ \cdots & \cdots & \cdots & \cdots & \cdots & \cdots & \cdots & \cdots & \cdots & \cdots \\ G_{x1} & G_{x2} & \cdots & 0 & G_{xy} & \cdots & G_{xp} & G_{xq} & \cdots & G_{xm} \\ G_{y1} & G_{y2} & \cdots & 0 & G_{yy} & \cdots & G_{yp} & G_{yq} & \cdots & G_{ym} \\ \cdots & \cdots & \cdots & \cdots & \cdots & \cdots & \cdots & \cdots & \cdots & \cdots \\ G_{p1} & G_{p2} & \cdots & I_S & G_{py} & \cdots & G_{pp} & G_{pq} & \cdots & G_{pm} \\ G_{q1} & G_{q2} & \cdots & -I_S & G_{qy} & \cdots & G_{qp} & G_{qq} & \cdots & G_{qm} \\ \cdots & \cdots & \cdots & \cdots & \cdots & \cdots & \cdots & \cdots & \cdots & \cdots \\ G_{m1} & G_{m2} & \cdots & 0 & G_{my} & \cdots & G_{mp} & G_{mq} & \cdots & G_{mm} \end{vmatrix} \quad \text{V}$$

← 第 p 列

← 第 q 列

↑ 第 x 行

$$\tag{22}$$

$$
V_y = \frac{1}{\Delta_G}
\begin{vmatrix}
G_{11} & G_{12} & \cdots & G_{1x} & 0 & \cdots & G_{1p} & G_{1q} & \cdots & G_{1m} \\
G_{21} & G_{22} & \cdots & G_{2x} & 0 & \cdots & G_{2p} & G_{2q} & \cdots & G_{2m} \\
\cdots & \cdots & \cdots & \cdots & \cdots & \cdots & \cdots & \cdots & \cdots & \cdots \\
G_{x1} & G_{x2} & \cdots & G_{xx} & 0 & \cdots & G_{xp} & G_{xq} & \cdots & G_{xm} \\
G_{y1} & G_{y2} & \cdots & G_{yx} & 0 & \cdots & G_{yp} & G_{yq} & \cdots & G_{ym} \\
\cdots & \cdots & \cdots & \cdots & \cdots & \cdots & \cdots & \cdots & \cdots & \cdots \\
G_{p1} & G_{p2} & \cdots & G_{px} & I_S & \cdots & G_{pp} & G_{pq} & \cdots & G_{pm} \\
G_{q1} & G_{q2} & \cdots & G_{qx} & -I_S & \cdots & G_{qp} & G_{qq} & \cdots & G_{qm} \\
\cdots & \cdots & \cdots & \cdots & \cdots & \cdots & \cdots & \cdots & \cdots & \cdots \\
G_{m1} & G_{m2} & \cdots & G_{mx} & 0 & \cdots & G_{mp} & G_{mq} & \cdots & G_{mm}
\end{vmatrix} \quad V
$$

$\longleftarrow$ 第 p
$\longleftarrow$ 第 q

$\uparrow$ 第 y 行

$$(23)$$

由於(22)式中除了分子行列式第 x 行與第 p 列及第 q 列相交的元素不爲零外,其餘元素均爲零,因此電壓 V_x 可以利用將該行列式扣除第 p 列第 x 行之餘因子 Δ_{px} 以及扣除第 q 列第 x 行之餘因子 Δ_{qx} 表示:

$$
V_x = \frac{1}{\Delta_G}(I_S\Delta_{px} - I_S\Delta_{qx}) = \frac{I_S}{\Delta_G}(\Delta_{px} - \Delta_{qx}) \quad V \tag{24}
$$

同理電壓 V_y 在(23)式中分子的行列式除了第 y 行與第 p 列及第 q 列相交的元素不爲零外,其餘元素均爲零,因此電壓 V_y 可以利用該行列式扣除第 p 列第 y 行所得到的餘因子 Δ_{py} 以及扣除第 q 列第 y 行所得到的餘因子 Δ_{qy} 來表示:

$$
V_y = \frac{1}{\Delta_G}(I_S\Delta_{py} - I_S\Delta_{qy}) = \frac{I_S}{\Delta_G}(\Delta_{py} - \Delta_{qy}) \quad V \tag{25}
$$

將電壓 V_x 減取去電壓 V_y,我們可以得到節點 x 對節點 y 的相對電壓 V_{xy} 爲:

$$
V_{xy} = V_x - V_y = \frac{I_S}{\Delta_G}(\Delta_{px} - \Delta_{qx} - \Delta_{py} + \Delta_{qy}) \quad V \tag{26}
$$

若有一個理想電壓表接在節點 x 及節點 y 上,它的讀數就是如(26)式所示的結果。由於圖 3.6.2(a)(b)之網路爲線性被動網路,因此上述餘

因子的關係爲:

$$\Delta_{xp} = \Delta_{px} \tag{27}$$

$$\Delta_{xq} = \Delta_{qx} \tag{28}$$

$$\Delta_{xp} = \Delta_{px} \tag{29}$$

$$\Delta_{yq} = \Delta_{qy} \tag{30}$$

當我們將(20)式及(26)式兩式配合(27)式～(30)式時，可以發現兩個方程式所表示的電壓完全相同。由此結果可以得知，一個線性被動網，在任何兩個節點間，加上一個電流源 I_s 時，在其他兩個節點上所產生的電壓值，會等於將該電流源 I_s 改接在產生電壓的節點間，然後量測原先加上電流源 I_s 的兩端的電壓。故互易定理第二部份亦得證。

以上就是有關互易定理在圖 3.6.1 及圖 3.6.2 的完整證明。

第貳部份

時域暫態電路

第四章　儲能元件

　　本章係針對電路學中的儲能元件特性做一個完整介紹。在本章中，兩種最基本的電路儲能元件爲電容器及電感器，它們是在電阻器後，出現在本書的另外兩種基本電路被動元件。電容器是以電場的方式儲存能量，而電感器則是以磁場的方式將電能儲藏。對於這兩種重要的電路元件，本章將按下述的數小節做介紹：

4.1 節——説明電容器電壓及電流的基本關係。

4.2 節——介紹電容器的串聯及並聯架構，以分析其等效元件的數值。

4.3 節——概述儲能元件可將能量儲存及釋放的特性，在此要討論電容器的充電及放電特性。

4.4 節——分析電容器電壓之初值及穩態值。

4.5 節——介紹電感器電壓及電流的基本關係。

4.6 節——説明電感器的串聯及並聯架構，以分析其等效元件的數值。

4.7 節——介紹電感器的充電與放電特性。

4.8 節——分析電感器電流之初值及穩態值。

4.9 節——最後分析該類儲能元件的功率及能量，以完整地瞭解儲能元件在電路上的應用特性。

4.1　電容器中電壓與電流之關係

　　電容器在許多的電氣網路場合均會形成，例如兩個分隔開的金屬導線之間，就會形成電容器的效應。圖 4.1.1 是一個電容器的簡單示意圖，當兩個同爲面積 A（單位 m^2）的金屬板 X 及 Y，以距離 d（單位 m）的方式，水平隔空放置，兩極板經過一個開關 SW 連接到一個獨立的電壓源 V_s。當開關 SW 未閉合前，兩個金屬板均呈現電中性，因此沒有多餘的電荷留在金屬板上。當開關 SW 於 $t = 0$ 秒閉合後，獨立電壓源 V_s 上方的正極性端點，會立即吸引金屬板 X 內的帶負電的自由電子，排斥並留下帶正電的離子於金屬板 X 上，故以 $+Q$ 表示；在同一個時間，獨立電壓源 V_s 之負極性端點，也會立刻吸引金屬板 Y 內部的正離子，排斥並留下金屬板 Y 內部的自由電子，故形成 $-Q$ 的電荷。在此同時，電壓源電壓 V_s 立即出現在兩極板上。雖然金屬板 X 帶電荷 $+Q$，金屬板 Y 帶電荷 $-Q$，將兩個極板外做一個封閉面，如第二章 2.9 節克希荷夫電流定律 KCL 一樣的封閉面，則該封閉面在任何瞬間，兩極板分別具有大小相同、極性相反的電荷，而且該封閉面在任何瞬間的總淨值電荷量爲零，仍呈現電中性的狀態。而兩金屬板 X、Y 受外加電壓源 V_s 的影響，維持 V_s 的電壓差，符合克希荷夫電壓定律 KVL，其中假設了導線及開關 SW 閉合後均爲理想的短路狀態。請注意：金屬板 X 爲電壓正端，累積正電荷；而金屬板 Y 爲電壓負端，累積負電荷。

　　上一段文字所介紹的電容器電壓以及極板電荷的過程中，其實是由圖 4.1.1 的情形簡單地來解釋的。但就實際電容觀念而言，由在本節最後會知道，在 $t = 0$ 秒時，電極板電壓由零電位差，一下子升高到電壓源電壓 V_s 是不被允許的。而電極板由電中性變成帶電荷的程序也是需要花費一些時間的，絕對不是開關 SW 在 $t = 0$ 秒閉合，電荷可以立即在 $t = 0$ 秒形成在金屬板上。圖 4.1.1 只是做爲電容器電

荷觀念的概說而已。圖 4.1.2 為電容器的電路符號，其中(a)、(b)圖均
為固定電容器，(c)圖則代表可變電容器的符號。由於圖 4.1.2(a)之電
容器符號未標示 v 與 i，容易與電磁開關之常開接點混淆，讀者要自
行留意。

圖 4.1.1　兩極板所形成的電容器

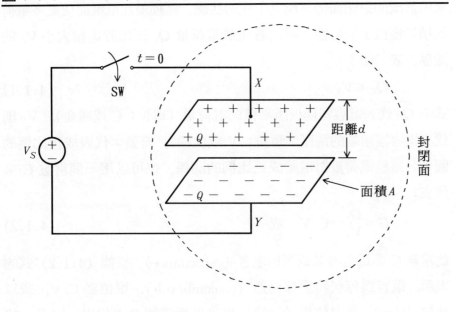

圖 4.1.2　電容器的電路符號

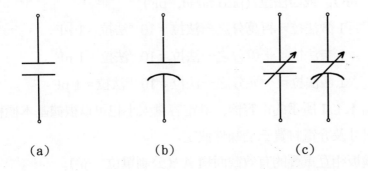

(a)　　　　　(b)　　　　　(c)

由圖 4.1.1 中的示意圖得知，當外加電源電壓 V_s 增高時，正極性端點所連接金屬板的自由電子獲取能量增多，因此脫離電子軌道的自由電子數目也會增加，形成在極板 X 的正電荷量也會更多。在同一個時間，電壓源負端吸引更多的正離子，也留下更多的自由電子於金屬板上，因此等量的負電荷也會出現在極板 Y 上，將兩極板圍起來所形成的封閉面仍呈現電中性的狀態。這種增加電壓而使更多電荷累積於極板上的特性，可以看成是電荷量 Q_c 正比於電壓大小 V_s 的關係，表示如下：

$$Q_c \propto V_s \tag{4.1.1}$$

式中 Q_c 代表電容器極板所累積的電荷量（單位：C 或庫侖），V_s 則代表電容器兩端的電壓（單位：V 或伏特），符號 $\propto$ 代表成正比例的關係。這種電荷量對電壓成正比例的關係，也可以用一個常數 C 來代表：

$$C = \frac{Q_c}{V_s} \quad \text{C/V} \quad 或 \quad \text{F} \tag{4.1.2}$$

此常數 C 即為電容量或簡稱電容（capacitance）。根據 (4.1.2) 式的表示，電容為每伏特之庫侖數（coulomb/volt），單位為 C/V，或以法拉（farad）為單位表示，法拉也可以用符號 F 來代表。因為一般的電容量不會很大，常用微法拉（micro farad, μF）、奈法拉（nano farad, nF），或匹法拉（pico farad, pF）：

$$1 \text{ 微法拉} = 百萬分之一法拉 = 10^{-6} 法拉 = 1 \text{ } \mu F$$
$$1 \text{ 奈法拉} = 十億分之一法拉 = 10^{-9} 法拉 = 1 \text{ nF}$$
$$1 \text{ 匹法拉} = 一兆分之一法拉 = 10^{-12} 法拉 = 1 \text{ pF}$$

圖 4.1.1 所示的電容器，其電容量大小也可以根據基本極板的放置、尺寸及介電材質三個條件決定：

⑴兩極板相互重疊的有效截面積 A（公制單位：m^2）。

⑵兩極板相距的有效長度 d（公制單位：m）。

⑶兩極板間使用材質的介電係數（permittivity or dielectric constant）

ε （公制單位：F/m）。

電容量大小 （公制單位：F） 之表示式為：

$$C = \varepsilon \frac{A}{d} = \varepsilon_0 \varepsilon_r \frac{A}{d} \quad \text{F} \tag{4.1.3}$$

式中介電係數 ε （發音為 epsilon） 用自由空間 （free space） 的介電常數 ε_0 與相對介電常數 ε_r 相乘表示。因為使用的材質不同，故以自由空間的介電常數為基準，其值如下：

$$\varepsilon_0 = \frac{1}{36\pi \times 10^9} \text{F/m} = 8.8419 \times 10^{-12} \text{F/m}$$

$$= 8.8419 \text{ pF/m} \tag{4.1.4}$$

其餘的材質則利用本身個別的介電常數與自由空間的值相比，算出相對的介電常數 ε_r。不同的材質具有不同的相對介電常數之數值，例如雲母為 5.0，玻璃為 7.5，陶瓷為 7500 等。由 (4.1.3) 式可以知道，截面積 A 越大電容值也越大；極板間的距離 d 越短的，則電容量越大；介電常數 ε 越大的，電容值也越大。因此可以依據所需要的電容器額定值，設計不同的電容器的規格及選擇不同的介電材料。

　茲考慮圖 4.1.3 所示電容器之電壓及電流關係。電容器之電流 i_c 自節點 1 經過電容器 C 往節點 2 流動，節點 1 對節點 2 之電壓為電容器電壓 v_c。由圖示可知，電流 i_c 往電壓 v_c 之正端流入，因此可以視電容器處於吸收功率或能量的狀態，這也是以被動電路元件的方式來考慮電容器的情形。若將 (4.1.2) 式之關係以瞬時值表示，則變成：

$$q_c(t) = Cv_c(t) \quad \text{C} \tag{4.1.5}$$

式中電容器之電容量 C 假設為常數。將 (4.1.5) 式代入第一章 1.1 節的電流與電荷關係式 (1.1.4) 式中可得：

$$i_c(t) = \lim_{\Delta t \to 0} \frac{\Delta q_c(t)}{\Delta t} = \frac{dq_c(t)}{dt} = \frac{dCv_c(t)}{dt}$$

$$= C\frac{dv_c(t)}{dt} \quad \text{A} \tag{4.1.6a}$$

圖 4.1.3 電容器電壓與電流的關係

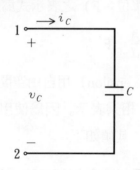

該式就是電容器電壓$v_C(t)$與電流$i_C(t)$最基本的關係式, 或者稱爲電容器的歐姆定理, 式中說明只要將電容電壓$v_C(t)$對時間 t 微分再乘以電容量C, 便是電容器通過的電流$i_C(t)$, 但是電容器的兩端電壓極性與電容器通過電流的方向是以圖 4.1.3 爲基準的。

(4.1.6a) 式是以電荷$q_C(t)$對時間 t 的微分式求出流入電容器之電流$i_C(t)$的, 然而從基本觀念來看, 這個電流應該與一般導線上之電流方程式相同。值得注意的是, 電容器極板內部爲一個絕緣的介電物質, 照理說是無法通過電流的, 外面能流入電流, 裡面卻無法使電流流動, 顯然已經違背了 KCL。其實並沒有如此, 因爲電容器內部是以電場的方式處理的, 在極板間, 會由正極板的電荷產生電通 (the electric flux) Ψ (發音爲 psi) 與負極板的電荷連接, 其產生之電流與外部電流相同, 用電通表示如下:

$$i_C(t) = \frac{d\Psi(t)}{dt} \tag{4.1.6b}$$

此電流稱爲位移電流 (the displacement current), 是屬於介電物質內的電流, 與導線上的傳導電流不同。但以極板做爲傳導電流與位移電流的介面來看, KCL 仍滿足此兩種不同材質下之電流傳導。

電容器電壓$v_C(t)$也可以用電流$i_C(t)$的積分表示:

$$v_C(t) = v_C(0) + \frac{1}{C}\int_0^t i_C(\tau)d\tau$$

$$= \frac{q(0)}{C} + \frac{1}{C} \int_0^t i_C(\tau) d\tau \quad \text{V} \tag{4.1.7}$$

式中 $v_C(0)$ 代表電容器的初始電壓或初值電壓（initial capacitor voltage）。因為在開關SW閉合前，電容器剛開始可能有某些電荷 $q(0)$ 存在，電容器兩端的電壓必須要加上初始電容電壓，再配合 $0\sim t$ 秒的電流積分項，才可以算出眞正 t 秒的電容器電壓 $v_C(t)$。所以積分上限 $\tau = t$ 是配合求出第 t 秒的電容器電壓 $v_C(t)$ 用的，而積分下限 $\tau = 0$ 則是配合初始電容器電壓 $v_C(0)$ 的關係。爲避免與時間變數 t 發生混淆，因此以 τ 的符號做積分變數。請注意：由於 (4.1.5) 式假設電容量 C 是一個固定值，所以可以得到 (4.1.6a) 式及 (4.1.7) 式兩式的結果。若電容值爲時變電容 $C(t)$ 時，則 (4.1.5) 式及 (4.1.6a) 式兩式應改爲：

$$q_C(t) = C(t) v_C(t) \quad \text{C} \tag{4.1.8}$$

$$i_C(t) = \frac{dq_C(t)}{dt} = \frac{dC(t) v_C(t)}{dt}$$

$$= C(t) \frac{dv_C(t)}{dt} + v_C(t) \frac{dC(t)}{dt} \quad \text{A} \tag{4.1.9}$$

若以 (4.1.6a) 式來看，當電容器兩端的電壓 $v_C(t)$ 爲固定值，或不隨時間變動時，通過電容器的電流 $i_C(t)$ 爲零，相當於開路狀態，此時電容器可能充滿了電能，或已經到達電路的穩定狀態（steady state）簡稱穩態，這將在本章第 4.4 節中做介紹。若在 (4.1.6a) 式中，在極短的時間（可能趨近於零）內發生了電容器兩端電壓 $v_C(t)$ 的某些變動，則按方程式來看，分母的量趨近於零，而分子是某一個數值大小，此時 (4.1.6a) 式會變成趨近於無限大的量，亦即會產生無限大的電容器電流 $i_C(t)$：

$$i_C(t) = \lim_{\Delta t \to 0} C \frac{\Delta v_C(t)}{\Delta t} = C \frac{\Delta v_C(t)}{0} \to \infty \quad \text{A} \tag{4.1.10}$$

這在實際電路元件的情況是不被允許的。倘若 (4.1.10) 式分子的電

容電壓$v_C(t)$變動亦很小，亦趨近於零，則電容器通過的電流會趨近於一個有限值：

$$i_C(t) = C\,\frac{0}{0} \longrightarrow 一個有限值\ (\text{a finite value}) \qquad (4.1.11)$$

亦即當時間變化很小，而且電容器兩端電壓變動量也很小時，電容器的電流值才會是合理的有限值。從上面的解釋可以得知，電容器兩端的電壓隨時間的變動，必定要夠小，或者說電容器兩端的電壓必須要隨著時間連續變化，才可以使電容器電流為合理值。倘若電容器兩端的電壓發生隨時間之不連續情形，或產生電壓跳動（jump），則所產生的電流為無限大，均為不合理的情形。以發生在時間 t 秒的情形來看，電容器兩端的電壓$v_C(t)$必須在 t 秒連續，因此：

$$v_C(t^-) = v_C(t) = v_C(t^+) \quad \text{V} \qquad (4.1.12)$$

式中$v_C(t^-)$代表在 t 秒以前，瞬間的電容電壓；而$v_C(t^+)$則代表 t 秒以後，瞬間的電容電壓，它們都應該和 t 秒瞬間的電容電壓$v_C(t)$相同，如圖 4.1.4 所示。時間 t 可以代表開關 SW 動作的時間，若 t ＝0 秒，則電容電壓值必須在零秒連續，否則會產生無限大的電容電流。

圖 4.1.4　電容器兩端電壓之連續性

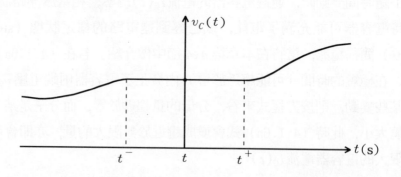

　　圖 4.1.5 所示，代表電容電壓在 t 秒鐘的不連續性，雖然在 t 秒前瞬間 $v_C(t^-) = v_C(t)$，且在 t 秒後的瞬間 $v_C(t) = v_C(t^+)$，然而電流卻在 t 秒瞬間發生電容電壓跳動的現象，此足以使電容產生無限大的電流。這種電容電壓必須連續的重要特性，可以應用於穩定端點輸出電壓上。例如在交流電壓轉換為直流電壓的電源濾波電路上，常以電容器並聯在輸出直流電路兩端，藉以使輸出電壓值穩定連續改變，當有漣波（ripple）電壓發生時，可以靠著並聯電容器的作用加以改善直流電壓的脈動，使輸出電壓之變化減少。

圖 4.1.5　電容器兩端電壓在 t 秒的不連續性

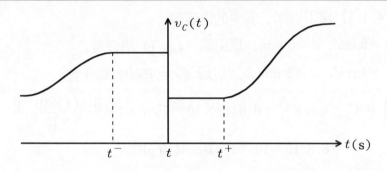

　　瞭解了 (4.1.12) 式的用途後，我們回頭去觀察原圖 4.1.1 之情形。在圖 4.1.1 中，原本假設兩極板是未帶任何電荷的，在 $t = 0$ 秒前，開關 SW 未閉合，因此電極板兩端無電壓存在。當 $t = 0$ 秒時，開關 SW 瞬間閉合，根據克希荷夫電壓定律 KVL 在一個迴路的情況，會使得兩極板間的電壓瞬間升高到電壓源的電壓大小 V_s。因此電容器電壓在 $t = 0$ 秒瞬間產生了電壓的不連續性或跳躍現象，如圖 4.1.6 所示，此足以使電容器通過無限大的電流值，在實際電容器上是不允許的。所以在本節前面就有說明，該圖 4.1.1 是對一電容器極板電荷情形的簡單說明，真正的電容器充電及放電請參考本章第 4.3 節的內容。

圖 4.1.6　圖 4.1.1 之電容器電壓變化

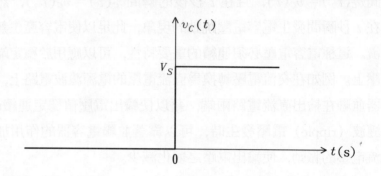

【例 4.1.1】求下列(a)、(b)中的電容值。

(a)$A = 5 \text{ cm}^2$, $d = 5 \text{ mm}$, 以空氣（$\varepsilon_r = 1$）爲介質。

(b)$A = 4 \text{ cm}^2$, $d = 1 \text{ mm}$, 以雲母（$\varepsilon_r = 7500$）爲介質。

【解】(a)$C = \varepsilon_0 \varepsilon_r \times \dfrac{A}{d} = 8.8419 \times 10^{-12} \text{ F/m} \times 1 \times \dfrac{5 \times (1 \times 10^{-2})^2}{5 \times 10^{-3}}$

$\qquad = 8.8419 \times 10^{-13} \text{ F} = 0.88419 \text{ pF}$

(b)$C = \varepsilon_0 \varepsilon_r \times \dfrac{A}{d} = 8.8419 \times 10^{-12} \text{ F/m} \times 7500 \times \dfrac{4 \times 10^{-4}}{1 \times 10^{-3}}$

$\qquad = 2.65257 \times 10^{-8} \text{ F} = 0.0265 \times 10^{-6} \text{ F}$

$\qquad = 0.0265 \ \mu\text{F}$ ◎

【例 4.1.2】一個 10 pF 電容器與 1 μF 電容器分別連接到 100 V 及 10 V 電壓源，求它們個別的電荷若干？

【解】(1)10 pF 電容器接至 100 V 電壓源：

$\qquad Q = CV = 10 \times 10^{-12} \times 100 = 10^{-9} \text{ C} = 1 \text{ nC}$

(2)1 μF 電容器接至 10 V 電壓源：

$\qquad Q = CV = 1 \times 10^{-6} \times 10 = 10^{-5} \text{ C} = 10 \ \mu\text{C}$ ◎

【例4.1.3】1個10 F電容器，在 $t = 0$ s之初值電壓為 1 V，一個時變電流 $i_C(t) = 5 + 4t$ A由其電壓正端流入，求 $t = 10$ s之電容器兩端電壓之值。

【解】 $t = 0$, $v_C(0) = 1$ V, $i(t) = 5 + 4t$ A

$$\therefore v_C(10) = v_C(0) + \frac{1}{C} \int_0^{10} (5 + 4\tau) d\tau$$

$$= 1 + \frac{1}{10} (5\tau + 2\tau^2) \Big|_0^{10}$$

$$= 1 + \frac{1}{10} (5 \times 10 + 2 \times 100 - 0)$$

$$= 1 + 25 = 26 \text{ V}$$

◎

【本節重點摘要】

(1)電容量為電荷對電壓的比值：

$$C = \frac{Q_C}{V_C} \quad \text{C/V} \quad \text{或} \quad \text{F}$$

(2)電容器的電容量大小也可以根據基本的三個條件決定：兩極板相互重疊的有效截面積 A、兩極板相距的有效長度 d、兩極板間使用材質的介電係數 ε。電容量大小之表示式為：

$$C = \varepsilon \frac{A}{d} = \varepsilon_0 \varepsilon_r \frac{A}{d} \quad \text{F}$$

式中介電係數 ε 用自由空間的介電常數 ε_0 及相對介電常數 ε_r 相乘表示。

(3)電容器通過的電流與兩端的電壓關係為：

$$i_C(t) = \lim_{\Delta t \to 0} \frac{\Delta q_C(t)}{\Delta t} = \frac{dq_C(t)}{dt} = \frac{dCv_C(t)}{dt} = C \frac{dv_C(t)}{dt} \quad \text{A}$$

(4)電容器電壓 $v_C(t)$ 也可以用電流 $i_C(t)$ 的積分表示：

$$v_C(t) = v_C(0) + \frac{1}{C} \int_0^t i_C(\tau) d\tau$$

$$= \frac{q(0)}{C} + \frac{1}{C} \int_0^t i_C(\tau) d\tau \quad \text{V}$$

式中 $v_C(0)$ 代表電容器的初始電壓或初值電壓。

(5)電容器兩端的電壓 $v_C(t)$ 必須在 t 秒連續，因此：

$$v_c(t^-) = v_c(t) = v_c(t^+) \quad \text{V}$$

式中 $v_c(t^-)$ 代表在 t 秒以前，瞬間的電容電壓；而 $v_c(t^+)$ 則代表 t 秒以後，瞬間的電容電壓。

【思考問題】

(1)試舉出時變電容器（會隨時間改變電容值的電容器）的實例。

(2)若電容器的兩金屬板不是平行的，則距離 d 不是定值，試問電容量如何求出？

(3)若將一個獨立電流源加在電容器兩端，會發生什麼結果？

(4)爲什麼圖 4.1.2(b)的電容器電路符號會有一個極板呈圓弧狀？它代表什麼意義？

(5)試舉出一般電容器在日常生活電器用品上的實例。

4.2 電容器的串聯和並聯

電容器與電阻器一樣，也可以接成串聯電路及並聯電路。本節將分兩部份介紹電容器串聯與並聯的架構。

4.2.1 電容器的串聯

如圖 4.2.1 所示，爲 n 個電容器 C_1、C_2、…、C_n 串聯在節點 1、2 間的電路。一個獨立電壓源 V_s 也接在節點 1、2 上。由於整個電容器全部串聯，爲維持電中性，因此各個電容器的電荷均爲 Q，極性是由上往下按正、負、正、負、……的關係排列，亦即電荷量在每一個電容器上均相等：

$$Q_1 = Q_2 = \cdots = Q_n = Q \quad \text{C} \tag{4.2.1}$$

若利用封閉的面來觀察，將所有 n 個電容器封閉在同一個面內時，則該封閉面內仍呈電中性，而各電容器以個別的封閉面來看亦爲電中性。利用 (4.1.2) 式可以算出每一個電容器兩端的電壓大小爲：

圖 4.2.1　n 個電容器的串聯電路

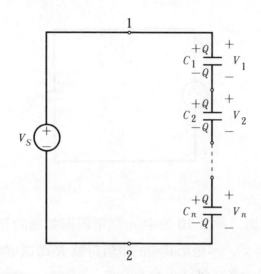

$$V_i = \frac{Q}{C_i} \quad \text{V} \tag{4.2.2}$$

式中 $i = 1, 2, \cdots, n$。由 (4.2.2) 式可以得知，在電容器串聯時，由於每個電容器之電荷 Q 均相同，因此電容數值 C_i 越大的，所分得的電壓 V_i 越低；電容數值 C_i 越小的，所分得的電壓 V_i 越高。根據克希荷夫電壓定律 KVL，寫出圖 4.2.1 之關係式為：

$$V_s = V_1 + V_2 + \cdots + V_n \quad \text{V} \tag{4.2.3}$$

利用 (4.1.2) 式，可以將 (4.2.3) 式改寫為：

$$\frac{Q}{C_{eq}} = \frac{Q}{C_1} + \frac{Q}{C_2} + \cdots + \frac{Q}{C_n} \quad \text{V} \tag{4.2.4}$$

式中 C_{eq} 為 n 個串聯電容器的等效值，可用圖 4.2.2 所示之電路等效於圖 4.2.1 之串聯電容器電路。

將 (4.2.4) 式之相同 Q 值消去，可以求得 n 個電容器串聯後的等效電容值表示式為：

$$C_{eq} = \frac{1}{\dfrac{1}{C_1} + \dfrac{1}{C_2} + \cdots + \dfrac{1}{C_n}} \quad \text{F} \tag{4.2.5}$$

圖 4.2.2　對應於圖 4.2.1 之串聯電容器等效電路

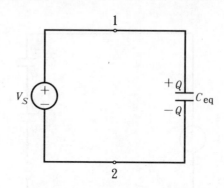

上式非常類似第二章 2.10 節中 n 個電阻器並聯的等效電阻值方程式：(2.10.5) 式，只是把其中的電阻符號 R 改成電容符號 C 而已。若有 n 個相同的電容器 C 串聯在一起，則其等效電容值 $C_{eq} = C/n$。若只有簡單的兩個電容器 C_1 及 C_2 串聯在一起時，其等效電容值 C_{eq2} 爲：

$$C_{eq2} = \frac{1}{\dfrac{1}{C_1} + \dfrac{1}{C_2}} = \frac{C_1 C_2}{C_1 + C_2} \quad \text{F} \tag{4.2.6}$$

上式也非常類似第二章 2.10 節中兩個電阻器並聯的方程式：(2.10.7) 式。由 (4.2.5) 式及 (4.2.6) 式兩式可以知道，越多個電容器串聯後，其等效電容值 C_{eq} 越小，而且會小於或等於 n 個串聯電容器中最小的一個電容量：

$$C_{eq} = \frac{1}{\dfrac{1}{C_1} + \dfrac{1}{C_2} + \cdots + \dfrac{1}{C_n}} \leq \text{Min}(C_1, C_2, \cdots, C_n) \quad \text{F} \tag{4.2.7}$$

4.2.2　電容器的並聯

接著，我們考慮數個電容器並聯的架構。如圖 4.2.3 所示，n 個電容器 C_1、C_2、$\cdots$、C_n 以並聯的方式全部連接到節點 1、2 間。一個獨立電壓源 V_s 也連接在節點 1、2 上，因此每一個電容器兩端的

電壓均為 V_S。假設第 i 個電容器 C_i 的電荷量為 Q_i，則該電容器兩端
電壓 V_i 與電荷的關係為：

$$Q_i = V_i C_i = V_S C_i \quad \text{C} \tag{4.2.8}$$

式中 $i = 1,\ 2,\ \cdots,\ n$。將所有 n 個電容器圍成一個封閉面，在該封
閉面正端的總電荷量，與由電壓源 V_S 正端看入的總電荷均為：

$$Q_{eq} = Q_1 + Q_2 + \cdots + Q_n \quad \text{C} \tag{4.2.9}$$

圖 4.2.3　n 個電容器的並聯電路

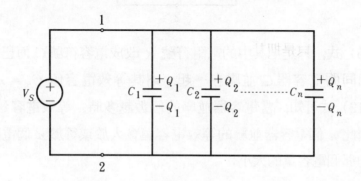

圖 4.2.3 的 n 個電容器並聯，可以簡化為一個等效電容值 C_{eq} 與
電壓源 V_S 並聯的電路，如圖 4.2.4 所示。該圖之總等效電荷 Q_{eq} 可
用 (4.2.9) 式表示，而圖 4.2.4 的電壓 V_S、電荷 Q_{eq} 及電容 C_{eq} 關係
為：

$$Q_{eq} = V_S C_{eq} \quad \text{C} \tag{4.2.10}$$

將 (4.2.8) 式及 (4.2.10) 式代入 (4.2.9) 式可得：

$$\begin{aligned}
Q_1 + Q_2 + \cdots + Q_n &= V_S C_1 + V_S C_2 + \cdots + V_S C_n \\
&= V_S(C_1 + C_2 + \cdots + C_n) \\
&= V_S C_{eq} \quad \text{C}
\end{aligned} \tag{4.2.11}$$

因此 n 個電容器並聯的等效電容值為：

$$C_{eq} = C_1 + C_2 + \cdots + C_n \quad \text{F} \tag{4.2.12}$$

上式非常類似第二章 2.7 節中 n 個電阻器串聯的等效電阻值方程式：

圖 4.2.4 對應於圖 4.2.3 之並聯電容器等效電路

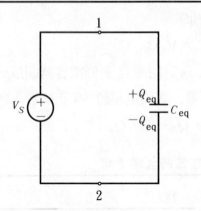

(2.7.5) 式, 只是把其中的電阻符號 R 改成電容符號 C 而已。若有 n 個相同的電容器 C 並聯在一起, 則其等效電容值 $C_{eq} = nC$。由 (4.2.12) 式可知, 當電容器並聯的個數越多時, 等效電容量 C_{eq} 越大, 因此 n 個電容器並聯的等效電容值會大於或等於 n 個電容器中最大的那個電容量的大小:

$$C_{eq} = C_1 + C_2 + \cdots + C_n \geq \text{Max}(C_1, C_2, \cdots, C_n) \quad \text{F} \quad (4.2.13)$$

本節所談的電容器串聯及並聯, 若對於一些具有電壓極性的電容器如電解質電容 (electrolytic capacitors) 而言, 一定要注意電容器本身所具有的極性關係: 串聯時一定要電容器的正端與上一個電容器的負端相連接, 而該電容器的負端要與下一個電容器的正端相連接, 如圖 4.2.1 所示的電壓極性必須與電容器的極性相配合。當電容器並聯時, 必須將所有電容器的正端共同連接, 以及所有的負端共同連接, 如圖 4.2.3 所示的電壓極性與電容器極性配合的情形。

【例 4.2.1】一個 $10~\mu F$ 以及一個 $100~\mu F$ 電解質電容器, 共同接到 24 V 直流電壓輸出端做穩壓用, 求: (a)兩電容器並聯時之等效電容值, 以及各電容器之電壓與電荷量。(b)兩電容器串聯時 (正確連接時) 之等效電容值及各電容器之電壓、電荷值。

【解】(a)

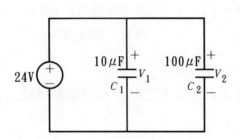

$C_{eq} = C_1 + C_2 = 10 + 100 = 110 \ \mu F$

驗證：$C_{eq} = 110 \ \mu F \geq Max(10\mu, 100\mu) = 100 \ \mu F$

$V_1 = V_2 = 24 \ V$

$Q_1 = C_1 V_1 = 10 \times 10^{-6} \times 24 = 240 \ \mu C$

$Q_2 = C_2 V_2 = 100 \times 10^{-6} \times 24 = 2400 \ \mu C$

$Q_{eq} = Q_1 + Q_2 = 240 + 2400 = 2640 \ \mu C$

或 $Q_{eq} = C_{eq} V_S = 110 \times 10^{-6} \times 24 = 2640 \ \mu C$

(b)

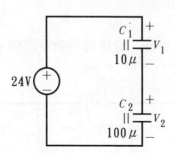

$C_{eq} = \dfrac{1}{\dfrac{1}{C_1} + \dfrac{1}{C_2}} = \dfrac{1}{\dfrac{1}{10} + \dfrac{1}{100}} = 9.0909 \ \mu F$

驗證：$C_{eq} = 9.0909 \leq Min(10\mu, 100\mu) = 10 \ \mu F$

$Q_{eq} = C_{eq} \times V = 9.0909 \times 24 = 218.1816 \ \mu C = Q_1 = Q_2$

$\therefore V_1 = \dfrac{Q_1}{C_1} = \dfrac{218.1816 \ \mu C}{10 \ \mu F} = 21.81816 \ V$

$V_2 = \dfrac{Q_2}{C_2} = \dfrac{218.1816 \ \mu C}{100 \ \mu F} = 2.181816 \ V$

$$V_S = 24 = V_1 + V_2 = 21.81816 + 2.1818$$
$$\fallingdotseq 24 \text{ V} \quad 滿足 \text{ KVL} \qquad \circledcirc$$

【例 4.2.2】如圖 4.2.5 所示之電容器串並聯電路。求各電容器兩端的電壓及電荷。

圖 4.2.5　例 4.2.2 之電路

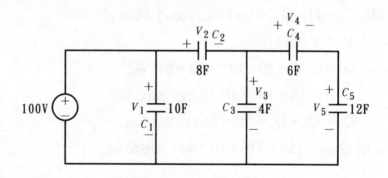

【解】先將 C_4 與 C_5 之串聯，合併為等效電容值 C_{45}：

$$C_{45} = \frac{C_4 \times C_5}{C_4 + C_5} = \frac{6 \times 12}{6 + 12} = 4 \text{ F}$$

將 C_{45} 再與 C_3 並聯，合併為等效電容值 C_{345}：

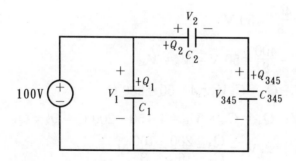

$$C_{345} = C_3 + C_{45} = 4 + 4 = 8 \text{ F}$$

而 C_{345} 再與 C_2 串聯, 合併爲等效電容值 C_{2345}:

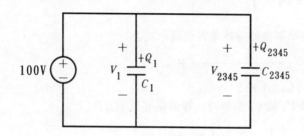

$$C_{2345} = \frac{C_2 \times C_{345}}{C_2 + C_{345}} = \frac{8 \times 8}{8 + 8} = 4 \text{ F}$$

最後, C_1 與 C_{2345} 並聯, 合併爲等效電容值 C_{eq}:

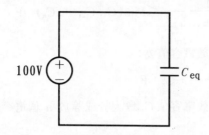

$$C_{eq} = C_1 + C_{2345} = 10 + 4 = 14 \text{ F}$$

故總電荷量爲:

$$Q_{eq} = C_{eq} \times 100 = 1400 \text{ C}$$

(1) $V_1 = 100 \text{ V}, \quad Q_1 = C_1 V_1 = 10 \times 100 = 1000 \text{ C}$

$$\therefore Q_{2345} = C_{2345} \times V_1 = 4 \times 100 = 400 \text{ C} = Q_2 = Q_{345}$$

(2) $V_2 = \dfrac{Q_2}{C_2} = \dfrac{400}{8} = 50$ V

$V_{345} = \dfrac{Q_{345}}{C_{345}} = \dfrac{400}{8} = 50$ V $= V_3 = V_{45}$

(3) $V_3 = 50$ V, $\quad Q_3 = C_3 V_3 = 4 \times 50 = 200$ C

$V_{45} = 50$ V, $\quad Q_{45} = C_{45} \times V_{45} = 4 \times 50 = 200$ C $= Q_4 = Q_5$

(4) $Q_4 = 200$ C, $\quad \therefore V_4 = \dfrac{Q_4}{C_4} = \dfrac{200}{6} = \dfrac{100}{3}$ V

$Q_5 = 200$ C, $\quad \therefore V_5 = \dfrac{Q_5}{C_5} = \dfrac{200}{12} = \dfrac{50}{3}$ V

【本節重點摘要】

(1) n 個電容器串聯後的等效電容值表示式為:

$$C_{eq} = \dfrac{1}{\dfrac{1}{C_1} + \dfrac{1}{C_2} + \cdots + \dfrac{1}{C_n}} \quad \text{F}$$

(2) 兩個電容器 C_1 及 C_2 串聯時，等效電容值 C_{eq2} 為:

$$C_{eq2} = \dfrac{1}{\dfrac{1}{C_1} + \dfrac{1}{C_2}} = \dfrac{C_1 C_2}{C_1 + C_2} \quad \text{F}$$

(3) n 個電容器串聯後，其等效電容值 C_{eq} 會小於或等於 n 個串聯電容器中最小的一個電容量:

$$C_{eq} = \dfrac{1}{\dfrac{1}{C_1} + \dfrac{1}{C_2} + \cdots + \dfrac{1}{C_n}} \leq \text{Min}(C_1, C_2, \cdots, C_n) \quad \text{F}$$

(4) n 個電容器並聯的等效電容值為:

$$C_{eq} = C_1 + C_2 + \cdots + C_n \quad \text{F}$$

(5) n 個電容器並聯的等效電容值 C_{eq} 會大於或等於 n 個電容器中最大的那個電容量的大小:

$$C_{eq} = C_1 + C_2 + \cdots + C_n \geq \text{Max}(C_1, C_2, \cdots, C_n) \quad \text{F}$$

(6) 電容器串聯及並聯，對於一些具有電壓極性的電容器，一定要注意電容器所具有的極性關係: 串聯時一定要電容器的正端與上一個電容器的負端相連接，而該電容器的負端要與下一個電容器的正端相連接。當電容器並聯時，必須將所有電容器的正端共同連接，以及所有的負端共同連接。

【思考問題】

⑴若兩個具有極性的電容器串聯在一起，將正端（或負端）相連接，請問該串聯等效電容器是否變為無極性的電容器？

⑵若兩個具有極性的電容器並聯在一起，將一個的正端與另一個的負端相連接，請問該並聯等效電容器是否變為無極性的電容器？

⑶若 n 個電容器並聯在一起，由一個電流源供電，請問各電容器之電流如何分配？

⑷若一個非線性電容器與其他線性電容器串聯或並聯，如何求出等效電容值？

⑸若 n 個電容器串聯在一起，由一個電流源供電，請問各電容器兩端之電壓如何分配？

4.3 電容器的充電和放電

如圖 4.3.1 所示，一個沒有任何初始電荷的電容器 C 放置在節點 a、b 間，節點 a 連接了一個單刀三投的開關 SW，可以使節點 a 分別與節點 0、1、2 連接。節點 0 是一個浮接的點，不和其他電路元件相連接。節點 1 與節點 b 間連接了一個實際的電壓源：一個獨立電壓源 V_s 串聯一個電源的等效內阻 R_s，做為電容器充電（charge）之用。節點 2 與節點 b 之間，連接了一個電阻器 R_d，做為電容器放電（discharge）之用。假設在 $t = 0$ 秒時，開關 SW 放置於節點 0 上；時間在 $t = t_1$ 秒時，開關 SW 改置於節點 1 上；當時間在 $t = t_2$ 秒時，開關 SW 又改切換於節點 2 上，假設開關 SW 由一個節點切換至另一個節點時，不產生任何時間延遲，亦即假設開關 SW 的切換是瞬間完成的理想狀態。茲按時間之不同，分為三個部份敘述電容器的充電及放電情況。

圖 4.3.1 電容器之充電與放電電路

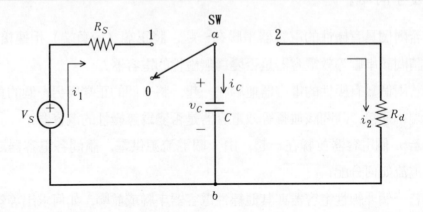

(1)$t = 0$ 秒時（電容器在開路狀態）

此時開關 SW 位於節點 0 上，如圖 4.3.2 所示，假設電容器 C 無初始電荷存在：

$$q_C(0) = 0 \quad \text{C} \tag{4.3.1}$$

因此電容器兩端的電壓為：

$$v_C(0) = \frac{q_C(0)}{C} = 0 \quad \text{V} \tag{4.3.2}$$

而通過電容器之電流為：

$$i_C(0) = C\frac{dv_C(0)}{dt} = 0 \quad \text{A} \tag{4.3.3}$$

圖 4.3.2 $t = 0$ 秒時之電路

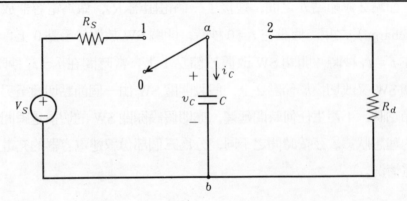

以上電容器的電荷、電壓、電流爲固定的零值，一直維持到開關 SW
在 $t = t_1$ 秒，由節點 0 切換至節點 1 之前，其中電容器兩端的電壓及
電荷累積的連續性，在開關 SW 切換前後仍舊必須保持。

⑵當 $t = t_1$ 秒時（電容器在充電狀態）

開關 SW 切換至節點 1，形成一個簡單的實際電壓源串聯電容器
C 的電路，如圖 4.3.3 所示。由電壓源 V_S 流出的電流 i_1 經過 R_S 流
入電容器 C 的電壓正端，此爲電容器的充電狀態。在此 $t = t_1$ 瞬間，
電容器兩端的電壓必須保持在開關切換前的零值瞬間電壓 $v_C(t_1^-)$：

$$v_C(t_1) = v_C(t_1^-) = 0 \quad \text{V} \tag{4.3.4}$$

根據克希荷夫電壓定律 KVL，在 t_1 秒瞬間，迴路 $1 - a - b - 1$ 之
電壓關係式爲：

$$-V_S + R_S i_1(t_1) + v_C(t_1) = 0 \quad \text{V} \tag{4.3.5}$$

將 (4.3.4) 式代入 (4.3.5) 式，可得電流 i_1 在 t_1 秒瞬間之值：

$$i_1(t_1) = \frac{V_S - v_C(t_1)}{R_S} = \frac{V_S}{R_S} = i_C(t_1)$$

$$= i_{C,\max} \quad \text{A} \tag{4.3.6}$$

此值剛好等於電容器在充電期間，電容器所能通過最大的充電電流。

圖 4.3.3 $t = t_1$ 秒時之電路

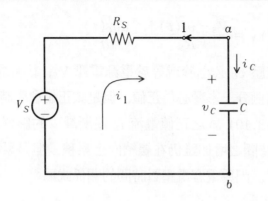

由於電容器兩端在 $t = t_1$ 秒沒有電壓，因此電阻器 R_s 兩端的電壓 v_R 在 t_1 秒瞬間，恰等於電源電壓的大小 V_s：

$$v_R(t_1) = i_1(t_1)R_s = V_s \quad \text{V} \tag{4.3.7}$$

由 (4.3.4) 式及 (4.3.6) 式兩式可以知道，在 t_1 秒的瞬間，電容器兩端之電壓 v_c 爲零，但有正值的電容器電流 i_c 通過，因此電容器在此瞬間呈現了有趣的短路特性（電壓爲零、電流不爲零）。但電容器由此時間 t_1 開始，受電壓源電壓 V_s 充電，電容器電荷隨正值電流 i_c 之增加逐漸累積在兩個電極板上。由於電荷逐漸增多，因此電容器電壓也由零值逐漸上升：

$$q_c(t) = q_c(t_1) + \int_{t_1}^{t} i_c(\tau)d\tau$$

$$= \int_{t_1}^{t} i_c(\tau)d\tau \quad \text{C} \tag{4.3.8}$$

$$v_c(t) = \frac{q_c(t)}{C} \quad \text{V} \tag{4.3.9}$$

式中 $q_c(t_1)$ 爲零，應用了開關切換瞬間電荷的連續性觀念，t 則代表開關 SW 位在節點 1 期間的任何時間。可是當電容器電壓上升時，因爲獨立電壓源電壓 V_s 爲定值常數，只要將 (4.3.6) 式稍加修改，我們會發現電容器電流 i_c 會隨電容器電壓 v_c 的上升而逐漸下降：

$$i_c(t) \downarrow = \frac{V_s - v_c(t) \uparrow}{R_s} = \frac{dq_c(t)}{dt} \quad \text{A} \tag{4.3.10}$$

式中電容器電壓 v_c 必小於或等於電源電壓 V_s，因此電流 i_c 受該式第一個等號右側分子影響必爲正值，但是該正值會隨時間的增加漸漸變小。受 (4.3.10) 式之正值電流 i_c 逐漸減少的影響，電容器極板的電荷 q_c 隨時間之增加雖仍在繼續向上累積，但是累積電荷的速度卻因此減慢了。因爲電容電壓對時間的關係式爲：

$$\frac{dv_c(t)}{dt} = \frac{i_c(t)}{C} \quad \text{V/s} \tag{4.3.11}$$

仍爲正值，表示電容電壓確實隨時間增加也逐漸加大，但是剛開始充電時，因爲電流 i_C 較大而使電壓上升較快；到了充電接近結尾時，因爲電流 i_C 較小而使電壓上升變慢。將 (4.3.10) 式兩側對時間微分，並代入 (4.3.11) 式的關係式，可得電容電流對時間的變化率：

$$\frac{di_C}{dt} = -\frac{1}{R_s}\frac{dv_C(t)}{dt} = -\frac{1}{R_s}\frac{i_C}{C} = -\frac{i_C}{\tau_C} \quad \text{A/s} \tag{4.3.12}$$

式中

$$\tau_C = R_s \cdot C \quad \text{s} \tag{4.3.13}$$

稱爲充電的時間常數 (time constant)，其單位按電阻 $R = V/I$ 及電容 $C = Q/V$ 之基本定義，配合 $I = Q/t$ 的觀念，應可表示爲：

$$R_s C = \frac{\text{volts}}{\text{ampere}}\frac{\text{coulombs}}{\text{volt}} = \frac{\text{coulombs}}{\text{ampere}}$$
$$= \frac{\text{coulombs}}{\text{coulombs/second}} = \text{second}$$

(4.3.12) 式等號右側因爲電容電流 i_C 爲正值，但是前面有一個負號，表示電容器電流 i_C 對時間 t 的變化率爲負值，從而可知：剛開始充電時，電容電流 i_C 比較大，故電容電流隨時間的增加而逐漸下降較快；到了充電結尾時，電容電流 i_C 比較小，故電容電流隨時間的增加而逐漸下降也會較慢。這樣的電壓、電流及電荷的關係一直持續到電荷累積在電容器極板上充滿爲止，或電容電流 i_C 不再流動時，令此時間爲 $t = t_x$ 秒，代入 (4.3.10) 式可得：

$$i_C(t_x) = \frac{V_s - v_C(t_x)}{R_s} = 0 \quad \text{A} \tag{4.3.14}$$

由 (4.3.14) 式可求出此 t_x 秒時的電容電壓 v_C 及儲存的電荷量 q_C 均爲最大值，其值分別爲：

$$v_C(t_x) = V_s = v_{C,\max} \quad \text{V} \tag{4.3.15}$$

$$q_C(t_x) = Cv_C(t_x) = CV_s = q_{C,\max} \quad \text{C} \tag{4.3.16}$$

式中的時間 t_x 代表電路之電容器兩端電壓爲電源電壓 V_s，或電容電流 i_C 爲零的時間，它是由 t_1 秒開始算起的。當時間 t 大於或等於 t_x

時，電流仍維持零值，電容電壓及儲存電荷將不再改變，整個電路的動作已經達到穩定狀態。因此一般選定由開關 SW 切換至節點 1 開始，到電容器充滿電荷之電路穩態所需的時間，稱爲充電的暫態 (transient)，其經歷時間 t_C 約爲五倍的充電時間常數：

$$t_C = t_x - t_1 \approx 5\tau_C = 5R_s \cdot C \quad s \qquad (4.3.17)$$

根據數值大小，我們會發現 (4.3.17) 式所表示的意義是：當開關 SW 由節點 0 切換至節點 1 的時間 t_1 開始，只要花費大約五倍充電時間常數的時間，便可以將該電路視爲到達穩態，無須算出眞正的時間 t_x，此將在第五章中詳細說明。(4.3.14) 式、(4.3.15) 式，以及 (4.3.16) 式三式就是當電容器充電達到穩態時的穩態電流、電壓及電荷，在本段充電時間內已達穩態後，即使時間再繼續下去，不會再改變任何電壓、電流的數值。讓我們回顧一下本段電容器充電時間內的動作情形，其動作依序爲：

(A)$t = t_1$ 秒

開關 SW 由節點 0 切換至節點 1（假設該電容器 C 無初始電壓）。瞬間電容電流 i_C 上升至最大值 $i_{C,\max}$，電容電壓 v_C 在此瞬間仍保持爲零，維持電容電壓之連續性，因此電容此時爲等效短路。

(B)$t_x > t > t_1$ 秒

電容電流值 i_C 逐漸下降，電容電壓值 v_C 逐漸上升，電荷逐漸累積，電容器 C 處於充電暫態。

(C)$t \geq t_x$ 秒

電容器電壓 v_C 已達最高電壓，等於電源電壓值 V_s，電容電流值 i_C 爲零，電容器電荷 q_C 已充滿，此時電路到達穩定的狀態。

以上就是整個電容器 C 由未充電，直到充滿電荷的詳細充電過程。

(3)當 t_2 秒時（電容器在放電狀態）

電路開關 SW 瞬間切換至節點 2，如圖 4.3.4 所示，假設 t_2 秒大於在前述第(2)段充電時間內的穩態時間 t_x 秒，因此在 t_2 秒的電容電

壓及電荷分別爲電容器在充滿電荷時的穩態值：

$$v_c(t_2^-) = v_c(t_2) = v_c(t_2^+) = V_s = v_{C,\max} \quad \text{V} \qquad (4.3.18)$$

$$q_c(t_2) = Cv_c(t_2) = CV_s \quad \text{C} \qquad (4.3.19)$$

此二式表示電容器的電壓 v_c 及電荷 q_c 在開關 SW 切換瞬間，仍舊呈現其連續的特性。然而電容器電流 i_c 在開關切換瞬間就不是連續的，因爲當開關 SW 切換至節點 2 時，電容器 C 與放電用的電阻器 R_d 並聯，按電壓極性的關係，圖 4.3.1 電容器電流 i_c 的方向，應改成由節點 b 往節點 a 流動的放電電流（或是 i_c 變爲負值），因此電容器電流 i_c 在 t_2 秒瞬間值爲：

$$i_c(t_2) = -\frac{v_c(t_2)}{R_d} = -\frac{V_s}{R_d} = -i_2(t_2)$$

$$= -i_{C,\max} \quad \text{A} \qquad (4.3.20)$$

式中 $-i_{C,\max}$ 表示電容器 C 最大的放電電流，與充電時的最大電流 $i_{C,\max}$ 之值不同。由於電容器 C 在此時與電阻器 R_d 形成一個簡單的 RC 並聯迴路，因此流入電容器的電流 i_c 與流入電阻器 R_d 的電流 i_2 大小相同但方向相反。又此時的電容電壓 v_c 爲最大值 V_s，因此將電容電壓除以放電電阻值，此將是電容器放電時的最大電流。將電容器電壓 v_c 對時間 t 的變動率以電流 i_c 對電容量 C 的比值表示，可得：

$$\frac{dv_c(t)}{dt} = \frac{i_c(t)}{C} = -\frac{v_c(t)}{R_d C} = -\frac{v_c(t)}{\tau_d} \quad \text{V/s} \qquad (4.3.21)$$

圖 4.3.4 $t = t_2$ 秒之電路

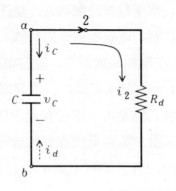

式中

$$\tau_d = R_d C \quad \text{s} \tag{4.3.22}$$

稱爲放電的時間常數，其單位與充電的時間常數 τ_C 一樣同爲秒。(4.3.21) 式中第三個等號右側之電容電壓 v_C 爲正值，放電時間常數 τ_d 亦爲正值，故知該式之電容器電壓對時間的變動率爲負值，因此電容電壓會隨時間的增加而逐漸下降，尤其在剛開始放電時，電容電壓較大，電容電壓隨時間的增加下降較快；到了放電結尾時，電容電壓較小，電容電壓隨時間的增加下降較慢，直到最後減至零爲止。電容器電流 i_C 在該段放電時間內可表示爲：

$$i_C(t) = -\frac{v_C(t)}{R_d} \quad \text{A} \tag{4.3.23}$$

將 (4.3.23) 式對時間 t 微分，再將電容器兩端的電壓 v_C 與通過的電流 i_C 關係式代入 (4.3.23) 式，可得：

$$\frac{di_C(t)}{dt} = -\frac{1}{R_d}\frac{dv_C(t)}{dt} = -\frac{1}{R_d}\frac{i_C(t)}{C}$$

$$= -\frac{i_C(t)}{\tau_d} = \frac{v_C(t)}{R_d^2 C} \quad \text{A/s} \tag{4.3.24}$$

式中最後一個等號右側是將 (4.3.23) 式代入倒數第二個等號右側所得。由 (4.3.24) 式得知，電容器電流隨時間之變動率爲正值，且與電壓變化成正比，因此該變動率也是隨時間增加而下降的，亦即該電容電流的響應曲線，在水平軸爲時間軸時，是逐漸由右上的斜率慢慢轉成爲水平的斜率（注意：電容器電流爲負值，故斜率在放電初期是正的），它的情形是：在剛開始放電時，電容電壓較大，電容電流隨時間的增加上升較快；到了放電結尾時，電容電壓較小，故電容電流隨時間的增加上升較慢。但是電容電壓在此段放電期間均維持正值，因此就 (4.3.23) 式來看，電容電流在此段放電時間一直維持負值，表示實際的電容電流方向應該如圖 4.3.4 之 i_d 虛線方向所示，是由電容電壓正端向外放出電荷的。

　　假設在放電期間，當時間在 t_Y 秒時，電容器電壓及電流均爲零，由開關 SW 自節點 1 切換至節點 2 之 t_2 秒開始算起，到 t_Y 秒爲止，所經過的整個時間，稱爲暫態放電時間，其大小約爲：

$$t_d = t_Y - t_2 \approx 5\tau_d = 5R_dC \quad \text{s} \tag{4.3.25}$$

與充電時間一樣，我們無須眞正算出 t_Y，只要由開關 SW 自節點 1 切換至節點 2 開始算起，約經過五倍的放電時間常數時間，此時電路之電容器電壓及電流均已降至接近於零的狀態，因此這時候可視電路已達穩定狀態。因此圖 4.3.4 之放電電路其穩態電壓、電流及電荷分別爲：

$$v_C(t_Y) = 0 \quad \text{V} \tag{4.3.26}$$

$$i_C(t_Y) = 0 \quad \text{A} \tag{4.3.27}$$

$$q_C(t_Y) = 0 \quad \text{C} \tag{4.3.28}$$

在本段放電期間超過 t_Y 秒後，整個放電電路已無任何能量存在，因此仍舊保持 (4.3.26) 式～(4.3.28)式三式的零值，不再改變。讓我們回顧放電期間這部份的過程如下：

(A)$t = t_2$ 秒

　　開關 SW 由節點 1 切換至節點 2（假設電容器已在充電期間完全充滿電荷），流入電容器之電流 i_C 瞬間以最大的電流負值流入放電電阻器 R_d，電容器電壓與電荷在此瞬間仍保持原充滿電能之電壓與電荷量，以維持其連續性。

(B)$t_Y > t > t_2$ 秒

　　在此放電暫態期間，電容器電壓及電荷由正值隨時間增加逐漸減少至零，而電容器電流由最大負值逐漸向零值趨近。

(C)$t \geq t_Y$ 秒

　　電容器電壓、電流及電荷完全爲零，到達電路的穩態。

　　將前述三個部份以圖 4.3.5 簡單說明如下：

(1)在時間軸 $0 \sim t_1$ 秒中間，爲第(1)部份，電容器電壓 v_C 與電流 i_C 均爲零值。

圖4.3.5 (1)(2)(3)三個部份的電容電壓、電流響應

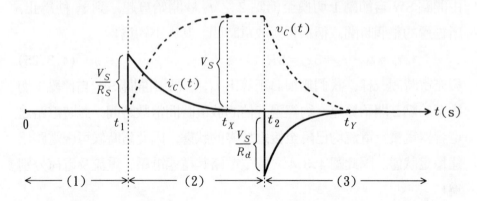

(2)在時間軸 $t_1 \sim t_X$ 秒中間，爲第(2)部份的充電期間，電容器電壓 v_C 因充電而呈指數曲線變化，由零值隨時間之增加而逐漸上升，注意它在 $t = t_1$ 秒瞬間保持電壓的連續。電流 i_C 則先在 $t = t_1$ 秒瞬間產生最大的充電電流，發生不連續的電流跳躍情況，然後呈指數曲線變化，隨時間的增加而下降。在 $t = t_1$ 秒瞬間，電容器呈現等效短路狀態。當 $t = t_X$ 秒時，電容器電壓因充滿了電荷使 v_C 到達穩態的電源電壓 V_S，而電流 i_C 則因充滿了電荷回到零值。在 $t = t_X$ 秒瞬間，電容器產生等效開路狀態。

(3)在時間軸 $t_X \sim t_2$ 秒中間，電容器兩端電壓仍保持充滿電荷的穩態的電壓值 V_S，而通過電容器的電流，則仍保持充滿電荷的穩態零值。

(4)在時間軸 $t_2 \sim t_Y$ 秒中間，爲第(3)部份的放電期間，電容器電壓 v_C 因放電而呈指數曲線變化，由最大值 V_S 隨時間之增加而逐漸下降，注意它在 $t = t_2$ 秒瞬間保持電壓的連續。電流 i_C 則先在 $t = t_2$ 秒瞬間產生最大的放電電流（負值 i_C 表示放電），發生不連續的電流跳躍情況，然後呈指數曲線變化，隨時間增加而上升。在 $t = t_2$ 秒瞬間，電容器呈現等效電壓源狀態。當 $t = t_Y$ 秒時，電容器電壓因放光了電荷使 v_C 到達穩態的零值電壓，而電流 i_C 則因放完了電

荷回到零值。在 $t = t_Y$ 秒瞬間，電容器產生等效的無能量狀態。

(5)在時間軸大於 t_Y 秒以後，電容器兩端電壓仍保持無電荷穩態的零電壓，而通過電容器的電流則仍保持無電荷的穩態零值。整個電容器回到無電能狀態。

【例 4.3.1】如圖 4.3.6 所示之電容器充電電路，試求電容器充電之時間常數，以及最後電壓、電流。

圖 4.3.6 例 4.3.1 之電路

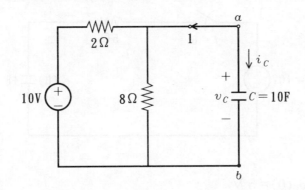

【解】先將 10 V 與 2 Ω，4 Ω 電阻器化簡爲戴維寧等效電路

$$V_{TH} = 10 \times \frac{8}{2+8} = 10 \times \frac{8}{10} = 8 \text{ V}$$

$$R_{TH} = 2//8 = \frac{2 \times 8}{2+8} = \frac{16}{10} = 1.6 \text{ Ω}$$

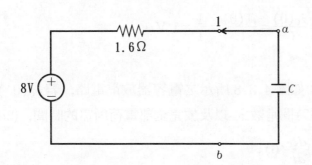

故時間常數 $\tau_C = R_{TH}C = 1.6 \times 10 = 16$ s

最後電容器電壓爲: C: 開路時$\Rightarrow v_C = 8$ V, $i_C = 0$ A　　　◎

【例 4.3.2】如圖 4.3.7 所示之電路, 電容器初值電壓爲 5 V, 開關在 $t = 0$ s 閉合, 求: (a)$v_R(0)$、$i_R(0)$, (b)$i_{C,max}$, (c)τ_C, (d)電容器充滿電荷的時間, (e)$\dfrac{dv_C}{dt}(0)$。

圖 4.3.7　例 4.3.2 之電路

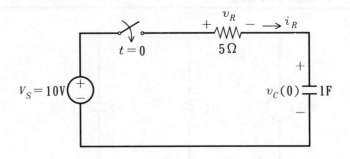

【解】 (a)$\because v_C(0) = 5$ V

$\therefore v_R(0) = V_S - v_C(0) = 10 - 5 = 5$ V

$\quad i_R(0) = \dfrac{v_R(0)}{R} = \dfrac{5}{5} = 1$ A

(b)$i_{C,max} = i_R(0) = 1$ A

(c)$\tau_C = RC = 5 \times 1 = 5$ s

(d)$t = 5\tau_C = 5 \times 5 = 25$ s

(e)$\dfrac{dv_C}{dt}(0) = \dfrac{i_C(0)}{C} = \dfrac{i_R(0)}{C} = \dfrac{1}{1} = 1$ V/s　　　◎

【例 4.3.3】如圖 4.3.8 所示之電容器放電電路, 若 $v_C(0^-) = 10$ V, 求: (a)放電時間常數 τ_d 以及放完全部電荷所需的時間, (b)$i_C(0)$, (c)$\dfrac{dv_C}{dt}(0)$, (d)$\dfrac{di_C}{dt}(0)$。

圖 4.3.8 例 4.3.3 之電路

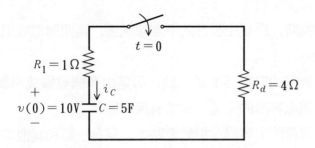

【解】 (a)$\tau_d = (R_1 + R_d)C = (4+1) \times 5 = 25$ s

放完全部電荷約為 $5\tau_d = 5 \times 25 = 125$ s

(b)$i_C(0) = \dfrac{-10}{4+1} = -2$ A

(c)$\dfrac{dv_C}{dt}(0) = \dfrac{i_C(0)}{C} = \dfrac{-2}{5} = -0.4$ V/s

(d)$\dfrac{di_C}{dt}(0) = \dfrac{d}{dt}(\dfrac{-v_C(0)}{R_1 + R_d}) = (\dfrac{-1}{R_1 + R_d})\dfrac{dv_C}{dt}(0)$

$\qquad = -\dfrac{1}{5} \times (-0.4) = +0.08$ A/s $\qquad$ ◎

【本節重點摘要】

(1)$\tau_C = R_s \cdot C$ s

稱為 RC 電路之充電時間常數。

(2)一般選定由開關切換開始，到電容器充滿電荷之電路穩態所需的時間，稱為
充電的暫態，其經歷時間約為五倍的充電時間常數：

$\qquad t_C \approx 5\tau_C$ s

(3)$\tau_d = R_d \cdot C$ s

稱為 RC 電路之放電時間常數。

(4)一般選定由開關切換開始，到電容器完全放電完畢所需的時間，稱為放電的
暫態，其經歷時間約為五倍的放電時間常數：

$\qquad t_d \approx 5\tau_d$ s

【思考問題】

(1)若開關切換時，為發生延遲的不理想狀態，請問對電容電壓電流有何影響？

(2)若充電或放電的電容器不是一個，而是由多個並聯或串聯在一起，這樣對各個電容器的充電、放電有何影響？

(3)一個含有電荷的電容器浮接於電路上，只有一端和其他電路元件相接，試問此電容器之電荷會不會永遠保持下去？

(4)若在充電或放電過程中，電阻值不斷地變動，對於充放電過程的影響會不會很大？

(5)試舉一個實例，說明日常生活電器用品設備中的充放電應用。

4.4　電容器的初值電壓和穩態電壓

在第 4.3 節中，我們分析一個電容器經過開關的切換，得到充電及放電的兩種基本的特性。文中也提及，電容器兩端的電壓或流入的電流，其數值的增加或減少，除了用電壓及電流的關係式表示外，另外用電壓及電流對時間微分的關係式，觀察電壓及電流隨時間變化時的正、負值以及大小，以判斷電容器兩端的電壓及通過的電流特性，究竟是隨時間如何的改變。

此外，在第 4.3 節的分析中，我們也逐一列出電容器電壓、電荷及電流在開關每次切換位置前的數值，開關切換瞬間的大小，以及處在該段開關位置時間終了時的穩態值，這些數據對我們觀察電容器的特性上幫助很大。

本節的目標在說明電容器電壓在開關切換的瞬間，以及開關位置經過很長一段時間後的數據。在開關切換瞬間，根據電容器電壓值之連續性，該電壓不能瞬間發生改變，因此仍舊應該維持開關切換前的數據，否則會產生實際電容器所不可能發生的無限大電流值，此在本

章第 4.1 節中已有談過。此開關切換瞬間的電容器電壓，稱爲初值電壓或初始電壓（the initial voltage）。當開關切換至所期望的節點或位置一段時間後，電容器之電壓、電流及電荷不再發生變動，整個電路呈現了穩定的狀態，此即是第 4.3 節文中所謂的穩態，此時電容器電壓的穩定值稱爲穩態電壓（the steady-state voltage）。但爲何不談電容器的電流或電荷呢？因爲電荷量可以用電壓值來表示，只要將電容器之電容量 C 乘以電容器兩端的電壓大小 v_C 便可求得電容器之電荷值 q_C。另外，因爲電容器電流不如電壓之具有連續性，當開關切換時，電容器之電流發生瞬間跳躍的機率非常高，有時會自最大的正電流瞬間變成最大的負電流，這是可以允許的，唯獨電容器兩端電壓不可如此，電壓仍須符合其連續性。

圖 4.4.1　電容器之(a)充電與(b)放電電壓曲線

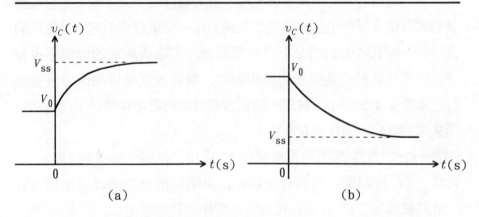

(a)　　　　　　　　　　(b)

　　茲將電容器電壓的初值及穩態值，分別利用圖 4.4.1(a)及(b)來說明電容器充電及放電的情形：

⑴充電期間

　　如圖 4.4.1(a)所示，在時間 t 小於零秒前，電容器電壓一直維持在 V_0 的位準，此 V_0 稱爲電容器的初值電壓。當開關於 $t=0$ 秒將電容器切換至某一個電路時，電容器電壓將由 V_0 逐漸上升，開始充

電。經過一段時間後（可能爲五倍的時間常數），電容器的電壓可能會升高至一個較高的穩定電壓值 V_{ss}，此電壓即爲電容器兩端的穩態電壓。電壓到達穩態電壓後，若電路沒有發生改變，而且時間再繼續下去的話，電容器兩端的電壓值仍將保持 V_{ss} 不變。

(2)放電期間

如圖 4.4.1(b)所示，在時間 t 小於 0 秒前，電容器電壓保持於 V_0，此爲電容器之初值電壓。當開關於 $t = 0$ 秒瞬間，切換至某一個電路作放電時，電容器電壓沒有瞬間改變，仍舊維持於 V_0。由於是電容器放電，其兩端電壓會隨著時間逐漸下降，經過一段時間（可能約爲五倍的時間常數值）後，電容器兩端的電壓會慢慢地趨向於一個固定值 V_{ss}。電容電壓到達此穩態電壓後，若電路沒有發生改變，而且時間再繼續下去的話，電容器兩端的電壓值仍將保持 V_{ss} 不變。

上述的電容器的電壓會隨充電、放電特性的不同，產生初值電壓及穩態電壓各異的情形，這是很單純的單一個電容器的充電及放電的表示。一個電容器切換至不同的電路後，充電或放電的情況都會發生，但是最重要的是開關切換的瞬間，電容器電壓仍須保持其連續性。如圖 4.4.2 所示，就是一個電容器兩端的電壓在連接不同電路時所造成的變化，茲逐一說明於下：

(1)當 $t < t_1$ 秒時：電容器電壓維持 V_1 電位，此爲一個穩態電壓。

(2)當 $t = t_1$ 秒瞬間：開關發生切換，但電容電壓仍須維持原值 V_1，此將做爲 $t_2 > t > t_1$ 區間電容電壓響應的初值電壓。

(3)當 $t_2 > t > t_1$：電容器放電，以 V_1 爲初值電壓，電容器電壓由 V_1 逐漸下降，降至一個穩定值 V_2，此 V_2 即爲穩態電壓。V_2 將當做爲下一個次開關切換時的初值電壓。

(4)當 $t = t_2$：開關發生切換，爲維持電容電壓之連續，電容電壓保持爲 V_2，將做爲 $t_3 > t > t_2$ 區間的初值電壓。

(5)$t_3 > t > t_2$：電容器繼續放電，以原電壓 V_2 爲初值，電壓逐漸下降，當電壓降至 V_3 時，開關發生切換，電容電壓此時雖並非固定

的穩態電壓，但是因開關強迫動作，電容電壓仍維持 V_3。

(6)當 $t = t_3$：電容電壓維持 V_3，以符合開關動作前後電容電壓的連續性，此電壓將做為 $t_4 > t > t_3$ 區間的初值電壓。

(7)$t_4 > t > t_3$：電容器以 V_3 為初值電壓開始充電，經過一段時間後，到達一個穩態電壓 V_4，一直保持到 t_4 的時間。

(8)當 $t = t_4$：開關動作，電容電壓維持連續，保持在 V_4 的位準。此電壓將做為 $t_5 > t > t_4$ 區間的初值電壓。

(9)$t_5 > t > t_4$：電容器繼續充電，以 V_4 為初值電壓，電壓受充電而上升，經過一段時間後，到達另一新的高電壓 V_5，此電壓為開關切換最後的穩態電壓。

(10)當 $t > t_5$：電容電壓一直保持穩態電壓 V_5 不再改變。

圖 4.4.2　一個電容器切換至不同電路之多次充、放電之電壓變化

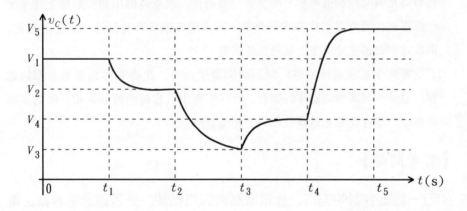

上述的程序(1)～(10)為充放電均存在的情形，其中每一次開關動作前後的電壓仍須保持連續性，充電時由初值電壓升高至另一高電壓，放電時則由初值電壓下降至另一低電壓。若充電或放電時間夠快，則充電會很快升高到達一個穩態電壓，而放電也會迅速地降至一個穩態低電壓。在步驟(5)的 $t_3 > t > t_2$ 區間中，因為放電速度較慢，當時間到達 t_3 秒時，電容器電壓只到達 V_3，此電壓並非穩態電壓，但受到

開關瞬間動作的影響，電容電壓以 V_3 爲切換時的瞬間電壓，配合電容電壓連續性的關係，強迫將 V_3 當成 $t = t_3$ 秒時的電容電壓，做爲 $t_4 > t > t_3$ 區間的初值電壓，這種情況在一般電路上非常容易出現，值得注意。

【本節重點摘要】

(1)開關切換瞬間的電容器電壓，稱為初值電壓或初始電壓。當開關切換至所期望的節點或位置一段時間後，電容器之電壓、電流及電荷不再發生變動，整個電路呈現了穩定的狀態，此時電容器電壓的穩定值稱為穩態電壓。

(2)電荷量可以用電壓值來表示，只要將電容器之電容量 C 乘以電容器兩端的電壓大小 v_C 便可求得電容器之電荷值 q_C。電容器電流不如電壓之具有連續性，當開關切換時，電容器之電流發生瞬間跳躍的機率非常高。因此電容器的電荷及電流較少使用。

(3)電容器充電時由初值電壓升高至另一高電壓，放電時則由初值電壓下降至另一低電壓。若充電或放電時間夠快，則充電會很快升高到達一個穩態電壓，而放電也會迅速地降至一個穩態低電壓。

(4)若電容器在充電或放電時，開關瞬間發生切換，此時電容電壓並非穩態電壓，但受到開關瞬間動作的影響，電容電壓須以當時的瞬間電壓，做為開關動作後，電容器做充電或放電時的初值電壓。

【思考問題】

(1)若一個電容器的充電、放電電壓曲線爲已知，是否通過電容器之電流曲線亦可求出？

(2)試問一個電容器的充電放電，有沒有可能初值電壓等於穩態電壓？

(3)若充電的電源是一個正弦波，電容器無初值電壓，請問該電容器穩態電壓如何決定？

(4)若一個電容器的電壓，經常在正電壓與負電壓間做改變，它可否選用具有極性的電容器？

(5)n 個電容器串聯或並聯在一起，對於每一個電容器的穩態電壓或初

值電壓會不會有不同？爲什麼？

4.5 電感器中電壓與電流之關係

本節將介紹電路中另外一種基本電路元件：電感器（inductors）。它與電容器同樣是電路中重要的儲能元件，但是在特性上與電容器卻呈現有趣的對偶性（duality）關係。這種特性將在介紹完電感器後，才可以發現這種現象。然而以電阻器而言，電阻器的特性卻好像介在電感器與電容器之間，但是電阻器卻不具儲能特性，純粹是一個只會消耗電功率及電能的元件。將這三個基本被動的電路元件，配合電路上的電源使用，大約就構成了所有電路系統的特性，可以幫助我們完成所需要達成的各項功能。

爲了介紹電感器的形成及定義，茲先以圖 4.5.1 所示的基本線圈架構特性做一番說明。圖 4.5.1 所示，爲一個 N 匝（turns）的導線，繞在一個環狀的金屬體上，此金屬體構成所謂的鐵心（the iron core）。假設該鐵心之截面積爲 A（m²），鐵心中心的平均路徑長度爲 l（m），當導線兩個端點 1、2 通以電壓 $v_L(t)$ 時，流入導線電壓正端的電流爲 $i_L(t)$，則電流經過 N 匝導線所形成的螺管線圈內後，所形成的磁路總磁動勢（the magnetomotive force, MMF）爲：

$$F_m(t) = \text{MMF} = i_L(t) \cdot N \quad \text{At} \tag{4.5.1}$$

式中的單位 At，簡稱安匝（安培－匝），代表 ampere-turns。將總磁動勢 F_m 除以磁通流過的平均磁路長度 l，可得該鐵心內部的磁場強度（the magnetic field intensity）$H(t)$ 爲：

$$H(t) = \frac{F_m(t)}{l} = \frac{i_L(t) \cdot N}{l} \quad \text{At/m} \tag{4.5.2}$$

電流通過線圈會產生磁通 Φ（發音爲 phi），將磁通除以其通過的鐵心截面積大小 A，可得該鐵心內部的磁通密度（magnetic flux density）$B(t)$：

$$B(t) = \frac{\Phi(t)}{A} \quad \text{Wb/m}^2 \quad 或 \quad \text{tesla (T)} \qquad (4.5.3)$$

式中磁通 $\Phi(t)$ 以韋伯（webers, Wb）為單位，其他的磁通單位關係為：

$$1 \text{ Wb} = 10^8 \text{ maxwells} = 10^8 \text{ lines}$$

馬克斯威爾（maxwells）及線（lines）分別為另一種磁通的單位。帖斯拉（tesla, T）為公制的磁通密度單位，也可用高斯（gausses）或線/（英吋）^{2} 等單位表示：

$$1 \text{ T} = 10^4 \text{ gausses} = 6.4516 \times 10^4 \text{ lines /(in)}^2$$

圖 4.5.1　一個簡單的線圈繞在環形鐵心上

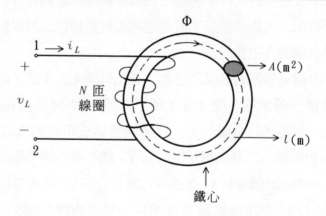

　　磁學和電學有很多微妙的類比關係，例如磁動勢 F_m 很類似電路中的獨立電壓源 V_S 或電動勢（the electromotive force, EMF），因為 F_m 為磁能的來源，如同 V_S 為電壓的來源一般。磁通 Φ 也類似電路上的電流 i，電流 i 在電路內流動，而磁通 Φ 在鐵心所形成的磁路中通過。因此磁與電兩者非常類似。既然磁動勢像獨立的電壓源，磁通像電流，那麼歐姆定理的電壓 V 對電流 I 比值為電阻 R，類似將磁動勢 F_m 除以磁通大小 Φ，則該量也應類似電阻，我們稱為磁阻（the reluctance）R_m：

$$R_m = \frac{F_m(t)}{\Phi(t)} = \frac{i_L(t) \cdot n}{\Phi(t)} \quad \text{At/Wb} \qquad (4.5.4)$$

圖 4.7.7 　例 4.7.2 之電路

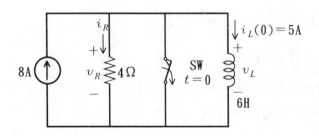

(b)$\dfrac{di_L}{dt}(0) = \dfrac{v_L(0)}{L} = \dfrac{v_R(0)}{L} = \dfrac{12}{6} = 2 \text{ A/s}$

$\dfrac{dv_L}{dt}(0) = \dfrac{d}{dt}[(8-i_L)\times 4] = (-4)\times \dfrac{di_L}{dt}(0) = -4\times 2 = -8 \text{ V/s}$

(c)$\tau = \dfrac{L}{R} = \dfrac{6}{4} = \dfrac{3}{2} = 1.5 \text{ s}$　　　　　　　　　◎

【例 4.7.3】 如圖 4.7.8 之電感器放電電路，已知電感器初值電流為

4 A，求：(a)$v_L(0), \dfrac{dv_L}{dt}(0)$，(b)$\dfrac{di_L}{dt}(0)$，放電時間常數，(c)$v_R(0)$，

$i_R(0)$。

圖 4.7.8 　例 4.7.3 之電路

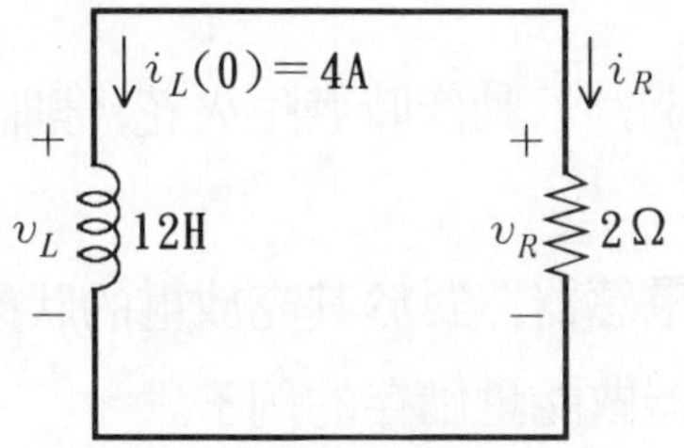

【解】 (a)$v_L(0) = -4\times 2 = -8 \text{ V}$

$\dfrac{dv_L}{dt}(0) = \dfrac{d}{dt}(-i_L\cdot 2)(0) = -2\dfrac{di_L}{dt}(0) = -2\dfrac{v_L(0)}{L}$

$$= -2 \times \frac{-8}{12} = \frac{16}{12} = \frac{4}{3} \text{ V/s}$$

(b)$\frac{di_L}{dt}(0) = \frac{v_L(0)}{L} = \frac{-8}{12} = -\frac{2}{3}$ A/s

$$\tau = \frac{L}{R} = \frac{12}{2} = 6 \text{ s}$$

(c)$v_R(0) = v_L(0) = -8$ V

$$i_R(0) = -i_L(0) = -4 \text{ A}$$

◎

【本節重點摘要】

(1)$\tau_C = \frac{L}{R_s}$　s

稱為 RC 電路之充電時間常數。

(2)由開關切換開始，到電感器之磁通飽和之電路穩態所需的時間，稱為充電的暫態，其經歷時間約為五倍的充電時間常數：

$$t_C = t_X - t_1 \approx 5\tau_C = 5\frac{L}{R_s}\text{　s}$$

(3)$\tau_d = \frac{L}{R_d}$　s

稱為 RL 電路之放電時間常數。

(4)暫態放電時間，其大小約為：

$$t_d = t_Y - t_2 \approx 5\tau_d = 5\frac{L}{R_d}\text{　s}$$

【思考問題】

(1)與電感器連接的開關，若動作時發生火花，則該電路能繼續充電或放電嗎?

(2)一個隨時間變動的電感器，對於其充放電的狀態會發生什麼影響?

(3)指出實際應用電感器做能量儲存的例子。

(4)若充、放電電路的電感器不是理想的，而是含有某些電阻值的電感，則該電感器的充放電方程式如何修正?

(5)充、放電電路有沒有可能是電感器與電容器一起使用? 如何連接?

4.8 電感器的初值電流和穩態電流

在第 4.7 節中，我們分析一個電感器經過開關的切換，得到充電及放電的兩種基本的特性。文中也提及，電感器兩端的電壓或流入的電流，其數值的增加或減少，除了用電壓及電流的關係式表示外，另外用電壓及電流對時間微分的關係式，觀察電壓及電流隨時間變化時的正、負值以及大小，以判斷電感器兩端的電壓及通過的電流特性，究竟是隨時間如何的改變。

此外，在第 4.7 節的分析中，我們也逐一列出電感器電壓、磁通鏈及電流在開關每次切換位置前的數值，開關切換瞬間的大小，以及處在該段開關位置時間終了時的穩態值，這些數據對我們觀察電感器的特性上幫助很大。

本節的目標在說明電感器電流在開關切換的瞬間，以及開關位置經過很長一段時間後的數據，它是與第 4.4 節的電容器的初值電壓與穩態電壓相對應。在開關切換瞬間，根據電感器電流值之連續性，該電流不能瞬間發生改變，因此仍舊應該維持開關切換前的數據，否則會產生實際電感器所不可能發生的無限大電壓值，此在本章第 4.5 節中有談過。此開關切換瞬間的電感器電流，稱為初值電流或初始電流（the initial current）。當開關切換至所期望的節點或位置一段時間後，電感器之電壓、電流及磁通鏈不再發生變動，整個電路呈現了穩定的狀態，此即是第 4.7 節文中所謂的穩態，此時電感器電流的穩定值稱為穩態電流（the steady-state current）。但為何不談電感器的電壓或磁通鏈呢？因為磁鏈的量可以用電流值來表示，只要將電感器之電感量 L 乘以通過電感器的電流大小 i_L 便可求得電感器之磁通鏈值 λ_L。另外，因為電感器電壓不如電流之具有連續性，當開關切換時，電感器之電壓發生瞬間跳躍的機率非常高，有時會自最大的正電壓瞬間變成最大負電壓，這是可以允許的，唯獨通過電感器電流不可如此，電

流仍須符合其連續性。

茲將電感器電流的初值及穩態值，分別利用圖 4.8.1(a)及(b)來說明電感器充電及放電的情形：

(1)充電期間

如圖 4.8.1(a)所示，在時間 t 小於零秒前，電感器電流一直維持在 I_0 的位準，此 I_0 稱為電感器的初值電流。當開關於 $t = 0$ 秒將電感器切換至某一個電路時，電感器電流將由 I_0 逐漸上升，開始充電。經過一段時間後（可能為五倍的時間常數），電感器的電流可能會升高至一個較高的穩定電流值 I_{ss}，此電流即為通過電感器的穩態電流。電感電流到達穩態電流值後，若電路沒有發生改變，而且時間再繼續下去的話，流過電感器的電流值仍將保持 I_{ss} 不變。

圖 4.8.1　電感器之(a)充電與(b)放電電流曲線

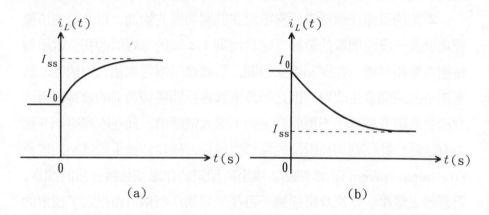

(2)放電期間

如圖 4.8.1(b)所示，在時間 t 小於 0 秒前，電感器電流保持於 I_0，此為電感器之初值電流。當開關於 $t = 0$ 秒瞬間，切換至某一個電路做放電時，電感器電流沒有瞬間改變，仍舊維持於 I_0。由於是電感器放電，其通過的電流會隨著時間逐漸下降，經過一段時間（可能約為五倍的時間常數）後，通過電感器的電流會慢慢地趨向於一個

固定值 I_{ss}。電感電流到達此穩態電流後，若電路沒有發生改變，而且時間再繼續下去的話，通過電感器的電流值仍將保持 I_{ss} 不變。

　　上述的電感器的電流會隨充電、放電特性的不同，產生初值電流及穩態電流各異的情形，這是很單純的單一個電感器的充電及放電的表示。一個電感器切換至不同的電路後，充電或放電的情況都會發生，但是最重要的是開關切換的瞬間，電感器電流仍須保持其連續性。如圖 4.8.2 所示，就是一個通過電感器的電流在連接不同電路時所造成的變化，茲逐一說明於下：

(1)當 $t < t_1$ 秒時：電感器電流維持 I_1，此為一個穩態電流。

(2)當 $t = t_1$ 秒瞬間：開關發生切換，但電感電流仍須維持原值 I_1，此將做為 $t_2 > t > t_1$ 區間電感器電流響應的初值電流。

(3)當 $t_2 > t > t_1$：電感器放電，以 I_1 為初值電流，電感器電流由 I_1 逐漸下降，降至一個穩定值 I_2，此 I_2 即為穩態電流。I_2 將當做為下一個開關切換時的初值電流。

(4)當 $t = t_2$：開關發生切換，為維持電感電流之連續，電感電流保持為 I_2，將做為 $t_3 > t > t_2$ 區間的初值電流。

(5)$t_3 > t > t_2$：電感器繼續放電，以原電流 I_2 為初值，電流逐漸下降，當電流降至 I_3 時，開關突然發生切換，電感電流此時雖並非固定的穩態電流，但是因開關強迫動作，電感電流仍維持 I_3。

(6)當 $t = t_3$：電感電流維持 I_3，以符合開關動作前後電感電流的連續性，此電流將做為 $t_4 > t > t_3$ 區間的初值電流。

(7)$t_4 > t > t_3$：電感器以 I_3 為初值電流開始充電，經過一段時間後，到達一個穩態電流 I_4，一直保持到 t_4 的時間。

(8)當 $t = t_4$：開關動作，電感電流維持連續，保持在 I_4 的位準。此電流將做為 $t_5 > t > t_4$ 區間的初值電流。

(9)$t_5 > t > t_4$：電感器繼續充電，以 I_4 為初值電流，電流受充電而上升，經過一段時間後，到達另一個新的大電流 I_5，此電流為開關切換最後的穩態電流。

圖 4.8.2　一個電感器切換至不同電路之多充、放電之電壓變化

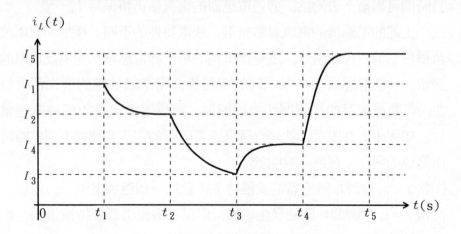

(10)當 $t > t_5$：電感電流一直保持穩態電流 I_5 不再改變。

　　上述的程序(1)～(10)為充、放電均存在的情形，其中每一次開關動作前後的電感電流仍須保持連續性，充電時由初值電流升高至另一個大電流，放電時則由初值電流下降至另一小電流。若充電或放電時間夠快，則充電會很快升高到達一個穩態電流，而放電也會迅速地降至一個穩態小電流。在步驟(5)的 $t_3 > t > t_2$ 區間中，因為放電速度較慢，當時間到達 t_3 秒時，電感器電流只到達 I_3，此電流並非穩態電流，但受到開關瞬間動作的影響，電感電流以 I_3 為切換時的瞬間電流，配合電感電流連續性的關係，強迫將 I_3 當成 $t = t_3$ 秒時的電感電流，做為 $t_4 > t > t_3$ 區間的初值電流，這種情況在一般電路上非常容易出現，值得注意。

【本節重點摘要】

(1)開關切換瞬間的電感器電流，稱為初值電流或初始電流。當開關切換至所期望的節點或位置一段時間後，電感器之電壓、電流及磁通鏈不再發生變動，整個電路呈現了穩定的狀態，此即是穩態，此時電感器電流的穩定值稱為穩態電流。

(2)電感器磁通鏈的量可以用電流值來表示，只要將電感器之電感量 L 乘以通過電感器的電流大小 i_L 便可求得電感器之磁通鏈值 λ_L。電感器電壓不如電流之具有連續性，當開關切換時，電感器之電壓發生瞬間跳躍的機率非常高，因此電感的磁通鏈及電壓較少使用。

(3)電感器充電時，電感器電流將由初值電流 I_0 逐漸上升，開始充電。經過一段時間後（可能為五倍的時間常數），電感器的電流可能會升高至一個較高的穩定電流值 I_{ss}，此電流即為通過電感器的穩態電流。

(4)電感器放電時，電感器由初值電流 I_0 開始放電，其通過的電流會隨著時間逐漸下降，經過一段時間（可能約為五倍的時間常數值）後，通過電感器的電流會慢慢地趨向於一個固定值 I_{ss}，此值即為其穩態電流。

(5)若電感器充電或放電時間夠快，則充電會由初值電流很快升高到達一個穩態電流，而放電也會由初值電流迅速地降至一個穩態的小電流。但是當開關動作瞬間，電容電壓並非穩態電壓時，則電容須以當時的瞬間電壓做為開關動作後電容器充電或放電的初值電壓。

【思考問題】

(1)若一個電感器的充電、放電之電流響應曲線爲已知，是否可估算電感器兩端的電壓變化的響應曲線？

(2)n 個電感器做串聯或並聯時，對於每一個電感器的初值電流有沒有什麼限制？

(3)一個含有鐵心的電感器常做充電、放電使用，請問該電感器的鐵心會不會具有極性（N 極或 S 極）？

(4)若一個交流電流源供一個電感器做充電使用，若該電感器無初值電流，請問穩態電流如何計算？

(5)若一個電感器在充電瞬間突然被改成放電，除電流當然要連續變化外，請問電壓是否在此時變化最大？

4.9　儲能元件之功率與能量

電容器與電感器的電壓與電流關係已分別於本章第 4.1 節及第 4.5 節中介紹過，本節將應用電壓與電流的基本關係，推導這兩種儲能元件的功率與能量。茲分兩部份分別說明之。

4.9.1　電容器的功率及能量

假設電容器之電容量 C 為定值常數，則可將電容器兩端的電壓 $v_C(t)$ 與通過的電流 $i_C(t)$ 關係式重寫如下：

$$i_C(t) = C\frac{dv_C(t)}{dt} \quad \text{A} \tag{4.9.1}$$

式中電流 $i_C(t)$ 為流入電容器電壓 $v_C(t)$ 正極性端點的電流，亦即將電容器以傳統被動符號表示。將 (4.9.1) 式的電流表示式再乘以電容器電壓 $v_C(t)$，可得電容器瞬間吸收的功率 $p_C(t)$：

$$p_C(t) = v_C(t) \cdot i_C(t) = Cv_C(t)\frac{dv_C(t)}{dt} \quad \text{W} \tag{4.9.2}$$

若 (4.9.2) 式之 $p_C(t)$ 功率為正值，則表示電容器之電壓與電流同時為正號或同時為負號，因此電容器在此瞬間正在吸收功率。反之，若 $p_C(t)$ 為負值，即代表電容器之電壓或電流一個為正、一個為負，此時電容器吸收功率為負值，相當於該電容器正在放出功率。若 $p_C(t)$ 為零，即代表電容器之電壓或電流其中一個為零或同時為零，此時電容器吸收功率或放出功率均為零，此相當於該電容器無功率流動的情形。將 (4.9.2) 式對時間 t 積分後，可得該電容器儲存於電場的能量 $w_C(t)$：

$$w_C(t) = \int_{t_0}^{t} p_C(\tau)d\tau + w_C(t_0)$$

$$= \int_{t_0}^{t} [v_C(\tau) \cdot C\frac{dv_C(\tau)}{d\tau}]d\tau + w_C(t_0)$$

曲線，但是可以明顯發現，$B(t)$的變動量在此區間比$H(t)$的變動量少，代表鐵心的磁通量已經慢慢趨近於最大值；當$H(t)$再上升至 u 點時，如果再增加電流$i_L(t)$，$H(t)$雖然可以再加大，但是$B(t)$已經到達最大的飽和值 B_{sat}，此即爲鐵心所能通過最大的磁通量$\Phi_{max}(t)$ 的點，無法再增大鐵心中的磁通量，此 B_{sat}稱爲該鐵心飽和的磁通密度。

　　圖 4.5.3 是僅將電流由零值慢慢增加到達某一個正的電流值所獲得的曲線，若將電流$i_L(t)$改爲交流或弦式電流注入，則會形成如圖 4.5.4 所示的一個迴圈，稱爲磁滯迴圈（the hysteresis loop），此迴圈所圍成的面積可用下式表示：

$$\text{ED} = \int_{B_1}^{B_2} H(t)dB(t) \quad \text{J/m}^3 \tag{4.5.9}$$

或以$H(t)$爲變數表示如下：

$$\text{ED} = \int_{H_1}^{H_2} B(t)dH(t) \quad \text{J/m}^3 \tag{4.5.10}$$

式中 ED 代表能量密度（the energy density），將 ED 乘以磁路鐵心的體積，即可得到鐵心在電源頻率變化一週內總能量的損耗。因爲一個保守的（conservative） $B - H$ 迴圈面積應爲零值，以使能量之輸入等於能量之輸出，不產生損耗於鐵心上，然圖 4.5.4 所示之迴圈包圍面積之能量密度係留在鐵心內部，換言之，該能量無法做功，僅能轉換成爲熱能損耗而已。是故，在交變的電流通過繞有鐵心的線圈時，一部份能量經由磁場加在鐵心上而轉換爲熱能，該熱能實際是損失在磁路的鐵心內部。

　　以上僅將磁路一些基本特性做一概說，現將分析電感器電壓及電流的關係。讓我們回顧圖 4.5.1 之一個線圈繞在鐵心上的情況，根據法拉第定律（Faraday's Law）感應電壓的公式：

$$v_L(t) = \frac{d\lambda(t)}{dt} = N\frac{d\Phi(t)}{dt} \quad \text{V} \tag{4.5.11}$$

圖4.5.4　磁性材質之 $B-H$ 迴圈

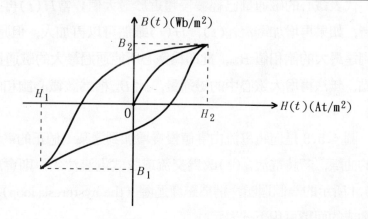

式中

$$\lambda(t) = N\Phi(t) \quad \text{Wb-turns} \tag{4.5.12}$$

λ（發音爲 lambda）稱爲磁通鏈（flux linkage），它是將線圈匝數 N 乘以磁通量 $\Phi(t)$ 而得。將磁通量表示爲電流的關係式爲：

$$\Phi(t) = AB(t) = A\mu H(t) = A\mu\frac{F_m(t)}{l}$$

$$= (\frac{\mu NA}{l})i_L(t) \quad \text{Wb} \tag{4.5.13}$$

將（4.5.13）式代入（4.5.11）式中的電壓，可得：

$$v_L(t) = N\frac{d\Phi(t)}{dt} = (\frac{N^2\mu A}{l})\frac{di_L(t)}{dt}$$

$$= L\frac{di_L(t)}{dt} \quad \text{V} \tag{4.5.14}$$

式中

$$L = \frac{N^2\mu A}{l} = \frac{N^2}{l/\mu A} = \frac{N^2}{R_m} \quad \text{H} \tag{4.5.15}$$

稱爲電感（inductance），單位爲亨利（Henry）以英文字 H 表示。（4.5.15）式中應用了（4.5.5）式的磁阻 R_m 公式，由（4.5.15）式可知一個電感量是與繞線匝數 N 的平方成正比，與磁路之磁阻 R_m

成反比。以電感特性所做成的電路元件稱電感器（the inductor）。電感量除了大型電力系統用的變壓器線圈為 1 至數百亨利外，小型電感器之值多在毫亨利或微亨利的範圍：

$$1 \text{ 毫亨利} = \text{一千分之一亨利} = 1 \text{ mH} = 10^{-3} \text{ H}$$

$$1 \text{ 微亨利} = \text{百萬分之一亨利} = 1 \text{ } \mu\text{H} = 10^{-6} \text{ H}$$

由（4.5.14）式之表示式可知亨利與電壓、電流單位間的關係為：

$$1 \text{ volt} = 1 \text{ henry (amperes/second)}$$

因此

$$1 \text{ henry} = 1 \text{ (volts/ampere)} \cdot \text{second} = 1 \text{ } \Omega \cdot \text{second}$$

由（4.5.14）式可得：

$$\lambda = N\Phi(t) = Li_L(t) \quad \text{Wb-turns} \tag{4.5.16}$$

因此電感量定義為：

$$L = \frac{\lambda(t)}{i_L(t)} = \frac{N\Phi(t)}{i_L(t)} \quad \text{H} \tag{4.5.17}$$

由（4.5.17）式可對電感量的定義描述為：單位電流下所能建立磁通鏈數目，稱為電感。若一個線圈或繞組在單位電流下所產生的磁通鏈越多，表示該線圈之電感量越大。我們重新將（4.5.14）式的電感器電壓及通過電感器的電流關係式寫出如下：

$$v_L(t) = L \frac{di_L(t)}{dt} \quad \text{V} \tag{4.5.18}$$

其相關的電路符號、電壓極性及電流方向之表示，可如圖 4.5.5 所示，其中(a)圖為固定電感器的電路符號，(b)圖則為可變電感器的符號。可變電感器多以移動鐵心的方式改變電感量，例如收音機內部電路板上的小型可變電感器，就是以圓柱型鐵粉心旋轉上下移動，改變鐵心與線圈間的磁通鏈量，達到改變電感量的目的。

若將（4.5.18）式改用積分式表示，可得電感器之電流為：

$$i_L(t) = i_L(t_0) + \frac{1}{L} \int_{t_0}^{t} v_L(\tau)d\tau \quad \text{A} \tag{4.5.19}$$

圖 4.5.5 (a)固定及(b)可變電感器的電路符號

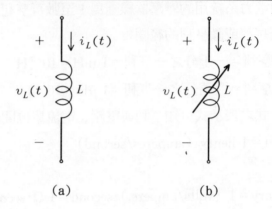

(a)   (b)

式中 $i_L(t_0)$ 代表電感器在 $t = t_0$ 秒的初值電流 (initial current)，此電流將在本章第 4.7 節中介紹。時間 $t = t_0$ 是與積分下線的時間 t_0 相對應，積分上限的 t 是與待求的電感電流 $i_L(t)$ 之時間 t 相同。請注意：(4.5.18) 式之表示式是假設電感量 L 為常數時所得的，若一個線圈之電感量 L 為隨時間變化的話，例如：一個旋轉的線圈或一般電機機械的內部線圈，則 (4.5.18) 式須修改為時變電感的電壓、電流關係式：

$$v_L(t) = L(t)\frac{di_L(t)}{dt} + i_L(t)\frac{dL(t)}{dt} \quad \text{V} \tag{4.5.20}$$

由 (4.5.18) 式之關係來看，電感器之電流 $i_L(t)$ 若在很短的時間內發生某一數值的改變，則電感器 L 兩端的電壓 $v_L(t)$ 會變成：

$$v_L(t) = \lim_{\Delta t \to 0} \frac{\Delta i_L(t)}{\Delta t} = \frac{\Delta i_L(t)}{0} \to \infty \quad \text{V} \tag{4.5.21}$$

此種情形表示電感器的電流不可以瞬間發生變化，否則在電感器 L 兩端會發生實際電感器所不允許的無限大的電壓。但若是電流之變化很小，在瞬間的改變也趨近於零，則電感器電壓 $v_L(t)$ 可表示為：

$$v_L(t) = L\frac{\Delta i_L(t)}{\Delta t} = L\frac{0}{0} \to \text{一個有限值} \quad (\text{a finite value})$$

$$\tag{4.5.22}$$

由 (4.5.22) 式所示可知，當電感器電流之變化於瞬間趨近於零時，可使電感器兩端的電壓為有限值，這是實際電感器可以允許的。因此我們可以歸納出電感器的電流的重要特性，亦即在電路開關切換或網路變換時，電感器電流必須具有連續的特性。此與電容器電壓必須為連續的特性相類似，假設開關切換在 $t = t_0$ 秒的時候發生，則電感器電流必須為：

$$i_L(t_0^-) = i_L(t_0) = i_L(t_0^+) \quad A \tag{4.5.23}$$

式中 t_0^- 代表開關動作前的瞬間，而 t_0^+ 代表開關動作後的瞬間。若以時間圖形表示，可參考圖 4.5.6 的示意圖。

圖 4.5.6 電感器電流的連續性

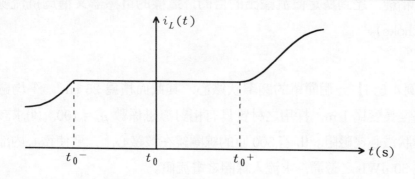

圖 4.5.7 電感器電流之不連續性

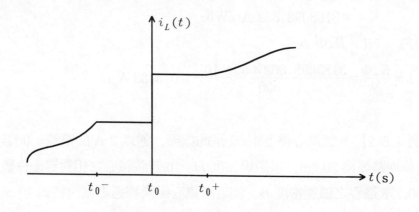

　　圖4.5.6中已經將開關動作的前後瞬間予以放大,以使(4.5.23)式更加明確。但是如圖 4.5.7 所示的電感器電流對時間的曲線就無法適用於實際電感器, 因爲在 t_0^- 秒時, 雖然電感器電流與 t_0 秒之值相同, 但 t_0 秒的瞬間卻發生電流跳躍, 突然上升至另一較高的電流值, 恰與 t_0^+ 秒之電流值相同, 因此存在電流的不連續性, 會使電感器兩端的電壓發生趨近無限大的量, 足以使一個實際電感器燒毀, 此在電感器的應用特性上非常值得注意。

　　電感器的電流因爲具有連續性, 因此可以將此特性應用在直流電源供應器的整流器輸出端, 與線路串聯, 利用電流無法瞬間改變的特性, 可以將整流器輸出的脈動電流予以限制, 以使輸出的直流電流更加精純, 達到穩定直流輸出的目的, 這樣的電感器又稱爲抗流線圈 (choke)。

【例4.5.1】一個簡單的圓環狀鐵心, 其截面積爲 25 cm^2, 平均磁通路徑長度爲 1 m, 採用之材質具有相對導磁係數 $\mu_r = 100$。(a)求該圓環狀鐵心之磁阻。(b)若 500 匝的線圈繞在該鐵心上, 要使鐵心內部產生 50 μWb 之磁通, 求流入線圈之電流值。

【解】 (a)$R_m = \dfrac{l}{\mu_0 \mu_r A} = \dfrac{1}{4\pi \times 10^{-7} \times 100 \times 25 \times 10^{-4}}$

$\qquad\qquad = 3183098.862$ At/Wb

(b)$F_m = NI = R_m \Phi$

$\therefore I = \dfrac{R_m \Phi}{N} = \dfrac{3183098.862 \times 50 \times 10^{-6}}{500} = 0.3183$ A　　　　◎

【例4.5.2】一個鐵心繞上 1000 匝的線圈, 通以 2 A 的電流。(a)若磁通平均路徑爲 20 cm, 求磁場強度 H。(b)若該鐵心之相對導磁係數爲 500, 求鐵心之磁通密度 B。(c)若該鐵心磁通經過之截面積爲 40 cm^2, 求鐵心中的磁通量。

【解】 (a)$F = NI = Hl$

$\therefore H = \dfrac{NI}{l} = \dfrac{1000 \times 2}{20 \times 10^{-2}} = 10^4 \text{ At/m}$

(b)$B = \mu H = \mu_0 \mu_r H = 4\pi \times 10^{-7} \times 500 \times 10^4 = 6.283 \text{ Wb/m}^2$

(c)$\Phi = BA = 6.283 \times 40 \times 10^{-4} = 0.02513\text{·Wb}$ ◎

【例 4.5.3】 (a)若通過一個 2 H 電感器之時變電流為：$i_L(t) = 4t^2 + 5$ A，$t \geq 0$。求該電感器在 10 s 之兩端電壓。(b)若一個 10 H 之電感器具有 2 A 初值電流$i_L(0)$流向電壓正端，其電壓為一個時間函數：v_L $(t) = 2t + 4$ V，$t \geq 0$。求該電感器在 20 s 之電流值。

【解】 (a)$v_L = L\dfrac{di_L}{dt} = 2 \times \dfrac{d}{dt}(4t^2 + 5) = 2 \times 8t = 16t$

$\therefore v_L(10) = 16 \times 10 = 160 \text{ V}$

(b)$i_L(t) = i_L(0) + \dfrac{1}{L}\displaystyle\int_0^{20} v_L(\tau)d\tau = 2 + \dfrac{1}{10}\int_0^{20}(2\tau + 4)d\tau$

$\qquad = 2 + 0.1(\tau^2 + 4\tau)\big|_0^{20} = 2 + 0.1[(20)^2 + 4(20) - 0]$

$\qquad = 2 + 0.1 \times (400 + 80) = 2 + 48 = 50 \text{ A}$ ◎

【本節重點摘要】

(1)電感器與電容器同樣是電路中重要的儲能元件，但是在特性上與電容器卻呈現對偶性的關係。

(2)磁路總磁動勢為：

$\qquad F_m(t) = \text{MMF} = i_L(t) \cdot N \quad \text{At}$

磁場強度$H(t)$為：

$\qquad H(t) = \dfrac{F_m(t)}{l} = \dfrac{i_L(t) \cdot N}{l} \quad \text{At/m}$

磁通密度$B(t)$為：

$\qquad B(t) = \dfrac{\Phi(t)}{A} \quad \text{Wb/m}^2\text{或 tesla (T)}$

(3)將磁動勢 F_m 除以磁通大小 Φ，稱為磁阻 R_m：

$$R_m = \frac{F_m(t)}{\Phi(t)} = \frac{i_L(t) \cdot N}{\Phi(t)} \quad \text{At/Wb}$$

此式即為磁學的歐姆定理。

(4)磁阻 R_m 也有物理的表示式存在:

$$R_m = \frac{1}{\mu} \frac{l}{A} \quad \text{At/Wb}$$

式中磁路的平均長度 l (m) 與磁通流過的截面積 A (m²),係數 μ 稱為鐵心的導磁係數。

(5)磁通密度 $B(t)$ 與磁場強度 $H(t)$ 的重要關係式如下:

$$B(t) = \mu H(t) \quad \text{Wb/m}^2$$

(6)磁滯迴圈所圍成的面積可用下式表示:

$$ED = \int_{B_1}^{B_2} H(t)dB(t) \quad \text{J/m}^3$$

或以 $H(t)$ 為變數表示如下:

$$ED = \int_{H_1}^{H_2} B(t)dH(t) \quad \text{J/m}^3$$

式中 ED 代表能量密度 (energy density),將 ED 乘以磁路鐵心的體積,即可得到鐵心在電源頻率變化一週內總能量的損耗。

(7)電感器兩端的電壓與通過電流的關係為:

$$v_L(t) = N\frac{d\Phi(t)}{dt} = (\frac{N^2\mu A}{l})\frac{di_L(t)}{dt} = L\frac{di_L(t)}{dt} \quad \text{V}$$

式中

$$L = \frac{N^2\mu A}{l} = \frac{N^2}{l/\mu A} = \frac{N^2}{R_m} \quad \text{H}$$

稱為電感,單位為亨利,以英文字 H 表示。

(8)電感量定義為:

$$L = \frac{\lambda(t)}{i_L(t)} = \frac{N\Phi(t)}{i_L(t)} \quad \text{H}$$

可描述為:單位電流下所能建立磁通鏈數目,稱為電感。若一個線圈或繞組在單位電流下所產生的磁通鏈越多,表示該線圈之電感量越大。

(9)將電感器電流改用電壓積分式表示,可得:

$$i_L(t) = i_L(t_0) + \frac{1}{L}\int_{t_0}^{t} v_L(\tau)d\tau \quad \text{A}$$

式中 $i_L(t_0)$ 代表電感器在 $t = t_0$ 秒的初值電流。

⑩電感器的電流的重要特性：在電路開關切換或網路變換時，電感器電流必須
具有連續的特性。假設開關切換在 $t = t_0$ 秒的時候發生，則電感器電流必須
為：

$$i_L(t_0^-) = i_L(t_0) = i_L(t_0^+) \quad \text{A}$$

式中 t_0^- 代表開關動作前的瞬間，而 t_0^+ 代表開關動作後的瞬間。

【思考問題】

⑴當某已知電感器放在一個強大的磁場旁，其電感量是否會改變？

⑵電感器的線圈匝數 N 如何計算？

⑶請指出普通日光燈管設備中的安定器及起動器，有什麼用途？與電
感有關係嗎？

⑷$B - H$ 磁滯迴線面積的寬、矮、細、長，對鐵心有何影響？對繞在
上面的線圈電壓及電流有何不同？

⑸試指出日常生活電器用品中的電感器的應用實例。

4.6　電感器的串聯與並聯

電感器 L 可以數個串聯或並聯做連接，得到不同的等效電感值，
就如同電阻器 R 或電容器 C 的串並聯情形一樣，但是電感器的串並
聯特性與電阻器的串並聯類似，卻與電容器的串並聯相反。茲將電感
器的串聯及並聯架構等效值分別敘述於以下兩部份，其中假設各電感
器間均無磁通相互耦合（mutual coupling）之情況。

4.6.1　電感器的串聯

如圖 4.6.1 所示，為一個具有 n 個電感器 L_1、L_2、$\cdots$、L_n 串聯
在一起的電路，節點1、2間的電壓為 $v_L(t)$，流入節點1的電流為
$i_L(t)$。因為圖 4.6.1 為一個串聯電路，所以 $i_L(t)$ 流經該圖中的 n 個
電感器，通過每個電感器的電流均相同，表示如下：

圖 4.6.1 n 個電感器之串聯電路

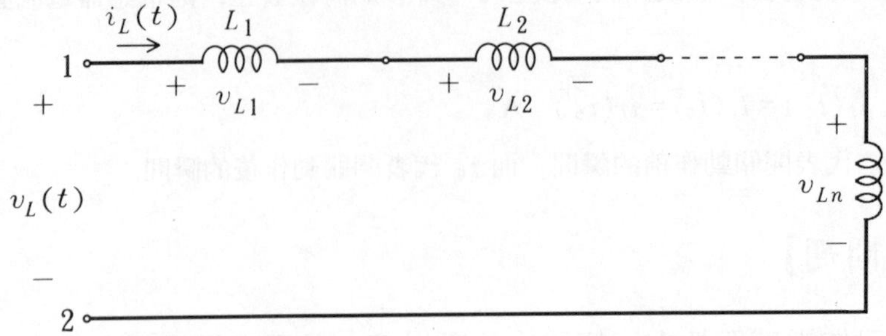

$$i_{L1}(t) = i_{L2}(t) = i_{Ln}(t) = \cdots = i_L(t) \quad \text{A} \tag{4.6.1}$$

每一個電感器兩端的電壓分別為：

$$v_{Li}(t) = L_i \frac{di_{Li}(t)}{dt} = L_i \frac{di_L(t)}{dt} \quad \text{V} \tag{4.6.2}$$

式中 $i = 1, 2, \cdots, n$。將圖 4.6.1 的迴路用克希荷夫電壓定律 KVL 表示如下：

$$
\begin{aligned}
v_L(t) &= v_{L1}(t) + v_{L2}(t) + \cdots + v_{Ln}(t) \\
&= L_1 \frac{di_L(t)}{dt} + L_2 \frac{di_L(t)}{dt} + \cdots + L_n \frac{di_L(t)}{dt} \\
&= (L_1 + L_2 + \cdots + L_n) \frac{di_L(t)}{dt} \\
&= L_{eq} \frac{di_L(t)}{dt} \quad \text{V}
\end{aligned}
\tag{4.6.3}
$$

式中

$$L_{eq} = L_1 + L_2 + \cdots + L_n \quad \text{H} \tag{4.6.4}$$

稱為 n 個電感器串聯的等效電感值。利用 (4.6.3) 式中最後一個等號右側與電感器兩端電壓 $v_L(t)$ 的關係，可以將圖 4.6.1 之 n 個串聯電感器的架構簡化為單一個等效電感器 L_{eq} 的圖形，如圖 4.6.2 所示。

由 (4.6.4) 式之關係式可以發現，該式與 n 個電阻器的串聯方程式：(2.7.5) 式或 n 個電容器並聯的方程式：(4.2.12) 式的結果類似，只要將所有串聯的 n 個電感器的數值相加，即可得到等效的

電感值 L_{eq}。若每個電感器的電感量均爲 L，則 n 個電感器的串聯等效電感量應爲 nL。該串聯等效電感值 L_{eq} 也將會大於或等於串聯的 n 個電感器中，具有最大電感量的數值：

$$L_{eq} \geq \text{Max}(L_1, L_2, \cdots, L_n) \quad \text{H} \tag{4.6.5}$$

圖 4.6.2 **對應於圖** 4.6.1 **之等效電路**

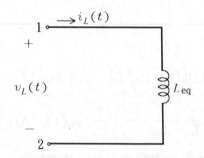

4.6.2 電感器的並聯

如圖 4.6.3 所示，一共有 n 個電感器 L_1、L_2、$\cdots$、L_n 並聯在節點 1、2 間，節點 1、2 間的電壓爲 $v_L(t)$，與每一個電感器兩端的電壓均相同：

$$v_L(t) = v_{Li}(t) \tag{4.6.6}$$

式中 $i = 1$，2，$\cdots$，n。根據克希荷夫電流定律 KCL 在節點 1 的關係式可知，流入節點 1 之總電流 $i_L(t)$ 應等於流入每一個電感器電流的代數和：

$$i_L(t) = i_{L1}(t) + i_{L2}(t) + \cdots + i_{Ln}(t) \quad \text{A} \tag{4.6.7}$$

將 (4.6.7) 式等號左右兩側對時間 t 微分，可得：

$$\frac{di_L(t)}{dt} = \frac{di_{L1}(t)}{dt} + \frac{di_{L2}(t)}{dt} + \cdots + \frac{di_{Ln}(t)}{dt} \quad \text{A/s} \tag{4.6.8}$$

將 (4.6.8) 式中的每一項用電感器兩端的電壓除以個別的電感值來取代，並將 (4.6.6) 式代入結果，可得：

圖 4.6.3 *n* 個電感器的並聯電路

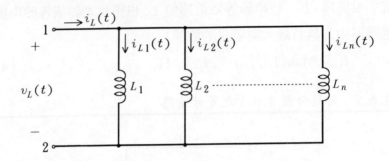

$$\frac{v_L(t)}{L_{eq}} = \frac{v_{L1}(t)}{L_1} + \frac{v_{L2}(t)}{L_2} + \cdots + \frac{v_{Ln}(t)}{L_n}$$

$$= (\frac{1}{L_1} + \frac{1}{L_2} + \cdots + \frac{1}{L_n}) v_L(t) \quad \text{A/s} \tag{4.6.9}$$

將 (4.6.9) 式等號左右兩側消去共同的電壓值$v_L(t)$, 可得:

$$\frac{1}{L_{eq}} = \frac{1}{L_1} + \frac{1}{L_2} + \cdots + \frac{1}{L_n} \quad \text{H}^{-1} \tag{4.6.10}$$

或改為:

$$L_{eq} = L_1 /\!/ L_2 /\!/ \cdots /\!/ L_n = \frac{1}{\dfrac{1}{L_1} + \dfrac{1}{L_2} + \cdots + \dfrac{1}{L_n}} \quad \text{H} \tag{4.6.11}$$

此電感值 L_{eq} 稱為 *n* 個電感器並聯時的等效電感值。(4.6.11) 式與 *n* 個電阻器的並聯方程式: (2.10.5) 式或 *n* 個電容器的串聯方程式: (4.2.5) 式類似, 都是要先將各電感值取倒數後全部相加, 然後再取倒數, 即可得到等效電感值 L_{eq}。將圖 4.6.3 所示的 *n* 個電感器並聯可以簡化為單一等效電感器L_{eq}的電路, 如圖 4.6.4 所示。

　　若並聯的 *n* 個電感器每一個值均為L, 則其等效電感值 L_{eq}應為 L/n。由 (4.6.11) 式的結果也可得知, *n* 個並聯電感器的等效值 L_{eq}會小於或等於該 *n* 個電感器中最小的電感量:

$$L_{eq} \leq \text{Min}(L_1, L_2, \cdots, L_n) \quad \text{H} \tag{4.6.12}$$

若只有兩個電感器 L_1 及 L_2 做並聯, 則等效電感量 L_{eq}的表示式為:

$$L_{eq} = L_1 /\!/ L_2 = \frac{1}{\dfrac{1}{L_1} + \dfrac{1}{L_2}} = \frac{L_1 L_2}{L_1 + L_2} \quad \text{H} \qquad (4.6.13)$$

此式與兩電阻器並聯的公式類似，都是用「相加分之相乘」的方法做計算，在做多個電感器的簡化電路時，非常重要。

　　由以上分析知，電感器之串並聯架構特性與電阻器非常類似，故第二章中的 Y－Δ 轉換、對稱電路法求等效電感均可適用。

圖 4.6.4　對應於圖 4.6.3 的等效電路

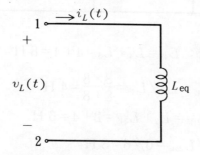

【例 4.6.1】 如圖 4.6.5 所示之並聯電感器電路，假設各電感器無磁通相互耦合，求總電感值及總磁通鏈。

圖 4.6.5　例 4.6.1 之電路

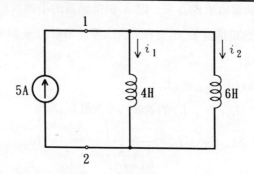

【解】 $L_{eq} = 4 /\!/ 6 = \dfrac{4 \times 6}{4 + 6} = \dfrac{24}{10} = 2.4 \text{ H}$

$\lambda_{eq} = L_{eq} I = 2.4 \times 5 = 12 \text{ Wb-turns}$　　　　　◎

【例4.6.2】如圖4.6.6所示之電路，不考慮各電感器間之磁通耦合，求由節點1、2看入之總等效電感量。

圖4.6.6　例4.6.2之電路

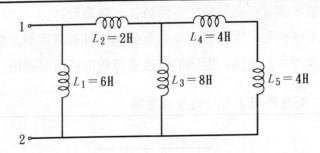

【解】L_4 與 L_5 串聯：$L_{45} = L_4 + L_5 = 4 + 4 = 8\,H$

L_3 與 L_{45} 並聯：$L_{345} = L_3 /\!/ L_{45} = \dfrac{8 \times 8}{8 + 8} = 4\,H$

L_2 與 L_{345} 串聯：$L_{2345} = L_2 + L_{345} = 2 + 4 = 6\,H$

$$L_{eq} = L_1 /\!/ L_{2345} = 6 /\!/ 6 = 3\,H$$

◎

【本節重點摘要】

(1) n 個電感器 L_1、L_2、$\cdots$、L_n 的串聯其等效值 L_{eq} 為：

$$L_{eq} = L_1 + L_2 + \cdots + L_n \quad H$$

若每個電感器的電感量均為 L，則 n 個電感器的串聯後的等效電感量應為 nL。該串聯等效電感值 L_{eq} 也將會大於或等於串聯的 n 個電感器中，具有最大電感量的數值：

$$L_{eq} \geq \mathrm{Max}(L_1, L_2, \cdots, L_n) \quad H$$

(2) n 個電感器 L_1、L_2、$\cdots$、L_n 的並聯其等效值 L_{eq} 為：

$$L_{eq} = L_1 /\!/ L_2 /\!/ \cdots /\!/ L_n = \frac{1}{\dfrac{1}{L_1} + \dfrac{1}{L_2} + \cdots + \dfrac{1}{L_n}} \quad H$$

若並聯的 n 個電感器每一個值均為 L，則其等效電感值 L_{eq} 應為 L/n。n 個並聯電感器的等效值 L_{eq} 會小於或等於該 n 個電感器中最小的電感量：

$$L_{eq} \leq \mathrm{Min}(L_1, L_2, \cdots, L_n) \quad H$$

(3)若只有兩個電感器 L_1 及 L_2 做並聯, 則等效電感量 L_{eq} 的表示式為:

$$L_{eq} = L_1 /\!/ L_2 = \frac{1}{\dfrac{1}{L_1} + \dfrac{1}{L_2}} = \frac{L_1 L_2}{L_1 + L_2} \quad \text{H}$$

【思考問題】

(1)若 n 個電感器串聯在一起, 由一個電壓源來供電, 請問各電感器兩端的電壓如何分配?

(2)若 n 個電感器並聯在一起, 由一個電流源來供電, 請問各電感器的電流如何分配?

(3)若一個非線性電感器與其他線性電感器做串聯或並聯, 請問如何求出等效電感值?

(4)請問電感器是否有如電解質電容器的極性? 如何判斷?

(5)空心電感器與鐵心電感器那一個是線性的電感器? 兩者都是? 兩者都不是?

4.7　電感器的充電和放電

　　電感器與電容器相同, 電感器也是一種儲能元件, 它也可以做充電及放電使用, 但是在應用上的限制比電容器多也更複雜, 本節將就電感器的充電、放電做一番介紹。讀者可以將本節的結果與第 4.3 節的結果對照, 會發現電感器與電容器間的有趣對偶關係。

　　電感器的充、放電電路如圖 4.7.1 所示, 一個沒有任何初始磁通鏈的電感器 L 放置在節點 a、b 間, 節點 a 連接了一個常閉的開關 SW1, 可以使節點 a 與節點 c 經常保持短路連接。節點 b 也連接了一個常閉的開關 SW2, 可以使節點 b 與節點 c 經常保持短路連接。節點 a 與節點 c 間開關 SW1 左側另外連接了一個實際的電流源: 一個獨立電流源 I_s 並聯一個電源的等效內阻 R_s, 做為電感器充電之用。節點 b 與節點 c 之間的開關 SW2 右側, 則連接了一個電阻器

R_d，做爲電感器放電之用。假設在 $t=0$ 秒時，開關 SW1、SW2 仍舊保持短路；時間在 $t=t_1$ 秒時，開關 SW1 瞬間開啓，SW2 仍舊保持短路；當時間在 $t=t_2$ 秒時，開關 SW2 瞬間開啓，SW1 瞬間恢復短路。假設開關 SW1、SW2 發生開啓或閉合時，不產生任何時間的延遲，亦即假設開關 SW1、SW2 的切換是瞬間完成的理想狀態。茲按時間之不同，分爲三個部份叙述電感器的充電及放電情況。

圖 4.7.1　電感器之充電與放電電路

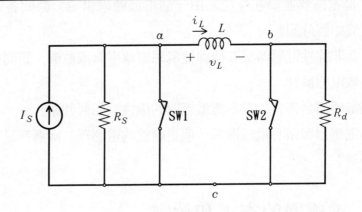

(1) $t=0$ 秒時（電感器在短路狀態）

此時開關 SW1、SW2 在閉合狀態，如圖 4.7.2 所示，因此電感器 L 保持在被這兩個開關短路的狀態。假設電感器 L 無初始磁通鏈存在：

$$\lambda_L(0)=0 \quad \text{Wb-turns} \tag{4.7.1}$$

因此通過電感器的電流爲：

$$i_L(0)=\frac{\lambda_L(0)}{L}=0 \quad \text{A} \tag{4.7.2}$$

而電感器兩端的電壓爲：

$$v_L(0)=L\frac{di_L(0)}{dt}=0 \quad \text{V} \tag{4.7.3}$$

圖 4.7.2　*t* = 0 秒時之電路

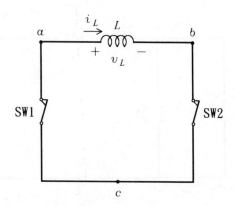

以上電感器的磁通鏈、電流、電壓為固定的零值，一直維持到開關 SW1 在 $t = t_1$ 秒開啓之前，其中通過電感器的電流以及磁通鏈的連續性，在開關 SW1 開啓前後仍舊必須保持。

⑵當 $t = t_1$ 秒時（電感器在充電狀態）

開關 SW1 開啓後，形成一個簡單的實際電流源並聯電感器 L 的電路，如圖 4.7.3 所示。由電流流出的電流 I_s 扣除經過 R_s 的電流 v_1/R_s 後，流入電感器 L 的電壓正端，此為電感器的充電狀態。在此 $t = t_1$ 瞬間，通過電感器的電流必須保持在開關開啓前的零值瞬間流 $i_L(t_1^-)$：

$$i_L(t_1) = i_L(t_1^-) = 0 \quad \text{A} \tag{4.7.4}$$

根據克希荷夫電流定律 KCL，在 t_1 秒瞬間，節點 a 的電流關係式為：

$$-I_s + \frac{v_1(t_1)}{R_s} + i_L(t_1) = 0 \quad \text{A} \tag{4.7.5}$$

將 (4.7.4) 式代入 (4.7.5) 式，可得電壓 v_1 在 t_1 秒瞬間之值：

$$v_1(t_1) = [I_s - i_L(t_1)] R_s = I_s R_s$$

$$= v_L(t_1) = v_{L,\max} \quad \text{V} \tag{4.7.6}$$

圖 4.7.3 $t = t_1$ 秒時之電路

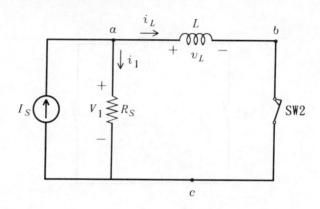

此值剛好等於電感器充電期間，電感器兩端所能產生最大的充電電壓。由於電感器兩端在 $t = t_1$ 秒沒有電流，因此電阻器 R_S 兩端的電流 i_R 在 t_1 秒瞬間，恰等於電源電流的大小 I_S：

$$i_R(t_1) = \frac{v_1(t_1)}{R_S} = I_S \quad \text{A} \tag{4.7.7}$$

由 (4.7.4) 式及 (4.7.6) 式兩式可以知道，在 t_1 秒的瞬間，通過電感器的電流 i_L 為零，但有正值的電感器電壓 v_L 存在，因此電感器在此瞬間呈現了有趣的開路特性（電流為零、電壓不為零），恰與電容器在充電瞬間的短路特性相反。但電感器由此時間 t_1 開始，受電流源電流 I_S 的充電，電感器磁通鏈隨正值電壓 v_L 之增加逐漸累積在電感器的線圈上。由於磁通鏈逐漸增多，因此通過電感器的電流也由零值逐漸上升：

$$\lambda_L(t) = \lambda_L(t_1) + \int_{t_1}^{t} v_L(\tau) d\tau$$

$$= \int_{t_1}^{t} v_L(\tau) d\tau \quad \text{Wb-turns} \tag{4.7.8}$$

$$i_L(t) = \frac{\lambda_L(t)}{L} \quad \text{A} \tag{4.7.9}$$

式中$\lambda_L(t_1)$爲零，應用了開關開啓前瞬間磁通鏈的連續性觀念，t 則代表開關 SW1 開啓後的任何時間。可是當通過電感器之電流上升時，因爲獨立電流源電流 I_s 爲定值常數，只要將 (4.7.6) 式稍加修改，我們會發現電感器電壓 v_L 會隨電感器電流 i_L 的上升而逐漸下降：

$$v_L(t) = [I_s - i_L(t)] R_s = \frac{d\lambda_L(t)}{dt} \quad \text{V} \qquad (4.7.10)$$

式中電感器電流 i_L 必小於或等於電源電流 I_s，因此電壓 v_L 受該式第一個等號右側影響必爲正值，但是該正值會隨時間的增加漸漸變小。受 (4.7.10) 式之正值電壓 v_L 及逐漸減少的影響，電感器的磁通鏈 λ_L 隨時間之增加雖仍在繼續向上累積，但是累積磁通鏈的速度卻因此減慢了。因爲電感器電流對時間 t 的關係式爲：

$$\frac{di_L(t)}{dt} = \frac{v_L(t)}{L} \quad \text{A/s} \qquad (4.7.11)$$

仍爲正值，表示電感電流確實隨時間增加也逐漸加大，但是剛開始充電時，因爲電壓 v_L 較大而使電流 i_L 上升較快；到了充電接近結尾時，因爲電壓 v_L 較小而使電流 i_L 上升變慢。將 (4.7.10) 式兩側對時間微分，並代入 (4.7.11) 式的關係式，可以得到電感電壓對時間的變化率：

$$\frac{dv_L}{dt} = -R_s \frac{di_L(t)}{dt} = -R_s \frac{v_L}{L} = -\frac{v_L}{\tau_C} \quad \text{V/s} \qquad (4.7.12)$$

式中

$$\tau_C = \frac{L}{R_s} \quad \text{s} \qquad (4.7.13)$$

稱爲充電的時間常數，其單位按電阻 $R = V/I$ 及電感 $L = \lambda/I$ 之基本定義，配合 $V = \lambda/t$ 的觀念，應可表示爲：

$$\frac{L}{R_s} = \frac{\text{Wb-turns/ampere}}{\text{volts/ampere}} = \frac{\text{Wb-turns}}{\text{volt}}$$

$$= \frac{\text{Wb-turns}}{\text{Wb-turns/second}} = \text{second}$$

(4.7.12) 式等號右側因爲電感電壓 v_L 爲正值，但是前面有一個負號，表示電感器電壓 v_L 對時間 t 的變化率爲負值，從而可知：剛開始充電時，電感器電壓 v_L 比較大，故電感電壓隨時間的增加而逐漸下降較快；到了充電結尾時，電感電壓 v_L 比較小，故電感電壓隨時間的增加而逐漸下降也會較慢。這樣的電流、電壓及磁通鏈的關係一直持續到電感器的磁通飽和爲止，或電感電壓 v_L 不再變化時，令此時間爲 $t = t_X$ 秒，代入 (4.7.10) 式可得：

$$v_L(t_X) = R_S[I_S - i_L(t_X)] = 0 \quad \text{V} \tag{4.7.14}$$

由 (4.7.14) 式可求出此 t_X 秒時的電感電流 i_L 及儲存的磁通鏈 λ_L 均爲最大值，其值分別爲：

$$i_L(t_X) = I_S = i_{L,\text{max}} \quad \text{A} \tag{4.7.15}$$

$$\lambda_L(t_X) = Li_L(t_X) = LI_S = \lambda_{L,\text{max}} \quad \text{Wb-turns} \tag{4.7.16}$$

式中的時間 t_X 代表電路通過電感器之電流爲電流源電流 I_S，或電感器電壓 v_L 爲零的時間，它是由 t_1 秒開始算起的。當時間 t 大於或等於 t_X 時，電感電壓仍維持零值，電感電流及磁通鏈將不再改變，整個電路的動作已達穩定狀態。電感器 L 在此時因電壓 v_L 爲零、電流 i_L 不等於零，因此電感器此時變爲一個等效的短路，與電容器充滿電荷後爲一個等效的開路相互對偶。一般選定由開關 SW1 開啓開始，到電感器之磁通飽和之電路穩態所需的時間，稱爲充電的暫態，其經歷時間約爲五倍的充電時間常數：

$$t_C = t_X - t_1 \approx 5\tau_C = 5\frac{L}{R_S} \quad \text{s} \tag{4.7.17}$$

根據數值大小，我們會發現 (4.7.17) 式所表示的意義是：當開關 SW1 由閉合變成開啓的瞬間 t_1 開始，只要花費大約五倍充電時間常數的時間，便可以將該電路視爲到達穩態，無須算出眞正的時間 t_X，此將在第五章中詳細說明。(4.7.14) 式、(4.7.15) 式及 (4.7.16) 式三式就是當電感器充電達到穩態時的穩態電壓、電流及磁通鏈，在

本段充電時間內已達穩態後，即使時間再繼續下去，不會再改變任何電流、電壓的數值。讓我們回顧一下本段電感器充電時間內的動作情形，其動作依序爲：

(A)$t = t_1$ 秒

開關 SW1 由閉合變成開啓（假設該電感器 L 無初始磁通鏈存在）。瞬間電感電壓 v_L 上升至最大值 $v_{L,\max}$，電感電流 i_L 在此瞬間仍保持爲零，維持電感電流之連續性，因此電感此時爲等效開路。

(B)$t_x > t > t_1$ 秒

電感電壓值 v_L 逐漸下降，電感電流值 i_L 逐漸上升，磁通鏈逐漸增加，電感器 L 處於充電暫態。

(C)$t \geq t_x$ 秒

電感器電流 i_L 已達最大電流值，等於電源電流值 I_S，電感電壓值 v_L 爲零，電感器磁通鏈 λ_L 已充滿，此時電路到達穩定的狀態。電感器等效爲一個短路。

以上就是整個電感器 L 由未充電，直到充滿磁鏈的詳細充電過程。

(3)當 t_2 秒時（電感器在放電狀態）

電路開關 SW1 瞬間閉合且開關 SW2 瞬間開啓，此時等效電路如圖 4.7.4 所示，假設 t_2 秒大於在前述第(2)段充電時間內的穩態時間 t_x 秒，因此在 t_2 秒的電感電流及磁通鏈分別爲電感器在磁通鏈充滿時的穩態值：

$$i_L(t_2^-) = i_L(t_2) = i_L(t_2^+) = I_S = i_{L,\max} \quad \text{A} \qquad (4.7.18)$$

$$\lambda_L(t_2) = L i_L(t_2) = L\, I_S \quad \text{Wb-turns} \qquad (4.7.19)$$

此二式表示電感器的電流 i_L 及磁通鏈 λ_L 在開關 SW1、SW2 同時切換瞬間，仍舊呈現其連續的特性。然而電感器電壓 v_L 在兩個開關切換瞬間就不是連續的，因爲當開關 SW1 閉合且 SW2 開啓時，電感器 L 與放電用的電阻器 R_d 並聯，按電壓極性的關係，圖 4.7.4 電感器電壓 v_L 的極性，應改成節點 b 爲正端而節點 a 爲負端的放電電壓

圖 4.7.4　$t=t_2$ 秒之電路

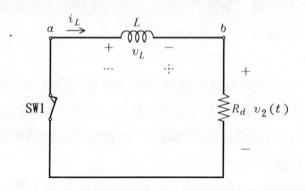

(或是 v_L 變爲負値)，因此電感器電壓 v_L 在 t_2 秒瞬間値爲：

$$v_L(t_2) = -R_d i_L(t_2) = -R_d I_S = -v_2(t_2)$$

$$= -v_{L,\max} \quad \text{V} \tag{4.7.20}$$

式中 $-v_{L,\max}$ 表示電感器 L 兩端最大的放電電壓，與充電時的最大電壓値不同。電感器 L 在此時與電阻器 R_d 形成一個簡單的 RL 並聯迴路，因此電感器兩端的電壓 v_L 與電阻器 R_d 兩端的電壓 v_2 大小相同但極性相反。又此時的電感電流 i_L 爲最大値 I_S，因此將電感電流乘以放電電阻値，此將是電感器放電時的最大電壓。將電感器電流 i_L 對時間 t 的變動率以電壓 v_L 對電感量 L 的比值表示，可得：

$$\frac{di_L(t)}{dt} = \frac{v_L(t)}{L} = -\frac{R_d \cdot i_L(t)}{L} = -\frac{i_L(t)}{\tau_d} \quad \text{A/s} \tag{4.7.21}$$

式中

$$\tau_d = \frac{L}{R_d} \quad \text{s} \tag{4.7.22}$$

稱爲放電的時間常數，其單位與充電的時間常數 τ_C 一樣相同爲秒。(4.7.21) 式中第三個等號右側之電感電流 i_L 爲正値，放電時間常數 τ_d 亦爲正値，故知該式之電感器電流對時間的變動率爲負値，因此電感電流會隨時間的增加而逐漸下降，尤其在剛開始放電時，電感電流較大，電感電壓流隨時間的增加下降較快；到了放電結尾時，電感

電流較小，電感電流隨時間的增加下降較慢，但到最後會減至零爲止。電感器電壓 v_L 在該段放電時間內可表示爲：

$$v_L(t) = -R_d i_L(t) \quad \text{V} \tag{4.7.23}$$

將 (4.7.23) 式對時間 t 微分，再將通過電感器的電流 i_L 與兩端的電壓 v_L 關係式代入 (4.7.23) 式，可得：

$$\frac{dv_L(t)}{dt} = -R_d \frac{di_L(t)}{dt} = -R_d \frac{v_L(t)}{L} = -\frac{v_L(t)}{\tau_d}$$

$$= \frac{R_d^2 i_L(t)}{L} \quad \text{A/s} \tag{4.7.24}$$

式中最後一個等號右側是將 (4.7.23) 式代入倒數第二個等號右側所得。由 (4.7.24) 式得知，電感器電壓隨時間之變動率爲正值，且與電流變化成正比，因此該變動率也是隨時間增加而下降的，亦即該電感器電壓的響應曲線，在水平軸爲時間軸時，是逐漸由右上的斜率慢慢轉成爲水平的斜率 (注意：電感器電壓爲負值，故斜率在放電初期是正的)，它的情形是：在剛開始放電時，電感電流較大，電感電壓隨時間的增加上升較快；到了放電結尾時，電感器電流較小，故電感電壓隨時間的增加上升較慢。但是電感電流在此段放電期間均維持正值，因此就 (4.7.23) 式來看，電感電壓在此段放電時間一直維持負值，表示實際的電感電壓方向應該如圖 4.7.4 之虛線極性所示，是由電感電流的方向對放電電阻器 R_d 釋放電感器在充電期間儲存於磁場的能量。

假設在放電期間，當時間在 t_Y 秒時，電感器電流及電壓均爲零，由開關 SW1 閉合、SW2 開啓瞬間之 t_2 秒開始算起，到 t_Y 秒爲止，所經過的整個時間，稱爲暫態放電時間，其大小約爲：

$$t_d = t_Y - t_2 = 5\tau_d = 5\frac{L}{R_d} \quad \text{s} \tag{4.7.25}$$

與充電時間一樣，我們無須眞正算出 t_Y，只要由開關 SW1、SW2 同時切換開始算起，約歷經五倍的放電時間常數，此時電路之電感器電流及電壓均已降至接近於零的狀態，因此這時候可視電路已達穩定狀

態。因此圖 4.7.4 之放電電路中，電感器的穩態電流、電壓及磁通鏈
分別爲：

$$i_L(t_Y) = 0 \quad \text{A} \tag{4.7.26}$$

$$v_L(t_Y) = 0 \quad \text{V} \tag{4.7.27}$$

$$\lambda_L(t_Y) = 0 \quad \text{Wb-turns} \tag{4.7.28}$$

在本段放電期間超過 t_Y 秒後，整個放電電路已無任何能量存在，因
此仍舊保持 (4.7.26) 式～(4.7.28) 式三式的零值，不再改變。讓
我們回顧放電期間這部份的過程如下：

(A) $t = t_2$ 秒

瞬間開關 SW1 閉合、SW2 開啓（假設電感器已在充電期間完全
充滿磁通鏈），電感器兩端之電壓 v_L 瞬間以最大的電壓負值跨在放電
電阻器 R_d 兩端，電感器電流與磁通鏈在此瞬間仍保持原充滿電能之
電流與磁通鏈，以維持其連續性。

(B) $t_Y > t > t_2$ 秒

在此放電暫態期間，電感器電流及磁通鏈由正值隨時間增加逐漸
減少至零，而電感器電壓由最大負值逐漸向零值趨近。

(C) $t \geq t_Y$ 秒

電感器電流、電壓及磁鏈完全爲零，到達電路的穩態。

圖 4.7.5 (1)(2)(3)三個部份的電感電流、電壓響應

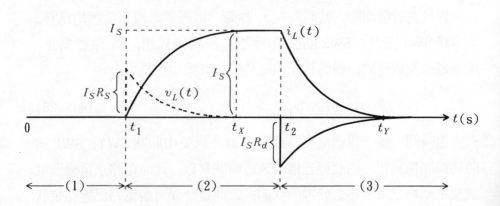

將前述三個部份以圖 4.7.5 簡單說明如下：

⑴在時間軸 0～t_1 秒中間，為第⑴部份，電感器電流 i_L 與電壓 v_L 均為零值。

⑵在時間軸 t_1～t_X 秒中間，為第⑵部份的充電期間，電感器電流 i_L 因充電而呈指數曲線變化，由零值隨時間之增加而逐漸上升，注意它在 $t = t_1$ 秒瞬間保持電流的連續。電壓 v_L 則先在 $t = t_1$ 秒瞬間產生最大的充電電壓，發生不連續的電壓跳躍情況，然後呈指數曲線變化，隨時間的增加而下降。在 $t = t_1$ 秒瞬間，電感器呈現等效開路狀態。當 $t = t_X$ 秒時，電感器因充滿了磁通鏈使 i_L 到達穩態的電源電流 I_s，而電壓 v_L 則因電感充滿了磁通鏈回到零值。在 $t = t_v$ 秒瞬間，電感器產生等效短路狀態。

⑶在時間軸 t_X～t_2 秒中間，電感器電流仍保持充滿磁通鏈的穩態的電流值 I_s，而電感器兩端的電壓，則仍保持充滿磁通鏈的穩態零值。

⑷在時間軸 t_2～t_Y 秒中間，為第⑶部份的放電期間，電感器電流 i_L 因放電而呈指數曲線變化，由最大值 I_s 隨時間之增加而逐漸下降，注意它在 $t = t_2$ 秒瞬間保持電流的連續。電壓 v_L 則先在 $t = t_2$ 秒瞬間產生最大的放電電壓（負值 v_L 表示放電），發生不連續的電壓跳躍情況，然後呈指數曲線變化，隨時間增加而上升。在 $t = t_2$ 秒瞬間，電感器呈現等效電流源狀態。當 $t = t_Y$ 秒時，電感器電流因放光了磁場能量使 i_L 到達穩態的零值電壓，而電壓 v_L 則因放完了磁場能量回到零值。在 $t = t_Y$ 秒瞬間，電感器產生等效的無能量狀態。

⑸在時間軸大於 t_Y 秒以後，電感器電流仍保持無磁通鏈的穩態零電流，而電感器電壓則仍保持無磁通鏈的穩態零值。整個電感器回到無電能狀態。

【例4.7.1】如圖4.7.6所示之電壓器充電電路，若該電感器無初值能量存在，求：(a)v_L 及 i_L 之最後穩態值，(b)$v_L(0)$ 及 $i_L(0)$ 之值，(c)時間常數，(d)$\dfrac{dv_L}{dt}(0)$ 及 $\dfrac{di_L}{dt}(0)$ 之值。

圖4.7.6　**例**4.7.1之電路

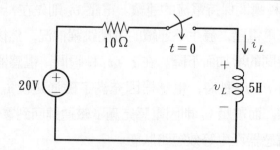

【**解**】(a)當 $t \rightarrow \infty$ 時，L 為短路

$\therefore v_L = 0$ V，$i_L = \dfrac{20}{10} = 2$ A

(b)$i_L(0) = 0$ A 維持連續性

　　$v_L(0) = 20$ V（L 為等效開路）

(c)$\tau = \dfrac{L}{R} = \dfrac{5}{10} = 0.5$ s

(d)$\dfrac{di_L}{dt}(0) = \dfrac{v_L(0)}{L} = \dfrac{20}{5} = 4$ A/s

　　$\dfrac{dv_L}{dt}(0) = \dfrac{d}{dt}(20 - i_L \cdot 10) = -10\dfrac{di_L}{dt}(0) = -10 \times 4 = -40$ V/s　　◎

【例4.7.2】如圖4.7.7之電路，開關 SW 在 $t = 0$ 秒由閉合狀態突然開啟，若電感器有初值電流 5 A 以圖示方向流過，求：(a)$v_R(0)$，$i_R(0)$，(b)$\dfrac{di_L}{dt}(0)$，$\dfrac{dv_L}{dt}(0)$，(c)充電之時間常數。

【**解**】(a)$i_R(0) = 8 - i_L(0) = 8 - 5 = 3$ A

　　$v_R(0) = i_R(0) \times R = 3 \times 4 = 12$ V

$$= C \int_{v_c(t_0)}^{v_c(t)} v_C(\tau) dv_C(\tau) + w_C(t_0)$$

$$= \frac{1}{2} C [v_C(t)^2 - v_C(t_0)^2] + w_C(t_0) \quad \text{J} \qquad (4.9.3)$$

因爲電容初值能量$w_C(t_0) = \frac{1}{2} C v_C^2(t_0)$，故 (4.9.3) 式可簡單寫爲：

$$w_C(t) = \frac{1}{2} C v_C^2(t) \quad \text{J} \qquad (4.9.4)$$

亦即電容器的儲存能量$w_C(t)$與該電容器兩端的電壓$v_C(t)$之平方成
正比，也與電容量 C 成正比，與瞬間電容器兩端電壓之正負號無關，
均爲儲存正值能量於電容器之電場中。當電壓爲隨時間變化的量時，
電容器之儲存能量則須應用 (4.9.3) 式之積分方法處理。

4.9.2 電感器的功率與能量

假設電感器之電感量 L 爲一定值常數，不隨時間變動，則電感
器兩端的電壓$v_L(t)$與流入電壓正端的電流$i_L(t)$關係可重寫如下：

$$v_L(t) = L \frac{di_L(t)}{dt} \quad \text{V} \qquad (4.9.5)$$

上式係以傳統被動符號的方式表示。將電感器電壓$v_L(t)$與流入電壓
正端之電流$i_L(t)$相乘，可得電感器瞬間吸收之功率$p_L(t)$爲：

$$p_L(t) = v_L(t) \cdot i_L(t) = L i_L(t) \frac{di_L(t)}{dt} \quad \text{W} \qquad (4.9.6)$$

式中功率$p_L(t)$若爲正值，則電壓$v_L(t)$與電流$i_L(t)$可能同時爲正值，
或同時爲負值，因此該電感器正在吸收功率。反之，若$p_L(t)$爲負
值，代表電感器之電壓或電流一個爲正、一個爲負，因此瞬間吸收功
率爲負值，相當於電感器瞬間正在放出正功率。若$p_L(t)$爲零，即代
表電感器之電壓或電流其中一個爲零或同時爲零，此時電感器吸收功
率或放出功率均爲零，此相當於該電感器無功率流動的情形。將
(4.9.6) 式對時間積分，可得電感器之儲存能量爲：

$$w_L(t) = \int_{t_0}^{t} p_L(\tau)d\tau + w_L(t_0)$$

$$= \int_{t_0}^{t} [Li_L(\tau)\frac{di_L(\tau)}{d\tau}]d\tau + w_L(t_0)$$

$$= L\int_{i_L(t_0)}^{i_L(t)} i_L(\tau)di_L(\tau) + w_L(t_0)$$

$$= \frac{1}{2}L[i_L{}^2(t) - i_L{}^2(t_0)] + w_L(t_0) \quad J \qquad (4.9.7)$$

因為電感初值能量 $w_L(t_0) = \frac{1}{2}Li_L{}^2(t_0)$，故 (4.9.7) 式可以簡單寫為:

$$w_L(t) = \frac{1}{2}Li_L{}^2(t) \quad J \qquad (4.9.8)$$

(4.9.8) 式表示電感器之儲存能量與電感量 L 成正比，也與電感器之電流平方成正比，不論瞬間通過電感器之電流正負號如何，其儲存於電感器磁場之能量均為正值。若電感器電流 i_L 為隨時間變動時，則利用 (4.9.7) 式之積分處理，可得完整之電感能量關係。

【例 4.9.1】 如圖 4.9.1 所示之電壓波形 $v_C(t)$，加到一個 1 F 之電容器兩端，求該電容器流入之電流 $i_C(t)$，功率 $p_C(t)$，以及能量 $w_C(t)$ 之函數。

圖 4.9.1　例 4.9.1 之電路及波形

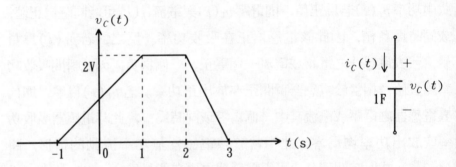

【解】 (1)先區分各段時間之電壓波形函數:

①$t \leq -1$ $v_C(t) = 0$ V

②$-1 \leq t \leq 1$ 斜率 $m = \dfrac{2-0}{1-(-1)} = \dfrac{2}{2} = 1 = \dfrac{v_C - 0}{t - (-1)}$

$$\therefore v_C(t) = t + 1 \quad \text{V}$$

③$1 \leq t \leq 2$ $v_C(t) = 2$ V

④$2 \leq t \leq 3$ 斜率 $m = \dfrac{0-2}{3-2} = -2 = \dfrac{v_C - 0}{t - 3}$

$$\therefore v_C(t) = -2(t-3) \quad \text{V}$$

⑤$3 \leq t$ $v_C(t) = 0$ V

(2)利用$i_C(t) = C\dfrac{dv_C}{dt}$方程式, 解出各段電流如下:

①$t \leq -1$ $i_C(t) = 0$ A

②$-1 \leq t \leq 1$ $i_C(t) = 1 \times 1 = 1$ A

③$1 \leq t \leq 2$ $i_C(t) = 0$ A

④$2 \leq t \leq 3$ $i_C(t) = 1 \times (-2) = -2$ A

⑤$3 \leq t$ $i_C(t) = 0$ A

(3)利用$p_C(t) = v_C(t) \cdot i_C(t)$求出各段之吸收功率如下:

①$t \leq -1$ $p_C(t) = 0 \times 0 = 0$ W

②$-1 \leq t \leq 1$ $p_C(t) = (t+1) \times 1 = (t+1)$ W

③$1 \leq t \leq 2$ $p_C(t) = 2 \times 0 = 0$ W

④$2 \leq t \leq 3$ $p_C(t) = -2(t-3) \times (-2) = 4(t-3)$ W

⑤$3 \leq t$ $p_C(t) = 0 \times 0 = 0$ W

(4)$w_C(t) = \dfrac{1}{2}Cv_C^2$

①$t \leq -1$ $w_C(t) = \displaystyle\int_{-\infty}^{-1} 0\,dt = 0$ J

$$\therefore w_C(-1) = 0 \quad \text{J}$$

②$-1 \leq t \leq 1$ $w_C(t) = w_C(-1) + \displaystyle\int_{-1}^{t} (\tau + 1)\,d\tau = \dfrac{1}{2}\tau^2 + \tau \Big|_{-1}^{t}$

$$= 0 + (\frac{1}{2} \times t^2 + t) - (\frac{1}{2} \times 1 - 1)$$

$$= \frac{t^2}{2} + t + \frac{1}{2} = \frac{1}{2}(t^2 + 2t + 1)$$

$$= \frac{1}{2}(t+1)^2$$

或 $w_C(t) = \frac{1}{2} C \times v_C(t)^2 = \frac{1}{2} \times 1 \times (t+1)^2$

$$= \frac{1}{2}(t^2 + 2t + 1) \quad J$$

$$\therefore w_C(1) = 2 \quad J$$

③$1 \leq t \leq 2$　$w_C(t) = w_C(1) + \int_1^t 0 d\tau = 2 + 0 = 2 \quad J$

或 $w_C(t) = \frac{1}{2} \times C \times v_C^2(t) = \frac{1}{2} \times 1 \times 2^2$

$$= \frac{1}{2} \times 1 \times 4 = 2 \quad J$$

$$\therefore w_C(2) = 2 \quad J$$

④$2 \leq t \leq 3$　$w_C(t) = w_C(2) + \int_2^t 4(\tau - 3) d\tau = 2 + 4(\frac{1}{2}\tau^2 - 3\tau)\Big|_2^t$

$$= 2 + 4[(\frac{t^2}{2} - 3t) - (\frac{1}{2} \times 4 - 6)]$$

$$= 2(t^2 - 6t + 9) = 2(t - 3)^2 \quad J$$

或 $w_C(t) = \frac{1}{2} \times C \times v_C^2(t) = \frac{1}{2} \times 1 \times [(-2)(t-3)]^2$

$$= \frac{1}{2} \times 4(t-3)^2 = 2(t-3)^2 \quad J$$

$$\therefore w_C(3) = 0 \quad J$$

⑤$3 \leq t$　$w_C(t) = w_C(3) + \int_3^t 0 d\tau = 0 + 0 \quad J$

或 $w_C(t) = \frac{1}{2} \times C \times v_C^2 = \frac{1}{2} \times C \times 0 = 0 \quad J$

本例題可由驗證 $v_C(t)$ 及 $w_C(t)$ 在任何一個時間區段初始時間之值，是否與前一個區段時間終值相同，以及驗證時間區段結束之值是否與下一個時間區段之初始時間值相同。v_C 及 $w_C(t)$ 均必須保持其連續性。　◎

【例4.9.2】若例4.9.1中的電壓波形及刻度改爲電流（A）波形使用，電容值不變，求該電容器之電壓、功率與能量。

【解】(1)將原例4.9.1中的各段電壓表示重新表示給電流使用：

①$t \le -1$　$i_C(t) = 0$　A

②$-1 \le t \le 1$　$i_C(t) = t + 1$　A

③$1 \le t \le 2$　$i_C(t) = 2$　A

④$2 \le t \le 3$　$i_C(t) = -2(t-3)$　A

⑤$3 \le t$　$i_C(t) = 0$　A

(2)利用 $v_C(t) = v_C(t_0) + \dfrac{1}{C}\displaystyle\int_{t_0}^{t} i_C(\tau)d\tau$ 方程式計算各段電壓：

①$t \le -1$　$v_C(t) = 0 + \dfrac{1}{1}\displaystyle\int_{-\infty}^{t} 0 d\tau = 0$　V

$$\therefore v_C(-1) = 0 \quad \text{V}$$

②$-1 \le t \le 1$　$v_C(t) = 0 + \dfrac{1}{1}\displaystyle\int_{-1}^{t}(\tau+1)d\tau = \dfrac{1}{2}\tau^2 + \tau \Big|_{-1}^{t}$

$$= (\dfrac{1}{2}t^2 + t) - (\dfrac{1}{2}\cdot 1 - 1)$$

$$= \dfrac{1}{2}(t^2 + 2t + 1)$$

$$= \dfrac{1}{2}(t+1)^2 \quad \text{V}$$

$$\therefore v_C(1) = 2 \quad \text{V}$$

③$1 \le t \le 2$　$v_C(t) = 2 + \dfrac{1}{1}\displaystyle\int_{1}^{t} 2 d\tau = 2 + 2\tau \Big|_{1}^{t}$

$$= 2 + 2(t-1) = 2t \quad \text{V}$$

$$\therefore v_C(2) = 2 \times 2 = 4 \quad \text{V}$$

④$2 \le t \le 3$　$v_C(t) = 4 + \dfrac{1}{1}\displaystyle\int_{2}^{t} -2(\tau-3)d\tau = 4 - 2\left[\dfrac{\tau^2}{2} - 3\tau\right]\Big|_{2}^{t}$

$$= 4 - 2\left[(\dfrac{t^2}{2} - 3t) - (\dfrac{4}{2} - 6)\right]$$

$$= 4 - t^2 + 6t - 8 = -t^2 + 6t - 4 \quad \text{V}$$

$$\therefore v_c(3) = -9 + 6 \times 3 - 4 = 5 \quad \text{V}$$

⑤$3 \leq t$　$v_c(t) = 5 + \dfrac{1}{1} \displaystyle\int_3^t 0 d\tau = 5$　V　一直保持下去。

(3)利用 $p_c(t) = v_c(t) \cdot i_c(t)$ 求各段之吸收功率如下:

①$t \leq -1$　$p_c(t) = 0 \times 0 = 0$　W

②$-1 \leq t \leq 1$　$p_c(t) = \dfrac{1}{2}(t+1)^2 \times (t+1) = \dfrac{1}{2}(t+1)^3$　W

③$1 \leq t \leq 2(t)$　$p_c(t) = 2t \times 2 = 4t$　W

④$2 \leq t \leq 3(t)$　$p_c(t) = -2(t-3) \times (-t^2 + 6t - 4)$　W

⑤$3 \leq t$　$p_c(t) = 5 \times 0 = 0$　W

(4)為簡化計算, 直接利用 $w_c(t) = \dfrac{1}{2} C v_c^2$ 求出各段的能量:

①$t \leq -1$　$w_c(t) = \dfrac{1}{2} \times 1 \times 0^2 = 0$　J

②$-1 \leq t \leq 1$　$w_c(t) = \dfrac{1}{2} \times 1 \times [\dfrac{1}{2}(t+1)^2]^2 = \dfrac{1}{8}(t+1)^4$　J

③$1 \leq t \leq 2$　$w_c(t) = \dfrac{1}{2} \times 1 \times (2t)^2 = 2t^2$　J

④$2 \leq t \leq 3$　$w_c(t) = \dfrac{1}{2} \times 1 \times (-t^2 + 6t - 4)^2$　J

⑤$3 \leq t$　$w_c(t) = \dfrac{1}{2} \times 1 \times 5^2 = \dfrac{25}{2}$　J

本例題可由驗證 $v_c(t)$ 及 $w_c(t)$ 在任何區段前後之連續性判定答案是否正確。　◎

【例 4.9.3】如圖 4.9.2 所示之電流波形, 為 1 個 1 H 電感器所通過的電流。求電感器兩端的電壓、功率以及能量函數。

【解】(1)將圖 4.9.2 之電流按時間區段表示如下:

①$t \leq 0$　$i_L(t) = 0$　A

②$0 \leq t \leq 2$　斜率 $= \dfrac{10 - 0}{2 - 0} = 5 = \dfrac{i_L - 0}{t - 0}$

$$\therefore i_L(t) = 5t \quad \text{A}$$

圖4.9.2 例4.9.3之電路及電流波形

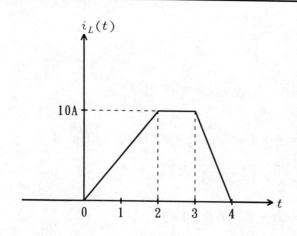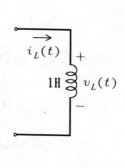

③$2 \leq t \leq 3$ $i_L(t) = 10$ A

④$3 \leq t \leq 4$ 斜率$= \dfrac{0-10}{4-3} = -10 = \dfrac{i_L - 0}{t-4}$

∴$i_L(t) = -10(t-4)$ A

⑤$4 \leq t$ $i_L(t) = 0$ A

(2)利用 $v_L = L\dfrac{di_L}{dt}$ 求出各時間區段之電壓值：

①$t \leq 0$ $v_L = 0$ V

②$0 \leq t \leq 2$ $v_L = 1 \times 5 = 5$ V

③$2 \leq t \leq 3$ $v_L = 1 \times 0 = 0$ V

④$3 \leq t \leq 4$ $v_L = 1 \times (-10) = -10$ V

⑤$4 \leq t$ $v_L = 1 \times 0 = 0$ V

(3)利用$p_L(t) = v_L(t) \cdot i_L(t)$求出各時間區段之功率函數：

①$t \leq 0$ $p_L = 0 \times 0 = 0$ W

②$0 \leq t \leq 2$ $p_L = 5 \times 5t = 25t$ W

③$2 \leq t \leq 3$ $p_L = 0 \times 10 = 0$ W

④$3 \leq t \leq 4$ $p_L = -10 \times (-10)(t-4) = 100(t-4)$ W

⑤$4 \leq t$ $p_L = 0 \times 0 = 0$ W

(4)電感器的能量也依時間區段分別表示如下：

① $t \leq 0$ $\quad w_L(t) = 0 + \int_{-\infty}^{t} 0 d\tau = 0$ $\quad$ J

$\quad \therefore w_L(0) = 0$ $\quad$ J

② $0 \leq t \leq 2$ $\quad w_L(t) = 0 + \int_{0}^{t} 25\tau d\tau = \frac{25}{2}t^2$ $\quad$ J

$\quad$ 或 $w_L(t) = \frac{1}{2} \times L \times i_L^2 = \frac{1}{2} \times 1 \times (5t)^2 = \frac{25t^2}{2}$ $\quad$ J

$\quad \therefore w_L(2) = \frac{25}{2} \times 4 = 50$ $\quad$ J

③ $2 \leq t \leq 3$ $\quad w_L(t) = 50 + \int_{2}^{t} 0 d\tau = 50$ $\quad$ J

$\quad$ 或 $w_L(t) = \frac{1}{2} \times 1 \times 10^2 = 50$ $\quad$ J

$\quad \therefore w_L(3) = 50$ $\quad$ J

④ $3 \leq t \leq 4$ $\quad w_L(t) = 50 + \int_{3}^{t} 100(\tau - 4) d\tau$

$$= 50 + 100 \left[\frac{\tau^2}{2} - 4\tau \right] \Big|_{3}^{t}$$

$$= 50 + 100 \left[(\frac{t^2}{2} - 4t) - (\frac{9}{2} - 4 \times 3) \right]$$

$$= 50t^2 - 400t - 800 = 50(t^2 - 8t - 16)$$

$$= 50(t - 4)^2 \quad \text{J}$$

$\quad$ 或 $w_L(t) = \frac{1}{2} \times 1 \times [-10(t-4)]^2$

$$= \frac{1}{2} \times 100 \times (t-4)^2 = 50(t-4)^2 \quad \text{J}$$

$\quad w_L(4) = 0$ $\quad$ J

⑤ $4 \leq t$ $\quad w_L(t) = 0 + \int_{4}^{t} 0 d\tau = 0$ $\quad$ J

$\quad$ 或 $w_L(t) = \frac{1}{2} \times 1 \times 0^2 = 0$ $\quad$ J

【例4.9.4】 若例4.9.3中的電感電流波形及刻度改為電感器之電壓 (V)波形，電感值不變，求電感器之電流、功率與能量。

【解】 (1)電壓函數表示式依各時間區段表示如下：

①$t \leq 0$　　$v_L(t) = 0$　V

②$0 \leq t \leq 2$　$v_L(t) = 5t$　V

③$2 \leq t \leq 3$　$v_L(t) = 10$　V

④$3 \leq t \leq 4$　$v_L(t) = -10(t-4)$　V

⑤$4 \leq t$　　　$v_L(t) = 0$　V

(2)電流函數可由$i_L(t) = i_L(t_0) + \dfrac{1}{L} \displaystyle\int_{t_0}^{t} v_L(\tau)d\tau$求出：

①$t \leq 0$　$i_L(t) = 0 + \dfrac{1}{1}\displaystyle\int_{-\infty}^{t} 0 d\tau = 0$　A

②$0 \leq t \leq 2$　$i_L(t) = 0 + \dfrac{1}{1}\displaystyle\int_{0}^{t} 5\tau d\tau = \dfrac{5}{2}\tau^2 \Big|_{0}^{t} = \dfrac{5}{2}t^2$　A

$\qquad \therefore i_L(2) = \dfrac{5}{2} \times 4 = 10$　A

③$2 \leq t \leq 3$　$i_L(t) = 10 + \dfrac{1}{1}\displaystyle\int_{2}^{t} 10 d\tau = 10 + 10(t-2)$

$\qquad\qquad\qquad = 10(t-1)$　A

$\qquad \therefore i_L(3) = 10(3-1) = 20$　A

④$3 \leq t \leq 4$　$i_L(t) = 20 + \dfrac{1}{1}\displaystyle\int_{3}^{t} -10(\tau-4)d\tau$

$\qquad\qquad\qquad = 20 - 10\left(\dfrac{\tau^2}{2} - 4\tau\right)\Big|_{3}^{t}$

$\qquad\qquad\qquad = 20 - 10\left[\left(\dfrac{t^2}{2} - 4t\right) - \left(\dfrac{9}{2} - 4 \times 3\right)\right]$

$\qquad\qquad\qquad = -5t^2 + 40t - 55$　A

$\qquad \therefore i_L(4) = -5 \times 16 + 40 \times 4 - 55 = 25$　A

⑤$4 \leq t$　$i_L(t) = 25 + \dfrac{1}{1}\displaystyle\int_{4}^{t} 0 d\tau = 25$　A，一直保持下去。

(3)利用$p_L = v_L \cdot i_L$，求出各段之吸收功率如下：

① $t \le 0$　　$p_L = 0 \times 0 = 0$　W

② $0 \le t \le 2$　　$p_L = 5t \cdot \dfrac{5}{2}t^2 = \dfrac{25}{2}t^3$　W

③ $2 \le t \le 3$　　$p_L = 10(10)(t-1) = 100(t-1)$　W

④ $3 \le t \le 4$　　$p_L = -10(t-4)(-5t^2+40t-55)$　W

⑤ $4 \le t$　　$p_L = 0 \times 0 = 0$　W

(4)利用 $w_L = \dfrac{1}{2}Li_L{}^2$，直接求出各段之能量如下：

① $t \le 0$　　$w_L = \dfrac{1}{2} \times 1 \times 0 = 0$　J

② $0 \le t \le 2$　　$w_L = \dfrac{1}{2} \times 1 \times (\dfrac{5}{2}t^2)^2 = \dfrac{25}{8}t^4$　J

③ $2 \le t \le 3$　　$w_L = \dfrac{1}{2} \times 1 \times [10(t-1)]^2 = 50(t-1)^2$　J

④ $3 \le t \le 4$　　$w_L = \dfrac{1}{2} \times 1 \times (-5t^2+40t-55)^2$　J

⑤ $4 \le t$　　$w_L = \dfrac{1}{2} \times 1 \times 25^2 = \dfrac{625}{2}$　J

【本節重點摘要】

(1)電容器瞬間吸收的功率 $p_C(t)$：

$$p_C(t) = v_C(t) \cdot i_C(t) = Cv_C(t)\frac{dv_C}{dt} \quad \text{W}$$

電容器儲存於電場的能量 $w_C(t)$：

$$w_C(t) = \frac{1}{2}Cv_C{}^2(t) \quad \text{J}$$

(2)電感器瞬間吸收之功率 $p_L(t)$ 為：

$$p_L(t) = v_L(t) \cdot i_L(t) = Li_L(t)\frac{di_L(t)}{dt} \quad \text{W}$$

電感器之儲存能量為：

$$w_L(t) = \frac{1}{2}Li_L{}^2(t) \quad \text{J}$$

【思考問題】

(1)電容器的儲存能量與電流大小無關嗎？如何判定電容器在儲存或釋放能量？

⑵電感器的儲存能量與電壓大小無關嗎？如何判定電感器在儲存或釋放能量？

⑶若電容量或電感量爲一時變量時，請問電容器與電感器之功率與能量如何計算？

⑷若一直流電源與一交流電源同時加在一個儲能元件上，試問如何分辨儲存能量中的直流能量與交流能量？

⑸如何使電容器與電感器之儲能持續保留，不會消失？

習　題

/4.1 節/

1. 要製造一個 $1\ \mu\text{F}$ 之電容器，並以陶瓷（$\varepsilon_r = 7500$）爲介電材質，求當兩極板相距(a)1 mm，(b)5 mm 時之面積大小。

2. 一個 $5\ \mu\text{F}$ 電容器，初始電荷爲 $3\ \mu\text{C}$，當流入電容器電壓正端之電流爲 $i(t) = 2 + t\ \mu\text{A}$ 時，求 $t = 1\ \text{s}$ 之電容器電壓値。

3. 若電容器兩端電壓之關係式爲 $v_C(t) = 2t + t^3\ \text{V}$，電容値爲 2 F，求在 $t = 2\ \text{s}$ 之電容器電流。

/4.2 節/

4. 如圖 P4.4 所示之 Y 型連接與 Δ 型連接電容器，求 C_Y 與 C_Δ 之轉換公式。

圖 P4.4

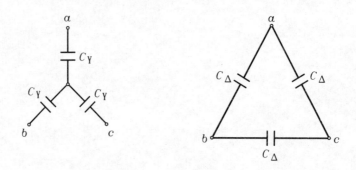

5. 若圖 P4.4 中之三個端點 a、b、c 中的任一對端點分別互相連接，若 $C_Y = 3C_\Delta$，求由任一對端點看入之等效電容値。

6.兩個電容器分別為 1 F 及 5 F，當它們(a)串聯時，(b)並聯時，連接
　到 100 V 之電壓源，求各電容器之電壓與電荷量。

/4.3 節及 4.4 節/

7.如圖 P4.7 所示之電容器充電電路，開關 SW 在 $t = 0$ 閉合，$v_c(0)$
　$= 0$ V，試求：(a)$v_R(0)$, (b)$i(0)$, (c)$\dfrac{dv_C}{dt}(0)$, (d)$\dfrac{di}{dt}(0)$, (e)v_C
　(∞), (f)τ_C。

圖 P4.7

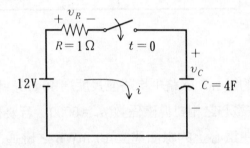

8.如圖 P4.8 所示之電路，$v_C(0) = 20$ V，$t = 0$, SW 閉合，求：(a)
　$i_{C,max}$, (b) $\dfrac{dv_C}{dt}(0)$, (c)τ_d, (d)$\dfrac{di_C}{dt}(0)$。

圖 P4.8

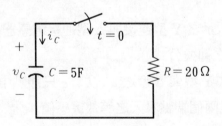

9.如圖 P4.9 所示之電容器充放電電路，$t = 0$ 秒時 SW 在位置 1，v_C
　$(0) = 1$ V，經過很長一段時間後，於 $t = t_x$ s, SW 切換至位置 2,
　求在位置 1 與位置 2 瞬間之：(a)$\dfrac{dv_C}{dt}$, (b)$\dfrac{di_C}{dt}$, (c)τ, (d)q, (e)v_C,

(f)$i_{C\circ}$

圖 P4.9

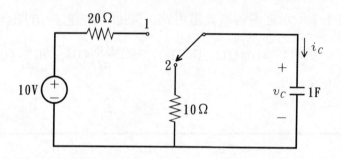

/4.5 節/

10.一個圓環狀的鐵心，磁路平均路徑長度爲 40 cm，有效截面積爲 20 cm²，已知該鐵心之相對導磁係數 $\mu_r = 5000$。若要利用 2 A 之直流電流通過繞在鐵心上的線圈建立 10 mWb 之磁通，試求：(a)鐵心之磁阻，(b)線圈之匝數，(c)磁通密度，(d)磁場強度。

11.(a)若加在 5 H 電感器兩端之電壓爲 $110\sqrt{2}\sin377t$ V，求電感器之電流若干？ (b)若通過 2 H 電感器之電流爲 $20\sqrt{2}\cos377t$ A，求電感器兩端之電壓。(假設電感器無初值能量)

/4.6 節/

12.如圖 P4.12 所示之 Y 型連接與 Δ 型連接電感器，假設無互感存在，求 L_Y 與 L_Δ 之轉換公式。

13.若圖 P4.12 之 Y 型與 Δ 型之 a、b、c 三節點中，任一對端點相互短路，求由任兩個端點看入之等效電感值。

/4.7 節及 4.8 節/

14.如圖 P4.14 所示之電感器充電電路，若 $i_L(0) = 5$ A，SW 在 $t = 0$ 開啓，試求：(a)$v_{L,\max}$, (b)τ_C, (c)$i_{L,\max}$, (d)$i_R(0)$, (e)$v_L(0)$, (f)$\dfrac{di_L}{dt}(0)$, (g)$\dfrac{dv_L}{dt}(0)$。

圖 P4.12

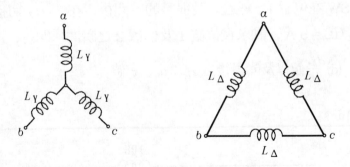

圖 P4.14

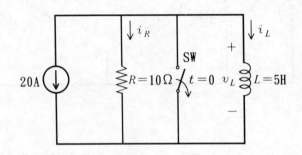

15.如圖 P4.15 所示之電感器放電電路, 若已知 $i_L(0) = -5\,A$, SW 在 $t = 0$ 開啓, 試求: (a) $v_L(0)$, (b) $v_{L,\max}$, (c) τ_d, (d) $v_L(\infty)$, (e) i_L (∞), (f) $\dfrac{di_L}{dt}(0)$, (g) $\dfrac{dv_L}{dt}(0)$。

圖 P4.15

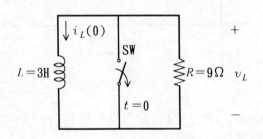

16.如圖 P4.16 所示之電感器充放電電路，若 SW 爲理想元件，$t = 0$ 時，SW 在位置 1，經過一段很長的時間後，在 $t = t_x$ 切接至位置 2，$i_L(0) = 5$ A，試求在位置 1 及位置 2 之瞬間：(a)v_L，(b)i_L，(c) $\dfrac{dv_L}{dt}$，(d)$\dfrac{di_L}{dt}$ 値以及(e)最後之 i_L、v_L、τ 値。

圖 P4.16

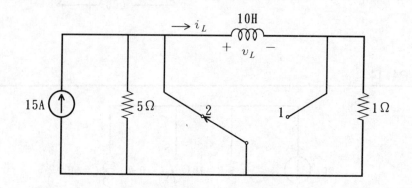

/4.9 節/

17.如圖 P4.17 所示之電壓波形$v(t)$，分別加到初値爲零之一個 1 H 電感器兩端，試求其電流、功率及能量函數。

圖 P4.17

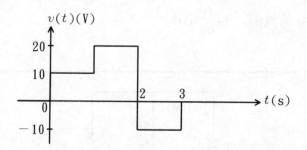

18.若$i(t) = \sin t$ A，$0 \le t \le 1$，流過 2 F 電容器，求該電容器之電壓、功率以及能量函數。（假設$v_C(0) = 5$ V）

第五章　暫態與穩態響應分析

　　當一個電路中含有儲能元件，如電容器或電感器時，其能量之儲存與釋放，配合電路中固定的直流獨立電源、相依電源的能量供給或吸收，以及開關的切換，會與電阻器之單純吸收能量的電路元件間產生交互作用，致使電路之電壓或電流產生上升或下降的變化響應曲線。等到時間慢慢地增加，該變化的響應曲線會漸漸地到達一個穩定的數值，最後不再變動，除非開關再次切換或電源再度發生改變，否則整體電路此時稱爲到達穩態，而在開關切換開始與電路到達穩態之間的狀態稱爲暫態，這是電路受儲能元件影響所致。前一章已經簡單說明過電感器及電容器基本電壓、電流特性以及充、放電特性，和儲能元件的初值、穩態電壓電流特性等。在本章中將依各種不同的電路、初值儲能以及輸入電源特性分節介紹電路的響應。

●5.1 節——定義電路響應上的基本自然響應與激發響應。

●5.2 節——利用微分方程式的解法，求出沒有外加電源下的 RL 及 RC 電路自然響應。

●5.3 節——利用微分方程式的解法，求出沒有外加電源下的 RLC 電路自然響應。

●5.4 節——利用微分方程式的解法，求出含有外加電源下的 RL、RC 及 RLC 電路步階響應。

●5.5 節——利用微分方程式的解法，求出含有外加電源下的 RL、RC 及 RLC 電路弦波階響應。

5.1 自然響應與激發響應

當電路中含有儲能元件，如電容器或電感器時，這些儲能元件之初值條件（電容器爲初值電壓，電感器爲初值電流）存在時，對整個電路元件之電壓及電流也會造成某些影響，因爲此種初值條件如同電路的另一種電源一般，所儲存的能量在開關切換時，也會釋放出來，也可能會儲存起來，這對電路會產生另一種作用。此外，電路本身的獨立電源也是電路元件電壓及電流的能量來源，將該能量與儲能元件的能量合成，則整體電路個別元件的電壓及電流均同時會受這兩類能量的影響而發生作用。若將某一個電路元件之電壓或電流當作待求的答案，我們可以稱該答案爲該電路待求之響應（the responses）。因爲對電路響應的作用來源可能不同，因此一個電路的響應又可分爲兩種：自然響應（the natural responses）以及激發響應（the exciting responses）。將自然響應與激發響應相加可得完全響應（the complete responses），茲分別介紹如下。

1. 自然響應

自然響應又稱零輸入響應（the zero-input responses），顧名思義，它代表一個電路在無任何獨立電源作用下的響應，該電路響應完全由電路中的儲能元件，包含電容器的初值電壓及電感器的初值電流等能量所決定。倘若電路中無任何儲能元件，或儲能元件無任何初值條件存在，則該電路的自然響應不存在或等於零。「自然」這兩個字主要是對應於「激發」兩個字的，它表示電路不受外界獨立電源的強迫動作，自自然然地由電路內部能量產生響應。有些書上稱自然響應爲互補響應（the complementary responses），因爲這類響應是激發響應的補充響應。

2. 激發響應

激發響應又稱爲零態響應（the zero-state responses），它是指完

全由電路的獨立電源所激勵產生之響應，此類響應不考慮電路中儲能元件的初值條件作用，完全按照外界輸入的獨立電源激發作用，產生於電路元件兩端電壓或通過電流的響應。倘若電路中無獨立電源存在，或獨立電源關閉而失去作用，則該類響應不存在或等於零。有些書上稱激發響應爲強迫響應（the forced responses），表示這類響應是來自於非自然的獨立電源驅動，迫使一個電路產生某些響應。

3.完全響應

將同一個電路在某一個電路元件所產生的自然響應$r_n(t)$與激發響應$r_e(t)$利用第三章 3.1 節的重疊定理觀念相加，則可得到電路在該電路元件上的完全響應（the complete responses）$r_c(t)$：

$$r_c(t) = r_n(t) + r_e(t) \quad \text{V 或 A} \tag{5.1.1}$$

（5.1.1）式中之自然響應關係表現在電路的方程式上，可以明顯發現不論是應用克希荷夫電壓定律 KVL 所寫出之迴路方程式，或是克希荷夫電流定律 KCL 所表示之節點電流方程式，此類微分方程式其等號右側的外加電源部份必等於零，或整體微分方程式內沒有外加獨立電源的項存在。因此在數學上的微分方程式求解的答案稱爲通解（the homogeneous solution），以$r_h(t)$表示，而該微分方程式就稱爲齊次微分方程式（the homogeneous differential equations）。反之，激發響應所表示的電路微分方程式中，必定存在了外加獨立電源的項，則該微分方程式稱爲非齊次微分方程式（the nonhomogeneous differential equations），其所求得之答案稱爲特解（the particular solution），以符號$r_p(t)$表示。因此（5.1.1）式的完全響應，也可以用微分方程式的通解與特解之和表示：

$$r_c(t) = r_h(t) + r_p(t) \quad \text{V 或 A} \tag{5.1.2}$$

式中的通解常有一些假設的常數存在，必須利用微分方程式的初值條件，如電感器的初值電流以及電容器的初值電壓來求解這些常數，以獲得完整的響應解。

在本書中所使用之電路元件均假設爲線性，因此上述之微分方程

式均爲線性微分方程式（the linear differential equations），若電路僅含一個儲能元件，則形成簡單的一階微分方程式或一次微分方程式（the first-order differential equations）；若包含兩個或兩個以上的儲能元件，則稱爲高階或高次微分方程式（the high-order differential equations）。

一般線性常係數一階微分方程式之齊次解法可用代數法，簡單的改寫成分離變數方程式（the separable equations）求出，而非齊次的解法可用參數變化法（the variation of parameters）求出，或根據外加電源之型式假設特解之答案代入原微分方程式，再由比較係數法求出參數，這些將分別於第 5.2 節說明。

對於線性常係數二階微分方程式之齊次解法，則可利用特性方程式或特徵方程式（the characteristic equation）求出方程式的兩個根，再由根的不同型式判斷其通解的答案，一般分爲過阻尼（overdamped）、臨界阻尼（critically damped）以及欠阻尼（underdamped）等三種情形，至於非齊次之答案一般按照外加電源的型式來預估特解之型式，然後代入微分方程式以比較係數的方法決定特解之未知參數，這些工作將於第 5.3 節至第 5.5 節中進一步詳細叙述。

以上的響應係根據作用的來源分類，因爲此來源不是來自於儲能元件的能量，就是來自於獨立電源的能量，分析上至爲明顯。若按響應時間的關係來分類，則一個電路的完全響應 $r_c(t)$ 可寫爲：

$$r_c(t) = r_{tr}(t) + r_{ss}(t) \quad \text{V 或 A} \tag{5.1.3}$$

式中 $r_{tr}(t)$ 代表暫態響應（the transient responses），$r_{ss}(t)$ 則代表穩態響應（the steady-state responses）。在判定這兩種響應時，只要將完全響應 $r_c(t)$ 中的時間變數 t 令爲無限大，則所保留下來的部份即爲穩態響應 $r_{ss}(t)$，因爲在時間變數爲無限大時，暫態響應 $r_{tr}(t)$ 的成份已消失不見了（但此種方法不適用於第 5.5 節的弦式輸入響應分析上）。再將完全響應 $r_c(t)$ 扣除穩態響應 $r_{ss}(t)$ 的部份，則留下的部份即爲暫態響應 $r_{tr}(t)$。暫態響應其實也可以從完全響應中帶有指數

（exponent）的部份判斷出來，因爲當時間趨近於無限大時，帶有指數部份的暫態響應會隨指數項的趨近於零而消失不見。

　　暫態響應除了會由電路之初值條件影響外，也會由外加電源部份作用；同理，穩態響應的成份也可能由電路之電感器電流或電容器電壓初值條件所產生，也可能來自外加電源的作用。因此在本節最容易攪混的觀念是：以爲暫態響應就是自然響應，穩態響應就是激發響應。千萬記住：暫態響應或穩態響應是以時間來分類的，自然響應或激發響應是按作用源的來處分類的，因此：「暫態響應不一定是自然響應，穩態響應也不一定是激發響應」。在本章中務必將這些名詞定義瞭解清楚。

【本節重點摘要】

⑴自然響應又稱零輸入響應或互補響應，代表一個電路在無任何獨立電源作用下的響應，該電路響應完全由電路中的儲能元件，包含電容器的初值電壓及電感器的初值電流等能量所決定。

⑵激發響應又稱為零態響應或強迫響應，是指完全由激勵電路的獨立電源所產生之響應，此類響應不考慮電路中儲能元件的初值條件作用，完全按照外界輸入的獨立電源激發作用，產生於電路元件兩端電壓或通過電流的響應。

⑶完全響應：將同一個電路在某一個電路元件所產生的自然響應 $r_n(t)$ 與激發響應 $r_e(t)$ 利用重疊定理觀念相加，則可得到電路在該電路元件上的完全響應 $r_c(t)$

$$r_c(t) = r_n(t) + r_e(t) \quad \text{V 或 A}$$

⑷自然響應關係表現在電路的方程式上，不論是應用克希荷夫電壓定律 KVL 所寫出之迴路方程式或克希荷夫電流定律 KCL 所表示之節點電流方程式，此類微分方程式其等號右側的外加電源部份必等於零。因此在數學上的微分方程式求解的答案稱為通解，以 $r_h(t)$ 表示，而該微分方程式即稱為齊次微分方程式。激發響應所表示的電路微分方程式中，必定存在了外加獨立電源的項，則該微分方程式稱為非齊次微分方程式，其所求得之答案稱為特解 $r_p(t)$。因此完全響應，也可以用微分方程式的通解與特解之和表示：

$$r_c(t) = r_h(t) + r_p(t) \quad \text{V 或 A}$$

式中通解常有一些假設的常數存在，必須利用微分方程式的初值條件來求解這些常數，以獲得完整的響應解。

(5)若按響應時間的關係來分類，則一個電路的完全響應$r_c(t)$可寫為：

$$r_c(t) = r_{tr}(t) + r_{ss}(t) \quad \text{V 或 A}$$

式中$r_{tr}(t)$代表暫態響應，$r_{ss}(t)$則代表穩態響應。在判定這兩種響應時，只要將完全響應$r_c(t)$中的時間變數 t 令為無限大，則所保留下來的部份即為穩態響應$r_{ss}(t)$，再將完全響應$r_c(t)$扣除穩態響應$r_{ss}(t)$的部份，則留下的部份即為暫態響應$r_{tr}(t)$。

(6)暫態響應不一定是自然響應，穩態響應也不一定是激發響應。

【思考問題】

(1)若電路的微分方程式利用第十三章中的拉氏轉換法（Laplace transformation）求解，所得到的答案是自然響應還是激發響應？

(2)一個電路有沒有可能自然響應就是激發響應？若有，是什麼電路？

(3)一個電路具有初值條件，又有外加電源，有沒有可能沒有任何響應？

(4)有沒有電路響應的值是以自然響應功率與激發響應功率合成為完全響應功率的？

(5)相依電源在一個電路時，對電路的響應會有什麼影響？

5.2 無源 *RL* 與 *RC* 電路的自然響應

本節將介紹無外加獨立電源下（source free），由兩個簡單的電路元件：電阻器 R、電感器 L 以及電阻器 R、電容器 C 所分別構成的電路，其電路響應的求法。由於無外加電源，因此電路所產生的響應必來自儲能元件的初值條件：電感器是初值電流；電容器是初值電壓，這種初值能量會對電路產生響應，必是自然響應。由於含有儲能元件，第 5.1 節中已談過，該電路所寫出的 KVL 或 KCL 電路方程

式，必是齊次的微分方程式。因此在求解電路時，必須採用解微分方程式的方法。

本節將著重於利用特性方程式（the characteristic equation）的解微分方程式法，至於利用分離變數解微分方程式的技巧，請參考本章後面的附錄1。

5.2.1 無源 *RL* 電路的自然響應

如圖 5.2.1 所示，一個電阻器 *R*，一個電感器 *L*，以及一個開關 SW，三者皆並聯在節點 1、2 間。假設開關 SW 原爲閉合的，電感器有一個初值電流 I_0 由節點 1 經過電感器 *L* 流入節點 2，因爲開關 SW 短路，因此電感器的初值電流 I_0 在電感器與短路的開關間循環流動。假設開關 SW 在 $t = t_0$ 秒瞬間開啓。因爲電感器電流 i_L 必須是連續的，i_L 爲求解電路的關鍵，故選擇電感器電流爲主要方程式的待求變數。一旦 i_L 推算出來，其餘的電路電壓、功率以及能量變化均可依照基本元件的方程式求出。茲分析 *RL* 電路如下：

⑴當 $t < t_0$ 時

電感器之初值電流爲：

$$i_L(t) = I_0 \quad \text{A} \tag{5.2.1}$$

⑵當 $t \geq t_0$ 時

開關 SW 被打開，圖 5.2.1 之電路變成簡單的 *RL* 並聯電路，以電感器電流 i_L 爲變數，以順時鐘方向繞一圈所寫出的 KVL 方程式爲：

$$L \frac{di_L(t)}{dt} + R i_L(t) = 0 \quad \text{V} \tag{5.2.2}$$

令對時間 *t* 微分的運算子如下：

$$p = \frac{d}{dt} \quad \text{s}^{-1} \tag{5.2.3}$$

將 (5.2.3) 式的運算子 *p* 代入 (5.2.2) 式，可得：

$$L p i_L(t) + R i_L(t) = 0 \quad \text{V} \tag{5.2.4a}$$

或

$$(Lp+R)i_L(t)=0 \quad \text{V} \tag{5.2.4b}$$

式中$i_L(t)$不應爲零，否則沒有電流響應發生，因此：

$$Lp+R=0 \tag{5.2.5}$$

圖5.2.1 簡單的無源 RL 電路

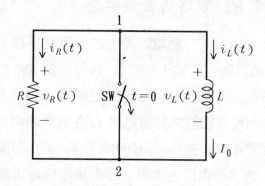

(5.2.5) 式即爲該 RL 電路的特性方程式，該方程式的解稱爲特性根
(the characteristic roots)，表示如下：

$$p=-(R/L) \quad \text{s}^{-1} \tag{5.2.6}$$

因此該 RL 電路的通解型式必爲：

$$i_L(t)=K\varepsilon^{pt}=K\varepsilon^{-(R/L)t} \quad \text{A} \tag{5.2.7}$$

目前僅剩下常數 K 未知，此時可以將 (5.2.1) 式變成電感電流連續
性的關係：

$$i_L(t_0^-)=i_L(t_0)=i_L(t_0^+)=I_0 \quad \text{A} \tag{5.2.8}$$

代入 (5.2.7) 式，並令 $t=t_0$ 可得：

$$i_L(t_0)=I_0=K\varepsilon^{-(R/L)t_0} \quad \text{A} \tag{5.2.9}$$

由 (5.2.9) 式可解出常數 K 之值爲：

$$K=\frac{I_0}{\varepsilon^{-(R/L)t_0}}=I_0\varepsilon^{(R/L)t_0} \quad \text{A} \tag{5.2.10}$$

將 (5.2.10) 式的常數 K 代入 (5.2.7) 式，可以得到完整的電感器

電流表示式爲：

$$i_L(t) = I_0\varepsilon^{(R/L)t_0}\varepsilon^{-(R/L)t} = I_0\varepsilon^{-(R/L)(t-t_0)}$$

$$= I_0\varepsilon^{-(1/\tau_L)(t-t_0)} \quad \text{A} \tag{5.2.11}$$

式中

$$\tau_L = \frac{L}{R} \quad \text{s} \tag{5.2.12}$$

稱爲該 *RL* 電路的時間常數，以秒爲單位，它在第四章 4.7 節中已概略談過，該時間常數之值恰爲 (5.2.6) 式特性根負值的倒數。電感器的電流 i_L 由初值電流 I_0 開始，經過大約五倍時間常數的時間，電流 i_L 就慢慢地衰減 (decay) 至零值。若開關 SW 開啓的時間在 $t = 0$ 秒，則 (5.2.11) 式會變得更加簡單：

$$i_L(t) = I_0\varepsilon^{-t/\tau_L} \quad \text{A} \tag{5.2.13}$$

(5.2.13) 式的電感器電流響應可如圖 5.2.2 所示，這個響應也是該 *RL* 電路的自然響應、暫態響應以及通解響應。

　　以上就是簡單地利用特性方程式法解 *RL* 電路的過程。至於以特性方程式法求解電路響應的通式，可參考本節最後面的部份。

圖 5.2.2　**電感器電流的自然響應**

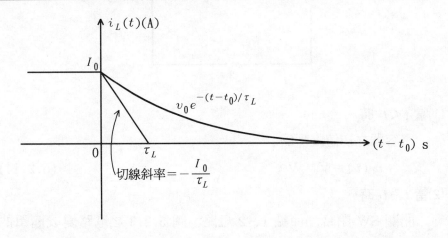

5.2.2 無源 RC 電路的自然響應

如圖 5.2.3所示，一個電阻器 R 與一個電容器 C 之一個端點，連接在共同節點 3 上。該電容器與電阻器的另外一端則分別連接在節點 1 與節點 2 上，在節點 1、2 間有一個開關 SW。假設開關 SW 原爲開啓的，電容器兩端有一個初值電壓 V_0 存在，因爲開關 SW 開路，因此電容器的初值電壓 V_0 出現在開關 SW 的兩端點間。假設開關 SW 在 $t = t_0$ 秒瞬間開啓。因爲電容器電壓 v_C 是連續的，v_C 爲求解電路的關鍵，故以電容器電壓爲主要方程式的待求變數。一旦 v_C 推算出來，其餘的電路電壓、功率以及能量變化均可依照基本方程式求出。茲分析 RC 電路如下：

圖5.2.3 簡單的無源 RC 電路

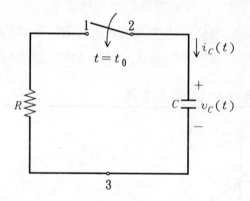

(1)**當 $t < t_0$ 時**

電容器之初值電壓爲：

$$v_C(t) = V_0 \quad \text{V} \tag{5.2.14}$$

(2)**當 $t \geq t_0$ 時**

開關 SW 閉合，節點 1、2 短路，圖 5.2.3 之電路變成簡單的 RC 並聯電路，以電容器電壓 v_C 爲變數，以節點 1 或 2 爲所寫出的 KCL 方程式爲：

$$C\frac{dv_C(t)}{dt} + \frac{v_C(t)}{R} = 0 \quad \text{A} \tag{5.2.15}$$

取 (5.2.3) 式中對時間 t 微分的運算子 p, 可將 (5.2.15) 式改寫爲:

$$Cpv_C(t) + \frac{v_C(t)}{R} = 0 \tag{5.2.16a}$$

或

$$[Cp + (\frac{1}{R})]v_C(t) = 0 \quad \text{A} \tag{5.2.16b}$$

式中 $v_C(t)$ 不應爲零, 否則沒有電壓響應發生; 因此

$$Cp + \frac{1}{R} = 0 \tag{5.2.17}$$

(5.2.17) 式即爲該 RC 電路的特性方程式, 該方程式的解或特性根表示如下:

$$p = -\frac{1}{RC} \quad \text{s}^{-1} \tag{5.2.18}$$

因此該 RC 電路的通解型式必爲:

$$v_C(t) = K\varepsilon^{pt} = K\varepsilon^{-(1/RC)t} \quad \text{V} \tag{5.2.19}$$

目前 (5.2.19) 式的電容器電壓 v_C 僅剩下常數 K 未知, 此時可以將 (5.2.14) 式變成電容電壓連續性的關係:

$$v_C(t_0^-) = v_C(t_0) = v_C(t_0^+) = V_0 \quad \text{V} \tag{5.2.20}$$

代入 (5.2.19) 式, 並令 $t = t_0$ 可得:

$$v_C(t_0) = V_0 = K\varepsilon^{-(1/RC)t_0} \quad \text{V} \tag{5.2.21}$$

由 (5.2.21) 式可解出常數 K 之值爲:

$$K = \frac{V_0}{\varepsilon^{-(1/RC)t_0}} = V_0\varepsilon^{(1/RC)t_0} \quad \text{V} \tag{5.2.22}$$

將 (5.2.22) 式的常數 K 代入 (5.2.19) 式, 可以得到完整的電容器電壓表示式爲:

$$v_C(t) = V_0\varepsilon^{(1/RC)t_0}\varepsilon^{-(1/RC)t} = V_0\varepsilon^{-(1/RC)(t-t_0)}$$

$$= V_0\varepsilon^{-(1/\tau_C)(t-t_0)} \quad \text{V} \tag{5.2.23}$$

式中

$$\tau_C = RC \quad s \tag{5.2.24}$$

稱爲該 RC 電路的時間常數，以秒爲單位，它在第四章 4.3 節中已大概談過，該時間常數恰爲 (5.2.18) 式特性根負值的倒數。電容器的電壓 v_C 由初值電流 V_0 開始，經過大約五倍時間常數的時間，電壓 v_C 就會慢慢地衰減至零。若開關 SW 閉合的時間在 $t = 0$ 秒，則 (5.2.23) 式會變得更加簡單：

$$v_C(t) = V_0 \varepsilon^{-t/\tau_c} \quad V \tag{5.2.25}$$

(5.2.25) 式的電容器電壓響應可如圖 5.2.4 所示，這個響應也是該 RC 電路的自然響應、暫態響應以及通解響應。

　　以上就是簡單地利用特性方程式法解 RC 電路的過程。

圖 5.2.4　電容器電壓的自然響應

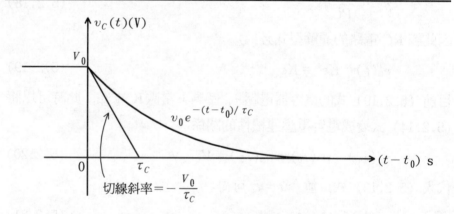

5.2.3　以特性方程式求解齊次微分方程式

　　由於本節所談的是無源電路的情況，因此所列的 KVL 或 KCL 方程式必爲齊次方程式，茲以任意具有常係數線性 n 階的齊次方程式表示如下：

$$A_n \frac{d^n}{dt^n} r(t) + A_{n-1} \frac{d^{n-1}}{dt^{n-1}} r(t) + \cdots + A_1 \frac{d}{dt} r(t) + A_0 r(t) = 0$$

$$(5.2.26)$$

式中的 $r(t)$ 代表響應函數，可以是電感器的電流或是電容器的電壓，視電路而定。將（5.2.3）式的微分運算子 p 代入（5.2.26）式可得：

$$(A_n p^n + A_{n-1} p^{n-1} + \cdots + A_1 p + A_0) r(t) = 0 \qquad (5.2.27)$$

令（5.2.27）式等號左側的括號內為零，即得特性方程式：

$$A_n p^n + A_{n-1} p^{n-1} + \cdots + A_1 p + A_0 = 0 \qquad (5.2.28)$$

將特性方程式求解，可得特性根。依特性根是否含有重根的情形，分為以下兩點說明響應 $r(t)$ 的表示式（以下僅討論實數根的情況，至於共軛根的情形留在下一節說明）：

(1)若（5.2.28）式的解或特性根均為不同的實數值，分別為：p_i，$i = 1, 2, \cdots, n$，則 $r(t)$ 的自然響應解應為（假設動作開關時間 $t_0 = 0$）：

$$r(t) = K_1 \varepsilon^{p_1 t} + K_2 \varepsilon^{p_2 t} + \cdots + K_n \varepsilon^{p_n t} \quad \text{V 或 A} \qquad (5.2.29)$$

式中共有 n 個常數 K_1、K_2、$\cdots$、K_n 需要利用 n 個初值條件求解。

(2)若（5.2.28）式的解或特性根中，有一個根 p_1 具有 m 個重根，其他的根均為不同的根，則 $r(t)$ 的自然響應解應為：

$$r(t) = K_1(t) \varepsilon^{p_1 t} + K_2 \varepsilon^{p_2 t} + \cdots + K_n \varepsilon^{p_n t} \quad \text{V 或 A} \qquad (5.2.30)$$

式中

$$K_1(t) = K_0' + K_1' t + \cdots + K_{m-1}' t^{m-1} \qquad (5.2.31)$$

（5.2.30）式表示，當特性根其中的一個根具有重根，需要特別處理外，其餘不同的根可以依照普通的指數型式表示。

【例5.2.1】如圖 5.2.5 所示之簡單 RL 電路，已知 $i_L(0) = 5\,\text{A}$，求 $t \geq 0$ 之：(a)$i_L(t)$，(b)$v(t)$，(c)$\dfrac{di_L}{dt}$ 及 $\left.\dfrac{di_L}{dt}\right|_{\max}$，(d)$\dfrac{dv}{dt}$ 及 $\left.\dfrac{dv}{dt}\right|_{\max}$，(e)$p_L$ 及 p_R，(f)w_L 及 w_R。

圖5.2.5　例5.2.1所示之電路

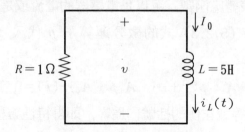

【解】 $t_0 = 0$ s, $\tau_L = \dfrac{L}{R} = \dfrac{5}{1} = 5$ s , $I_0 = 5$ A

(a) $i_L(t) = I_0 e^{-t/\tau_L} = 5e^{-t/5}$ A

(b) $v(t) = -Ri_L(t) = -1 \times 5e^{-t/5} = -5e^{-t/5}$ V

(c) $\dfrac{di_L}{dt} = 5(-\dfrac{1}{5})e^{-t/5} = -e^{-t/5}$ A/s

$\left. \dfrac{di_L}{dt} \right|_{max} = \dfrac{di_L}{dt}(0) = -1$ A/s

(d) $\dfrac{dv}{dt} = -5 \cdot (-\dfrac{1}{5})e^{-t/5} = e^{-t/5}$ V/s

$\left. \dfrac{dv}{dt} \right|_{max} = \dfrac{dv}{dt}(0) = e^0 = 1$ V/s

(e) $p_L = v(t)i_L(t) = -5e^{-t/5} \cdot 5e^{-t/5} = -25e^{-2t/5}$ W (吸收)

$p_R(t) = -p_L(t) = 25e^{-t/5}$ W (吸收)

(f) $w_L = \dfrac{1}{2}Li_L^2 = \dfrac{1}{2} \times 5 \times (5e^{-t/5})^2 = 62.5e^{-2t/5}$ J (放出)

$w_R = -w_L = -62.5e^{-2t/5}$ J (放出)　　　　　◎

【例5.2.2】 如圖5.2.6所示之簡單 RC 電路，已知$v_C(0) = 2$ V，求 t

≥ 0 之：(a)$v_C(t)$, (b)$i_C(t)$, (c)$\dfrac{dv_C}{dt}$ 及 $\left. \dfrac{dv_C}{dt} \right|_{max}$, (d)$\dfrac{di_C}{dt}$ 及 $\left. \dfrac{di_C}{dt} \right|_{max}$, (e)

p_C 及 p_R, (f)w_C 及 $w_{R\circ}$

圖5.2.6 例5.2.2之電路

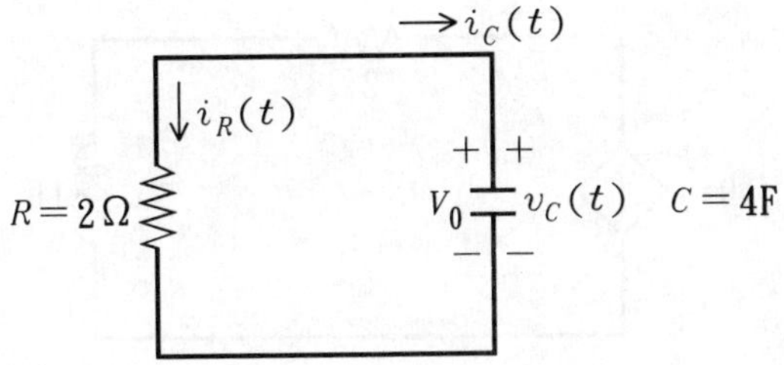

【解】 $t_0 = 0$ s , $\tau_C = RC = 2 \times 4 = 8$ s , $V_0 = 2$ V

(a)$v_C(t) = V_0 e^{-t/\tau_c} = 2e^{-t/8}$ V

(b)$i_C(t) = \dfrac{-v_C(t)}{R} = \dfrac{-2e^{-t/8}}{2} = -e^{-t/8}$ A

(c)$\dfrac{dv_C}{dt} = 2(-\dfrac{1}{8})e^{-t/8} = -\dfrac{1}{4}e^{-t/8}$ V/s

$\dfrac{dv_C}{dt}\bigg|_{max} = \dfrac{dv_C}{dt}(0) = -\dfrac{1}{4}$ V/s

(d)$\dfrac{di_C}{dt} = -(-\dfrac{1}{8})e^{-t/8} = \dfrac{1}{8}e^{-t/8}$ A/s

$\dfrac{di_C}{dt}\bigg|_{max} = \dfrac{di_C}{dt}(0) = \dfrac{1}{8}$ A/s

(e)$p_C = v_C \cdot i_C = 2e^{-t/8}(-e^{-t/8}) = -2e^{-t/4}$ W (吸收)

$p_R = -p_C = 2e^{-t/4}$ W (吸收)

(f)$w_C = \dfrac{1}{2}Cv_C^2 = \dfrac{1}{2} \times 4 \times (2e^{-t/8})^2$

$= \dfrac{1}{2} \times 4 \times 4e^{-t/4} = 8e^{-t/4}$ J (放出)

$w_R = -w_C = -8e^{-t/4}$ J (放出) ◎

【例5.2.3】 如圖5.2.7所示之電路, $i(0) = 5$ A , 求$i(t)$, $t \geq 0$。

圖5.2.7   例5.2.3之電路

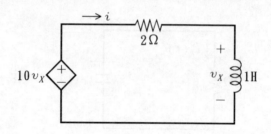

【解】寫出圖5.2.7 KVL 之方程式如下:

$$-10v_x + 2i + 1\frac{di}{dt} = 0$$

代 $v_x = 1 \cdot \frac{di}{dt}$ 入原方程式，可得:

$$-10\frac{di}{dt} + 2i + \frac{di}{dt} = 0$$

$$\therefore -9\frac{di}{dt} + 2i = 0$$

令 $\frac{di}{dt} = p$，可得特性方程式:

$$-9p + 2 = 0, \quad \therefore p = \frac{2}{9} \text{（正根）}$$

$$\therefore i(t) = Ke^{pt} = Ke^{2/9t}$$

$$i(0) = 5 = Ke^{2/9 \times 0}, \quad \therefore K = 5$$

故 $i(t) = 5e^{2/9t}$ A

此為一個不穩定之電路，因為當 $t \to \infty$ 時，$i(t) \to \infty$ 為不合理之電感器電流。   ◎

【例5.2.4】如圖5.2.8所示之雙電容器無源電路，$v_{1C}(0) = 5V$，$v_{2C}(0) = 9$ V，求 SW 在 $t = 0$ 閉合後之 $v_{1C}(t)$ 值。

圖 5.2.8 *例* 5.2.4 *之電路*

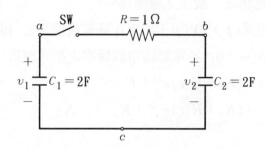

【解】SW 於 $t=0$ 閉合後，利用節點 a、b 寫出之 KCL 之方程式分別為：

$$2\frac{dv_1}{dt}+\frac{(v_1-v_2)}{1}=0 \quad 或 \quad (2p+1)v_1-v_2=0 \quad V \qquad ①$$

$$2\frac{dv_2}{dt}+\frac{(v_2-v_1)}{1}=0 \quad 或 \quad -v_1+(2p+1)v_2=0 \quad V \qquad ②$$

解①，②之聯立方程式如下：

$$\Delta = \begin{vmatrix} 2p+1 & -1 \\ -1 & 2p+1 \end{vmatrix} = (2p+1)(2p+1)-1$$

$$=4p^2+4p+1-1=4p(p+1)$$

$$p=0, \ -1$$

$$\therefore v_{1C}(t)=K_1e^{0t}+K_2e^{-t}=K_1+K_2e^{-t} \quad V \qquad t\geq0$$

已知 $\quad v_{1C}(0)=5=K_1+K_2e^0=K_1+K_2 \quad V \qquad ③$

將 $t=0$ 之條件代入①式可得：

$$2[0+K_2(-1)e^{-t}]|_{t=0}+(5-9)=0$$

$$\therefore -2K_2+(-4)=0, \ \therefore K_2=-2$$

代入③式可得

$$K_1=5-K_2=5-(-2)=7$$

$$\therefore v_{1C}(t)=7+(-2)e^{-t} \quad V$$

◎

【例5.2.5】若一個 RL 電路已知其特性方程式為：$(p+2)^2(p+3)=0$，求電感器電流之一般型式響應為何？

【解】特性方程式 $(p+2)^2(p+3)=0$ 具有重根 -2，以及非重根 -3，令 $p_1=-2$，$p_2=-3$，則電感器電流響應之型式應為：

$$i_L(t)=(K_0+K_1t)e^{p_1t}+K_2e^{p_2t}$$
$$=(K_0+K_1t)e^{-2t}+K_2e^{-3t} \quad \text{A}$$
◎

【例5.2.6】如下圖所示之電路，電容器已被充電到 V_0 伏特，在 $t=0$ 時，開關 SW 閉合，試求：(a)電流 $i(t)$ 之表示式，(b)電容電壓以何時率改變，(c)電容之電荷量表示式，(d)Cv_C 乘積改變之時率，(e)v_C 之表示式，(f)電容儲能表示式，(g)電容儲能被取走之時率表示式，(h)電容能量轉換為熱之消散時率表示式。

圖5.2.9　例5.2.6之電路

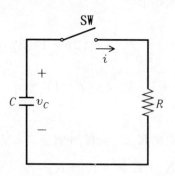

【解】該電路之時間常數為：$\tau=RC$　s

(a)$i(t)=I_0e^{-t/\tau}=(V_0/R)e^{-t/\tau}$　A

(b)$\dfrac{dv_C(t)}{dt}=\dfrac{d}{dt}\dfrac{q(t)}{C}=\dfrac{1}{C}\dfrac{dq}{dt}=\dfrac{-1}{C}\cdot i(t)=\dfrac{-V_0}{CR}e^{-t/\tau}$

$$=\dfrac{-V_0}{\tau}e^{-t/\tau} \quad \text{V/s}$$

(c)$q(t)=q(0)+\displaystyle\int_0^t(-i)dt=q(0)+\int_0^t\dfrac{-V_0}{R}e^{-t/\tau}dt$

$$= q(0) + (\frac{-V_0}{R})(-\tau)\int_0^t e^{-t/\tau}d(-t/\tau)$$

$$= CV_0 + V_0Ce^{-t/\tau}\Big|_0^t = CV_0 + V_0C(e^{-t/\tau} - 1)$$

$$= CV_0e^{-t/\tau}\quad C$$

(d)$\dfrac{d}{dt}Cv_C = \dfrac{d}{dt}q(t) = \dfrac{d}{dt}(V_0Ce^{-t/\tau}) = (V_0C)(\dfrac{-1}{\tau})e^{-t/\tau}$

$$= \frac{-V_0}{R}e^{-t/\tau} = -i(t)\quad A$$

(e)$v_C(t) = \dfrac{q(t)}{C} = \dfrac{1}{C}\times V_0C(e^{-t/\tau}) = V_0e^{-t/\tau}\quad V$

(f)$w_C = \dfrac{1}{2}Cv_C^2 = \dfrac{1}{2}CV_0^2e^{-2t/\tau}\quad J$

(g)$\dfrac{-dw_C}{dt} = \dfrac{-1}{2}CV_0^2 \cdot e^{-2t/\tau}(\dfrac{-2}{\tau}) = \dfrac{V_0^2}{R}e^{-2t/\tau}\quad W$

(h)$\dfrac{dw_R}{dt} = i^2R = (\dfrac{V_0}{R}e^{-t/\tau})^2 \cdot R = \dfrac{V_0^2}{R}e^{-2t/\tau}\quad W$　　◎

【本節重點摘要】

(1)無源 RL 電路的自然響應：

電感器具有初值電流 I_0，開關切換在 t_0 秒，則電感器電流表示為

$$i_L(t) = I_0\varepsilon^{-(1/\tau_L)(t-t_0)}\quad A$$

式中 $\tau_L = \dfrac{L}{R}$ s，稱為該 RL 電路的時間常數，以秒為單位。

(2)無源 RC 電路的自然響應：

電容器具有初值電壓 V_0，開關切換在 t_0 秒，則電容器電壓表示為

$$v_C(t) = V_0\varepsilon^{-(1/\tau_C)(t-t_0)}\quad V$$

式中 $\tau_C = RC$ s，稱為該 RC 電路的時間常數，以秒為單位。

(3)以特性方程式求解齊次微分方程式

任意具有常係數線性 n 階的齊次方程式表示如下：

$$A_n\frac{d^n}{dt^n}r(t) + A_{n-1}\frac{d^{n-1}}{dt^{n-1}}r(t) + \cdots + A_1\frac{d}{dt}r(t) + A_0r(t) = 0$$

式中的 $r(t)$ 代表響應函數。將微分運算子 p 代入可得特性方程式：

$$A_np^n + A_{n-1}p^{n-1} + \cdots + A_1p + A_0 = 0$$

①若特性根均為不同的實數值，分別為：p_i，$i = 1, 2, \cdots, n$，則$r(t)$的自然響應解應為：

$$r(t) = K_1 \epsilon^{p_1 t} + K_2 \epsilon^{p_2 t} + \cdots + K_n \epsilon^{p_n t} \quad \text{V 或 A}$$

②若特性根中，有一個根 p_1 具有 m 個重根，其他的根均為不同的根，則 r (t) 的自然響應解應為：

$$r(t) = K_1(t) \epsilon^{p_1 t} + K_2 \epsilon^{p_2 t} + \cdots + K_n \epsilon^{p_n t} \quad \text{V 或 A}$$

式中

$$K_1(t) = K_0' + K_1' t + \cdots + K_{m-1}' t^{m-1}$$

【思考問題】

(1)電阻值與電感值的大小，對 *RL* 電路的自然響應有何影響？

(2)電阻值與電容值的大小，對 *RC* 電路的自然響應有何影響？

(3)若電路元件的電阻器、電感器或電容器之個數增多，對 KVL 或 KCL 的方程式數目會有影響嗎？

(4)*RL* 電路中的電感器不是一個時，或 *RC* 電路中的電容器不是一個時，您能估算出它的特性根個數嗎？

(5)若一個電路表示時，採用分佈式參數，請問該電路的特性方程式存在嗎？若存在，如何求解？若不存在，該用何法分析呢？

5.3 無源 *RLC* 電路的自然響應

本節將擴大第 5.2 節單一個儲能元件與單一個電阻元件合併的電路的情形，將兩種不同類型的儲能元件：電感器 L 及電容器 C，同時放置於一個無獨立電源的電路，再加上另一個非儲能元件：電阻器 R，探討該種電路在無獨立電源作用下，完全由電容器之初值電壓 V_0 以及電感器之初值電流 I_0 等電路的初值能量作用下，電路所發生之自然響應特性。本節將分無獨立電源的串聯 *RLC* 電路以及並聯 *RLC* 電路兩部份來做說明。

5.3.1 無源串聯 RLC 電路之自然響應

　　如圖 5.3.1 所示，一個電阻器 R、電感器 L 以及一個電容器 C 三個被動元件串聯而成一個電路。假設在時間 $t = t_0$ 秒瞬間的電感器 L 之電流為：

$$i_L(t_0) = I_0 \quad \text{A} \tag{5.3.1}$$

其方向如圖所示，由電感器電壓 v_L 之正端流入。電容器 C 在 $t = t_0$ 時之電壓為：

$$v_L(t_0) = V_0 \quad \text{V} \tag{5.3.2}$$

其極性亦如圖所示，與電容器電壓 v_L 相同。由於三個電路元件是以串聯的方式連接，通過該串聯電路的電流 $i(t)$ 流經這三個電路元件，因此就以圖中的電流 $i(t)$ 當做該三個電路元件共同的變數，所形成的串聯迴路可用克希荷夫電壓定律 KVL 繞該迴路一圈寫出，其表示式為：

$$Ri(t) + L\frac{di(t)}{dt} + \left[V_0 + \frac{1}{C}\Big|_{t_0}^{t} i(\tau)d\tau \right] = 0 \quad \text{V} \tag{5.3.3}$$

圖 5.3.1　無源串聯 RLC 電路

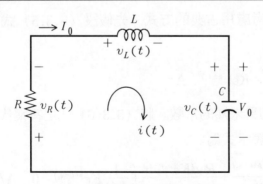

式中的中括號〔 〕內部的電容器電壓包含兩項，表示電容器的電壓除了要考慮通過電容器的電流 $i(t)$ 的變化外，其初值電壓 V_0 亦要加入一併考慮。因為 (5.3.3) 式既含有積分項，又含有微分項，這樣

的方程式不是單純的微分方程式, 而是微積分方程式。然而我們可以將 (5.3.3) 式再對時間 t 微分一次, 以消除該式的積分項, 使該式變成單純的二次微分方程式:

$$R \frac{di(t)}{dt} + L \frac{d^2 i(t)}{dt^2} + 0 + \frac{i(t)}{C} = 0 \quad \text{V/s} \tag{5.3.4}$$

式中等號左側的 0 代表常數 V_0 對時間 t 微分後所得的結果。將 (5.3.4) 式除以電感器值 L, 以使該式的兩次微分項變成係數為 1 的簡單形式, 其結果如下:

$$\frac{d^2 i(t)}{dt^2} + \frac{R}{L} \frac{di(t)}{dt} + \frac{i(t)}{LC} = 0 \quad \text{A/s}^2 \tag{5.3.5}$$

(5.3.5) 式是一個具有常係數的二次線性微分方程式 (the linear second-order differential equation with constant coefficients), 我們可以直接利用第 5.2 節最後面的特性方程式法求解, 如果讀者充份瞭解這種方法的使用, 可以直接跳過下面一段文字的說明, 而由 (5.3.10) 式繼續。

利用微分方程式求解法中的分離變數法求解 (5.3.5) 式, 我們無法仿照本章附錄 1 中所介紹的簡單 RL 電路或 RC 電路之常係數一次微分方程式, 將變數分離在等號兩側後, 再用積分的方法求出結果。我們可以考慮用古典的方式, 先假設 (5.3.5) 式之電流 $i(t)$ 之答案為:

$$i(t) = K\varepsilon^{p(t-t_0)} \quad \text{A} \tag{5.3.6}$$

式中 K 與 p 均為未知的常數。將 (5.3.6) 式之答案代入原 (5.3.5) 式中, 所得之表示式為:

$$\frac{d^2 K\varepsilon^{p(t-t_0)}}{dt^2} + \frac{R}{L} \frac{dK\varepsilon^{p(t-t_0)}}{dt} + \frac{1}{LC} K\varepsilon^{p(t-t_0)} = 0 \quad \text{A/s}^2 \tag{5.3.7}$$

將 (5.3.7) 式展開, 可得:

$$Kp^2\varepsilon^{p(t-t_0)} + \frac{R}{L} Kp\varepsilon^{p(t-t_0)} + \frac{1}{LC} K\varepsilon^{p(t-t_0)} = 0 \quad \text{A/s}^2 \tag{5.3.8}$$

提出 (5.3.8) 式的共同的因數 $K\epsilon^{p(t-t_0)}$可整理寫成：

$$K\epsilon^{p(t-t_0)}(p^2+\frac{R}{L}p+\frac{1}{LC})=0 \quad \text{A/s}^2 \qquad (5.3.9)$$

式中所提出的值恰為原假設的答案。觀察 (5.3.9) 式之結果，我們可以發現只有兩種情形可使該式等於零，亦即 $K\epsilon^{p(t-t_0)}$或（$p^2+\frac{R}{L}p$ $+\frac{1}{LC}$）為零的情形。茲將上面兩種情況分析如下：

(1)若 $K\epsilon^{p(t-t_0)}=0$，則 $K=0$ 或 $\epsilon^{p(t-t_0)}=0$。但是 $K=0$ 使原假設之電流 $i(t)$ 之答案為零，這是一般假設答案上不太可能的事；若要 $\epsilon^{p(t-t_0)}$ $=0$，除非 $p(t-t_0)\rightarrow-\infty$。但在有限的 p 值及 t 值下，此答案亦為不可能的情形。

(2)若（$p^2+\frac{R}{L}p+\frac{1}{LC}$）$=0$，可以解出 p 的答案，則 p 必滿足 (5.3.9) 式，該 p 值就是假設的電流 $i(t)$答案中，(5.3.6) 式指數 p 的大小。而由 p 的求出，常數 K 也可以仿照微分方程式解題的技巧，將初值條件代入方程式，則 K 值便可以順利地求得。

由上述分析可知，求解答案的目標是放在第(2)點上，這也就是第 5.2 節後面特性方程式或特徵方程式的做法，故令特性方程式為：

$$p^2+\frac{R}{L}p+\frac{1}{LC}=0 \qquad (5.3.10)$$

該特性方程式的兩個解或特性根為：

$$p_{1,2}=\frac{-\frac{R}{L}\pm\sqrt{(\frac{R}{L})^2-4\cdot1\cdot\frac{1}{LC}}}{2\cdot1}=-\frac{R}{2L}\pm\sqrt{(\frac{R}{2L})^2-\frac{1}{LC}}$$

$$\qquad (5.3.11)$$

假設 p_1 及 p_2 分別是 (5.3.11) 式特性根中 $\pm$ 符號的 $+$ 號及 $-$ 號，該式也可以寫為：

$$p_{1,2}=-\alpha\pm\sqrt{\alpha^2-\omega_0^2} \qquad (5.3.12)$$

式中

$$\alpha=\frac{R}{2L} \text{ s}^{-1} \qquad (5.3.13)$$

α（發音爲 alpha）稱爲該串聯 RLC 電路之奈波頻率（the neper frequency），或是其他書中所談的阻尼係數（the damping coefficient）或阻尼因數（the damping factor），以實際的正值 R、L、C 參數值代入，α 亦爲一個正數；式中另一參數 ω_0：

$$\omega_0 = \frac{1}{\sqrt{LC}} \quad \text{rad/s} \tag{5.3.14}$$

稱爲該電路之無阻尼自然頻率（the undamped natural frequency），或共振頻率（the resonant frequency），此值由正值之 L、C 值代入亦爲一個正數。由於（5.3.11）式的解有兩個，因此原假設的電流答案也應改爲兩個：

$$i(t) = K_1 \varepsilon^{p_1(t-t_0)} \quad \text{A} \quad \text{以及} \quad i(t) = K_2 \varepsilon^{p_2(t-t_0)} \quad \text{A} \tag{5.3.15}$$

式中任何一個電流答案均可滿足（5.3.5）式，因爲將（5.3.15）式其中的一個答案代入（5.3.5）式後，均會形成（5.3.9）式的型態，但是常數 K_1 及 K_2 卻無法用這種方法個別求出。因此我們將（5.3.15）式的兩個答案相加，看一看相加後的電流答案是否滿足（5.3.5）式，兩電流答案相加之結果爲：

$$i(t) = K_1 \varepsilon^{p_1(t-t_0)} + K_2 \varepsilon^{p_2(t-t_0)} \quad \text{A} \tag{5.3.16}$$

將（5.3.16）式代入（5.3.5）式可得：

$$\frac{d^2}{dt^2}[K_1 \varepsilon^{p_1(t-t_0)} + K_2 \varepsilon^{p_2(t-t_0)}] + \frac{d}{dt}[K_1 \varepsilon^{p_1(t-t_0)} + K_2 \varepsilon^{p_2(t-t_0)}]$$
$$+ [K_1 \varepsilon^{p_1(t-t_0)} + K_2 \varepsilon^{p_2(t-t_0)}] = 0 \quad \text{A/s}^2 \tag{5.3.17}$$

將（5.3.17）式整理後之結果爲：

$$[K_1 p_1^2 \varepsilon^{p_1(t-t_0)} + K_2 p_2^2 \varepsilon^{p_2(t-t_0)}] + [K_1 p_1 \varepsilon^{p_1(t-t_0)} + K_2 p_2 \varepsilon^{p_2(t-t_0)}]$$
$$+ [K_1 \varepsilon^{p_1(t-t_0)} + K_2 \varepsilon^{p_2(t-t_0)}] = 0 \quad \text{A/s}^2 \tag{5.3.18}$$

將（5.3.18）式中與 p_1 及 p_2 有關的各項分開，分別提出 $K_1 \varepsilon^{p_1(t-t_0)}$ 以及 $K_2 \varepsilon^{p_2(t-t_0)}$ 可以再寫成：

$$K_1 \varepsilon^{p_1(t-t_0)}\left(p_1^2 + \frac{R}{L}p_1 + \frac{1}{LC}\right) + K_2 \varepsilon^{p_2(t-t_0)}\left(p_2^2 + \frac{R}{L}p_2 + \frac{1}{LC}\right)$$
$$= 0 \quad \text{A/s}^2 \tag{5.3.19}$$

式中兩個小括號內的值均滿足 (5.3.10) 式的零值，因此說明了 (5.3.16) 式的電流型式一樣是 (5.3.5) 式的答案，與第 5.2 節後面所談的特性方程式解微分方程式法之答案相吻合。(5.3.16) 式中的 p_1 及 p_2 可由 RLC 三個電路元件的參數決定，而剩下的未知係數 K_1 及 K_2 可由解微分方程式的方法，將兩個儲能元件的初值條件代入，恰可求出這兩個常數唯一的解。因此 (5.3.16) 式的電流答案型式，可做為該線性二次微分方程式 (5.3.5) 式的通解型式，稱為該電路的自然響應。

　　前面談過，由 (5.3.12) 式所求出的特性根 p_1 及 p_2，由於電路元件 R、L、C 的數值皆是正數，因此 α 與 ω_0 也均是正值，但是要注意開平方根號內部數值的三種基本情況：

(1)若 $\alpha^2 > \omega_0^2$，根號內部大於零，因此經過 (5.3.12) 式的式子運算後，特性根 p_1 及 p_2 為兩個不同數值之負實數，假設其值分別為 $-\alpha_1$ 及 $-\alpha_2$，$\alpha_i > 0$，$i = 1, 2$。此種情形的電路稱為過阻尼 (overdamped) 電路。

(2)若 $\alpha^2 = \omega_0^2$，根號內部為零，因此 p_1 及 p_2 之值均為 $-\alpha$，形成兩數值大小完全相同的負實數，此情形的電路稱為臨界阻尼 (critically damped) 電路。

(3)若 $\alpha^2 < \omega_0^2$，則根號內部小於零，經過開平方根後，變成虛數，配合實部的負實數 $-\alpha$，p_1 及 p_2 形成一對共軛複數 (the complex-conjugated number)，亦即實部大小相同，虛部是數值相同、極性相反的量。此情形的電路稱為欠阻尼 (underdamped) 電路。

　　以下分三小部份對(1)(2)(3)三種不同的電路的情形做一番介紹，並利用方程式說明電流表示式中兩個實數係數的求法。

⑴過阻尼之特性及求解

　　當 $\alpha^2 > \omega_0^2$ 時，特性根 p_1 及 p_2 為兩相異負實數 $-\alpha_1$，$-\alpha_2$，將電流的答案重新寫出如下：

$$i(t) = K_1 \varepsilon^{-\alpha_1(t-t_0)} + K_2 \varepsilon^{-\alpha_2(t-t_0)} \quad \text{A} \qquad (5.3.16)$$

電流 $i(t)$ 對時間 t 微分之結果爲：

$$\frac{di(t)}{dt} = K_1(-\alpha_1)\varepsilon^{-\alpha_1(t-t_0)} + K_2(-\alpha_2)\varepsilon^{-\alpha_2(t-t_0)} \quad \text{A/s}$$

$$(5.3.20)$$

將 $t=t_0$ 時之電感器電流初值 I_0 代入上式可得：

$$i(t_0) = i_L(t_0) = I_0 = K_1\varepsilon^0 + K_2\varepsilon^0 = K_1 + K_2 \quad \text{A} \qquad (5.3.21)$$

(5.3.20) 式之值，可用 $t=t_0$ 時的電感器電壓 $v_L(t_0)$ 除以電感值 L 得到：

$$\frac{di(t_0)}{dt} = K_1(-\alpha_1)\varepsilon^0 + K_2(-\alpha_2)\varepsilon^0$$

$$= K_1(-\alpha_1) + K_2(-\alpha_2) = \frac{v_L(t_0)}{L} \quad \text{A/s} \qquad (5.3.22)$$

根據 $t=t_0$ 時之圖 5.3.1 所示，電感器電壓 $v_L(t_0)$ 可由克希荷夫電壓定律 KVL 求得：

$$v_L(t_0) = -Ri(t_0) - v_C(t_0) = -RI_0 - V_0 \quad \text{V} \qquad (5.3.23)$$

將電感器電壓初值再代入 (5.3.22) 式可得：

$$K_1(-\alpha_1) + K_2(-\alpha_2) = \frac{-RI_0 - V_0}{L} \quad \text{A/s} \qquad (5.3.24)$$

將 (5.3.24) 式與 (5.3.21) 式或

$$K_1 + K_2 = I_0 \quad \text{A} \qquad (5.3.25)$$

兩式聯立，恰可解出 K_1 及 K_2 兩個常數的唯一解。用代數方法將 (5.3.25) 式乘以 $(-\alpha_2)$ 後，減去 (5.3.24) 式可得：

$$K_1 = \frac{I_0(-\alpha_2) + (RI_0 + V_0)/L}{(-\alpha_2) - (-\alpha_1)} = \frac{[L(-\alpha_2) + R]I_0 + V_0}{L[(-\alpha_2) - (-\alpha_1)]}$$

$$(5.3.26)$$

同理，將 (5.3.25) 式乘以 $-\alpha_1$ 後，減去 (5.3.24) 式可得：

$$K_2 = \frac{I_0(-\alpha_1) + (RI_0 + V_0)/L}{(-\alpha_1) - (-\alpha_2)} = \frac{[L(-\alpha_1) + R]I_0 + V_0}{L[(-\alpha_1) - (-\alpha_2)]}$$

$$(5.3.27)$$

由比較 (5.3.26) 式及 (5.3.27) 式兩式的表示式，可明顯看出 K_1

及 K_2 的答案只有差別在將 $(-\alpha_1)$ 及 $(-\alpha_2)$ 兩根的相互調換而已。當 K_1 及 K_2 求出後，配合 $(-\alpha_1)$ 及 $(-\alpha_2)$ 兩參數，將電流答案依 (5.3.16) 式的型式寫出，此即是電流自然響應的過阻尼特性。由 (5.3.16) 式可知，該電流的特性受指數中的 $(-\alpha_1)$ 及 $(-\alpha_2)$ 數值影響甚大，由於皆是相異負實數，因此時間 t 必需經過非常長的時間（理論上為無限長的時間），方可使電流由 I_0 的初值依指數下降的關係減少至穩態的零值。由於衰減過程所花費的時間相當長，因此稱為過阻尼，表示阻尼太過、太大了，阻礙了電流減少的速度，使電流無法快速降低至穩態零值，因此該類電路在電流響應速度上並不符合實際所需。

⑵臨界阻尼的特性及求解

當 $\alpha^2 = \omega_0{}^2$ 時，特性根 p_1 及 p_2 為兩個相同負實數，亦即產生重根的狀況，其值為：

$$p_1 = p_2 = -\alpha = -\frac{R}{2L} \quad \mathrm{s}^{-1} \tag{5.3.28}$$

若將 (5.3.28) 式代入 (5.3.16) 式，可得：

$$i(t) = K_1 \varepsilon^{p_1 t} + K_2 \varepsilon^{p_1 t} = (K_1 + K_2)\varepsilon^{p_1 t} = K_{12}\varepsilon^{p_1 t} \quad \mathrm{A} \tag{5.3.29}$$

但是 (5.3.29) 式僅有一個常數 K_{12}，而該電路卻有兩個初值條件：V_0 及 I_0，因此對於特性根相同的情形，(5.3.16) 式的型式不能適用。我們此時可以參考第 5.2 節後面，當求解微分方程式時，具有相同特性根時的型式來做變換，其型式應修正為：

$$i(t) = K_t(t - t_0)\varepsilon^{p_1(t - t_0)} + K_0 \varepsilon^{p_1(t - t_0)} \quad \mathrm{A} \tag{5.3.30}$$

將 (5.3.30) 式之電流 $i(t)$ 對時間 t 微分一次可變換為：

$$\frac{di(t)}{dt} = K_t[\varepsilon^{p_1(t - t_0)} + (t - t_0)p_1\varepsilon^{p_1(t - t_0)}] + K_0 p_1 \varepsilon^{p_1(t - t_0)} \quad \mathrm{A/s}$$

$$\tag{5.3.31}$$

將 $t = t_0$ 時之電感器初值電流 I_0 代入 (5.3.30) 式可得：

$$i(t_0) = K_0 \varepsilon^0 = K_0 = I_0 \quad \mathrm{A} \tag{5.3.32}$$

將 $t = t_0$ 時之初值條件 I_0 與 V_0 以及 (5.3.23) 式之電感器初值電壓 $v_L(t_0)$ 代入 (5.3.31) 式,可得:

$$\frac{di(t_0)}{dt} = K_t[\varepsilon^0 + 0] + K_0 p_1 \varepsilon^0 = K_t + K_0 p_1$$

$$= \frac{v_L(t_0)}{L} = \frac{-RI_0 - V_0}{L} \quad \text{A/s} \tag{5.3.33}$$

將 (5.3.32) 式代入 (5.3.33) 式,則 (5.3.30) 式之兩常數 K_0 及 K_t 分別爲:

$$K_0 = I_0 \quad \text{A} \tag{5.3.34}$$

$$K_t = \frac{-RI_0 - V_0}{L} + I_0 \frac{R}{2L} = \frac{-2V_0 - RI_0}{2L} \quad \text{A/s} \tag{5.3.35}$$

由 (5.3.30) 式之臨界阻尼電流響應答案可以知道,其第二項與過阻尼特性一樣,需經過相當長的一段時間才會消失,但是第一項含有隨時間上升的 $(t - t_0)$ 部份,以及隨時間呈指數下降的 $\varepsilon^{p_1(t-t_0)}$ 部份。由於當時間 t 較小時,$(t - t_0)$ 之上升率比 $\varepsilon^{p_1(t-t_0)}$ 之下降率大,因此整體電流量會有依 $(t - t_0)$ 之量對時間做近似線性的改變,亦即產生直線上升或直線下降的變動;當時間 t 到達某一特定值時,$(t - t_0)$ 之上升率與 $\varepsilon^{p_1(t-t_0)}$ 兩項之下降率相同,總電流變化特性到達一個正峰點或負峰點,此點即爲電流由零值算起發生變化的最大點;當時間 t 超過該點以後,兩項 $\varepsilon^{p_1(t-t_0)}$ 之下降率大於 $(t - t_0)$ 之上升率,電流開始朝零值慢慢以指數方式下降接近,經過一段時間後,電流最後到達接近穩態的零值。

(3)欠阻尼的特性及求解

當 $\alpha^2 < \omega_0^2$ 時,兩個特性根爲共軛複數,其表示式爲:

$$p_{1,2} = -\alpha \pm \sqrt{\alpha^2 - \omega_0^2} = -\alpha \pm \sqrt{-(\omega_0^2 - \alpha^2)}$$

$$= -\alpha \pm \sqrt{-1}\sqrt{\omega_0^2 - \alpha^2} = -\alpha \pm j\omega_d \tag{5.3.36}$$

式中

$$j = \sqrt{-1} \tag{5.3.37}$$

表示一個複數（a complex number）的虛數（imaginary number），以 j 的符號表示，一般數學課本上均用符號 i 表示虛數，但是符號 i 會與電路學中常用的電流符號混淆不清，為避免衝突起見，本書中的符號 j 均當做虛數來使用。另外，

$$\omega_d = \sqrt{\omega_0^2 - \alpha^2} \tag{5.3.38}$$

稱為阻尼頻率（the damped frequency），它是共振頻率 ω_0 受阻尼係數 α 影響而下降的一種頻率，因為若 $\alpha = 0$，則 $\omega_d = \omega_0$。將(5.3.36)式的特性根 p_1 及 p_2 代入 (5.3.16) 式，可得電流表示式為：

$$\begin{aligned}
i(t) &= K_1 \varepsilon^{(-\alpha+j\omega_d)(t-t_0)} + K_2 \varepsilon^{(-\alpha-j\omega_d)(t-t_0)} \\
&= K_1 \varepsilon^{-\alpha(t-t_0)} \varepsilon^{+j\omega_d(t-t_0)} + K_2 \varepsilon^{-\alpha(t-t_0)} \varepsilon^{-j\omega_d(t-t_0)} \\
&= \varepsilon^{-\alpha(t-t_0)} [K_1 \varepsilon^{+j\omega_d(t-t_0)} + K_2 \varepsilon^{-j\omega_d(t-t_0)}] \quad \text{A} \tag{5.3.39}
\end{aligned}$$

式中指數項中含有虛數者，可以利用優勒等式（Euler's identity）：

$$\varepsilon^{\pm j\theta^\circ} = \cos\theta^\circ \pm j\sin\theta^\circ \tag{5.3.40}$$

予以簡化。將 (5.3.40) 式代入 (5.3.39) 式可得：

$$\begin{aligned}
i(t) &= \varepsilon^{-\alpha(t-t_0)} \{ K_1\cos[\omega_d(t-t_0)] + jK_1\sin[\omega_d(t-t_0)] \\
&\quad + K_2\cos[\omega_d(t-t_0)] - jK_2\sin[\omega_d(t-t_0)] \} \\
&= \varepsilon^{-\alpha(t-t_0)} \{ [K_1+K_2]\cos[\omega_d(t-t_0)] \\
&\quad + j[K_1-K_2]\sin[\omega_d(t-t_0)] \} \quad \text{A} \\
&= \varepsilon^{-\alpha(t-t_0)} \{ K_c\cos[\omega_d(t-t_0)] \\
&\quad + K_s\sin[\omega_d(t-t_0)] \} \quad \text{A} \tag{5.3.41}
\end{aligned}$$

式中

$$K_c = K_1 + K_2 \tag{5.3.42}$$

$$K_s = j(K_1 - K_2) \tag{5.3.43}$$

均為定值實數常數。因為電流大小 $i(t)$ 為一個實數，故 K_s 的值須為實數，因此由 (5.3.42) 式及 (5.3.43) 式可以推論得知，在欠阻尼條件下，常數 K_1 及 K_2 必為共軛複數。當特性根 p_1 及 p_2 為共軛複數時，電流響應的通式為：

$$i(t) = K_c \varepsilon^{-\alpha(t-t_0)} \cos[\omega_d(t-t_0)]$$
$$+ K_s \varepsilon^{-\alpha(t-t_0)} \sin[\omega_d(t-t_0)]$$
$$= \varepsilon^{-\alpha(t-t_0)} \{ K_c \cos[\omega_d(t-t_0)]$$
$$+ K_s \sin[\omega_d(t-t_0)] \} \quad \text{A} \tag{5.3.44}$$

式中的兩個實數 K_c 及 K_s 可用電路二個儲能元件的初值條件求得。將
(5.3.44) 式對時間 t 微分可得:

$$\frac{di(t)}{dt} = -\alpha\varepsilon^{-\alpha(t-t_0)} \{ K_c \cos[\omega_d(t-t_0)]$$
$$+ K_s \sin[\omega_d(t-t_0)] \} + \varepsilon^{-\alpha(t-t_0)} \{ -K_c \omega_d \sin[\omega_d(t-t_0)]$$
$$+ K_s \omega_d \cos[\omega_d(t-t_0)] \} \quad \text{A/s} \tag{5.3.45}$$

與過阻尼或臨界阻尼求未知係數的方法相同, 首先將 $t = t_0$ 之電感器
電流初值 I_0 代入 (5.3.44) 式, 可得:

$$i(t_0) = I_0 = \varepsilon^0 \{ K_c \cos[0] + K_s \sin[0] \} = K_c \quad \text{A} \tag{5.3.46}$$

再將 $t = t_0$ 時之電容器初值電壓 V_0 配合 (5.3.45) 式, 可得:

$$\frac{di(t_0)}{dt} = -\alpha\varepsilon^0 [K_c \cos(0) + K_s \sin(0)]$$
$$+ \varepsilon^0 [-K_c \omega_d \sin(0) + K_s \omega_d \cos(0)]$$
$$= -\alpha K_c + K_s \omega_d = \frac{-RI_0 - V_0}{L} \quad \text{A/s} \tag{5.3.47}$$

將 (5.3.46) 式及 (5.3.47) 式兩式整理過後, 可得 K_c 及 K_s 兩係數
之表示式為:

$$K_c = I_0 \tag{5.3.48}$$

$$K_s = \frac{-RI_0 - V_0}{L\omega_d} + \frac{\alpha I_0}{\omega_d} = \frac{-RI_0 - V_0 + \alpha I_0 L}{L\omega_d} \tag{5.3.49}$$

(5.3.44) 式也可以將 sin 與 cos 合併, 以另外一種 sin 的函數表示如
下:

$$i(t) = \varepsilon^{-\alpha(t-t_0)} K \sin[\omega_d(t-t_0) + \phi] \quad \text{A} \tag{5.3.50}$$

式中

$$K = \sqrt{K_c^2 + K_s^2} \tag{5.3.51}$$

$$\phi = \tan^{-1}(\frac{K_c}{K_s}) \qquad\qquad (5.3.52)$$

可將 K_s 視爲直角三角形的水平邊，K_c 視爲其垂直邊，而 (5.3.51) 式之 K 即爲該直角三角形的斜邊，(5.3.52) 式之相角 ϕ 即爲斜邊 K 與水平邊 K_s 之夾角。由 (5.3.50) 式之結果可以得知，當電路爲欠阻尼時，其電流波形是將一個隨時間 t 以指數下降的量 $\varepsilon^{-\alpha(t-t_0)}$ 與一個振盪頻率爲 ω_d、相位比正弦波超前相位 ϕ、振幅爲 K 之正弦波形 $K\sin[\omega_d(t-t_0)+\phi]$ 相乘的結果。由於是指數下降的，因此所形成的波形爲一個振幅逐漸下降的正弦波，經過一段時間後，其電流也是一個趨近零值的穩態。因爲該響應之下降率掌握在 α 的數值上，其值越大，則下降率越快，因此 α 才被稱爲阻尼係數。

　　上述的三種阻尼情形，是依照幾個步驟來判斷的：

(A)寫出電路的電流與電壓關係式。

(B)將電壓與電流關係式表示爲二次線性常係數微分方程式。

(C)寫出該微分方程式的特性方程式。

(D)解出特性方程式的解或特性根。

(E)按特性根的型式判斷：

　(a)若爲兩相異實根，則爲過阻尼特性，其電流響應型式爲(5.3.16)式，其常數 K_1 及 K_2 可由 (5.3.26) 式及 (5.3.27) 式兩式獲得。

　(b)若爲兩相同實根，則爲臨界阻尼特性，(5.3.30) 式爲其電流響應型式，電流之常數 K_0 及 K_t 之解可由(5.3.34)式及(5.3.35)式兩式中求得。

　(c)若爲兩共軛複數，則爲欠阻尼特性，其電流響應型式有兩種，一種爲 (5.3.44) 式，係數 K_c 及 K_s 之求法列在 (5.3.48) 式及 (5.3.49) 式兩式中；另一種型式爲 (5.3.50) 式，其係數 K 及 ϕ 之解法請參考 (5.3.51) 式及 (5.3.52) 式兩個方程式。

　　當圖 5.3.1 中的共用電流 $i(t)$ 解出後，其他的變數也可以被推導

出來。例如：電感器 L 兩端電壓 v_L 為：

$$v_L(t) = L \frac{di(t)}{dt} \quad V \tag{5.3.53}$$

電阻器 R 兩端電壓 v_R 為：

$$v_R(t) = Ri(t) \quad V \tag{5.3.54}$$

電容器 C 兩端電壓 v_C 可用克希荷夫電壓定律 KVL 求出為：

$$v_C(t) = -Ri(t) - v_L(t) = -v_R(t) - v_L(t) \quad V \tag{5.3.55}$$

將電流 $i(t)$ 分別乘以 (5.3.53) 式～(5.3.55)式等三式，即可求出各電路元件之吸收功率。將功率對時間 t 積分，加上儲能元件的初值能量，則各元件之總能量變化亦可計算出來。電壓、電流、功率以及能量詳見本章附錄 1 的做法。

5.3.2 無源並聯 RLC 電路之自然響應

圖 5.3.2 所示，為一個無獨立電源之並聯 RLC 電路，三個電路元件均連接在節點 1、2 間。假設節點 1 對節點 2 之電壓為 $v(t)$，通過電阻器 R、電感器 L 以及電容器 C 之電流分別為 $i_R(t)$、$i_L(t)$ 及 $i_C(t)$，方向均是由節點 1 往節點 2 流，其中電感器 L 在 $t = t_0$ 之初值電流為 I_0，方向由節點 1 往節點 2 流，電容器在 $t = t_0$ 亦有初值電壓 V_0，其極性與 $v(t)$ 相同。因此在 $t = t_0$ 瞬間的電容器電壓及電感器電流條件分別為：

$$v_C(t_0) = V_0 \quad V \tag{5.3.56}$$

$$i_L(t_0) = I_0 \quad A \tag{5.3.57}$$

由圖 5.3.2 所示知，電壓 $v(t)$ 共用於三個電路元件上，因此我們可以利用電壓 $v(t)$ 為變數，寫出克希荷夫電流定律 KCL 在節點 1 之電流關係式為：

$$\frac{v(t)}{R} + \left[\frac{1}{L} \int_{t_0}^{t} v(\tau)d\tau + I_0 \right] + C\frac{dv(t)}{dt} = 0 \quad A \tag{5.3.58}$$

將 (5.3.58) 式再對時間 t 微分一次，可以將同時具有積分及微分的

關係式化簡成具有常係數之二次線性微分方程式:

$$\frac{1}{R}\frac{dv(t)}{dt} + [\frac{1}{L}v(t) + 0] + C\frac{d^2v(t)}{dt^2} = 0 \quad \text{A/s} \qquad (5.3.59)$$

式中等號左側的 0 是常數 I_0 對時間 t 微分的結果。將 (5.3.59) 式各項全部除以電容量 C, 使兩次微分項之係數變成 1, 其結果如下:

$$\frac{d^2v(t)}{dt^2} + \frac{1}{RC}\frac{dv(t)}{dt} + \frac{1}{LC}v(t) = 0 \quad \text{V/s}^2 \qquad (5.3.60)$$

圖 5.3.2 **無源並聯** *RLC* **電路**

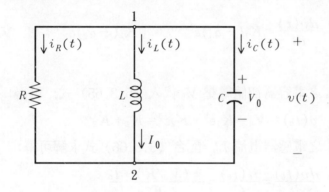

(5.3.60) 式之特性方程式為:

$$p^2 + \frac{1}{RC}p + \frac{1}{LC} = 0 \qquad (5.3.61)$$

特性方程式之特性根為:

$$p_{1,2} = \frac{-\frac{1}{RC} \pm \sqrt{(\frac{1}{RC})^2 - 4\frac{1}{LC}}}{2} = -\frac{1}{2RC} \pm \sqrt{(\frac{1}{2RC})^2 - \frac{1}{LC}}$$

$$= -\alpha \pm \sqrt{\alpha^2 - \omega_0^2} \qquad (5.3.62)$$

式中

$$\alpha = \frac{1}{2RC} \quad \text{s}^{-1} \qquad (5.3.63)$$

稱為奈波頻率或阻尼係數,

$$\omega_0 = \frac{1}{\sqrt{LC}} \quad \text{rad/s} \qquad (5.3.64)$$

稱為共振頻率或無阻尼之自然頻率，與無源串聯 RLC 電路之共振頻率相同。仿照無源串聯 RLC 的分類，可以根據 (5.3.62) 式之特性根 p_1 及 p_2 之型式，電壓 $v(t)$ 可分為三種結果：

⑴過阻尼之特性及求解

當 $\alpha^2 > \omega_0^2$ 時，特性根 p_1 及 p_2 為兩相異負實數 $(-\alpha_1)$，$(-\alpha_2)$，其電壓 $v(t)$ 的型式為：

$$v(t) = K_1 \varepsilon^{-\alpha_1(t-t_0)} + K_2 \varepsilon^{-\alpha_2(t-t_0)} \quad \text{V} \tag{5.3.65}$$

電壓 $v(t)$ 之微分結果為：

$$\frac{dv(t)}{dt} = K_1(-\alpha_1)\varepsilon^{-\alpha_1(t-t_0)} + K_2(-\alpha_2)\varepsilon^{-\alpha_2(t-t_0)} \quad \text{V/s}$$

$$\tag{5.3.66}$$

將 $t = t_0$ 之電容器初值電壓 V_0 代入 (5.3.65) 式，可得：

$$v(t_0) = V_0 = K_1 \varepsilon^0 + K_2 \varepsilon^0 = K_1 + K_2 \tag{5.3.67}$$

將 $t = t_0$ 之電感器電流 I_0，配合 (5.3.66) 式求解可得：

$$\frac{dv(t_0)}{dt} = \frac{i_C(t_0)}{C} = \frac{-(V_0/R) - I_0}{C}$$

$$= K_1(-\alpha_1)\varepsilon^0 + K_2(-\alpha_2)\varepsilon^0$$

$$= K_1(-\alpha_1) + K_2(-\alpha_2) \tag{5.3.68}$$

將 (5.3.67) 式乘以 $-\alpha_2$，再減去 (5.3.68) 式，可得 K_1 的表示式為：

$$K_1 = \frac{(-\alpha_2)V_0 + \dfrac{V_0}{RC} + \dfrac{I_0}{C}}{(-\alpha_2) - (-\alpha_1)} = \frac{(-\alpha_2)V_0RC + V_0 + I_0R}{RC[(-\alpha_2) - (-\alpha_1)]}$$

$$= \frac{V_0[(-\alpha_2)RC + 1] + I_0R}{RC[(-\alpha_2) - (-\alpha_1)]} \tag{5.3.69}$$

同理，將 (5.3.67) 式乘以 $-\alpha_1$，再減去 (5.3.68) 式，可得 K_2 的表示式為：

$$K_2 = \frac{(-\alpha_1)V_0 + \dfrac{V_0}{RC} + \dfrac{I_0}{C}}{(-\alpha_1) - (-\alpha_2)} = \frac{(-\alpha_1)V_0RC + V_0 + I_0R}{RC[(-\alpha_1) - (-\alpha_2)]}$$

$$= \frac{V_0[(-\alpha_1)RC+1] + I_0R}{RC[(-\alpha_1)-(-\alpha_2)]} \qquad (5.3.70)$$

比較 (5.3.69) 式及 (5.3.70) 式兩式, 可以發現 K_1 及 K_2 的表示式中只有差別在將 $(-\alpha_1)$ 及 $(-\alpha_2)$ 兩特性根相互調換而已, 與無源串聯 RLC 電路之過阻尼特性相同。因此當無源並聯 RLC 電路是屬於過阻尼特性時, 其電壓之答案為 (5.3.65) 式, 式中之常數 K_1 及 K_2 表示式分別為 (5.3.69) 式及 (5.3.70) 式兩個方程式。

⑵**臨界阻尼之特性及求解**

當 $\alpha^2 = \omega_0^2$ 時, 特性方程式之兩個特性根均為相同的負實數, 其值為:

$$p_1 = p_2 = -\alpha \quad \text{s}^{-1} \qquad (5.3.71)$$

電路兩端之電壓 $v(t)$ 的型式為:

$$v(t) = K_t(t-t_0)\varepsilon^{-\alpha(t-t_0)} + K_0\varepsilon^{-\alpha(t-t_0)} \quad \text{V} \qquad (5.3.72)$$

電壓 $v(t)$ 對時間 t 之微分為:

$$\frac{dv(t)}{dt} = K_t[\varepsilon^{-\alpha(t-t_0)} - \alpha(t-t_0)\varepsilon^{-\alpha(t-t_0)}] - \alpha K_0\varepsilon^{-\alpha(t-t_0)} \quad \text{V/s}$$

$$(5.3.73)$$

將 $t = t_0$ 之電容器電壓初值 V_0 代入 (5.3.72) 式, 可得:

$$v(t_0) = V_0 = K_0\varepsilon^0 = K_0 \quad \text{V} \qquad (5.3.74)$$

將 $t = t_0$ 之電感器電流初值 I_0 代入 (5.3.73) 式, 可得:

$$\frac{dv(t_0)}{dt} = \frac{i_C(t_0)}{C} = \frac{-\dfrac{V_0}{R} - I_0}{C} = K_t[\varepsilon^0] - \alpha K_0\varepsilon^0$$

$$= K_t - \alpha K_0 \quad \text{V/s} \qquad (5.3.75)$$

由 (5.3.74) 式, 可得 K_0 之表示式為:

$$K_0 = V_0 \quad \text{V} \qquad (5.3.76)$$

將 K_0 代入 (5.3.75) 式, 可得 K_t 之表示式為:

$$K_t = \alpha V_0 - \frac{V_0 + RI_0}{RC} = \frac{-V_0 - 2RI_0}{2RC} \qquad (5.3.77)$$

因此當無源並聯 *RLC* 電路之特性屬於臨界阻尼時，(5.3.72) 式即為電壓 $v(t)$ 之型式，式中的係數 K_0 及 K_t 則分別列在 (5.3.76) 式及 (5.3.77) 式兩個方程式中。

⑶欠阻尼的特性及求解

當 $\alpha^2 < \omega_0^2$ 時，特性方程式之兩個特性根變成一對共軛複數，其值為：

$$p_{1,2} = -\alpha \pm \sqrt{\alpha^2 - \omega_0^2} = -\alpha \pm \sqrt{-(\omega_0^2 - \alpha^2)}$$

$$= -\alpha \pm j\sqrt{\omega_0^2 - \alpha^2} = -\alpha \pm j\omega_d \tag{5.3.78}$$

式中 j 在本節前半部之無源串聯 *RLC* 電路之欠阻尼特性上說明過，即為複數的虛數，而 ω_d 也在 (5.3.38) 式中定義過，稱為阻尼頻率。由於其特性根為共軛複數，因此電路之電壓型式為：

$$v(t) = \varepsilon^{-\alpha(t-t_0)}\{K_c\cos[\omega_d(t-t_0)]$$

$$+ K_s\sin[\omega_d(t-t_0)]\} \quad \text{V} \tag{5.3.79}$$

另一種電壓型式為：

$$v(t) = \varepsilon^{-\alpha(t-t_0)}K\sin[\omega_d(t-t_0) + \phi] \quad \text{V} \tag{5.3.80}$$

式中 K 和 ϕ 與 (5.3.79) 式之係數 K_c 及 K_s 之關係已列在無源串聯 *RLC* 電路欠阻尼特性之 (5.3.51) 式及 (5.3.52) 式兩式中。只要 K_c 及 K_s 之數值可以求出，則 (5.3.80) 式也可以表示出來，因此我們僅對 (5.3.79) 式做說明。將 (5.3.79) 式對時間 t 微分可得：

$$\frac{dv(t)}{dt} = -\alpha\varepsilon^{-\alpha(t-t_0)}\{K_c\cos[\omega_d(t-t_0)] + K_s\sin[\omega_d(t-t_0)]\}$$

$$+ \varepsilon^{-\alpha(t-t_0)}\{-K_c\omega_d\sin[\omega_d(t-t_0)]$$

$$+ K_s\omega_d\cos[\omega_d(t-t_0)]\} \quad \text{V/s} \tag{5.3.81}$$

將 $t = t_0$ 之電容器初值電壓 V_0 代入 (5.3.79) 式，可得：

$$v(t_0) = V_0 = \varepsilon^0[K_c\cos(0) + K_s\sin(0)] = K_c \tag{5.3.82}$$

將 $t = t_0$ 之電感器電流初值 I_0 代入 (5.3.81) 式，可得：

$$\frac{dv(t_0)}{dt} = \frac{i_C(t_0)}{C} = \frac{-\frac{V_0}{R} - I_0}{C}$$

$$= -\alpha\varepsilon^0 [K_c\cos(0) + K_s\sin(0)]$$

$$+ \varepsilon^0 [-K_c\omega_d\sin(0) + K_s\omega_d\cos(0)]$$

$$= -\alpha K_c + K_s\omega_d \quad \text{V/s} \tag{5.3.83}$$

由 (5.3.82) 式,可以求出係數 K_c 之表示式爲:

$$K_c = V_0 \quad \text{V} \tag{5.3.84}$$

由 (5.3.83) 式可以推出係數 K_s 的表示式爲:

$$K_s = \frac{\frac{-V_0 - I_0R}{RC} + \frac{V_0}{2RC}}{\omega_d} = \frac{-V_0 - 2RI_0}{2RC\,\omega_d} \tag{5.3.85}$$

因此當無源並聯 RLC 電路是屬於欠阻尼時,其電壓型式一種爲 (5.3.79) 式所示,式中的係數 K_c 及 K_s 分別列在 (5.3.84) 式及 (5.3.85) 式兩式中。另外一種電壓型式爲 (5.3.80) 式,式中的係數 K 及 ϕ 可分別用 (5.3.51) 式及 (5.3.52) 式兩個方程式求出。

　　當我們經由特性方程式的特性根判斷出所屬電路響應特性的種類後,配合所提出的電壓型式,將電容器初值電壓 V_0 及電感器初值電流 I_0 分別代入電壓以及電壓對時間 t 之微分式後,則方程式之未知係數可以求出,而當電壓方程式的未知係數求出之後,則電壓的響應曲線關係式即可完整地獲得。此電壓 $v(t)$ 爲電路中三個元件兩端所跨的電壓,因爲是並聯在節點 1、2 間,因此三個電路元件的電壓均相同,電阻器電流可用歐姆定理求出爲:

$$i_R(t) = \frac{v(t)}{R} \quad \text{A} \tag{5.3.86}$$

電容器電流可用電容器的基本方程式求出爲:

$$i_C(t) = C\frac{dv(t)}{dt} \quad \text{A} \tag{5.3.87}$$

再利用克希荷夫電流定律 KCL 於節點 1 即可求出電感器的電流關係

式爲：

$$i_L(t) = -i_R(t) - i_C(t) \quad \text{A} \tag{5.3.88}$$

將電壓 $v(t)$ 分別乘以電阻器 R、電感器 L 以及電容器 C 之電流，即爲各電路元件的吸收功率，將該功率對時間 t 積分加上儲能元件的初值能量，即是各元件消耗或吸收能量的關係式，請讀者自行參考本章附錄 1 的做法，在此不再贅述。

5.3.3 標準常係數二次微分方程式的表示

本節中不論是串聯 RLC 電路或並聯 RLC 電路，由於 R、L、C 三個參數均爲正值常數，因此它們的微分方程式必是常係數二次微分方程式，而相對應的特性方程式必爲二次方程式，可以以標準的二次方程式表示如下：

$$p^2 + 2\zeta\omega_0 p + \omega_0{}^2 = 0 \tag{5.3.89}$$

式中 ω_0 爲電路的無阻尼自然頻率或共振頻率，ζ（發音爲 zeta）稱爲阻尼比（the damping ratio）。特性根利用 ζ 及 ω_0 表示如下：

$$p_{1,2} = -\zeta\omega_0 \pm \omega_0 \sqrt{\zeta^2 - 1} = -\alpha \pm \omega_0 \sqrt{\zeta^2 - 1} \tag{5.3.90}$$

式中 α 爲阻尼係數，它與阻尼比關係爲：

$$\alpha = \zeta\omega_0 \quad \text{或} \quad \zeta = \frac{\alpha}{\omega_0} \tag{5.3.91}$$

由（5.3.90）式可以得知，ζ 的大小與數值 1 大小間的關係會影響電路的阻尼特性，分析如下：

⑴ $\zeta > 1$，兩特性根爲相異負實數：$-\alpha_1$、$-\alpha_2$，此爲過阻尼電路。

⑵ $\zeta = 1$，兩特性根爲相等負實數：$-\alpha$，此爲臨界阻尼電路。

⑶ $\zeta < 1$，兩特性根爲共軛複數：$-\alpha \pm j\omega_d$，其中 $\omega_d = \omega_0 \sqrt{1 - \zeta^2}$，此爲欠阻尼電路。

若將 ζ 以 R、L、C 參數表示，則對於串聯 RLC 電路之阻尼比爲：

$$\zeta = \frac{2R}{L}\sqrt{LC} = \frac{1}{2}R\sqrt{\frac{C}{L}} \tag{5.3.92}$$

對於並聯 *RLC* 電路之阻尼比為：

$$\zeta = \frac{1}{2R}\sqrt{\frac{L}{C}} = \frac{1}{2RC}\sqrt{LC} \qquad (5.3.93)$$

5.3.4 特性根為共軛複數，且為多個重根下的自然響應解型式

由於本節所談的 *RLC* 電路，其特性方程式的特性根中有可能是相異實根、實數重根或共軛複數根，對於高次或高階系統或電路處理相異實根或相等的重根之自然響應解已列在第 5.2 節最後面的部份，至於共軛複數根的重根比較特殊，茲在本節最後做一個介紹。

假設 N 次微分方程式的特性方程式解，含有重根 m 次的共軛複數：

$$p_{1,2} = \sigma \pm j\omega \qquad (5.3.94)$$

式中下標 1，2 表示對應於 ± 符號的正號或負號的共軛根，則該 m 次重根的自然響應解部份應為：

$$\begin{aligned} r(t) = \varepsilon^{\sigma t} & [(A_0 + A_1 t + \cdots + A_{m-1} t^{m-1})\cos\omega t \\ & + (B_0 + B_1 t + \cdots + B_{m-1} t^{m-1})\sin\omega t] \quad \text{V 或 A} \end{aligned}$$

$$(5.3.95)$$

式中的係數 A_i 及 B_i，$i = 1$，2，$\cdots$，$m - 1$，均為常數，須利用初值條件求解。(5.3.95) 式也假設電路動作的初始時間是由 $t = 0$ 秒開始。

【例 5.3.1】如圖 5.3.3 所示之無源 *RLC* 串聯電路，若 $L = 1$ H，$C = 2.5 \times 10^{-3}$ F，求 R 在下面三種不同數值下的迴路電流 $i(t)$ 之響應：(a)$R = 50$ Ω，(b)$R = 40$ Ω，(c)$R = 30$ Ω。

【解】圖 5.3.1 之 KVL 方程式為：

$$Ri + L\frac{di}{dt} + [V_0 + \frac{1}{C}\int idt] = 0$$

對時間 t 微分可得：

圖 5.3.3   例 5.3.1 之電路

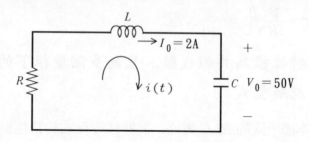

$$L\frac{d^2i}{dt^2} + R\frac{di}{dt} + \frac{i}{C} = 0 \quad \text{或} \quad \frac{d^2i}{dt^2} + \frac{R}{C}\frac{di}{dt} + \frac{i}{LC} = 0$$

∴特性方程式為: $p^2 + \frac{R}{C}p + \frac{1}{LC} = 0$

(a)$R = 50\ \Omega$ 時,

$$p^2 + 50p + 400 = (p+40)(p+10) = 0$$

∴特性根 $p_{1,2} = -40, -10$

$$\therefore i(t) = K_1 e^{-40t} + K_2 e^{-10t} \quad A$$

$$\frac{di}{dt} = (-40)K_1 e^{-40t} + K_2(-10)e^{-10t} \quad A/s$$

$$i(0) = K_1 + K_2 = 2 \quad A \tag{①}$$

$$\frac{di}{dt}(0) = -40K_1 - 10K_2 = \frac{v_L(0)}{L} = \frac{-RI_0 - v_C(0)}{L}$$

$$= \frac{-50 \times 2 - 50}{1} = -150 \tag{②}$$

①$\times(-40) - $② $\Rightarrow -40K_2 + 10K_2 = 2 \times (-40) + 150$

$$\therefore K_2 = -2.333 \quad \Rightarrow K_1 = 4.333$$

$$\therefore i_C(t) = 4.333e^{-40t} + (-2.333)e^{-10t} \quad A$$

(b)$R = 40\ \Omega$ 時,

$$p^2 + 40p + 400 = (p+20)(p+20) = (p+20)^2 = 0$$

∴特性根為重根 $p = -20$

$$\therefore i(t) = K_t te^{-20t} + K_0 e^{-20t} \quad A$$

$$\frac{di}{dt} = K_t [e^{-20t} + t(-20)e^{-20t}] + (-20)K_0 e^{-20t} \quad \text{A/s}$$

代入初值條件:

$$i(0) = K_t \cdot 0 \cdot e^0 + K_0 = 2, \quad \therefore K_0 = 2$$

$$\frac{di}{dt}(0) = K_t(e^0 + 0) + (-20)K_0 = K_t - 20 \times 2$$

$$= \frac{-RI_0 - V_0}{L} = \frac{-40 \times 2 - 50}{1} = -130$$

$$\therefore K_t = 40 - 130 = -90$$

$$\therefore i(t) = -90te^{-20t} + 2e^{-20t} \quad \text{A}$$

(c) $R = 30 \ \Omega$ 時,

$$p^2 + 30p + 400 = 0$$

$$\therefore \text{特性根 } p_{1,2} = \frac{-30 \pm \sqrt{(30)^2 - 4 \times 400}}{2}$$

$$= -15 \pm j13.228 \quad \text{rad/s}$$

$$\therefore i(t) = e^{-15t}[K_c\cos(13.228t) + K_s\sin(13.228t)] \quad \text{A}$$

$$\frac{di}{dt}(t) = -15e^{-15t}[K_c\cos(13.228t) + K_s\sin(13.228t)] + e^{-15t}$$

$$[-13.228K_c\sin(13.228t) + 13.228K_s\cos(13.228t)]$$

代入初值:

$$i(0) = e^0[K_c \cdot 1 + K_s \cdot 0] = 2, \quad \therefore K_c = 2$$

$$\frac{di}{dt}(0) = -15e^0(K_c \cdot 1 + K_s \cdot 0)$$

$$+ e^0(-13.228K_c \cdot 0 + 13.228K_s \cdot 1)$$

$$= -15K_c + 13.228K_s = \frac{-RI_0 - V_0}{L}$$

$$= \frac{-30 \times 2 - 50}{1} = -110$$

$$\therefore K_s = \frac{-110 + 15K_c}{13.228} = \frac{-110 + 15 \times 2}{13.228} = -6.0478$$

$$\therefore i(t) = e^{-15t}[2\cos(13.228t) - 6.0478\sin(13.228t)] \quad \text{A} \quad \circledcirc$$

【例5.3.2】一個無源 RLC 並聯電路，如圖5.3.4所示，其初值條件已示在圖中，若 $L = 4$ H， $C = \dfrac{1}{64}$ F，求當 R 在下面數據時的 $v(t)$ 值：(a) $R = \dfrac{32}{5}$ Ω，(b) $R = 8$ Ω，(c) $R = \dfrac{32}{3}$ Ω。

圖5.3.4　例5.3.2之電路

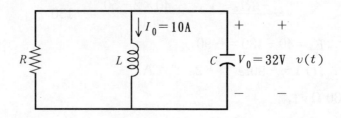

【解】圖5.3.4之 KCL 方程式爲：

$$\frac{v(t)}{R} + [I_0 + \frac{1}{L}\int v d\tau] + C\frac{dv}{dt} = 0$$

對時間 t 之微分爲：

$$\frac{1}{R}\frac{dv}{dt} + \frac{1}{C}v + C\frac{d^2v}{dt^2} = 0 \quad 或 \quad \frac{d^2v}{dt^2} + \frac{1}{RC}\frac{dv}{dt} + \frac{1}{LC}v = 0$$

∴ 特性方程式爲： $p^2 + \dfrac{1}{RC}p + \dfrac{1}{LC} = 0$

(a) $R = \dfrac{32}{5}$ Ω，特性方程式爲：

$$p^2 + 10p + 16 = (p+8)(p+2) = 0$$

$$\therefore p = -8, -2$$

$$v(t) = K_1 e^{-8t} + K_2 e^{-2t} \quad \text{V}$$

$$\therefore v(0) = K_1 + K_2$$

$$\frac{dv}{dt} = (-8)K_1 e^{-8t} + K_2(-2)e^{-2t}$$

$$\therefore \frac{dv}{dt}(0) = \frac{i_C(t)}{C} = \frac{1}{C}[-I_0 - \frac{V_0}{R}] \quad \text{V/s}$$

代入初值條件：

$$K_1 + K_2 = 32 \qquad \qquad ①$$

$$-8K_1 - 2K_2 = 64(-10 - \frac{32}{32/5}) = -960 \qquad ②$$

$$① \times (-8) - ② \Rightarrow -8K_2 + 2K_2 = -256 + 960$$

$$\therefore K_2 = -117.333$$

代入①式可得 $K_1 = 149.333$

$$\therefore v(t) = 149.333e^{-8t} + (-117.333)e^{-2t} \quad V$$

(b)$R = 8\ \Omega$，特性方程式為：

$$p^2 + 8p + 16 = (p+4)^2 = 0$$

∴特性根為 $p = -4, -4$

$$\therefore v(t) = K_t te^{-4t} + K_0 e^{-4t} \quad V, \quad \therefore v(0) = K_0$$

$$\frac{dv}{dt} = K_t [e^{-4t} + t(-4)e^{-4t}] + (-4)K_0 e^{-4t}$$

$$\frac{dv}{dt}(0) = K_t + (-4)K_0 = 64(-10 - \frac{32}{8}) = -896$$

$$\therefore K_0 = v(0) = 32, \quad K_t = -896 + 4K_0 = -768$$

$$\therefore v(t) = -768te^{-4t} + 32e^{-4t} \quad V$$

(c)$R = \frac{32}{3}\ \Omega$，特性方程式為：

$$p^2 + 6p + 16 = 0$$

$$\therefore p = \frac{-6 \pm \sqrt{6^2 - 4 \times 16}}{2} = -3 \pm j2.646 \quad rad/s$$

$$\therefore v(t) = e^{-3t}[K_c\cos(2.646t) + K_s\sin(2.646t)] \quad V$$

$$v(0) = K_c = 32, \quad \therefore K_c = 32$$

$$\frac{dv}{dt} = (-3)e^{-3t}[K_c\cos(2.646t) + K_s\sin(2.646t)]$$

$$+ e^{-3t}[-2.646\sin(2.646t)K_c + 2.646K_s\cos(2.646t)]$$

$$\frac{dv}{dt}(0) = -3K_c + 2.646K_s = 64[-10 - \frac{32}{32/3}] = -832$$

$$\therefore K_s = \frac{-832 + 3K_c}{2.646} = -278.155$$

$$\therefore v(t) = e^{-3t}[32\cos(2.646t) - 278.155\sin(2.646t)] \quad V \quad ◎$$

【例 5.3.3】若一個電路的特性方程式爲：$(p^2+9)^2(p+4)=0$，求該電路電壓或電流響應的型式。

【解】特性方程式 $(p^2+9)^2(p+4)=0$ 表示有特性根如下：

$$p=(\pm j3)\text{（重根）},\quad p=-4$$

所以電壓或電流響應之型式爲：

$$[(A_0+A_1t)\cos3t+(B_0+B_1t)\sin3t]+Ke^{-4t}$$

式中 A_0，A_1，B_0，B_1 以及 K 均爲常數。　　　　◎

【例 5.3.4】如圖 5.3.5 所示之電路，電容器初值電壓爲 V_0，開關 SW 在 $t=0$ 閉合，試推導出此無損失電路（the lossless circuit）之 $v_C(t)$ 及 $i_L(t)$，並證明其電路任何瞬間的總能量爲原電容器之初值能量。

圖 5.3.5　例 5.3.4 之電路

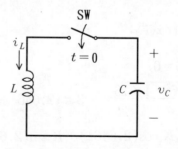

【解】SW 在 $t=0$ 閉合後，電路之 KCL 及 KVL 方程式分別爲：

$$C\frac{dv_C}{dt}+i_L=0,\quad L\frac{di_L}{dt}=v_C$$

將 KVL 方程式對時間 t 再微分一次可得：

$$L\frac{d^2i_L}{dt^2}=\frac{dv_C}{dt}$$

將上式代入原 KCL 方程式，可得：

$$LC\frac{d^2i_L}{dt^2}=\frac{dv_C}{dt}=-i_L\quad\text{或}\quad LC\frac{d^2i_L}{dt^2}+i_L=0$$

故上式之特性方程式為：$LCp^2 + 1 = 0$

$$\therefore p = \sqrt{\frac{-1}{LC}} = \pm j\frac{1}{\sqrt{LC}} = \pm j\omega_0$$

式中 $\omega_0 = \dfrac{1}{\sqrt{LC}}$ rad/s

由於特性根是純虛數，故 $i_L(t)$ 之通解為：

$$i_L(t) = e^{0t}[K_c\cos\omega_0 t + K_s\sin\omega_0 t]$$

$$= K_c\cos\omega_0 t + K_s\sin\omega_0 t \quad \text{A}$$

$$\frac{di_L(t)}{dt} = \omega_0[-K_c\sin\omega_0 t + K_s\cos\omega_0 t] \quad \text{A/s}$$

將 $i_L(0) = 0$ A 及 $\dfrac{di_L(0)}{dt} = \dfrac{v_L(0)}{L} = \dfrac{v_C(0)}{L} = \dfrac{V_0}{L}$ 代入上面兩個方程式，則

$$0 = K_c \qquad\qquad\qquad\qquad\qquad ①$$

$$\frac{V_0}{L} = \omega_0 K_s \quad \text{或} \quad K_s = \frac{V_0}{\omega_0 L} \qquad\qquad ②$$

$$\therefore i_L(t) = \frac{V_0}{\omega_0 L}\sin\omega_0 t \quad \text{A}$$

$$v_C(t) = L\frac{di_L}{dt} = L \cdot \frac{V_0}{\omega_0 L} \cdot \omega_0 \cos\omega_0 t = V_0\cos\omega_0 t \quad \text{V}$$

$$w_L(t) = \frac{1}{2}L \cdot i_L{}^2 = \frac{1}{2}L \cdot \frac{V_0{}^2}{\omega_0{}^2 L^2}\sin^2\omega_0 t = \frac{1}{2}\frac{V_0{}^2}{\omega_0{}^2 L}\sin^2\omega_0 t \quad \text{J}$$

$$w_C(t) = \frac{1}{2}Cv_C{}^2 = \frac{1}{2}C \cdot V_0{}^2\cos^2\omega_0 t \quad \text{J}$$

$\because \omega_0 = \dfrac{1}{\sqrt{LC}}, \therefore \omega_0{}^2 L = \dfrac{1}{C}$ 代入 $w_L(t)$ 之方程式，則

$$w_L(t) = \frac{1}{2} \times \frac{V_0{}^2}{(1/C)}\sin^2\omega_0 t = \frac{1}{2}CV_0{}^2\sin^2\omega_0 t \quad \text{J}$$

$$\therefore w_L(t) + w_C(t) = \frac{1}{2}CV_0{}^2\sin^2\omega_0 t + \frac{1}{2}CV_0{}^2\cos^2\omega_0 t$$

$$= \frac{1}{2}CV_0{}^2(\sin^2\omega_0 t + \cos^2\omega_0 t)$$

$$(\because \sin^2\theta + \cos^2\theta = 1)$$

$$= \frac{1}{2}CV_0{}^2 \quad \text{J}$$

$$=\text{原電容器之初始能量，故得證。} \qquad \textcircled{\odot}$$

【本節重點摘要】

(1)無源串聯 *RLC* 電路之自然響應

　　二次微分方程式為：

$$\frac{d^2i(t)}{dt^2} + \frac{R}{L}\frac{di(t)}{dt} + \frac{i(t)}{LC} = 0 \quad \text{A/s}^2$$

　　特性方程式為：

$$p^2 + \frac{R}{L}p + \frac{1}{LC} = 0$$

　　特性方程式的特性根為：

$$p_{1,2} = -\alpha \pm \sqrt{\alpha^2 - \omega_0{}^2}$$

　　式中

$$\alpha = \frac{R}{2L} \quad \text{s}^{-1}$$

　　稱為電路之奈波頻率或是阻尼係數或阻尼因數，另一參數：

$$\omega_0 = \frac{1}{\sqrt{LC}} \quad \text{rad/s}$$

　　稱為該電路之無阻尼自然頻率或共振頻率。由特性根 p_1 及 p_2，分為下面三種特性及求解：

①過阻尼之特性及求解

　　當 $\alpha^2 > \omega_0{}^2$ 時，特性根 p_1 及 p_2 為兩相異負實數 $-\alpha_1$，$-\alpha_2$，將電流的答案寫出如下：

$$i(t) = K_1 \varepsilon^{-\alpha_1(t-t_0)} + K_2 \varepsilon^{-\alpha_2(t-t_0)} \quad \text{A}$$

②臨界阻尼的特性及求解

　　當 $\alpha^2 = \omega_0{}^2$ 時，特性根 p_1 及 p_2 為兩相同負實數 $-\alpha$，電流可表示為：

$$i(t) = K_t(t - t_0)\varepsilon^{p_1(t-t_0)} + K_0\varepsilon^{p_1(t-t_0)} \quad \text{A}$$

③欠阻尼的特性及求解

　　當 $\alpha^2 < \omega_0{}^2$ 時，兩特性根為共軛複數，其表示式為 $-\alpha \pm j\omega_d$，其中：

$$\omega_d = \sqrt{\omega_0{}^2 - \alpha^2}$$

　　稱為阻尼頻率。電流可表示為：

$$i(t) = \varepsilon^{-\alpha(t-t_0)}\{K_c\cos[\omega_d(t-t_0)] + K_s\sin[\omega_d(t-t_0)]\} \quad \text{A}$$

(2)無源並聯 RLC 電路之自然響應

二次微分方程式為：

$$\frac{d^2v(t)}{dt^2} + \frac{1}{RC}\frac{dv(t)}{dt} + \frac{1}{LC}v(t) = 0 \quad \text{V/s}^2$$

特性方程式為：

$$p^2 + \frac{1}{RC}p + \frac{1}{LC} = 0$$

特性方程式之特性根為：

$$p_{1,2} = -\alpha \pm \sqrt{\alpha^2 - \omega_0^2}$$

式中

$$\alpha = \frac{1}{2RC} \quad \text{s}^{-1}$$

$$\omega_0 = \frac{1}{\sqrt{LC}} \quad \text{rad/s}$$

電壓 $v(t)$ 之自然響應可分為三種結果：

①過阻尼之特性及求解

當 $\alpha^2 > \omega_0^2$ 時，特性根 p_1 及 p_2 為兩相異負實數 $(-\alpha_1)$，$(-\alpha_2)$，其電壓 $v(t)$ 的型式為：

$$v(t) = K_1\varepsilon^{-\alpha_1(t-t_0)} + K_2\varepsilon^{-\alpha_2(t-t_0)} \quad \text{V}$$

②臨界阻尼之特性及求解

當 $\alpha^2 = \omega_0^2$ 時，特性方程式之兩個特性根均為相同的負實數 $-\alpha$，兩端之電壓 $v(t)$ 的型式為：

$$v(t) = K_t(t-t_0)\varepsilon^{-\alpha(t-t_0)} + K_0\varepsilon^{-\alpha(t-t_0)} \quad \text{V}$$

③欠阻尼的特性及求解

當 $\alpha^2 < \omega_0^2$ 時，特性方程式之兩個特性根變成一對共軛複數，其值為 $-\alpha \pm j\omega_d$，電路之電壓型式為：

$$v(t) = \varepsilon^{-\alpha(t-t_0)}\{K_c\cos[\omega_d(t-t_0)] + K_s\sin[\omega_d(t-t_0)]\} \quad \text{V}$$

(3)標準常係數二次微分方程式的表示

標準的二次方程式表示如下：

$$p^2 + 2\zeta\omega_0 p + \omega_0^2 = 0$$

式中 ζ 稱為阻尼比。特性根利用 ζ 及 ω_0 表示如下：

$$p_{1,2} = -\zeta\omega_0 \pm \omega_0\sqrt{\zeta^2 - 1} = -\alpha \pm \omega_0\sqrt{\zeta^2 - 1}$$

式中 α 為阻尼係數，它與阻尼比關係為：

$$\alpha = \zeta\omega_0 \quad \text{或} \quad \zeta = \frac{\alpha}{\omega_0}$$

①$\zeta > 1$，兩特性根為相異負實數：$-\alpha_1$、$-\alpha_2$，此為過阻尼電路。

②$\zeta = 1$，兩特性根為相等負實數：$-\alpha$，此為臨界阻尼電路。

③$\zeta < 1$，兩特性根為共軛複數：$-\alpha \pm j\omega_d$，其中 $\omega_d = \omega_0 \sqrt{1-\zeta^2}$，此為欠阻

尼電路。

若將 ζ 以 R、L、C 參數表示，則對於串聯 RLC 電路之阻尼比為：

$$\zeta = \frac{2R}{L}\sqrt{LC} = \frac{1}{2}R\sqrt{\frac{C}{L}}$$

對於並聯 RLC 電路之阻尼比為：

$$\zeta = \frac{1}{2R}\sqrt{\frac{L}{C}} = \frac{1}{2RC}\sqrt{LC}$$

(4)特性根為共軛複數，且為多個重根下的自然響應解型式

假設 N 次微分方程式的特性方程式解，含有重根 m 次的共軛複數：

$$p_{1,2} = \sigma \pm j\omega$$

則該 m 次重根的自然響應解部份應為：

$$r(t) = \varepsilon^{\sigma t}[(A_0 + A_1 t + \cdots + A_{m-1}t^{m-1})\cos\omega t$$
$$+ (B_0 + B_1 t + \cdots + B_{m-1}t^{m-1})\sin\omega t] \quad \text{V 或 A}$$

式中的係數 A_i 及 B_i，$i = 1, 2, \cdots, m-1$，均為常數。

【思考問題】

(1)若 RLC 電路中，不是完全串聯或完全並聯，而是串並聯的組合
時，如何求解自然響應？

(2)若 RLC 電路中僅有電阻值 R 為可變時，則發生過阻尼、欠阻尼間
的臨界電阻值表示式為何？

(3)如果串聯 RLC 之電阻值為零，則電路是什麼樣的自然響應？

(4)如果並聯 RLC 之電阻值為無限大，則電路是什麼樣的自然響應？

(5)若電阻值是負的，則 RLC 電路的自然響應是否會有問題？為什
麼？

5.4 *RL*、*RC*、*RLC* 電路之步階響應

第 5.2 節及第 5.3 節所介紹的 *RL*、*RC* 以及 *RLC* 電路的響應，其能量來源，得自於電容器之初值電壓 V_0 或電感器之初值電流 I_0 或兩者均有，由於不受外界能量加入之影響，自然產生電壓、電流、功率以及能量的改變，稱爲自然響應。

本節將分別探討含有獨立電源以及開關切換作用之下的 *RL*、*RC* 以及 *RLC* 三種電路之響應。由於受開關瞬間投入之作用，使該電路在開關未投入前，無電源作用，當開關投入後，電源瞬間作用在電路上，整個發生過程爲由無電源狀態，瞬間變成有電源的作用，該作用類似一種步階輸入，由狀態「零」變成狀態「壹」的情形，這種電路所發生的響應稱爲步階響應 (the step responses)。

如圖 5.4.1 所示，(a)圖左邊代表一個含有步階函數之電壓源與網路連接的電路，其步階函數表示式爲：

$$u(t-t_0)=1 \quad 當 \ t>t_0 \ 時$$
$$=0 \quad 當 \ t<t_0 \ 時$$
$$=? \quad 當 \ t=t_0 \ 時 \tag{5.4.1}$$

式中 t_0 代表開關切換的任意時間，單位與 t 相同，在 $t=t_0$ 時之步階函數值爲 "?"，代表步階函數在此時未予定義。

由步階函數之表示式可知，當時間 t 小於 t_0 時，電壓源兩端是沒有電壓的，因此該理想的電壓源形成一個等效短路。當時間 t 大於 t_0 秒時，電壓 V_s 出現在節點 a、b 兩端，維持其電壓值不變，節點 a、b 兩端之電壓特性，其效果可用(a)圖右側之獨立電壓源 V_s 串聯一個理想開關 SW1 表示。開關 SW1 原本是開啓的，因此節點 a、b 間無電壓存在，該開關在 $t=t_0$ 瞬間閉合，使節點 a、b 的電壓維持 V_s 的大小。若要考慮理想獨立電壓源內部電阻爲零的特性，可在(a)圖右側節點 a、b 間加一個理想開關 SW2，如(a)圖中的虛線所示，該開關

SW2 與 SW1 是連動的，當 SW1 瞬間開啟（閉合）時，SW2 為瞬間閉合（開啟），兩個開關呈現相反的動作，如此便能將電壓源 V_S 在 t ＜t_0 之短路特性包含進去。

上一段所談的是電壓源的步階輸入，同理，如圖 5.4.1(b)所示，為一個電流源的步階輸入等效電路，(b)圖左側之電路在 t＜t_0 時無電流注入節點 a，受電流源特性影響，節點 a、b 間呈現等效開路的狀態。當 t＞t_0 後，電流 I_s 流入節點 a。(b)圖右側為左側的等效開關動作電路，一個理想開關 SW1 連接在節點 a、b 間，在 t＜t_0 時 SW1 為閉合，因此電流源電流 I_s 完全流經 SW1，網路並無電流注入。當 t＝t_0 瞬間，開關 SW1 開啟，使電流源之電流 I_s 注入網路，該網路即受激勵。若考慮開關 SW1 未開啟前之內部電阻無限大的特性，可以在節點 a、a' 間串接一個理想開關 SW2，其動作與 SW1 完全相反而且是連動的。當 SW1 瞬間閉合（開啟）時，SW2 即瞬間開啟（閉合），以符合獨立理想電流源內部電阻為無限大的特性。

圖 5.4.1　步階電源輸入及其等效開關動作

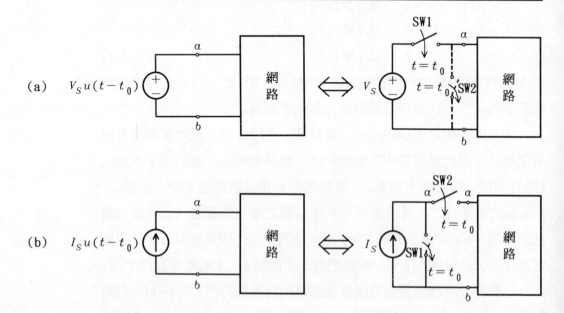

　　由於 *RLC* 電路可分為串聯 *RLC* 及並聯 *RLC* 兩種電路，加上
RL 及 *RC* 兩種電路，因此本節將分為四個部份探討這四種電路之步
階響應。本節與下一節之弦波響應，同樣是屬於具有外加電源激勵電
路的情形，因此所形成的方程式均為常係數、線性、非齊次的微分方
程式，因此其完全響應解除了包含通解的自然響應外，還有特解的激
發響應。

5.4.1 *RL* 電路之步階響應

　　如圖 5.4.2 所示的電路，一個獨立電壓源 V_s 與一個電阻器 R 串
聯，連接於節點 1、3 間，該獨立電壓源 V_s 與電阻器 R 之串聯，可
以視為等效的戴維寧電路。另一個電感器 L 接於節點 2、3 間，而一
個理想開關 SW 則連接在節點 1、2 間。開關 SW 在 $t < t_0$ 時是開啟
的，在 $t = t_0$ 瞬間閉合。

⑴由於開關 SW 在 $t < t_0$ 前是打開的，因此電感器是沒有電流通過
　的，因此其兩端也沒有電壓存在，故：

$$i_L(t) = 0 \quad \text{A} \tag{5.4.2}$$

$$v_L(t) = 0 \quad \text{V} \tag{5.4.3}$$

圖 5.4.2 *RL* 電路之步階輸入

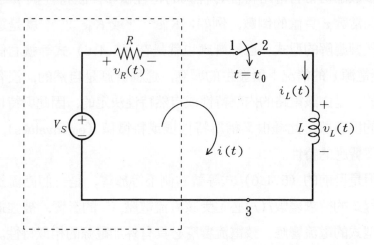

(2)當開關 SW 在 $t = t_0$ 瞬間閉合時，形成一個封閉的迴路，通過該迴路的電流 $i(t)$ 以順時鐘的方向流過，而電感器電流 $i_L(t)$ 與 $i(t)$ 相同，但必須維持其電流在開關切換前後的連續性，因此：

$$i(t_0^-) = i(t_0) = i(t_0^+) = 0 \quad \text{A} \tag{5.4.4}$$

電感器兩端的電壓 v_L 可由克希荷夫電壓定律 KVL 求得：

$$v_L(t_0) = V_S - Ri(t_0) = V_S \quad \text{V} \tag{5.4.5}$$

因此電感器電壓在 $t = t_0$ 秒瞬間，由原先的零電壓跳升至電壓源電壓 V_S，由 (5.4.4) 式及 (5.4.5) 式兩式可以得知，在 $t = t_0$ 瞬間，電感器所呈現的狀態爲一個等效開路，亦即此時只有電壓但並無電流發生的現象。

(3)在 $t > t_0$ 時，由於電路形成一個封閉的迴路，故以電流 $i(t)$ 爲變數所寫出的電壓關係式爲：

$$Ri(t) + L\frac{di(t)}{dt} = V_S \quad \text{V} \tag{5.4.6}$$

此爲具有常係數之一次線性微分方程式，但是該方程式是屬於非齊次的，因此除了有通解的自然響應外，另外還有特解的激發響應。對於單一個儲能元件的電路而言，通解自然響應之型式已經在第 5.2 節說明過，是一個常數 K_0 乘上指數 $\varepsilon^{p(t-t_0)}$ 的關係，其中指數的參數部份帶有電路特性方程式的特性根 p，該特性根 p 也等於時間常數 τ 負值的倒數，例如：$K_0\varepsilon^{p(t-t_0)}$ 或 $K_0\varepsilon^{-(t-t_0)/\tau}$ 就是通解或自然響應解的型式。自然響應也就是在 (5.4.6) 式等號右側爲零（無電源）的情況下所發生的響應，這種響應是自然的，沒有強迫性的，是由該電路的內部特性或自然特性決定的，因此與特性方程式的根有關，此種根又稱爲特性根或特徵值（eigenvalues），決定自然響應的特性。

但是目前的 (5.4.6) 式等號右側不等於零，是一個直流量 V_S，則方程式的待求變數 $i(t)$ 必定受該直流電壓 V_S 的影響，被強迫具有特定型式的電流響應，該電流響應必具有外加電源的相似特性。該加

電源爲一個直流量 V_S，亦爲一個定值常數。因此電流響應 $i(t)$ 會受 V_S 影響，也會變成一個定值常數。故假設電流受此步階輸入電源影響的特解響應爲：

$$i_p(t) = K \quad \text{A} \tag{5.4.7}$$

式中 $i_p(t)$ 的下標 p 代表特解（the particular solution）的意思。既然 (5.4.7) 式假設爲電流響應 $i(t)$ 的解，可將 (5.4.7) 式代入 (5.4.6) 式，必滿足此微分方程式，代入的結果變成：

$$RK + L\frac{dK}{dt} = V_S \quad \text{V} \tag{5.4.8a}$$

或

$$RK = V_S \quad \text{V} \tag{5.4.8b}$$

式中由於 K 爲常數，故 (5.4.8a) 式等號左側第二項之微分爲零，變成 (5.4.8b) 式，由 (5.4.8b) 式可解出特解之答案爲：

$$K = \frac{V_S}{R} \quad \text{A} \tag{5.4.9}$$

將 (5.4.9) 式的特解加上第 5.2 節的通解答案，可得電流 $i(t)$ 之完全響應結果表示爲：

$$i(t) = \frac{V_S}{R} + K_0 \varepsilon^{-(t-t_0)/\tau_L} \quad \text{A} \tag{5.4.10}$$

式中

$$\tau_L = \frac{L}{R} \quad \text{s} \tag{5.4.11}$$

爲 RL 電路的時間常數，這是已經於第 5.2 節推導出來的結果。(5.4.10) 式只剩下常數 K_0 未知，此時可以令 $t = t_0$，但先不將電感器的零電流初值條件代入 (5.4.10) 式，則可得：

$$i(t_0) = \frac{V_S}{R} + K_0 \varepsilon^0 = \frac{V_S}{R} + K_0 \quad \text{A} \tag{5.4.12}$$

由 (5.4.12) 式可解出常數 K_0 之值爲：

$$K_0 = i(t_0) - \frac{V_S}{R} \quad \text{A} \tag{5.4.13}$$

將 (5.4.13) 式代回 (5.4.10) 式, 則電流 $i(t)$ 之完全響應解為:

$$i(t) = \frac{V_S}{R} + \left[i(t_0) - \frac{V_S}{R} \right] \varepsilon^{-(t-t_0)/\tau_L} \tag{5.4.14a}$$

$$= \frac{V_S}{R} [1 - \varepsilon^{-(t-t_0)/\tau_L}] + i(t_0) \varepsilon^{-(t-t_0)/\tau_L} \tag{5.4.14b}$$

$$= \frac{V_S}{R} [1 - \varepsilon^{-(t-t_0)/\tau_L}] \quad \text{A} \tag{5.4.14c}$$

讓我們仔細看一看 (5.4.14) 式等號右側的重要表示結果:

(1)由 (5.4.14a) 式結果可以知道, 該電路之電流響應第一項為一個固定常數項的穩態響應, 與時間以及電感器初值電流無關。由該穩態答案可以得知, 在穩態時可將電感器視為短路以方便求出穩態的解; 第二項為一個隨時間增加呈指數下降的暫態響應, 與外加電源大小、電感器初值條件以及電路元件的參數有關。

(2) (5.4.14b) 式中, 第一項為激發響應, 與外加電源大小直接相關; 第二項為自然響應, 與電感器的初值電流直接相關。

(3) (5.4.14c) 式的結果, 則是將 (5.4.4) 式的電感器初值條件為零的數據代入的結果。

電感器兩端的電壓可由基本電感器電壓與電流的方程式表示為:

圖 5.4.3 *RL* 電路步階輸入之電感器電流響應

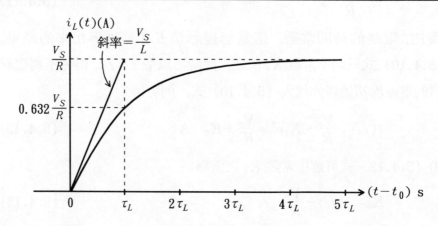

$$v_L(t) = L\frac{di(t)}{dt} = L\frac{V_S}{R}\frac{1}{\tau_L}\left[\varepsilon^{-(t-t_0)/\tau_L}\right] = V_S\left[\varepsilon^{-(t-t_0)/\tau_L}\right] \quad \text{V}$$

$$(5.4.15)$$

電感器電流及電壓響應曲線分別如圖 5.4.3 及圖 5.4.4 所示。其他電路的相關數據，如圖 5.4.3 及圖 5.4.4 中在 $t = t_0$ 的切線、電阻器電壓、所有電路元件的功率與能量計算，均已列在本章附錄 2 中，請讀者自行參考。

圖 5.4.4　*RL* 電路步階輸入之電感器電壓響應

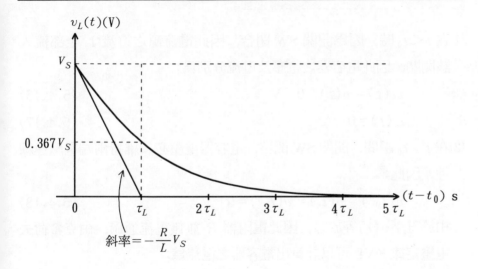

5.4.2　*RC* 電路之步階響應

　　如圖 5.4.5 所示，為一個具有步階輸入之 *RC* 電路。節點 1、2 間連接一個獨立的電流源 I_s 及一個並聯的電阻器 R，以虛線圍起來的這種電路可視為由諾頓定理所得之等效電路。節點 1、2 間另外連接著一個電容器 C，及一個理想開關 SW。該開關在 $t < t_0$ 是閉合的，在 $t = t_0$ 瞬間開啟。假設節點 1 對節點 2 之電壓為 $v(t)$，由於電流源 I_s、電阻器 R、開關 SW 以及電容器 C 均接在節點 1、2 間，因此這四種電路元件之電壓皆等於 $v(t)$。

圖 5.4.5　*RC* 電路之步階輸入

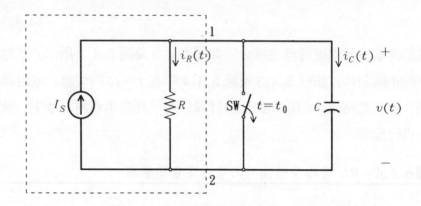

(1)在 $t < t_0$ 時，因為開關 SW 閉合，因此電流源之電流 I_s 全部流入該開關，因此電容器之電壓及電流分別為：

$$v_c(t) = v(t) = 0 \quad V \tag{5.4.16}$$

$$i_c(t) = 0 \quad A \tag{5.4.17}$$

(2)在 $t = t_0$ 瞬間，開關 SW 開啟，電容器電壓必須維持兩端電壓連續性，因此：

$$v(t_0^-) = v(t_0) = v(t_0^+) = 0 \quad V \tag{5.4.18}$$

由於電壓 $v(t)$ 等於零，因此電阻器 R 並無電流通過，由克希荷夫電壓定律 KVL 可以計算出電容器之電流為：

$$i_c(t_0) = I_s - \frac{v(t)}{R} = I_s - 0 = I_s \quad A \tag{5.4.19}$$

由以上方程式可知，當 $t = t_0$ 之開關 SW 開啟瞬間，電容器兩端電壓雖然為零，但是電流源的電流 I_s 全部流進電容器，因此電容器此時為等效短路狀態。

(3)當時間在 $t > t_0$ 時，電路之電壓及電流關係式可由求解電路之微分方程式得知，其方程式可由節點 1 之克希荷夫電流定律 KCL 關係式寫出為：

$$C\frac{dv(t)}{dt} + \frac{v(t)}{R} = I_s \quad A \tag{5.4.20}$$

此式為具有常係數之一次線性微分方程式，但是該方程式是屬於非
齊次的，因此除了有通解的自然響應外，另外還有特解的激發響
應。讓我們仿照 RL 電路求解步階輸入響應的方法，假設一個特解
值來幫助求解。

　　目前的 (5.4.20) 式等號右側不等於零，是一個直流量 I_s，則
方程式的待求變數 $v(t)$ 必定受該直流電流 I_s 的影響，被強迫具有特
定型式的電壓響應，該電壓響應必定具有外加電源的相似特性。該外
加電源為一個直流量 I_s，亦為一個定值常數。因此電壓響應 $v(t)$ 會
受 I_s 影響，也會變成一個定值常數。故假設電壓 $v(t)$ 受此步階輸入
電源影響的特解響應為：

$$v_p(t) = K \quad \text{V} \tag{5.4.21}$$

既然 (5.4.21) 式假設為電壓響應 $v(t)$ 的特解，可將 (5.4.21) 式
代入 (5.4.20) 式，必可滿足此微分方程式，代入的結果變成：

$$C\frac{dK}{dt} + \frac{K}{R} = I_s \quad \text{A} \tag{5.4.22a}$$

或

$$\frac{K}{R} = I_s \quad \text{A} \tag{5.4.22b}$$

式中由於 K 為常數，故 (5.4.22a) 式等號左側第一項之微分為零，
變成 (5.4.22b) 式，由 (5.4.22b) 式可解出電壓特解 $v_p(t)$ 之答案
為：

$$K = RI_s \quad \text{V} \tag{5.4.23}$$

將 (5.4.23) 式的特解加上第 5.2 節 RC 電路的通解答案，可得電壓
$v(t)$ 之完全響應結果表示為：

$$v(t) = RI_s + K_0 \varepsilon^{-(t-t_0)/\tau_c} \tag{5.4.24}$$

式中

$$\tau_c = RC \quad \text{s} \tag{5.4.25}$$

已於第 5.2 節 RC 自然響應中說明過。(5.4.24) 式只剩下常數 K_0
未知而已，我們可以先令 $t = t_0$，代入 (5.4.24) 式，可得：

$$v(t_0) = RI_s + K_0\varepsilon^0 = RI_s + K_0 \quad \text{V} \qquad (5.4.26)$$

K_0 的值可由 (5.4.26) 式解得爲:

$$K_0 = v(t_0) - RI_s \quad \text{V} \qquad (5.4.27)$$

將 (5.4.27) 式代回 (5.4.24) 式,可得完整的電壓完全響應解爲:

$$v(t) = RI_s + [v(t_0) - RI_s]\varepsilon^{-(t-t_0)/\tau_c} \qquad (5.4.28a)$$

$$= RI_s[1 - \varepsilon^{-(t-t_0)/\tau_c}] + v(t_0)\varepsilon^{-(t-t_0)/\tau_c} \qquad (5.4.28b)$$

$$= RI_s[1 - \varepsilon^{-(t-t_0)/\tau_c}] \quad \text{V} \qquad (5.4.28c)$$

讓我們仔細看一看 (5.4.28) 式等號右側的表示式:

(1)由 (5.4.28a) 式的結果得知,第一項爲一個固定的常數穩態響應,與電容器電壓初值無關。由該穩態響應的型式觀察,可以得知當電路到達穩態時,電容器形成一個等效開路(充滿電荷、不再充電),電流源的電流 I_s 全部流入電阻器 R 中;第二項爲一個隨時間增加呈指數下降的暫態響應,與外加電源、電容器初值電壓以及電路元件參數有關。

(2) (5.4.28b) 式中,第一項爲一個激發響應,與外加電源直接相關;第二項爲自然響應,與電容器的初值電壓直接相關。

(3) (5.4.28c) 式表示將電容器初值條件: (5.4.18) 式的數值零代入的結果。

　　若將 (5.4.28) 式之電壓 $v(t)$ 對時間 t 微分,再乘以電容量值 C,可得電容器流入之電流 i_C 爲:

$$i_C(t) = C\frac{dv(t)}{dt} = (CR)I_s\frac{1}{\tau_C}\varepsilon^{-(t-t_0)/\tau_c}$$

$$= I_s\varepsilon^{-(t-t_0)/\tau_c} \quad \text{A} \qquad (5.4.29)$$

　　電容器電壓及電流的響應曲線分別如圖 5.4.6 及圖 5.4.7 所示。其他電路的相關數據,如圖 5.4.6 及圖 5.4.7 中在 $t = t_0$ 的切線、電阻器電流、所有電路元件的功率與能量計算,均已列在本章附錄 2 中,請讀者自行參考。

圖5.4.6 *RC* 電路步階輸入之電容器電壓響應

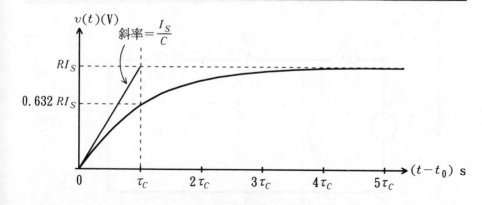

圖5.4.7 *RC* 電路步階輸入之電容器電流響應

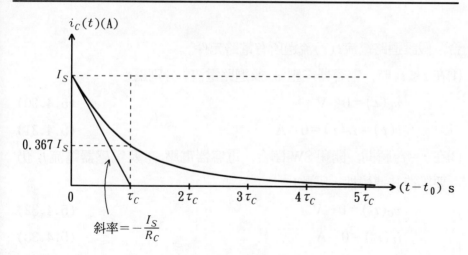

5.4.3 串聯 *RLC* 電路之步階響應

如圖 5.4.8所示, 爲一個含有串聯 *RLC* 電路元件及具有步階輸入之響應電路。節點 1、3 間爲一個獨立電壓源 V_s 與一個電阻器 R 串聯之架構, 這個部份也可以視爲一個複雜電路經過戴維寧定理化簡過後之等效電路。節點 2、3 間爲一個簡單之電感器 L 與電容器 C 串聯之架構。在節點 1、2 間放置一只理想開關 SW, 該開關在 $t < t_0$ 時是開啓的, 假設電容器 C 並無初值電壓存在, 開關 SW 在 $t = t_0$ 時閉

圖 5.4.8　串聯 *RLC* 電路之步階輸入

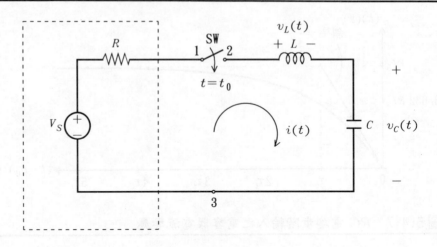

合，假設迴路電流 $i(t)$ 流過所有電路元件。

(1)在 $t < t_0$ 時，電容器電壓 v_C 及迴路電流 i 分別為：

$$v_C(t) = 0 \quad V \tag{5.4.30}$$

$$i(t) = i_L(t) = 0 \quad A \tag{5.4.31}$$

(2)在 $t = t_0$ 瞬間，開關 SW 閉合，電容器電壓 v_C 及電感器電流 i_L 仍要維持其連續性，因此：

$$v_C(t_0) = 0 \quad V \tag{5.4.32}$$

$$i_L(t_0) = 0 \quad A \tag{5.4.33}$$

(3)當 $t > t_0$ 時，由於開關 SW 閉合，我們可以利用克希荷夫電壓定律 KVL 繞迴路一圈，寫出電壓源 V_S 與 R、L、C 三個串聯電路元件的關係式如下：

$$Ri(t) + L\frac{di(t)}{dt} + v_C(t) = V_S \quad V \tag{5.4.34}$$

式中電流 $i(t)$ 可用電容器的電壓 $v_C(t)$ 對時間 t 的微分式表示如下：

$$i(t) = C\frac{dv(t)}{dt} \quad A \tag{5.4.35}$$

將 (5.4.35) 式再對時間 t 微分一次可得：

$$\frac{di(t)}{dt} = C \frac{d^2 v_C(t)}{dt^2} \quad \text{A/s} \tag{5.4.36}$$

將 (5.4.35) 式及 (5.4.36) 式兩式代入 (5.4.34) 式，並將等號左側第一項與第二項對調，可以將 (5.4.34) 式之電流變數 $i(t)$ 全部改為以電容器電壓 $v_C(t)$ 為變數之方程式：

$$LC \frac{d^2 v_C(t)}{dt^2} + RC \frac{dv_C(t)}{dt} + v_C(t) = V_s \quad \text{V} \tag{5.4.37}$$

再將 (5.4.37) 式等號兩側同時除以 LC，以使兩次微分項的係數變成 1，可整理為下面的方程式：

$$\frac{d^2 v_C(t)}{dt^2} + \frac{R}{L} \frac{dv_C(t)}{dt} + \frac{v_C(t)}{LC} = \frac{V_s}{LC} \quad \text{V/s}^2 \tag{5.4.38}$$

由 (5.4.38) 式的型式可以發現，該式為一個具有常係數之二次線性微分方程式，其等號右側不為零，因此該式也是非齊次的微分方程式，其答案除了基本的自然響應的通解外，必須再加入按照外加電源型式所得的激發響應的特解。此與第 5.3 節之無源串聯 RLC 電路或無源並聯 RLC 電路之方程式不同。在第 5.3 節中，因為無外加電源存在，因此等號右側為零，其答案雖可分為過阻尼、臨界阻尼以及欠阻尼三種，但是當時間趨近於無限大或到達穩態時，電路最終的電壓或電流一定為零值，此即為自然響應之基本特性。本節由於是探討步階響應，有外在的電源輸入，因此電路之電壓或電流必受該電源影響，故 (5.4.38) 式的答案應該是該式的特解加上無電源下的通解之和。按 RLC 電路阻尼特性的不同情況，可分為下列三種全解：

$$v_C(t) = v_{Cp}(t) + \left[K_1' \varepsilon^{-\alpha_1(t-t_0)} + K_2' \varepsilon^{-\alpha_2(t-t_0)} \right] \quad \text{V}$$
$$\text{（過阻尼）} \tag{5.4.39}$$

$$v_C(t) = v_{Cp}(t) + \left[K_t'(t-t_0) \varepsilon^{-\alpha(t-t_0)} + K_0' \varepsilon^{-\alpha(t-t_0)} \right] \quad \text{V}$$
$$\text{（臨界阻尼）} \tag{5.4.40}$$

$$v_C(t) = v_{Cp}(t) + \left\{ \varepsilon^{-\alpha(t-t_0)} \left[K_c' \cos[\omega_d(t-t_0)] \right. \right.$$
$$\left. \left. + K_s' \sin[\omega_d(t-t_0)] \right] \right\} \quad \text{（欠阻尼）} \tag{5.4.41a}$$

$$= v_{Cp}(t) + \{\varepsilon^{-a(t-t_0)}K'\sin[\omega_d(t-t_0)+\phi']\} \quad \text{V}$$

（欠阻尼） (5.4.41b)

上面三個方程式中的常數：K_1'、K_2'、K_t'、K_0'、K_c'、K_s'、K'以及ϕ'必須利用$v_C(t_0)$及$\dfrac{dv_C}{dt}(t_0)$同時配合$v_{Cp}(t)$之值來求解。其中$v_{Cp}(t)$稱爲電容器電壓之特解。特解一般均用未定係數法（the method of undetermined coefficients）求解，如同前面 RL 電路或 RC 電路步階輸入的方式求解。其特解型式的選擇可以參考以下的說明。

令一個非齊次微分方程式等號右側之型式爲$e(t)$，代表激發訊號或電源，則該微分方程式響應特解之型式選擇爲$r_p(t)$，兩者間的相對應關係如表 5.4.1 所列。

表 5.4.1 常係數線性二次微分方程式之特解型式選擇

常係數之線性二次微分方程式：$\dfrac{d^2r(t)}{dt^2} + a\dfrac{dr(t)}{dt} + br(t) = e(t)$		
$e(t)$之型式	特解$r_p(t)$之選擇型式	修飾$r_p(t)$之參考*
K	K	
$Kt^n, n = 1, 2, \cdots$	$K_n t^n + K_{n-1}t^{n-1} + \cdots + K_0$	0
$K\varepsilon^{pt}$	$K'\varepsilon^{pt}$	p
$K\cos(\omega t)$	$K_1\cos(\omega t) + K_2\sin(\omega t)$	$j\omega$
$K\sin(\omega t)$	$K_1\cos(\omega t) + K_2\sin(\omega t)$	$j\omega$

＊當特性方程式之根與該欄所列的數值相同時，第二欄之$r_p(t)$須再乘以t^m，m 代表重根的次數，$m = 1$ 或 2。

註：本表中的符號 K、K_1、K_2、K'、K_n、K_{n-1}、K_0 均代表實數的常數。

由 (5.4.38) 式等號右側之型式，可以判定與表 5.4.1 中第一列之常數 K 相當，因爲電壓源電壓 V_s 與 L、C 參數均爲定值，因此可假設 (5.4.38) 式之電容器電壓特解型式爲：

$$v_{Cp}(t) = K \quad \text{V} \tag{5.4.42}$$

將此特解代入 (5.4.38) 式，可得：

$$\frac{d^2K}{dt^2} + \frac{R}{L}\frac{dK}{dt} + \frac{K}{LC} = 0 + 0 + \frac{K}{LC} = \frac{V_s}{LC} \quad \text{V/s}^2 \qquad (5.4.43)$$

比較 (5.4.43) 式第二個等號左右兩側之係數，可得電容器電壓之特解爲：

$$v_{Cp}(t) = K = V_s \quad \text{V} \qquad (5.4.44)$$

將電容器電壓特解 $v_{Cp}(t)$ 代回 (5.4.39) 式～(5.4.41)式，再利用電容器初值電壓以及電壓對時間微分之初值條件，就可將通解之兩未知參數求出，如此便可得到電容器電壓全解的答案，這個部份請參考第 5.3 節的做法。注意：(5.4.39) 式～(5.4.41)式中的兩個未知參數表示式，可能含有電容器與電感器的初值條件關係，也可能含有外加電源的項存在。

　　由 (5.4.39) 式～(5.4.41) 式電容器電壓全解的特性可以知道：等號右側第一項爲一個常數值，是電容器電壓的穩態響應；第二項爲一個隨時間增加而下降的關係式，是電容器電壓的暫態響應。但若將電源 V_s 項，與電容器電壓初值 $v_C(t_0)$ 或電容器電流初值 $i(t_0)$ 的項分開，就可以判斷那一個部份是激發響應，那一個部份是自然響應。

　　又由 (5.4.44) 式之特解答案及前述的響應關係可知，一個 *RLC* 串聯電路之步階響應穩態值，可用電感器短路、電容器開路的方式求得，因此由圖 5.4.8 直接就可以得知電容器穩態電壓即是電源電壓 V_s。當 (5.4.39) 式～(5.4.41)式其中之一式爲圖 5.4.8 之電容器電壓全解時，迴路電流 $i(t)$ 可由 (5.4.35) 式求出。此時電阻器電壓 $v_R(t)$ 就可由歐姆定理表示爲：

$$v_R(t) = Ri(t) \quad \text{V} \qquad (5.4.45)$$

電感器電壓 $v_C(t)$ 則可由電流 $i(t)$ 對時間微分再乘上電感值，或由 (5.4.34) 式之克希荷夫電壓定律 KVL 求出：

$$v_L(t) = L\frac{di(t)}{dt} = V_s - v_R(t) - v_C(t) \quad \text{V} \qquad (5.4.46)$$

將各電路元件之兩端電壓與通過的電流相乘，可得各元件的吸收功率。再將功率對時間 t 積分，加上儲能元件可能的初值能量，亦可推算出各電路元件之總能量，這些關係式請參考本章附錄1之做法，即可推導出來。

5.4.4 並聯 RLC 電路之步階響應

如圖 5.4.9 所示，為一個並聯 RLC 電路之步階輸入圖。一個獨立電流源 I_s 與一個電阻器 R 並聯在節點1、2間，以虛線圍起來，這個部份的電路可以視為一個複雜電路經過諾頓定理處理後之等效電路結果。在虛線外側，一個理想開關SW，一個電感器 L 以及一個電容器 C 均連接在節點1、2兩端，其中開關 SW 在時間 $t < t_0$ 是閉合的，因此電流源的電流 I_s 全部流過該開關。假設在 $t < t_0$ 時，電感器 L 無初值電流通過，電容器 C 受開關閉合影響，本身亦無初值電壓。

圖 5.4.9 **並聯** RLC **電路之步階輸入**

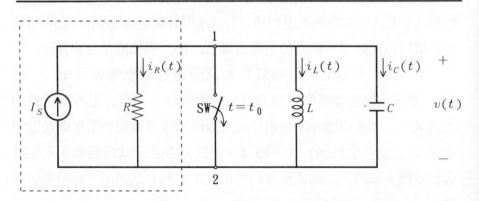

⑴**當** $t < t_0$ **時**

電感器電流與電容器電壓的初值條件以方程式分別表示如下：

$$i_L(t) = 0 \quad \text{A} \tag{5.4.47}$$

$$v(t) = v_C(t) = 0 \quad \text{V} \tag{5.4.48}$$

⑵**當** $t = t_0$ **秒時**

開關 SW 瞬間開啓，電感器電流及電容器電壓仍舊要保持其連續性，因此：

$$i_L(t_0) = 0 \quad \text{A} \tag{5.4.49}$$

$$v(t_0) = v_C(t_0) = 0 \quad \text{V} \tag{5.4.50}$$

⑶當 $t > t_0$ 時

在節點 1 寫出的克希荷夫電流定律 KCL 關係式爲：

$$\frac{v(t)}{R} + i_L(t) + C\frac{dv(t)}{dt} = I_s \quad \text{A} \tag{5.4.51}$$

將 (5.4.51) 式的電壓 $v(t)$ 以電感器之電流 $i_L(t)$ 表示爲：

$$v(t) = L\frac{di_L(t)}{dt} \quad \text{V} \tag{5.4.52}$$

將 (5.4.52) 式對時間 t 再微分一次，可得：

$$\frac{dv(t)}{dt} = L\frac{d^2i_L(t)}{dt^2} \quad \text{V/s} \tag{5.4.53}$$

再將 (5.4.52) 式及 (5.4.53) 式代入 (5.4.51) 式，使電壓 $v(t)$ 變數全部改以電感器電流 $i_L(t)$ 表示：

$$\frac{L}{R}\frac{di_L(t)}{dt} + i_L(t) + LC\frac{d^2i_L(t)}{dt^2} = I_s \quad \text{A} \tag{5.4.54}$$

將 (5.4.54) 式等號兩側同時除以 LC，以使兩次微分項的係數變爲 1，整理後可得：

$$\frac{d^2i_L(t)}{dt^2} + \frac{1}{RC}\frac{di_L(t)}{dt} + \frac{i_L(t)}{LC} = \frac{I_s}{LC} \quad \text{A/s}^2 \tag{5.4.55}$$

(5.4.55) 式爲一個具有常係數之二次線性微分方程式，等號左側與第 5.3 節之無源 RLC 串聯或並聯電路之寫法相似，差別在等號右側之係數，無源電路由於沒有外界獨立電源供給能量，因此等號右側爲零，然而本節是討論步階響應，因此外界的獨立電源必須加入，因而使得 (5.4.55) 式等號右側帶有獨立電流源的值，故 (5.4.73) 式爲非齊次之微分方程式。按照前述串聯 RLC 電路之步階響應觀念，圖

5.4.9 之並聯 RLC 電路之步階響應爲一個特解與一個帶有指數項之通解相加的結果，其通解可參考第 5.3 節的寫法。故圖 5.4.9 之步階響應在 $t > t_0$ 時，應爲下列三種答案中其中的一種：

$$i_L(t) = i_{Lp}(t) + [K_1'\varepsilon^{-\alpha_1(t-t_0)} + K_2'\varepsilon^{-\alpha_2(t-t_0)}] \quad A$$

（過阻尼） $\qquad\qquad$ (5.4.56)

$$i_L(t) = i_{Lp}(t) + [K_t'(t-t_0)\varepsilon^{-\alpha(t-t_0)} + K_0'\varepsilon^{-\alpha(t-t_0)}] \quad A$$

（臨界阻尼） $\qquad\qquad$ (5.4.57)

$$i_L(t) = i_{Lp}(t) + \{\varepsilon^{-\alpha(t-t_0)}[K_c'\cos[\omega_d(t-t_0)]$$
$$+ K_s'\sin[\omega_d(t-t_0)]\} \quad （欠阻尼） \qquad (5.4.58a)$$
$$= i_{Lp}(t) + \{\varepsilon^{-\alpha(t-t_0)}K'\sin[\omega_d(t-t_0)+\phi']\} \quad A$$

（欠阻尼） $\qquad\qquad$ (5.4.58b)

方程式（5.4.56）式～（5.4.58）式中之係數：K_1'、K_2'、K_t'、K_0'、K_c'、K_s'、K'、ϕ'，可以利用電感器電流之初值 $i_L(t_0)$ 及電感器電流對時間 t 微分之初值條件 $\dfrac{di_L}{dt}(t_0)$，配合 $i_{Lp}(t)$ 先求得後而計算得到。$i_{Lp}(t)$ 爲電感器電流之特解，可按（5.4.55）式等號右側之型式對照串聯 RLC 步階響應中所述之表 5.4.1 特解型式，可將電感器電流特解假設爲：

$$i_{Lp}(t) = K \quad A \qquad\qquad (5.4.59)$$

將此特解代入（5.4.55）式，可得：

$$\frac{d^2K}{dt^2} + \frac{1}{RC}\frac{dK}{dt} + \frac{K}{LC} = 0 + 0 + \frac{K}{LC} = \frac{I_s}{LC} \quad A/s^2 \qquad (5.4.60)$$

由（5.4.60）式第二個等號左右兩側比較係數，可以得到電流特解的答案爲：

$$i_{Lp}(t) = I_s \quad A \qquad\qquad (5.4.61)$$

將（5.4.61）式之特解代回（5.4.56）式～（5.4.58）式三式中的其中一式，即可得到電感器電流的全解，只要再配合電感器初值電流及電流對時間微分之初值，則通解中的兩未知參數亦可求出。由（5.4.56）式～（5.4.58)式等三個方程式之電感器電流結果可知：第

一項為一個常數值，此為穩態響應，由電感器電流等於電流源電流之
答案得知，當電路到達穩態時，電感器為短路、電容器為開路，由圖
5.4.9中直接可以看出電流源電流 I_s 全部流入電感器 L 中；第二項
為一個隨時間增加而呈指數下降的關係，此為暫態響應，當時間趨近
於無限大時，此項會變成零。

　　值得我們注意的是：(5.4.56) 式～(5.4.58)式三式的通解響應
中的未知常數，可能包含電流源 I_s 的項，也可能含有電容器初值電
壓或電感器初值電流的量，若要分辨這三個方程式中的激發響應與自
然響應，只要將電流完全響應的結果分離出那一部份含有電源 I_s 的
量，那一個部份含有初值條件的量，前者的量與外加電源有關，便是
激發響應；後者的量與初值條件有關，便是自然響應了。

　　當電感器之完全響應電流求出後，其兩端的電壓，即等於圖
5.4.9電路之節點1、2間的相對電壓，可由 (5.4.52) 式求出。電阻
器 R 通過的電流 $i_R(t)$可由基本的歐姆定理求出：

$$i_R(t) = \frac{v(t)}{R} \quad \text{A} \tag{5.4.62}$$

由 (5.4.51) 式之電壓微分項或克希荷夫電流定律 KCL 可推算出通
過電容器之電流$i_C(t)$為：

$$i_C(t) = C\frac{dv(t)}{dt} = I_s - i_R(t) - i_L(t) \quad \text{A} \tag{5.4.63}$$

將圖5.4.9各電路元件之兩端電壓與通過之電流相乘，即為各電路元
件之吸收功率。將功率對時間 t 積分，加上儲能元件的初值能量，則
各元件之總能量關係即可求出，這些功率及能量的推導請參考本章附
錄1之詳細推導過程。

5.4.5　特解響應的另一項說明

　　在本節中所分析的電路，不論是 RL 電路、RC 電路、RLC 串
聯電路或RLC 並聯電路，所列出的基本一次或二次微分方程式等號

右側都是簡單的常數，因此假設電路響應特解為 K，然後依照假設代回原方程式以比較係數法求出特解答案。

讓我們重新以迴路電流 $i(t)$ 為共同變數，寫出圖 5.4.8 串聯 RLC 步階輸入電路的迴路方程式如下：

$$Ri(t) + L\frac{di(t)}{dt} + \left[v_C(t_0) + \frac{1}{C}\int_{t_0}^{t} i(\tau)d\tau\right] = V_s \quad \text{V}$$

$$(5.4.64)$$

將 (5.4.64) 式等號左右兩側對時間 t 微分，除以 L，並將等號左側第一項與第二項互換可得：

$$\frac{d^2i(t)}{dt^2} + \frac{R}{L}\frac{di(t)}{dt} + \frac{i(t)}{LC} = 0 \quad \text{A/s}^2 \qquad (5.4.65)$$

恰與無源 RLC 串聯電路的二次微分方程式相同。注意：(5.4.65) 式等號右側為零是因為直流電壓源 V_s 對時間 t 微分的結果，然而這個電路的確有外加電源輸入，不是無源 RLC 串聯電路，因此如果僅考慮 (5.4.65) 式之二次微分方程式等號右側為零，便判定是無源的 RLC 串聯電路，這樣就錯了。

同理，讓我們也重新以節點電壓 $v(t)$ 為共同變數，寫出圖 5.4.9 並聯 RLC 步階輸入電路的節點方程式如下：

$$\frac{v(t)}{R} + C\frac{dv(t)}{dt} + \left[i_L(t_0) + \frac{1}{L}\int_{t_0}^{t} v(t)\right] = I_s \quad \text{A} \qquad (5.4.66)$$

將 (5.4.66) 式等號左右兩側對時間 t 微分，除以 C，並將等號左側第一項與第二項互換可得：

$$\frac{d^2v(t)}{dt^2} + \frac{1}{RC}\frac{dv(t)}{dt} + \frac{v(t)}{LC} = 0 \quad \text{V/s}^2 \qquad (5.4.67)$$

恰與無源 RLC 並聯電路的二次微分方程式相同。注意：(5.4.67) 式等號右側為零是因為直流電壓源 I_s 對時間 t 微分的結果，然而這個電路的確有外加電源輸入，不是無源 RLC 並聯電路，因此如果僅考慮 (5.4.67) 式二次微分方程式等號右側為零，便判定是無源的

RLC 並聯電路，這樣也會錯了。

　　因此遇到步階直流電源輸入的電路，在求特解答案時，可以直接利用電感器短路、電容器開路的穩態特性，算出特解，再與通解相加，即爲完全響應的型式。

5.4.6　通用的 RL 與 RC 步階響應公式

　　分析完基本 RL、RC、串聯 RLC、並聯 RLC 電路的步階響應後，可以歸納 RL 及 RC 電路響應的通用方程式如下：

$$f(t) = f(\infty) + [f(t_0) - f(\infty)]\varepsilon^{-(t-t_0)/\tau}$$
$$= f(\infty)[1 - \varepsilon^{-(t-t_0)/\tau}] + f(t_0)\varepsilon^{-(t-t_0)/\tau} \qquad (5.4.68)$$

式中 f 代表 RL 或 RC 電路中的電壓或電流響應，RL 電路中多半取電感器電流，RC 電路中多半取電容器電壓；$f(t_0)$ 代表 $f(t)$ 在開關切換瞬間的值，可以由電容器電壓或電感器電流在 $t = t_0$ 的連續性求得；$f(\infty)$ 代表 $f(t)$ 在穩態時的值，可以將電容器開路、電感器短路的等效電路求得；t_0 代表開關切換的時間；τ 則代表電路的時間常數，在 RL 電路中 $\tau = L/R$，RC 電路中 $\tau = RC$。

　　我們可以試著將 $t = t_0$ 及 $t = \infty$ 的條件分別代入 (5.4.68) 式，即可證明：

$(1) t = t_0$

$$f(t_0) = f(\infty) + [f(t_0) - f(\infty)]\varepsilon^{-(t_0-t_0)/\tau}$$
$$= f(\infty) + [f(t_0) - f(\infty)]$$
$$= f(t_0) \qquad (5.4.69)$$

$(2) t = \infty$

$$f(\infty) = f(\infty) + [f(t_0) - f(\infty)]\varepsilon^{-(\infty-t_0)/\tau}$$
$$= f(\infty) + [f(t_0) - f(\infty)]0$$
$$= f(\infty) \qquad (5.4.70)$$

(5.4.68) 式在應用上非常普遍，尤其是單一個儲能元件的 RL 電路及 RC 電路上，最爲好用，讀者可以與例題比較使用。

【例5.4.1】 如圖5.4.10所示之 *RL* 電路，求 $t \geq 0$ 時：(a)$i(t)$之值，(b)若電感器初值電流 $I_0 = 2$ A，求 $i(t)$之值。

圖5.4.10　例5.4.1之電路

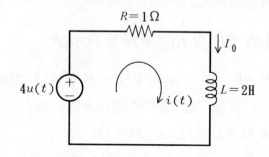

【解】 $\tau_L = L/R = 2/1 = 2$ s

(a)$I_0 = 0$ A，$i(\infty) = 4/1 = 4$ A

$$\therefore i(t) = i(\infty) + [i(0) - i(\infty)]e^{-t/\tau_L} = 4 + [0 - 4]e^{-t/2}$$
$$= 4(1 - e^{-t/2}) \quad \text{A}$$

(b)$I_0 = 2$ A $= i(0)$，$i(\infty) = 4/1 = 4$ A

$$\therefore i(t) = i(\infty) + [i(0) - i(\infty)]e^{-t/2} = 4 + [2 - 4]e^{-t/2}$$
$$= 4 - 2e^{-t/2} = 2[2 - e^{-t/2}] \quad \text{A} \qquad \circledcirc$$

【例5.4.2】 如圖5.4.11之簡單 *RC* 步階輸入電路，若電容器初值電壓 $v_C(0) = 2$V，求 $t \geq 0$ 之：(a)$v_C(t)$及$i_C(t)$，(b)$\dfrac{dv_C}{dt}\Big|_{\max}$及$\dfrac{di_C}{dt}\Big|_{\max}$。

圖5.4.11　例5.4.2之電路

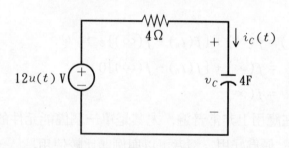

【解】 $\tau_c = RC = 4 \times 4 = 16$ s, $v_C(0) = 2$ V, $v_C(\infty) = 12$ V

(a)$v_C(t) = v_C(\infty) + [v_C(0) - v_C(\infty)]e^{-t/\tau_c}$

$$= 12 + [2 - 12]e^{-t/16} = 12 - 10e^{-t/16} \quad \text{V}$$

$$i_C(t) = C\frac{dv_C}{dt} = 4 \times [-10 \times (-\frac{1}{16})e^{-t/16}] = \frac{5}{2}e^{-t/16} \quad \text{A}$$

(b)$\left.\dfrac{dv_C}{dt}\right|_{\max} = \dfrac{dv_C}{dt}(0) = -10 \cdot (\dfrac{-1}{16})e^{-0/16} = \dfrac{5}{8}$ V/s

$\left.\dfrac{di_C}{dt}\right|_{\max} = \dfrac{di_C}{dt}(0) = \dfrac{5}{2} \times (\dfrac{-1}{16})e^{-0/16} = \dfrac{-5}{32}$ A/s ◎

【例5.4.3】如圖5.4.12所示之串聯 RLC 步階輸入電路，開關 SW 在 $t=0$ 閉合，求 $t\geq0$ 之：(a)$i(t)$，(b)$v_R(t)$，$v_C(t)$，$v_L(t)$。

圖5.4.12 例5.4.3之電路

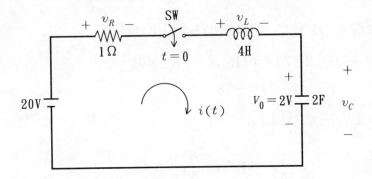

【解】(a)$t<0$ 時，SW 開啓，故$i_L(0) = I_0 = 0$ A，$v_C(0) = V_0 = 2$ V

$t\geq0$，KVL 方程式：

$$Ri + L\frac{di}{dt} + v_C = 20 \qquad\qquad ①$$

代 $i = C\dfrac{dv_C}{dt}$ 及 $\dfrac{di}{dt} = C\dfrac{d^2v_C}{dt^2}$ 入上式可得：

$$RC\frac{dv_C}{dt} + LC\frac{d^2v_C}{dt^2} + v_C = 20 \quad \text{或} \quad \frac{d^2v_C}{dt^2} + \frac{1}{4}\frac{dv_C}{dt} + \frac{1}{8}v_C = \frac{20}{8}$$

②

(1)先求 $v_C(t)$ 之特解：令 $v_{Cp} = K$ 代入②式可得

$$0 + \frac{1}{4} \times 0 \neq \frac{1}{8} \times K = \frac{20}{8}, \quad \therefore K = 20 \text{ V}$$

$$v_{Cp} = 20 \text{ V}$$

(2)再求 $v_C(t)$ 之通解：令②式等號右側爲零，則特性方程式爲：

$$p^2 + \frac{1}{4}p + \frac{1}{8} = 0$$

$$\therefore p = -\frac{1}{8} \pm j\frac{\sqrt{7}}{8} \text{ rad/s}$$

$$\therefore \text{通解 } v_{Ch}(t) = e^{-\frac{1}{8}t}[K_c'\cos(\frac{\sqrt{7}}{8}t) + K_s'\sin(\frac{\sqrt{7}}{8}t)]$$

$$v_C(t) = v_{Cp}(t) + v_{Ch}(t)$$

$$= 20 + e^{-\frac{t}{8}}[K_c'\cos\frac{\sqrt{7}}{8}t + K_s'\sin\frac{\sqrt{7}}{8}t] \quad \text{V}$$

爲求解 K_c' 及 K_s'，利用 $v_C(0)$ 及 $\frac{dv_C}{dt}(0)$ 求解：

(1) $v_C(0) = 2 = 20 + e^0[K_c' \times 1 + K_s' \times 0]$

$$\therefore K_c' = 2 - 20 = -18$$

(2) $\frac{dv_C}{dt}(0) = \frac{i_C(0)}{C} = 0$

$$= -\frac{1}{8}e^{-\frac{t}{8}}[K_c'\cos\frac{\sqrt{7}}{8}t + K_s'\sin\frac{\sqrt{7}}{8}t]$$

$$+ e^{-\frac{t}{8}}[-\frac{\sqrt{7}}{8}K_c'\sin\frac{\sqrt{7}}{8}t + \frac{\sqrt{7}}{8}K_s'\cos\frac{\sqrt{7}}{8}t]\Big|_{t=0}$$

$$= -\frac{1}{8}K_c' + \frac{\sqrt{7}}{8}K_s'$$

$$\therefore K_s' = \frac{1}{8}K_c' \times \frac{8}{\sqrt{7}} = \frac{-18}{\sqrt{7}} = \frac{-18 \times \sqrt{7}}{7}$$

$$\therefore v_C(t) = 20 + e^{-\frac{t}{8}}[-18\cos\frac{\sqrt{7}}{8}t - \frac{18\sqrt{7}}{7}\sin\frac{\sqrt{7}}{8}t] \quad \text{V}$$

$$i(t) = C\frac{dv_C}{dt}$$

$$= 2 \times [(\frac{1}{8})e^{-\frac{t}{8}}(-18\cos\frac{\sqrt{7}}{8}t - \frac{18\sqrt{7}}{7}\sin\frac{\sqrt{7}}{8}t)$$

$$+ e^{-\frac{t}{8}}(\frac{+\sqrt{7}}{8} \times 18\sin\frac{\sqrt{7}}{8}t - \frac{18\sqrt{7}}{7} \times \frac{\sqrt{7}}{8}\cos\frac{\sqrt{7}}{8}t)]$$

$$= e^{-\frac{t}{8}}[\frac{36\sqrt{7}}{7}\sin\frac{\sqrt{7}}{8}t] \quad A$$

(b)$v_R = 1 \cdot i(t) = e^{-\frac{t}{8}}(\frac{36\sqrt{7}}{7}\sin\frac{\sqrt{7}}{8}t) \quad V$

$$v_C = 20 + e^{-\frac{t}{8}}(-18\cos\frac{\sqrt{7}}{8}t - \frac{18\sqrt{7}}{7}\sin\frac{\sqrt{7}}{8}t) \quad V$$

$$v_L = L\frac{di}{dt} = 20 - v_R - v_C$$

$$= 20 - e^{-\frac{t}{8}} \times \frac{36\sqrt{7}}{7}\sin\frac{\sqrt{7}}{8}t - 20 - e^{-\frac{t}{8}}(-18\cos\frac{\sqrt{7}}{8}t - \frac{18\sqrt{7}}{7}\sin\frac{\sqrt{7}}{8}t)$$

$$= e^{-\frac{t}{8}}[+18\cos\frac{\sqrt{7}}{8}t - \frac{18\sqrt{7}}{7}\sin\frac{\sqrt{7}}{8}t] \quad V \qquad ◎$$

【例5.4.4】如圖 5.4.13 所示之並聯 *RLC* 步階輸入電路, 開關 SW 在 $t=0$ 開啟, 若 $i_L(0) = 10$ A, $v_C(0) = 2$ V, 求 $t \geq 0$ 時之: (a)$v(t)$, (b)$i_R(t)$, $i_L(t)$, $i_C(t)$。

圖 5.4.13 例 5.4.4 之電路

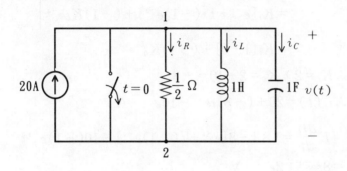

【解】 $t \geq 0$ 時，在節點 1 之 KCL 方程式為：

$$\frac{v(t)}{R} + i_L + C\frac{dv}{dt} = I_s \qquad\qquad ①$$

將 $v = L\frac{di_L}{dt}$ 及 $\frac{dv}{dt} = L\frac{d^2i_L}{dt^2}$ 代入①式可得

$$\frac{L}{R}\frac{di_L}{dt} + i_L + CL\frac{d^2i_L}{dt^2} = I_s \quad 或 \quad \frac{d^2i_L}{dt^2} + \frac{1}{RC}\frac{di_L}{dt} + \frac{i_L}{LC} = \frac{I_c}{LC} \qquad ②$$

將元件數值代入②式可得：$\dfrac{d^2i_L}{dt^2} + 2\dfrac{di_L}{dt} + i_L = 20 \qquad\qquad ③$

(1)先求特解，令 $i_{Lp} = K$ 代入③式可得：$0 + 2\cdot0 + K = 20$

$$\therefore i_{Lp}(t) = 20 \text{ A}$$

(2)令③式等號右側為零可得特性方程式：

$$p^2 + 2p + 1 = (p+1)^2 = 0$$

$\therefore$ 特性根為重根：$p = -1$

$\therefore$ 通解 $i_{Lh}(t) = K_t te^{-t} + K_0 e^{-t}$

$$\therefore i_L(t) = i_{Lp}(t) + i_{Lh}(t) = 20 + K_t \cdot te^{-t} + K_0 e^{-t}$$

求 $i_L(0)$ 及 $\dfrac{di_L}{dt}(0)$ 之值即可解出 K_t 及 K_0：

$$i_L(0) = 10 = 20 + 0 + K_0$$

$$\therefore K_0 = 10 - 20 = -10$$

$$\frac{di_L}{dt}(0) = \frac{v_L(0)}{L} = \frac{v_L(0)}{1} = \frac{2}{1} = 2$$

$$= K_t[e^{-t} + t\cdot(-1)e^{-t}] + (-1)K_0 e^{-t}\Big|_{t=0}$$

$$= K_t[1+0] + (-1)K_0$$

$$\therefore K_t = 2 + K_0 = 2 - 10 = -8$$

$$\therefore i_L(t) = 20 + (-8)te^{-t} - 10e^{-t} \quad \text{A}$$

(a)$v(t) = L\dfrac{di_L}{dt} = 1 \times \{-8[e^{-t} + t(-1)e^{-t}] - 10(-1)e^{-t}\}$

$$= 8te^{-t} + 2e^{-t} \quad \text{V}$$

(b)$i_R(t) = \dfrac{v(t)}{R} = \dfrac{v(t)}{1/2} = 16te^{-t} + 4e^{-t} \quad \text{A}$

$$i_L(t) = 20 + (-8)te^{-t} - 10e^{-t} \quad A$$

$$i_C(t) = I_s - i_R - i_L = 20 - 16te^{-t} - 4e^{-t} - 20 + 8te^{-t} + 10e^{-t}$$

$$= -8te^{-t} + 6e^{-t} \quad A \qquad ◎$$

【例 5.4.5】 如圖 5.4.14 所示之電路，若 $v_C(0) = 0$ V，SW 在 $t = 0$ 閉合，試求 $v_C(t)$ 及 $i_L(t)$，並求出電容器與電感器瞬間能量之和。

圖 5.4.14 例 5.4.5 之電路

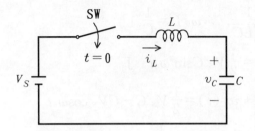

【解】 SW 閉合後，KVL 方程式為：

$$L\frac{di_L}{dt} + v_C = V_s$$

又 $C\dfrac{dv_C}{dt} = i_L$，$\therefore C\dfrac{d^2v_C}{dt^2} = \dfrac{di_L}{dt}$ 代入上式

$$LC\frac{d^2v_C}{dt^2} + v_C = V_s$$

v_C 之通解：特性方程式 $LCp^2 + 1 = 0$，$\therefore p = \sqrt{\dfrac{-1}{LC}} = \pm j\omega_0$

$$\therefore v_{Ch}(t) = K_c\cos\omega_0 t + K_s\sin\omega_0 t$$

v_C 之特解：假設 $v_{Cp}(t) = K$

$$\therefore LC \cdot 0 + K = V_s, \quad \therefore K = V_s$$

$$v_C(t) = v_{Ch}(t) + v_{Cp}(t) = K_c\cos\omega_0 t + K_s\sin\omega_0 t + V_s$$

$$\frac{dv_C}{dt} = \omega_0(-K_c\sin\omega_0 t + K_s\cos\omega_0 t)$$

$$v_C(0) = 0 = K_c + V_s \Rightarrow K_c = -V_s$$

$$\frac{dv_C}{dt}(0) = \frac{i_C(0)}{C} = \frac{i_L(0)}{C} = 0 = K_s \omega_0 \Rightarrow K_s = 0$$

$$\therefore v_C(t) = -V_s\cos\omega_0 t + V_s = V_s(1 - \cos\omega_0 t) \quad V$$

$$i_L(t) = i_C(t) = C\frac{dv_C}{dt} = C \cdot (+V_s)\omega_0\sin\omega_0 t$$

$$= V_s(\omega_0 C)\sin\omega_0 t \quad A$$

$$w_L(t) = \frac{1}{2}L \cdot i_L{}^2 = \frac{1}{2}L \cdot V_s{}^2(\omega_0 C)^2\sin^2\omega_0 t \quad J$$

$$w_C(t) = \frac{1}{2}Cv_C{}^2 = \frac{1}{2}C \cdot V_s{}^2(1 - 2\cos\omega_0 t + \cos^2\omega_0 t)$$

$$\because \omega_0 = \frac{1}{\sqrt{LC}}, \quad \therefore \omega_0{}^2 L = \frac{1}{C}$$

$$\therefore w_L(t) = \frac{1}{2}V_s{}^2 C\sin^2\omega_0 t \quad J$$

$$w_L(t) + w_C(t) = \frac{1}{2}V_s{}^2 C - CV_s{}^2\cos\omega_0 t$$

$$+ \frac{1}{2}CV_s{}^2(\cos^2\omega_0 t + \sin^2\omega_0 t)$$

$$= \frac{1}{2}V_s{}^2 C - CV_s{}^2\cos\omega_0 t + \frac{1}{2}CV_s{}^2$$

$$= V_s{}^2 C(1 - \cos\omega_0 t)]$$

【本節重點摘要】

(1)步階函數表示式為:

$$u(t - t_0) = 1 \quad 當\ t > t_0\ 時$$

$$= 0 \quad 當\ t < t_0\ 時$$

$$= ? \quad 當\ t = t_0\ 時$$

式中 t_0 代表開關切換的任意時間, 單位與 t 相同, 在 $t = t_0$ 時之步階函數值為 "?", 代表步階函數在此時未予定義。

(2)RL 電路之步階響應

以電流 $i(t)$ 為變數所寫出的電壓關係式為:

$$Ri(t) + L\frac{di(t)}{dt} = V_s \quad V$$

電流 $i(t)$ 之完全響應解為：

$$i(t) = \frac{V_s}{R} + \left[i(t_0) - \frac{V_s}{R}\right]\varepsilon^{-(t-t_0)/\tau_L}$$

$$= \frac{V_s}{R}\left[1 - \varepsilon^{-(t-t_0)/\tau_L}\right] + i(t_0)\varepsilon^{-(t-t_0)/\tau_L} \quad \text{A}$$

式中 $\tau_L = \dfrac{L}{R}$　s

(3)RC 電路之步階響應

$t > t_0$ 時，電路之微分方程式寫出為：

$$C\frac{dv(t)}{dt} + \frac{v(t)}{R} = I_s \quad \text{A}$$

電壓完全響應解為：

$$v(t) = RI_s + \left[v(t_0) - RI_s\right]\varepsilon^{-(t-t_0)/\tau_c}$$

$$= RI_s\left[1 - \varepsilon^{-(t-t_0)/\tau_c}\right] + v(t_0)\varepsilon^{-(t-t_0)/\tau_c} \quad \text{V}$$

式中 $\tau_c = RC$　s

(4)串聯 RLC 電路之步階響應

當 $t > t_0$ 時，寫出的關係式如下：

$$Ri(t) + L\frac{di(t)}{dt} + v_C(t) = V_s \quad \text{V}$$

式中電流 $i(t)$ 可用電容器的電壓對時間的微分式表示如下：

$$i(t) = C\frac{dv(t)}{dt} \quad \text{A}$$

$$\frac{di(t)}{dt} = C\frac{d^2v_C(t)}{dt^2} \quad \text{A/s}$$

可以得到以電容器電壓 $v_C(t)$ 為變數之方程式：

$$\frac{d^2v_C(t)}{dt^2} + \frac{R}{L}\frac{dv_C(t)}{dt} + \frac{v_C(t)}{LC} = \frac{V_s}{LC} \quad \text{V/s}^2$$

按 RLC 電路阻尼特性的不同情況，可分為下列三種全解：

$$v_C(t) = v_{Cp}(t) + \left[K_1'\varepsilon^{-\alpha_1(t-t_0)} + K_2'\varepsilon^{-\alpha_2(t-t_0)}\right] \quad \text{V} \quad (\text{過阻尼})$$

$$v_C(t) = v_{Cp}(t) + \left[K_t'(t-t_0)\varepsilon^{-\alpha(t-t_0)} + K_0'\varepsilon^{-\alpha(t-t_0)}\right] \quad \text{V} \quad (\text{臨界阻尼})$$

$$v_C(t) = v_{Cp}(t) + \left\{\varepsilon^{-\alpha(t-t_0)}\left[K_c'\cos\left[\omega_d(t-t_0)\right] + K_s'\sin\left[\omega_d(t-t_0)\right]\right]\right\}$$

$$= v_{Cp}(t) + \left\{\varepsilon^{-\alpha(t-t_0)}K'\sin\left[\omega_d(t-t_0) + \phi'\right]\right\} \quad \text{V} \quad (\text{欠阻尼})$$

假設電容器電壓特解型式為：

$$v_{Cp}(t) = K \quad \text{V}$$

將此特解代入微分方程式，可得：

$$\frac{d^2K}{dt^2} + \frac{R}{L}\frac{dK}{dt} + \frac{K}{LC} = 0 + 0 + \frac{K}{LC} = \frac{V_s}{LC} \quad \text{V/s}^2$$

比較等號左右兩側之係數，可得電容器電壓之特解為：

$$v_{Cp}(t) = K = V_s \quad \text{V}$$

(5)常係數線性二次微分方程式之特解型式選擇：見表 5.4.1。

(6)並聯 RLC 電路之步階響應

當 $t > t_0$ 時，在節點寫出 KCL 關係式為：

$$\frac{v(t)}{R} + i_L(t) + C\frac{dv(t)}{dt} = I_s \quad \text{A}$$

將上式的電壓 $v(t)$ 以電感器之電流 $i_L(t)$ 表示為：

$$v(t) = L\frac{di_L(t)}{dt} \quad \text{V}$$

$$\frac{dv(t)}{dt} = L\frac{d^2i_L(t)}{dt^2} \quad \text{V/s}$$

將上兩式代入原微分方程式，並將等號兩側同時除以 LC，使方程式全部改以電感器電流 $i_L(t)$ 表示：

$$\frac{d^2i_L(t)}{dt^2} + \frac{1}{RC}\frac{di_L(t)}{dt} + \frac{i_L(t)}{LC} = \frac{I_s}{LC} \quad \text{A/s}^2$$

電感電流步階響應在 $t > t_0$ 時，應為下列三種答案中其中的一種：

$$i_L(t) = i_{Lp}(t) + [K_1'\varepsilon^{-\alpha_1(t-t_0)} + K_2'\varepsilon^{-\alpha_2(t-t_0)}] \quad \text{A} \quad (\text{過阻尼})$$

$$i_L(t) = i_{Lp}(t) + [K_t'(t-t_0)\varepsilon^{-\alpha(t-t_0)} + K_0'\varepsilon^{-\alpha(t-t_0)}] \quad \text{A} \quad (\text{臨界阻尼})$$

$$i_L(t) = i_{Lp}(t) + \{\varepsilon^{-\alpha(t-t_0)}[K_c'\cos[\omega_d(t-t_0)] + K_s'\sin[\omega_d(t-t_0)]]\}$$

$$= i_{Lp}(t) + \{\varepsilon^{-\alpha(t-t_0)}K'\sin[\omega_d(t-t_0)+\phi']\} \quad \text{A} \quad (\text{欠阻尼})$$

電感器電流特解假設為：

$$i_{Lp}(t) = K \quad \text{A}$$

將此特解代入微分方程式，可得：

$$\frac{d^2K}{dt^2} + \frac{1}{RC}\frac{dK}{dt} + \frac{K}{LC} = 0 + 0 + \frac{K}{LC} = \frac{I_s}{LC} \quad \text{A/s}^2$$

由等號左右兩側比較係數，可以得到電流特解的答案為：

$$i_{Lp}(t) = I_s \quad \text{A}$$

(7)通用的 RL 與 RC 步階響應公式

歸納 RL 及 RC 電路響應的通用方程式如下：

$$f(t) = f(\infty) + [f(t_0) - f(\infty)]\varepsilon^{-(t-t_0)/\tau}$$

$$= f(\infty)[1 - \varepsilon^{-(t-t_0)/\tau}] + f(t_0)\varepsilon^{-(t-t_0)/\tau}$$

式中 f 代表 RL 或 RC 電路中的電壓或電流，RL 電路中多半取電感器電流，RC 電路中多半取電容器電壓；$f(t_0)$ 代表 $f(t)$ 在開關切換瞬間的值，可以由電容器電壓或電感器電流在 $t = t_0$ 的連續性求得；$f(\infty)$ 代表 $f(t)$ 在穩態時的值，可以將電容器開路、電感器短路的等效電路求得；t_0 代表開關切換的時間；τ 則代表電路的時間常數，在 RL 電路中 $\tau = L/R$，RC 電路中 $\tau = RC$。

(8)無初值條件之電感器 L 與電容器 C，在開關切換瞬間，以及電路穩態時的電路特性：

　　L：開關切換瞬間＝＝開路，穩態＝＝短路

　　C：開關切換瞬間＝＝短路，穩態＝＝開路

【思考問題】

(1)若一個含有儲能元件的電路輸入是一個脈波，如何修正電路響應的答案？

(2)若 RL 電路含有兩個以上電感器時，電路之步階響應如何求出？

(3)若 RC 電路含有兩個以上電容器時，電路之步階響應如何求出？

(4)若 RLC 電路不是單純的串聯或並聯，而是混合串並聯時，電路之步階響應如何求出？

(5)若電阻器 R 是負值，是否該電路一定是不穩定的電路？若 $R = 0$ 時，是否該電路一定也是不穩定的電路呢？

5.5　RL、RC、RLC 電路之弦波響應

　　本節將介紹具有弦式波形（the sinusoidal waves）獨立電源輸入電路所產生的電路響應，該響應稱為弦波響應（the sinusoidal-wave responses）。按照上一節的步階響應觀念，我們只須將電源改為弦式

波形即可。弦式波形的電源，基本上不外是正弦（sin）或餘弦（cos）的波形兩種，本節僅考慮以 sin 的波形爲分析基準，至於 cos 的波形，將本節的分析過程稍加變換，即可獲得所需的結果。本節之電路亦分爲四種：*RL* 電路、*RC* 電路、串聯 *RLC* 電路以及並聯 *RLC* 電路，將分成四個部份來做分析介紹。本節將應用優勒等式之觀念，將不論是正弦或者是餘弦的電源，一律採用指數來表示，最後再由結果按 cos 或 sin 電源型式，取出特解答案的實部或虛部，以配合選用 sin 或 cos 電源上的變換。這種方法的電路響應也可以稱爲指數響應，因爲輸入之電源已完全改用指數函數爲輸入。本章附錄 3 中的分析法，則採用微分方程式解法中的比較係數法做 *RL* 電路、*RC* 電路、串聯 *RLC* 電路以及並聯 *RLC* 電路的求解，以利讀者做一番比較應用。

5.5.1 優勒等式之正弦與餘弦轉換

第 5.3 節中之（5.3.40）式已經談過優勒等式（Euler's identity）在指數與 sin 及 cos 函數間的轉換公式，再次寫出如下：

$$\varepsilon^{\pm j\theta^\circ} = \cos\theta^\circ \pm j\sin\theta^\circ \tag{5.5.1}$$

複數實部和虛部與指數間的關係表示式爲：

$$\cos\theta^\circ = \mathrm{Re}(\varepsilon^{\pm j\theta^\circ}) = \mathrm{Re}(\cos\theta^\circ \pm j\sin\theta^\circ) \tag{5.5.2}$$

$$\pm \sin\theta^\circ = \mathrm{Im}(\varepsilon^{\pm j\theta^\circ}) = \mathrm{Im}(\cos\theta^\circ \pm j\sin\theta^\circ) \tag{5.5.3}$$

式中 $\mathrm{Re}(\cdot)$ 代表取出複數 $\cdot$ 的實部，$\mathrm{Im}(\cdot)$ 代表取出複數 $\cdot$ 的虛部。由於 $\sin(\theta^\circ)$ 或 $\cos(\theta^\circ)$ 均能由指數的 $\varepsilon^{\pm j\theta^\circ}$ 而得，因此可將電源表示式中的 $\sin(\theta^\circ)$ 或 $\cos(\theta^\circ)$ 函數式改爲 $\varepsilon^{\pm j\theta^\circ}$，最後要求響應時，再按原電源的 sin 或 cos 型式取出響應答案的實部或虛部即可：若是 sin 型式的電源，則取響應的虛部；若是 cos 型式的電源，則取響應的實部，如此便是所要求的響應答案。這樣的做法比本章附錄 3 中的比較係數法完整且容易，故本節僅以此法做分析。

5.5.2　RL 電路之弦波響應

如圖 5.5.1 所示，爲一個簡單的 RL 電路受弦式電壓源的激發，而產生響應的電路。電壓源爲一個正弦式的波形，可表示爲指數的關係爲：

$$v_S(t) = V_m \sin[\omega(t - t_0) + \theta_v°]$$
$$= \mathrm{Im}\{V_m \varepsilon^{j[\omega(t-t_0)+\theta_v°]}\} = V_m \mathrm{Im}[\varepsilon^{j\omega(t-t_0)}\varepsilon^{j\theta_v°}] \quad \text{V} \quad (5.5.4)$$

式中 t_0 代表電源加入 RL 電路的時間，$\theta_v°$ 則代表 $v_S(t)$ 在 $t = t_0$ 時之相角。假設電感器電流在 $t = t_0$ 之值爲 I_0。

讓我們先略去 (5.5.4) 式 Im 的符號，將圖 5.5.1 以電流 $i(t)$ 爲變數，寫出克希荷夫電壓定律 KVL 的方程式爲：

$$Ri(t) + L\frac{di(t)}{dt} = V_m \varepsilon^{j\omega(t-t_0)}\varepsilon^{j\theta_v°}$$
$$= [V_m \varepsilon^{j(\theta_v° - \omega t_0)}]\varepsilon^{j\omega t} \quad \text{V} \quad (5.5.5)$$

式中的 $\varepsilon^{j(\theta_v° - \omega t_0)}$ 是一個常數，可以和 V_m 合併爲另一個常數。將 (5.5.5) 式等號兩側同時除以 L，以使一次微分項之係數爲 1，其結果變爲：

$$\frac{di(t)}{dt} + \frac{R}{L}i(t) = [\frac{V_m}{L}\varepsilon^{j(\theta_v° - \omega t_0)}]\varepsilon^{j\omega t} \quad \text{A/s} \quad (5.5.6)$$

圖 5.5.1　一個串聯 RL 電路之弦式輸入電路

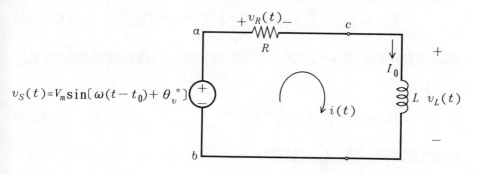

(5.5.6) 式為一個具有常係數、線性、非齊次之一次微分方程式，其全解為一個特解加上一個通解，表示如下：

$$i(t) = i_p(t) + i_h(t) = i_p(t) + K\varepsilon^{-(t-t_0)/\tau_L} \tag{5.5.7}$$

式中的通解型式可由 (5.5.6) 式令等號右側等於零求出特性根為：

$$p = -\frac{R}{L} \quad s^{-1} \tag{5.5.8}$$

故 (5.5.7) 式中的時間常數為：

$$\tau_L = -\frac{1}{p} = \frac{L}{R} \quad s \tag{5.5.9}$$

特解可按表 5.4.1，對照 (5.5.6) 式等號右側而假設。由於實數的特性根 p 與指數之虛數參數 $j\omega$ 不同，沒有共振的情形發生，故可選擇指數輸入之假設特解型式為：

$$i_p{}^\#(t) = K_p \varepsilon^{j\omega t} \quad A \tag{5.5.10}$$

式中假設特解的上標 $\#$ 表示是以指數取代 sin 或 cos 的函數，並非真正的特解 $i_p(t)$，必須在最後取出實部（cos 型的電源）或虛部（sin 型的電源）才是真正的特解 $i_p(t)$。將 (5.5.10) 式對時間 t 微分結果為：

$$\frac{di_p{}^\#(t)}{dt} = K_p(j\omega)\varepsilon^{j\omega t} \quad A/s \tag{5.5.11}$$

將 (5.5.10) 式及 (5.5.11) 式代入 (5.5.6) 式中可得：

$$K_p(j\omega)\varepsilon^{j\omega t} + \frac{R}{L}K_p\varepsilon^{j\omega t} = \frac{V_m}{L}\varepsilon^{j(\theta_v{}^* - \omega t_0)}\varepsilon^{j\omega t} \quad V \tag{5.5.12}$$

式中等號兩側均有 $\varepsilon^{j\omega t}$ 之項，可同時消去變成（或等號兩側同時乘以 $e^{-j\omega t}$）：

$$K_p(j\omega) + \frac{R}{L}K_p = \frac{V_m}{L}\varepsilon^{j(\theta_v{}^* - \omega t_0)} \tag{5.5.13}$$

因此假設特解常數 K_p 之值為：

$$K_p = \frac{(V_m/L)}{(R/L) + (j\omega)}\varepsilon^{j(\theta_v{}^* - \omega t_0)} = \frac{V_m}{R + j\omega L}\varepsilon^{j(\theta_v{}^* - \omega t_0)} \tag{5.5.14}$$

將 K_p 代回 (5.5.10) 式，則以指數法求出之假設特解表示式為：

$$i_p{}^\#(t) = \frac{V_m}{R + j(\omega L)} \varepsilon^{j(\theta_v^\circ - \omega t_0)} \varepsilon^{j\omega t}$$

$$= \frac{V_m}{R + j(\omega L)} \varepsilon^{j[\omega(t - t_0) + \theta_v^\circ]} \quad \text{A} \tag{5.5.15}$$

式中的複數分母可表示為大小與角度的關係如下：

$$R + j\omega L = \sqrt{R^2 + (\omega L)^2} \varepsilon^{j\phi_z^\circ} = Z_{RL} \varepsilon^{j\phi_z^\circ} \quad \Omega \tag{5.5.16}$$

(5.5.16) 式中的兩參數 Z_{RL} 及 ϕ_z° 可由下面兩式得之：

$$Z_{RL} = \sqrt{R^2 + (\omega L)^2} \quad \Omega \tag{5.5.17}$$

$$\phi_z^\circ = \tan^{-1}(\frac{\omega L}{R}) \tag{5.5.18}$$

將 (5.5.16) 式代入 (5.5.15) 式的分母可得：

$$i_p{}^\#(t) = \frac{V_m}{Z_{RL} \varepsilon^{j\phi_z^\circ}} \varepsilon^{j[\omega(t - t_0) + \theta_v^\circ]}$$

$$= \frac{V_m}{Z_{RL}} \varepsilon^{j[\omega(t - t_0) + \theta_v^\circ - \phi_z^\circ]} \quad \text{A} \tag{5.5.19}$$

由於原來的電壓源是屬於 sin 的函數關係，因此最後將 (5.5.19) 式之答案取出虛部才是真正的特解答案：

$$i_p(t) = \text{Im}[i_p{}^\#(t)] = \frac{V_m}{Z_{RL}} \sin[\omega(t - t_0) + \theta_v^\circ - \phi_z^\circ] \quad \text{A}$$

$$\tag{5.5.20}$$

將 (5.5.20) 式代回 (5.5.7) 式，並令 $t = t_0$，同時將電感器的初值電流 I_0 代入，可得：

$$i(t_0) = I_0 = \frac{V_m}{Z_{RL}} \sin(\theta_v^\circ - \phi_z^\circ) + K\varepsilon^0 \quad \text{A} \tag{5.5.21}$$

或

$$K = I_0 - \frac{V_m}{Z_{RL}} \sin(\theta_v^\circ - \phi_z^\circ) \tag{5.5.22}$$

將 (5.5.22) 式與 (5.5.20) 式一起代回 (5.5.7) 式，則弦波輸入的電流完全響應為：

$$i(t) = \frac{V_m}{Z_{RL}} \sin[\omega(t - t_0) + \theta_v^\circ - \phi_Z^\circ]$$

$$+ [I_0 - \frac{V_m}{Z_{RL}} \sin(\theta_v^\circ - \phi_Z^\circ)] \varepsilon^{-(t-t_0)/\tau_L}$$

$$= I_0 \varepsilon^{-(t-t_0)/\tau_L} + \frac{V_m}{Z_{RL}} \{ \sin[\omega(t - t_0) + \theta_v^\circ - \phi_Z^\circ]$$

$$- \sin(\theta_v^\circ - \phi_Z^\circ) \varepsilon^{-(t-t_0)/\tau_L} \} \quad \text{A} \qquad (5.5.23)$$

茲將 (5.5.23) 式中的表示式，分析如下：

(1)第一個等號右側：第一項爲電流特解，也是穩態解電流，這是最後持續的一個弦式電流。第二項爲電流通解，也是暫態解電流，經過五個時間常數後便會消失。將第一項與第二項相加，就是一個在五倍時間常數前會呈指數下降的弦式波形，以及五倍時間常數後會呈穩態弦式變化波形的電流。

(2)第二個等號右側：第一項爲自然響應電流，僅與電感器初值電流 I_0 有關。第二項爲激發響應，僅與外加電源的參數有關。

當迴路電流 $i(t)$ 求出後，該 RL 電路所有的電壓量、功率量以及能量的關係式，均可推導出來。

5.5.3　RC 電路之弦波響應

如圖 5.5.2 所示，爲一個簡單的 RC 電路受弦式電流源的激發，而產生響應的電路。電流源爲一個正弦式的波形，可表示爲指數的關係爲：

$$i_S(t) = I_m \sin[\omega(t - t_0) + \theta_i^\circ] = \text{Im}\{I_m \varepsilon^{j[\omega(t-t_0) + \theta_i^\circ]}\}$$

$$= I_m \text{Im}[\varepsilon^{j(\theta_i^\circ - \omega t_0)} \varepsilon^{j\omega t}] \quad \text{A} \qquad (5.5.24)$$

式中 t_0 代表電源加入 RC 電路的時間，θ_i° 則代表 $i_S(t)$ 在 $t = t_0$ 時之相角。假設電容器電壓在 $t = t_0$ 之值爲 V_0。

讓我們先略去 (5.5.24) 式 Im 的符號，將圖 5.5.2 以電壓 $v(t)$ 爲變數，寫出節點 1 之克希荷夫電流定律 KCL 的方程式爲：

$$\frac{v(t)}{R} + C \frac{dv(t)}{dt} = [I_m \varepsilon^{j(\theta_i^\circ - \omega t_0)}] \varepsilon^{j\omega t} \quad \text{A} \qquad (5.5.25)$$

圖 5.5.2　一個簡單並聯弦波輸入之電路

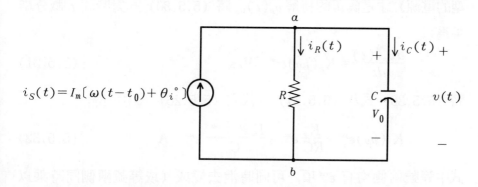

式中的 $\varepsilon^{j(\theta_i{}^\circ - \omega t_0)}$ 是一個常數，可以和電流峰值 I_m 合併為另一個常數。將 (5.5.25) 式等號兩側同時除以 C，以使一次微分項之係數為 1，其結果變為：

$$\frac{dv(t)}{dt} + \frac{v(t)}{RC} = \frac{I_m}{C}\varepsilon^{j(\theta_i{}^\circ - \omega t_0)}\varepsilon^{j\omega t} \quad \text{V/s} \qquad (5.5.26)$$

(5.5.26) 式亦為一個具有常係數、線性、非齊次之一次微分方程式，其全解為一個特解加上一個通解，表示如下：

$$v(t) = v_p(t) + v_h(t) = v_p(t) + K\varepsilon^{-(t-t_0)/\tau_c} \quad \text{V} \qquad (5.5.27)$$

式中的通解型式可令 (5.5.26) 式等號右側等於零求出其特性根為：

$$p = -\frac{1}{RC} \quad \text{s}^{-1} \qquad (5.5.28)$$

故 (5.5.27) 式中的時間常數為：

$$\tau_C = -\frac{1}{p} = RC \quad \text{s} \qquad (5.5.29)$$

特解則可按表 5.4.1，對照 (5.5.26) 式等號右側假設。由於實數的特性根 p 與指數之虛數參數不同，沒有共振的情形發生，故可選擇指數輸入之假設特解型式為：

$$v_p{}^{\#}(t) = K_p\varepsilon^{j\omega t} \quad \text{V} \qquad (5.5.30)$$

式中假設特解的上標 $\#$ 表示是以指數取代 sin 或 cos 的函數，並非眞

正的特解$v_p(t)$，必須在最後取出實部（cos 型的電源）或虛部（sin 型的電源）才是真正的特解$v_p(t)$。將（5.5.30）式對時間 t 微分結果爲：

$$\frac{dv_p{}^{\#}(t)}{dt} = K_p(j\omega)\varepsilon^{j\omega t} \quad \text{V/s} \tag{5.5.31}$$

將（5.5.30）式及（5.5.31）式代入（5.5.26）式中可得：

$$K_p(j\omega)\varepsilon^{j\omega t} + \frac{K_p}{RC}\varepsilon^{j\omega t} = \frac{I_m\varepsilon^{j(\theta_i{}^{*}-\omega t_0)}}{C}\varepsilon^{j\omega t} \quad \text{A} \tag{5.5.32}$$

式中等號兩側均有 $\varepsilon^{j\omega t}$ 項，可同時消去變成（或等號兩側同時乘以 $e^{-j\omega t}$）：

$$K_p(j\omega) + \frac{K_p}{RC} = \frac{I_m}{C}\varepsilon^{j(\theta_i{}^{*}-\omega t_0)} \tag{5.5.33}$$

因此假設特解常數 K_p 之值爲：

$$K_p = \frac{I_m}{C\ (j\omega + \frac{1}{RC})}\varepsilon^{j(\theta_i{}^{*}-\omega t_0)} = \frac{I_m}{(\frac{1}{R}+j\omega C)}\varepsilon^{j(\theta_i{}^{*}-\omega t_0)} \tag{5.5.34}$$

將 K_p 代回（5.5.30）式，則以指數法求出之假設特解表示式爲：

$$v_p{}^{\#}(t) = \frac{I_m}{(\frac{1}{R}+j\omega C)}\varepsilon^{j(\theta_i{}^{*}-\omega t_0)}\varepsilon^{j\omega t} = \frac{I_m}{(\frac{1}{R}+j\omega C)}\varepsilon^{j(\omega(t-t_0)+\theta_i{}^{*})} \quad \text{V} \tag{5.5.35}$$

式中的複數分母可以用大小與角度表示爲：

$$\frac{1}{R} + j\omega C = \sqrt{(\frac{1}{R})^2 + (\omega C)^2}\,\varepsilon^{j\phi_Y{}^{*}} = Y_{RC}\varepsilon^{j\phi_Y{}^{*}} \quad \text{S} \tag{5.5.36}$$

（5.5.36）式中的兩參數 Y_{RC} 及 $\phi_Y{}^{\circ}$ 可由下面兩式得之：

$$Y_{RC} = \sqrt{(\frac{1}{R})^2 + (\omega C)^2} \quad \text{S} \tag{5.5.37}$$

$$\phi_Y{}^{\circ} = \tan^{-1}(\frac{\omega C}{1/R}) = \tan^{-1}(\omega CR) \tag{5.5.38}$$

將（5.5.36）式代入（5.5.35）式的分母可得：

$$v_p{}^\#(t) = \frac{I_m}{Y_{RC}\,\varepsilon^{j\phi_Y{}^\circ}}\,\varepsilon^{j[\omega(t-t_0)+\theta_i{}^\circ]}$$

$$= \frac{I_m}{Y_{RC}}\,\varepsilon^{j[\omega(t-t_0)+\theta_i{}^\circ+\phi_Y{}^\circ]} \quad \text{V} \tag{5.5.39}$$

由於原來的電流源是屬於 sin 的函數關係，因此最後將 (5.5.39) 式之答案取出虛部才是眞正的特解答案：

$$v_p(t) = \text{Im}\{v_p{}^\#(t)\} = \frac{I_m}{Y_{RC}}\sin[\omega(t-t_0)+\theta_i{}^\circ-\phi_Y{}^\circ] \quad \text{V} \tag{5.5.40}$$

將 (5.5.40) 式代回 (5.5.27) 式，並令 $t = t_0$，同時將電容器的初值電壓 V_0 代入，可得：

$$v(t_0) = V_0 = \frac{I_m}{Y_{RC}}\sin(\theta_i{}^\circ - \phi_Z{}^\circ) + K\varepsilon^0 \quad \text{V} \tag{5.5.41}$$

或

$$K = V_0 - \frac{I_m}{Y_{RC}}\sin(\theta_i{}^\circ - \phi_Z{}^\circ) \tag{5.5.42}$$

將 (5.5.42) 式與 (5.5.40) 式一起代回 (5.5.27) 式，則弦波輸入的電壓完全響應爲：

$$v(t) = \frac{I_m}{Y_{RC}}\sin[\omega(t-t_0)+\theta_i{}^\circ-\phi_Y{}^\circ]$$

$$+ \left[V_0 - \frac{I_m}{Y_{RC}}\sin(\theta_i{}^\circ - \phi_Y{}^\circ)\right]\varepsilon^{-(t-t_0)/\tau_c}$$

$$= V_0\varepsilon^{-(t-t_0)/\tau_c} + \frac{I_m}{Y_{RC}}\{\sin[\omega(t-t_0)+\theta_i{}^\circ-\phi_Y{}^\circ]$$

$$- \sin(\theta_i{}^\circ - \phi_Y{}^\circ)\varepsilon^{-(t-t_0)/\tau_c}\} \quad \text{V} \tag{5.5.43}$$

茲將 (5.5.43) 式中的表示式，分析如下：

(1)第一個等號右側：第一項爲電壓特解，也是穩態解電壓，這是最後持續的一個弦式電壓。第二項爲電壓通解，也是暫態解電壓，經過五個時間常數後便會消失。將第一項與第二項相加，就是一個在五倍時間常數前會呈指數下降的弦式波形，以及五倍時間常數後會呈穩態弦式變化波形的電流。

(2)第二個等號右側：第一項爲自然響應電壓，僅與電容器初值電壓 V_0 有關。第二項爲激發響應，僅與外加電源的參數有關。

當節點電壓 $v(t)$ 求出後，該 RC 電路所有的電流量、功率量以及能量的關係式，均可推導出來。

5.5.4　串聯 RLC 電路之弦波響應

如圖 5.5.3 所示，爲一個簡單的串聯 RLC 電路受弦式電壓源的激發而產生響應的電路。電壓源爲一個正弦式的波形，可表示爲指數的關係爲：

$$v_S(t) = V_m \sin[\omega(t - t_0) + \theta_v°] = \mathrm{Im}\{V_m \varepsilon^{j[\omega(t-t_0)+\theta_v°]}\}$$
$$= V_m \mathrm{Im}\{\varepsilon^{j[\omega(t-t_0)+\theta_v°]}\} \quad \mathrm{V} \tag{5.5.44}$$

式中 t_0 代表電源加入 RLC 電路的時間，$\theta_v°$ 則代表 $v_S(t)$ 在 $t = t_0$ 時之相角。假設電容器電壓在 $t = t_0$ 之值爲 V_0，電感器電流在 $t = t_0$ 之值爲 I_0。

圖 5.5.3　一個簡單串聯 RLC 弦波輸入之電路

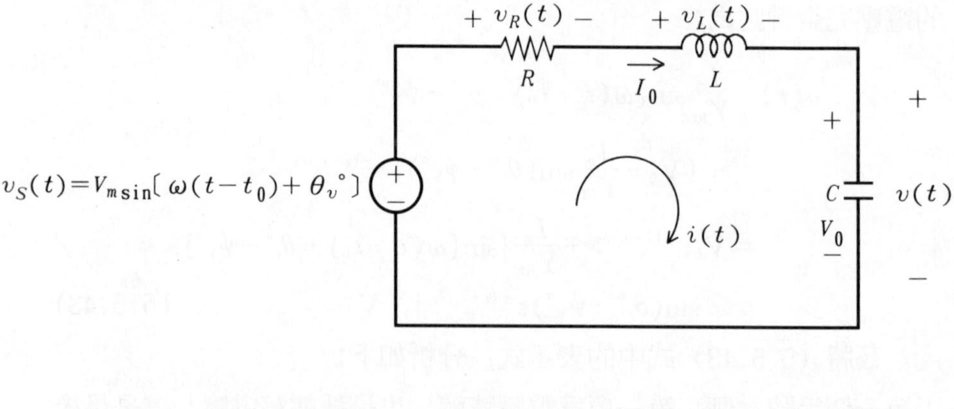

讓我們先略去 (5.5.44) 式 Im 的符號，將圖 5.5.3 以迴路電流 $i(t)$ 爲變數，寫出之克希荷夫電壓定律 KVL 的方程式爲：

$$Ri(t) + L\frac{di(t)}{dt} + \left[V_0 + \frac{1}{C}\int_{t_0}^{t} i(\tau)d\tau\right]$$

$$= V_m \varepsilon^{j[\omega(t-t_0)+\theta_v^*]} = [V_m \varepsilon^{j(\theta_v^* - \omega t_0)}] \varepsilon^{j\omega t} \quad \text{V} \tag{5.5.45}$$

式中的 $\varepsilon^{j(\theta_v^* - \omega t_0)}$ 是一個常數，可以和 V_m 合併為另一個常數。將 (5.5.45) 式對時間 t 再微分一次，並將等號兩側同時除以 L，以使二次微分項之係數為 1，其結果變為：

$$\frac{d^2 i(t)}{dt^2} + \frac{R}{L}\frac{di(t)}{dt} + \frac{i(t)}{LC} = [\frac{V_m}{L}\varepsilon^{j(\theta_v^* - \omega t_0)}](j\omega)\varepsilon^{j\omega t} \quad \text{A/s}^2$$

$$\tag{5.5.46}$$

(5.5.46) 式亦為一個具有常係數、線性、非齊次之二次微分方程式，其電流全解為一個特解加上一個通解，表示如下：

$$i(t) = i_p(t) + i_h(t) \quad \text{A} \tag{5.5.47}$$

式中的通解型式可先由 (5.5.46) 式等號右側等於零求出特性根為：

$$p_{1,2} = \frac{-\frac{R}{L} \pm \sqrt{(\frac{R}{L})^2 - 4 \cdot 1 \cdot \frac{1}{LC}}}{2} \quad \text{s}^{-1} \tag{5.5.48}$$

故通解型式可分為下面三種阻尼特性中的一種：

$$i_h(t) = K_1' \varepsilon^{-\alpha_1(t-t_0)} + K_2' \varepsilon^{-\alpha_2(t-t_0)} \quad \text{A} \quad (過阻尼) \tag{5.5.49a}$$

$$i_h(t) = K_t'(t-t_0)\varepsilon^{-\alpha(t-t_0)} + K_0'\varepsilon^{-\alpha(t-t_0)} \quad \text{A} \quad (臨界阻尼)$$

$$\tag{5.5.49b}$$

$$i_h(t) = \varepsilon^{-\alpha(t-t_0)}\{K_c'\cos[\omega_d(t-t_0)] + K_s'\sin[\omega_d(t-t_0)]\}$$

$$= \varepsilon^{-\alpha(t-t_0)}\{K'\sin[\omega_d(t-t_0) + \phi']\} \quad \text{A} \quad (欠阻尼)$$

$$\tag{5.5.49c}$$

特解則可按表 5.4.1，對照 (5.5.46) 式等號右側假設。由於 R 不等於零，電路的特性根 $p_{1,2}$ 與指數之純虛數參數 $j\omega$ 不同，沒有共振的情形發生，故可選擇指數輸入之假設特解型式為：

$$i_p^{\#}(t) = K_p \varepsilon^{j\omega t} \quad \text{A} \tag{5.5.50}$$

式中假設特解的上標 $\#$ 表示是以指數取代 sin 或 cos 的函數，並非真正的特解 $i_p(t)$，必須在最後取出實部（cos 型的電源）或虛部（sin 型的電源）才是真正的特解 $i_p(t)$。將 (5.5.50) 式對時間 t 一次及兩次微分結果分別為：

$$\frac{di_p{}^\#(t)}{dt} = K_p(j\omega)\varepsilon^{j\omega t} \quad \text{A/s} \tag{5.5.51}$$

$$\frac{d^2 i_p{}^\#(t)}{dt^2} = K_p(j\omega)^2 \varepsilon^{j\omega t} = -K_p \omega^2 \varepsilon^{j\omega t} \quad \text{A/s}^2 \tag{5.5.52}$$

將 (5.5.50) 式～(5.5.52)式三式代入 (5.5.46) 式中可得：

$$-K_p \omega^2 \varepsilon^{j\omega t} + \frac{R}{L} K_p(j\omega)\varepsilon^{j\omega t} + \frac{1}{LC} K_p \varepsilon^{j\omega t}$$

$$= \left[\frac{V_m}{L} \varepsilon^{j(\theta_v{}^* - \omega t_0)}\right](j\omega)\varepsilon^{j\omega t} \quad \text{V} \tag{5.5.53}$$

式中等號兩側均有 $\varepsilon^{j\omega t}$ 之項，可同時消去變成（或等號兩側同時乘以 $e^{-j\omega t}$）：

$$-K_p \omega^2 + \frac{R}{L} K_p(j\omega) + \frac{K_p}{LC} = \left[\frac{V_m}{L} \varepsilon^{j(\theta_v{}^* - \omega t_0)}\right](j\omega) \tag{5.5.54}$$

因此假設特解常數 K_p 之值爲：

$$K_p = \frac{\left[\dfrac{V_m}{L} \varepsilon^{j(\theta_v{}^* - \omega t_0)}\right](j\omega)}{(-\omega^2 + \dfrac{1}{LC}) + j(\dfrac{R\omega}{L})} = \frac{1}{(\dfrac{L}{j\omega})} \frac{V_m \varepsilon^{j(\theta_v{}^* - \omega t_0)}}{\left[(-\omega^2 + \dfrac{1}{LC}) + j(\dfrac{R\omega}{L})\right]}$$

$$= \frac{V_m \varepsilon^{j(\theta_v{}^* - \omega t_0)}}{R + j(\omega L - \dfrac{1}{\omega C})} \tag{5.5.55}$$

(5.5.55) 式中最後一個等號右側的複數分母可表示爲：

$$R + j(\omega L - \frac{1}{\omega C}) = \sqrt{(R)^2 + (\omega L - \frac{1}{\omega C})^2} \, \varepsilon^{j\phi_z{}^*}$$

$$= Z_T \varepsilon^{j\phi_z{}^*} \quad \Omega \tag{5.5.56}$$

式中的兩個參數分別爲：

$$Z_T = \sqrt{(R)^2 + (\omega L - \frac{1}{\omega C})^2} \quad \Omega \tag{5.5.57}$$

$$\phi_Z{}^\circ = \tan^{-1}(\frac{\omega L - \dfrac{1}{\omega C}}{R}) \tag{5.5.58}$$

將 (5.5.56) 式～(5.5.58)式代回 (5.5.55) 式，可得 K_p 之表示式為：

$$K_p = \frac{V_m \varepsilon^{j(\theta_v^\circ - \omega t_0)}}{Z_T \varepsilon^{j\phi_z^\circ}} = \frac{V_m}{Z_T} \varepsilon^{j(\theta_v^\circ - \omega t_0 - \phi_z^\circ)} \tag{5.5.59}$$

將 K_p 代回 (5.5.50) 式，則以指數法求出之假設特解表示式為：

$$i_p{}^\#(t) = \frac{V_m}{Z_T} \varepsilon^{j(\theta_v^\circ - \omega t_0 - \phi_z^\circ)} \varepsilon^{j\omega t} = \frac{V_m}{Z_T} \varepsilon^{j[\omega(t - t_0) + \theta_v^\circ - \phi_z^\circ]} \quad \text{A} \tag{5.5.60}$$

由於原來的電壓源是屬於 sin 的函數關係，因此最後將 (5.5.60) 式之答案取出虛部才是真正的特解答案：

$$i_p(t) = \text{Im}\{i_p{}^\#(t)\} = \frac{V_m}{Z_T} \sin[\omega(t - t_0) + \theta_v^\circ - \phi_z^\circ] \quad \text{A}$$

$$\tag{5.5.61}$$

將 (5.5.61) 式之特解代回 (5.5.47) 式之電流完全響應解中，並令 $t = t_0$，同時將電感器的初值電流 I_0 與電容器的初值電壓 V_0 代入 (5.5.47) 式以及 (5.5.47) 式對時間 t 的一次微分式中，則通解 (5.5.49a) 式～(5.5.49c)式三式的任何其中一式的兩未知常數即可求得。

當通解的未知數求出後，則該串聯 RLC 電路的電流完全響應 $i(t)$便已經全部計算完畢。當迴路電流 $i(t)$求出後，該 RLC 電路所有元件的電壓量、功率量以及能量的關係式，均可推導出來。

5.5.5　並聯 RLC 電路之弦波響應

如圖 5.5.4 所示，為一個簡單的並聯 RLC 電路受弦式電流源的激發，而產生響應的電路。電流源為一個正弦式的波形，可表示為指數的關係為：

$$i_S(t) = I_m \sin[\omega(t - t_0) + \theta_i^\circ] = \text{Im}\{I_m \varepsilon^{j[\omega(t - t_0) + \theta_i^\circ]}\}$$

$$= I_m \text{Im}\{\varepsilon^{j[\omega(t - t_0) + \theta_i^\circ]}\} \quad \text{A} \tag{5.5.62}$$

式中 t_0 代表電源加入 RLC 電路的時間。假設電容器電壓在 $t = t_0$ 之值為 V_0，電感器電流在 $t = t_0$ 之值為 I_0。

圖5.5.4 一個簡單並聯 *RLC* 弦波輸入之電路

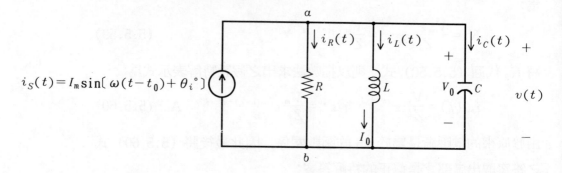

讓我們先略去 (5.5.62) 式 Im 的符號, 將圖 5.5.4 以節點電壓 $v(t)$ 爲變數, 所寫出之克希荷夫電流定律 KCL 的方程式爲:

$$\frac{v(t)}{R} + [I_0 + \frac{1}{L}\int_{t_0}^{t} v(\tau)d\tau] + C\frac{dv(t)}{dt}$$

$$= I_m \varepsilon^{j[\omega(t-t_0)+\theta_i^\circ]} = [I_m \varepsilon^{j(\theta_i^\circ - \omega t_0)}]\varepsilon^{j\omega t} \quad A \quad\quad (5.5.63)$$

式中的 $\varepsilon^{j(\theta_i^\circ - \omega t_0)}$ 是一個常數, 可以和 I_m 合併爲另一個常數。將 (5.5.63) 式對時間 t 微分一次, 並將等號兩側同時除以 C, 以使二次微分項之係數爲 1, 其結果變爲:

$$\frac{d^2v(t)}{dt^2} + \frac{1}{RC}\frac{dv(t)}{dt} + \frac{v(t)}{LC} = (\frac{I_m}{C})(j\omega)\varepsilon^{j(\theta_i^\circ - \omega t_0)}\varepsilon^{j\omega t} \quad V/s^2$$

$$(5.5.64)$$

(5.5.64) 式爲一個具有常係數、線性、非齊次之二次微分方程式, 其電壓全解爲一個特解加上一個通解, 表示如下:

$$v(t) = v_p(t) + v_h(t) \quad A \quad\quad (5.5.65)$$

式中的通解型式可先令 (5.5.64) 式等號右側等於零求出電路之特性根爲:

$$p_{1,2} = \frac{-\frac{1}{RC} \pm \sqrt{(\frac{1}{RC})^2 - 4 \cdot 1 \cdot \frac{1}{LC}}}{2} \quad s^{-1} \quad\quad (5.5.66)$$

故通解型式可分爲下面三種阻尼特性中的一種:

$$v_h(t) = K_1{}'\varepsilon^{-\alpha_1(t-t_0)} + K_2{}'\varepsilon^{-\alpha_2(t-t_0)} \quad \text{V} \quad (\text{過阻尼}) \quad (5.5.67a)$$

$$v_h(t) = K_t{}'(t-t_0)\varepsilon^{-\alpha(t-t_0)} + K_0{}'\varepsilon^{-\alpha(t-t_0)} \quad \text{V} \quad (\text{臨界阻尼})$$
$$(5.5.67b)$$

$$v_h(t) = \varepsilon^{-\alpha(t-t_0)}\{K_c{}'\cos[\omega(t-t_0)] + K_s{}'\sin[\omega(t-t_0)]\}$$

$$= \varepsilon^{-\alpha(t-t_0)}\{K'\sin[\omega(t-t_0) + \phi']\} \quad \text{V} \quad (\text{欠阻尼})$$
$$(5.5.67c)$$

特解則可按表 5.4.1，對照 (5.5.64) 式等號右側假設。由於 R 不等於零，電路的特性根 $p_{1,2}$ 與指數之純虛數參數 $j\omega$ 不同，沒有共振的情形發生，故可選擇指數輸入之假設特解型式為：

$$v_p{}^\#(t) = K_p\varepsilon^{j\omega t} \quad \text{V} \tag{5.5.68}$$

式中假設特解的上標 $\#$ 表示是以指數取代 sin 或 cos 的函數，並非眞正的特解 $v_p(t)$，必須在最後取出實部（cos 型的電源）或虛部（sin 型的電源）才是眞正的特解 $v_p(t)$。將 (5.5.68) 式對時間 t 的一次及兩次微分結果分別為：

$$\frac{dv_p{}^\#(t)}{dt} = K_p(j\omega)\varepsilon^{j\omega t} \quad \text{V/s} \tag{5.5.69}$$

$$\frac{d^2v_p{}^\#(t)}{dt^2} = K_p(j\omega)^2\varepsilon^{j\omega t} = -K_p\omega^2\varepsilon^{j\omega t} \quad \text{V/s}^2 \tag{5.5.70}$$

將 (5.5.68) 式～(5.5.70)式三式代入 (5.5.64) 式中可得：

$$-K_p\omega^2\varepsilon^{j\omega t} + \frac{1}{RC}K_p(j\omega)\varepsilon^{j\omega t} + \frac{1}{LC}K_p\varepsilon^{j\omega t}$$

$$= (\frac{I_m}{C})(j\omega)\varepsilon^{j(\theta_i{}^\bullet - \omega t_0)}\varepsilon^{j\omega t} \quad \text{A} \tag{5.5.71}$$

式中等號兩側均有 $\varepsilon^{j\omega t}$ 之項，可同時消去變成（或等號兩側同時乘以 $\varepsilon^{-j\omega t}$）：

$$-K_p\omega^2 + \frac{1}{RC}K_p(j\omega) + \frac{1}{LC}K_p = (\frac{I_m}{C})(j\omega)\varepsilon^{j(\theta_i{}^\bullet - \omega t_0)} \tag{5.5.72}$$

因此假設特解常數 K_p 之值為：

$$K_p = \frac{(\frac{I_m}{C})(j\omega)\varepsilon^{j(\theta_i{}^* - \omega t_0)}}{-\omega^2 + \frac{1}{RC}(j\omega) + \frac{1}{LC}} = \frac{1}{(\frac{C}{j\omega})} \frac{I_m \varepsilon^{j(\theta_i{}^* - \omega t_0)}}{(-\omega^2 + \frac{j\omega}{RC} + \frac{1}{LC})}$$

$$= \frac{I_m \varepsilon^{j(\theta_i{}^* - \omega t_0)}}{(\frac{1}{R}) + j(\omega C - \frac{1}{\omega L})} \tag{5.5.73}$$

(5.5.73) 式中最後一個等號右側的複數分母可用大小與角度表示為：

$$\frac{1}{R} + j(\omega C - \frac{1}{\omega L}) = \sqrt{(\frac{1}{R})^2 + (\omega C - \frac{1}{\omega L})^2} \varepsilon^{j\phi_Y{}^*} = Y_T \varepsilon^{j\phi_Y{}^*} \quad \text{S}$$

$$\tag{5.5.74}$$

式中的兩個參數分別為：

$$Y_T = \sqrt{(\frac{1}{R})^2 + (\omega C - \frac{1}{\omega L})^2} \quad \text{S} \tag{5.5.75}$$

$$\phi_Y{}^\circ = \tan^{-1}(\frac{\omega C - \frac{1}{\omega L}}{\frac{1}{R}}) = \tan^{-1}[R(\omega C - \frac{1}{\omega L})] \tag{5.5.76}$$

將 (5.5.74) 式～(5.5.76)式代回 (5.5.73) 式，可得 K_p 之表示式
為：

$$K_p = \frac{I_m \varepsilon^{j(\theta_i{}^* - \omega t_0)}}{Y_T \varepsilon^{j\phi_Y{}^*}} = \frac{I_m}{Y_T} \varepsilon^{j(\theta_i{}^* - \omega t_0 - \phi_Y{}^*)} \tag{5.5.77}$$

將 K_p 代回 (5.5.68) 式，則以指數法求出之假設特解表示式為：

$$v_p{}^\#(t) = \frac{I_m}{Y_T} \varepsilon^{j(\theta_i{}^* - \omega t_0 - \phi_Y{}^*)} \varepsilon^{j\omega t} = \frac{I_m}{Y_T} \varepsilon^{j[\omega(t - t_0) + \theta_i{}^* - \phi_Y{}^*]} \quad \text{V} \tag{5.5.78}$$

由於原來的電流源是屬於 sin 的函數關係，因此最後將 (5.5.78) 式
之答案取出虛部才是真正的特解答案：

$$v_p(t) = \text{Im}\{v_p{}^\#(t)\}$$

$$= \frac{I_m}{Y_T} \sin[\omega(t - t_0) + \theta_i{}^\circ - \phi_Y{}^\circ] \quad \text{V} \tag{5.5.79}$$

將 (5.5.79) 式之特解代回 (5.5.65) 式之電流完全響應解中，並令

$t = t_0$，同時將電感器的初值電流 I_0 與電容器的初值電壓 V_0 代入 (5.5.65) 式以及 (5.5.65) 式對時間 t 的一次微分式中，則通解 (5.5.67a) 式～(5.5.67c)式三式的任何其中一式兩未知常數即可求得。

當通解的未知數求出後，則該並聯 RLC 電路的電壓完全響應 $v(t)$ 便已經全部計算完畢。當節點電壓 $v(t)$ 求出後，該 RLC 電路所有元件的電流量、功率量以及能量的關係式，均可完整地推導出來。

5.5.6 微分方程式對指數輸入的特解型式

本節的電路電源輸入，雖然是將 sin 或 cos 型式的電源轉換為指數的格式，最後再以取出完全響應實部或虛部的方法來完成，這種方式與電路的指數輸入 (exponential inputs) 有重要的關係存在，因此在此做有關電路指數輸入的特解型式分析。

若一個電路不考慮初值條件，其微分方程式是以線性、常係數、非時變的方式表示，其電源的輸入為一個指數的型式：$K\varepsilon^{st}$，則與電路形成下列的關係式：

$$A(p)f(t) = B(p)K\varepsilon^{st} \tag{5.5.80}$$

式中 p 為 $\dfrac{d}{dt}$ 的運算元，$A(p)$ 及 $B(p)$ 均為電路的多項式，$f(t)$ 為電路待求的電壓或電流，s 為指數電源輸入的參數，K 為電源常數。則：

(1)令 $p = s$，當 $A(s) \neq 0$ 時，$f(t)$ 之特解 $f_p(t)$ 為：

$$f_p(t) = \frac{B(s)}{A(s)} K\varepsilon^{st} \tag{5.5.81}$$

(2)令 $p = s$，當 $A(s) = 0$ 時，且

$$A(p) = (p - s)^m A_1(p) \tag{5.5.82}$$

以及

$$A_1(s) \neq 0 \tag{5.5.83}$$

則 $f(t)$ 之特解 $f_p(t)$ 為:

$$f_p(t) = \frac{B(s)}{A_1(s)} \frac{t^m}{m!} K\varepsilon^{st}$$ (5.5.84)

在(1)的部份, 由於外加電源指數參數 s 與電路特性方程式 $A(p) = 0$ 之特性根不同, 使 $A(s) \neq 0$, 因此外加電源不會引起電路共振, 故簡單地以 (5.5.80) 式即可求出電路的特解。

在(2)的部份, 由於外加電源指數參數 s 與電路特性方程式 $A(p) = 0$ 之特性根相同, 會使 $A(s) = 0$, 因此會由外加電源引起電路共振, 故先將 $A(p)$ 多項式提出 m 個重根項 $(p - s)^m$, 剩下 $A_1(p)$ 的結果, 此 $A_1(p)$ 在將 p 代入 s 後, 不會等於零, 因此利用 (5.5.84) 式即可求出特解的答案。

5.5.7 微分方程式對正弦或餘弦輸入的特解型式

若一個電路不考慮初值條件, 其微分方程式是以線性、常係數、非時變的方式表示, 其電源的輸入為一個正弦 (sin) 或餘弦 (cos) 的型式, 則與電路形成下列的關係式:

$$A(p)f(t) = B(p)K\sin/\cos[\omega(t - t_0) + \theta^\circ]$$ (5.5.85)

式中 p 為 $\frac{d}{dt}$ 的運算元, $A(p)$ 及 $B(p)$ 均為電路的多項式, $f(t)$ 為電路待求的電壓或電流, sin/cos 代表正弦或餘弦的電源輸入型式, ω 為弦式電源的角頻率, θ° 為弦式電源在初始時間 $t = t_0$ 之相位角, K 為電源常數。則:

(1)令 $p = j\omega$, 當 $A(j\omega) \neq 0$ 時, $f(t)$ 之特解 $f_p(t)$ 為:

$$f_p(t) = \text{Im/Re}\left\{\frac{B(j\omega)}{A(j\omega)} K\varepsilon^{j[\omega(t - t_0) + \theta^\circ + \phi^\circ]}\right\}$$

$$= \text{mag}\left[\frac{B(j\omega)}{A(j\omega)}\right] K\sin/\cos[\omega(t - t_0) + \theta^\circ + \phi^\circ]$$

(5.5.86)

式中

$$\phi° = \tan^{-1}\left\{\frac{\operatorname{Im}[B(j\omega)]}{\operatorname{Re}[B(j\omega)]}\right\} - \tan^{-1}\left\{\frac{\operatorname{Im}[A(j\omega)]}{\operatorname{Re}[A(j\omega)]}\right\} \qquad (5.5.87)$$

(5.5.86) 式中的mag($\cdot$) 代表取出$\cdot$中的大小 (magnitude)，Im/Re分別對應於 sin/cos：Im 代表在 sin 電源輸入時取出虛部；Re 代表在 cos 電源輸入時取出實部。

⑵令 $p = j\omega$，當$A(j\omega) = 0$ 時，且

$$A(p) = (p - j\omega)^m A_1(p) \qquad (5.5.88)$$

以及

$$A_1(j\omega) \neq 0 \qquad (5.5.89)$$

則$f(t)$之特解$f_p(t)$爲：

$$f_p(t) = \operatorname{Im/Re}\left\{\frac{B(j\omega)}{A_1(j\omega)} K \frac{t^m}{m!} \varepsilon^{j[\omega(t-t_0)+\theta°+\phi°]}\right\}$$

$$= \operatorname{mag}\left[\frac{B(j\omega)}{A_1(j\omega)}\right] K \frac{t^m}{m!} \sin/\cos[\omega(t-t_0) + \theta° + \phi°]$$

$$\qquad (5.5.90)$$

式中

$$\phi° = \tan^{-1}\left\{\frac{\operatorname{Im}[B(j\omega)]}{\operatorname{Re}[B(j\omega)]}\right\} - \tan^{-1}\left\{\frac{\operatorname{Im}[A_1(j\omega)]}{\operatorname{Re}[A_1(j\omega)]}\right\} \qquad (5.5.91)$$

(5.5.90) 式中的mag($\cdot$) 代表取出$\cdot$中的大小 (magnitude)，Im/Re分別對應於 sin/cos：Im 代表在 sin 電源輸入時取出虛部；Re 代表在 cos 電源輸入時取出實部。

在⑴的部份，由於外加電源 sin 或 cos 參數中的角頻率 $j\omega$ 與電路特性方程式$A(p) = 0$ 之特性根不同，使$A(j\omega) \neq 0$，因此外加電源不會引起電路共振，故簡單地以 (5.5.86) 式即可求出電路的特解。

在⑵的部份，由於外加電源 sin 或 cos 參數中的角頻率 $j\omega$ 與電路特性方程式$A(p) = 0$ 之特性根相同，會使$A(j\omega) = 0$，因此會由外加電源引起電路共振，故先將$A(p)$多項式提出 m 個重根項($p - j\omega)^m$，剩下$A_1(p)$的結果，此$A_1(p)$在將 p 代入$j\omega$ 後，不會等於零，因此利用 (5.5.90) 式即可求出特解的答案。

【例5.5.1】 如圖5.5.5所示之RL弦波輸入電路，若$i_L(0)=I_0=2$A，求$t\geq0$時之：(a)$i(t)$，(b)$v_R(t)$及$v_L(t)$。

圖5.5.5　例5.5.1之電路

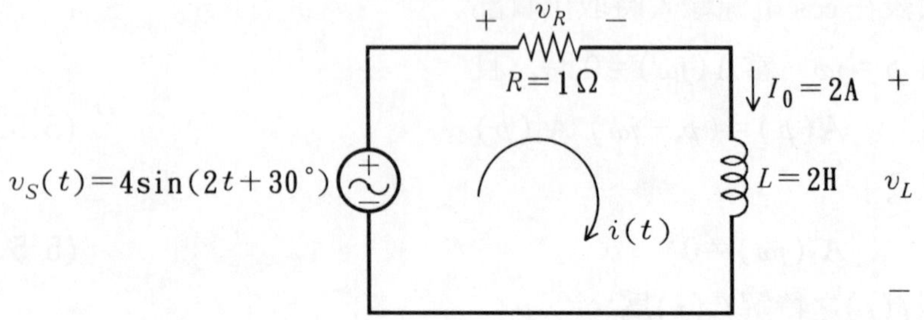

【解】 (a)先求$i(t)$之特解$i_p(t)$：$\omega=2$，$\theta_v=30°$，$\tau=L/R=2$ s

$$Z_{RL}=\sqrt{R^2+(\omega L)^2}=\sqrt{1^2+(2\times2)^2}=\sqrt{1+16}=\sqrt{17}\quad\Omega$$

$$\phi_z°=\tan^{-1}(\omega L/R)=\tan^{-1}(2\times2/1)=\tan^{-1}4=75.96°$$

$$\therefore i_p(t)=\frac{V_m}{Z_{RL}}\sin(\omega t+\theta_v°-\phi_z°)$$

$$=\frac{4}{\sqrt{17}}\sin(2t+30°-95.96°)$$

$$=\frac{4\sqrt{17}}{17}\sin(2t-45.96°)\quad\text{A}$$

通解爲：$i_h(t)=Ke^{-t/\tau}=Ke^{-t/2}$

$$\therefore i(t)=i_p(t)+i_h(t)=\frac{4\sqrt{17}}{17}\sin(2t-45.96°)+Ke^{-t/2}$$

已知$i(0)=2$ A

$$\therefore 2=\frac{4\sqrt{17}}{17}\sin(-45.96°)+K$$

$$\therefore K=2-\frac{4\sqrt{17}}{17}\sin(-45.96°)=2.697$$

$$\therefore i(t)=\frac{4\sqrt{17}}{17}\sin(2t-45.96°)+2.697e^{-t/2}\quad\text{A}$$

(b)$v_R(t)=R\cdot i(t)=\frac{4\sqrt{17}}{17}\sin(2t-45.96°)+2.697e^{-t/2}\quad\text{V}$

$$v_L(t) = L\frac{di}{dt} \quad \text{〔或 } v_L(t) = v_S(t) - v_R(t)\text{〕}$$

$$= 2 \times \frac{4\sqrt{17}}{17} \times 2\cos(2t - 45.96°) + 2 \times (\frac{-1}{2})2.697e^{-t/2}$$

$$= \frac{16\sqrt{17}}{17}\cos(2t - 45.96°) - 2.697e^{-t/2} \quad \text{V} \qquad ◎$$

【例 5.5.2】如圖 5.5.6 所示之 RC 弦波輸入電路, 若 $v_C(0) = 10$ V,
求 $t \geq 0$ 之: (a)$v_C(t)$, (b)$i_R(t)$及$i_C(t)$。

圖 5.5.6 例 5.5.2 之電路

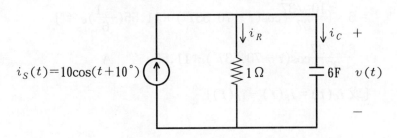

$$i_S(t) = 10\cos(t + 10°) \qquad i_R \qquad i_C \quad + \qquad 1\,\Omega \qquad 6F \quad v(t) \qquad -$$

【解】 $v_L(0) = 10$ V, $\tau = RC = 1 \times 6 = 6$ s, $\omega = 1$, $\theta_i = 10°$
先求特解$v_p(t)$:

$$Y_{RC} = \sqrt{(\frac{1}{R})^2 + (\omega C)^2} = \sqrt{(1)^2 + (1 \times 6)^2} = \sqrt{37} \quad \text{S}$$

$$\phi_Y° = \tan^{-1}(\frac{\omega C}{\frac{1}{R}}) = \tan^{-1}(\frac{1 \times 6}{1}) = 80.537°$$

$$\therefore v_p(t) = \frac{I_m}{Y_{RC}}\sin(\omega t + \theta_i° - \phi_Y°)$$

$$= \frac{10}{\sqrt{37}}\sin(t + 10° - 80.537°)$$

$$= \frac{10\sqrt{37}}{37}\sin(t - 70.537°)$$

通解 $\quad v_h(t) = Ke^{-t/6}$ V

全解 $\quad v(t) = v_p(t) + v_h(t)$

$$= \frac{10\sqrt{37}}{37}\sin(t - 70.537°) + Ke^{-t/6} \quad V$$

代入初值： $v(0) = 10 = \frac{10\sqrt{37}}{37}\sin(-70.537°) + K$

$$\therefore K = 10 - \frac{10\sqrt{37}}{37}\sin(-70.537°) = 11.55$$

(a) $v_C(t) = v(t) = \frac{10\sqrt{37}}{37}\sin(t - 70.537°) + 11.55e^{-t/6} \quad V$

(b) $i_R(t) = \frac{v(t)}{1} = \frac{10\sqrt{37}}{37}\sin(t - 70.537°) + 11.55e^{-t/6} \quad A$

$$i_C(t) = C\frac{dv(t)}{dt}$$

$$= 6 \times [\frac{10\sqrt{37}}{37}\cos(t - 70.537°) + 11.55(\frac{-1}{6})e^{-t/6}]$$

$$= \frac{60\sqrt{37}}{37}\cos(t - 70.537°) - 11.55e^{-t/6} \quad A$$

$$[\text{或 } i_C(t) = i_S(t) - i_R(t)] \qquad\qquad ◎$$

【例 5.5.3】如圖 5.5.7 所示之串聯 *RLC* 弦波輸入電路，若 $i_L(0) = 0$ A , $v_L(0) = 0$ V，求 $t \geq 0$ 之 $i(t)$ 值。

圖 5.5.7　例 5.5.3 之電路

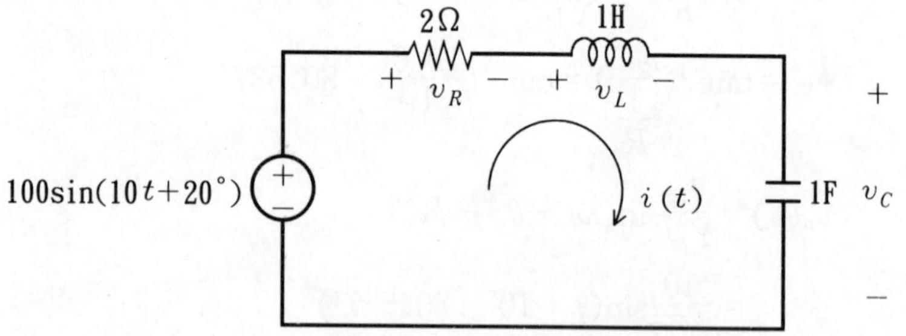

【解】 $V_m = 100$, $\omega = 10$, $\theta_v = 20°$, 先求 $i(t)$ 之特解 $i_p(t)$：

$$Z_T = \sqrt{R^2 + (\omega L - \frac{1}{\omega C})^2} = \sqrt{2^2 + (10 \times 1 - \frac{1}{10 \times 1})^2}$$

$$= 10.1 \quad \Omega$$

$$\phi_Z^\circ = \tan^{-1}(\frac{\omega L - \dfrac{1}{\omega C}}{R}) = \tan^{-1}\frac{9.9}{2} = 78.578^\circ$$

$$\therefore i_p(t) = \frac{V_m}{Z_T}\sin(\omega t + \theta_v^\circ - \phi_Z^\circ)$$

$$= \frac{100}{10.1}\sin(10t + 20^\circ - 78.578^\circ)$$

$$= 9.90099\sin(10t - 58.578^\circ) \quad A$$

特性方程式:

$$\frac{d^2i}{dt^2} + \frac{R}{L}\frac{di}{dt} + \frac{i(t)}{LC} \Rightarrow p^2 + 2p + 1 = (p+1)^2 = 0$$

∴特性根為 -1 (重根)

$$\therefore i_h(t) = K_t{}' te^{-t} + K_0 e^{-t} \quad A$$

$$i(t) = i_p(t) + i_h(t)$$

$$= 9.90099\sin(10t - 58.578^\circ) + K_t{}' te^{-t} + K_0{}' e^{-t} \quad A$$

$$i(0) = 0 = 9.90099\sin(-58.578^\circ) + K_0{}', \quad \therefore K_0{}' = 8.449$$

$$\frac{di}{dt}(0) = \frac{v_L(0)}{L} = \frac{v_S(0) - Ri(0) - v_C(0)}{L} = 100\sin(20^\circ)$$

$$= 9.90099 \times 10 \times \cos(10t - 58.578^\circ)$$

$$+ K_t{}'(e^{-t} + t(-1)e^{-t}) + K_0{}'(-1)e^{-t}|_{t=0}$$

$$= 9.90099 \times 10 \times \cos(-58.578^\circ) + K_t{}' - K_0{}'$$

$$\therefore K_t{}' = -8.966$$

$$\therefore i(t) = 9.90099\sin(10t - 58.578^\circ) - 8.966te^{-t}$$

$$+ 8.449e^{-t} \quad A \qquad\qquad ◎$$

【例 5.5.4】如圖 5.5.8 所示之並聯 RLC 弦波輸入電路, 若 $v_C(0) = 0$ V, $i_L(0) = 0$ A, 求 $v(t)$ 之值。

圖 5.5.8　例 5.5.4 之電路

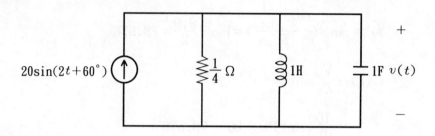

$20\sin(2t+60^\circ)$ ⊗ ⬚ $\frac{1}{4}$ Ω ⬚ 1H ⬚ 1F $v(t)$ +　−

【解】$I_m = 20$ A, $\omega = 2$, $\theta_i = 60^\circ$, $v_C(0) = 0$ V, $i_L(0) = 0$ A

先求電壓$v(t)$之特解$v_p(t)$：

$$Y_T = \sqrt{(\frac{1}{R})^2 + (\omega C - \frac{1}{\omega L})^2} = \sqrt{(4)^2 + (2 \times 1 - \frac{1}{2 \times 1})^2}$$

$$= 4.272 \quad S$$

$$\phi_Y^\circ = \tan^{-1}\frac{(\omega C - \frac{1}{\omega L})}{(\frac{1}{R})} = \tan^{-1}(\frac{2 - 0.5}{4}) = 20.556^\circ$$

$$\therefore v_p(t) = \frac{I_m}{Y_T}\sin(2t + 60^\circ - 20.556^\circ)$$

$$= \frac{20}{4.272}\sin(2t + 39.444^\circ)$$

$$= 4.682\sin(2t + 39.444^\circ) \quad V$$

再求通解, 特性方程式爲：

$$\frac{d^2v}{dt^2} + \frac{1}{RC}\frac{dv}{dt} + \frac{v(t)}{LC} = 0$$

或　　　$p^2 + 4p + 1 = 0$

$$\therefore p = \frac{-4 \pm \sqrt{4^2 - 4}}{2} = -0.268 \text{ 或} -3.732$$

$$\therefore v_h(t) = K_1 e^{-0.268t} + K_2 e^{-3.732t} \quad V$$

$$v(t) = v_p(t) + v_h(t)$$

$$= 4.682\sin(2t + 39.444^\circ) + K_1 e^{-0.268t} + K_2 e^{-3.732t} \quad V$$

代入初值：

$$v(0) = 0 = 4.682\sin(39.444°) + K_1 + K_2$$

$$\therefore K_1 + K_2 = -2.974 \qquad\qquad ①$$

$$\frac{dv}{dt}(0) = \frac{i_C(0)}{C} = \frac{i_S(0) - i_R(0) - i_L(0)}{C} = 20\sin(60°)$$

$$= 4.682 \times 2 \times \cos(39.444°) - 0.268K_1 - 3.732K_2$$

或　　　$+ 0.268K_1 + 3.732K_2 = -10.089 \qquad\qquad ②$

① $\times 0.268 -$ ②可得 $K_2 = -2.682$，代入①式得 $K_1 = -0.292$

$$\therefore v(t) = 4.682\sin(2t + 39.444°) - 0.292e^{-0.268t}$$

$$- 2.682e^{-3.732t} \quad \text{V} \qquad\qquad ◎$$

【本節重點摘要】

(1)優勒等式之正弦與餘弦轉換式：

$$\varepsilon^{\pm j\theta°} = \cos\theta° \pm j\sin\theta°$$

複數實部與虛部的關係表示式為：

$$\cos\theta° = \text{Re}(\varepsilon^{\pm j\theta°}) = \text{Re}(\cos\theta° \pm j\sin\theta°)$$

$$\pm \sin\theta° = \text{Im}(\varepsilon^{\pm j\theta°}) = \text{Im}(\cos\theta° \pm j\sin\theta°)$$

式中Re($\cdot$)代表取出複數$\cdot$的實部，Im($\cdot$)代表取出複數$\cdot$的虛部。

(2)微分方程式對指數輸入的特解型式

若一個電路的微分方程式是以線性、常係數、非時變的方式表示，其電源的輸入為一個指數的型式：$K\varepsilon^{st}$，則與電路形成下列的關係式：

$$A(p)f(t) = B(p)K\varepsilon^{st}$$

式中 p 為 $\frac{d}{dt}$ 的運算元，$A(p)$ 及 $B(p)$ 均為電路的多項式，$f(t)$ 為電路待求的電壓或電流，s 為指數電源輸入的參數，則：

①令 $p = s$，當 $A(s) \neq 0$ 時，$f(t)$ 之特解 $f_p(t)$ 為：

$$f_p(t) = \frac{B(s)}{A(s)}K\varepsilon^{st}$$

②令 $p = s$，當 $A(s) = 0$ 時，且

$$A(p) = (p - s)^m A_1(p)$$

以及

$$A_1(s) \neq 0$$

則 $f(t)$ 之特解 $f_p(t)$ 為：

$$f_p(t) = \frac{B(s)}{A_1(s)} \frac{t^m}{m!} K\varepsilon^{st}$$

(3)微分方程式對正弦或餘弦輸入的特解型式

若一個電路的微分方程式是以線性、常係數、非時變的方式表示，其電源的輸入為一個正弦（sin）或餘弦（cos）的型式，則與電路形成下列的關係式：

$$A(p)f(t) = B(p)K\sin/\cos[\omega(t-t_0)+\theta°]$$

式中 p 為 $\frac{d}{dt}$ 的運算元，$A(p)$ 及 $B(p)$ 均為電路的多項式，$f(t)$ 為電路待求的電壓或電流，sin/cos 代表正弦或餘弦的電源輸入型式，ω 為弦式電源的角頻率，$\theta°$ 為弦式電源在初始時間 $t=t_0$ 之相位角，則：

①令 $p=j\omega$，當 $A(j\omega)\neq0$ 時，$f(t)$ 之特解 $f_p(t)$ 為：

$$f_p(t) = \text{Im/Re}\left\{\frac{B(j\omega)}{A(j\omega)}K\varepsilon^{j[\omega(t-t_0)+\theta°+\phi°]}\right\}$$

$$= \text{mag}\left[\frac{B(j\omega)}{A(j\omega)}\right]K\sin/\cos[\omega(t-t_0)+\theta°+\phi°]$$

式中

$$\phi° = \tan^{-1}\left\{\frac{\text{Im}[B(j\omega)]}{\text{Re}[B(j\omega)]}\right\} - \tan^{-1}\left\{\frac{\text{Im}[A(j\omega)]}{\text{Re}[A(j\omega)]}\right\}$$

式中的 mag(·) 代表取出·中的大小（magnitude），Im/Re 分別對應於 sin/cos：Im 代表在 sin 電源輸入時取出虛部；Re 代表在 cos 電源輸入時取出實部。

②令 $p=j\omega$，當 $A(j\omega)=0$ 時，且

$$A(p) = (p-j\omega)^m A_1(p)$$

以及

$$A_1(j\omega)\neq0$$

則 $f(t)$ 之特解 $f_p(t)$ 為：

$$f_p(t) = \text{Im/Re}\left\{\frac{B(j\omega)}{A_1(j\omega)}K\frac{t^m}{m!}\varepsilon^{j[\omega(t-t_0)+\theta°+\phi°]}\right\}$$

$$= \text{mag}\left[\frac{B(j\omega)}{A_1(j\omega)}\right]K\frac{t^m}{m!}\sin/\cos[\omega(t-t_0)+\theta°+\phi°]$$

式中

$$\phi° = \tan^{-1}\left\{\frac{\text{Im}[B(j\omega)]}{\text{Re}[B(j\omega)]}\right\} - \tan^{-1}\left\{\frac{\text{Im}[A_1(j\omega)]}{\text{Re}[A_1(j\omega)]}\right\}$$

式中的 mag(·) 代表取出·中的大小（magnitude），Im/Re 分別對應於 sin/

cos；Im 代表在 sin 電源輸入時取出虛部；Re 代表在 cos 電源輸入時取出
實部。

【思考問題】

⑴若兩種以上的弦式電源輸入電路時，如何求出其總響應？

⑵一個電路含有兩個以上的同類型儲能元件，如兩個電感器或三個電
容器時，則該電路的響應如何求解？

⑶若一個電源的輸入，不是純弦式波形，而是非週期性、非固定大小
的紊亂波形時，則該電路的響應如何求解？

⑷若將第 5.4 節的直流步階輸入電源與弦式電源同時加入電路，則該
電路的響應如何求解？

⑸若電阻器 R 為負值或零，對弦式響應有何影響？如何求解？

習 題

/5.2 節/

1.如圖 P5.1 所示之電路, $i_L(0) = 5$ A, 試求: (a)$i_L(t)$, (b)$v_L(t)$, (c)$\dfrac{di_L}{dt}$, (d)$\dfrac{dv_L}{dt}$, (e)$w_L(t)$, (f)$i_L(t)$降至 1 A 之時間 t。

圖 P5.1

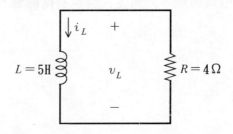

2.如圖 P5.2 所示之電路, 已知$v_C(0) = 10$ V, 試求: (a)$v_C(t)$, (b)i_C (t), (c)$\dfrac{dv_C}{dt}$, (d)$\dfrac{di_C}{dt}$, (e)$w_C(t)$, (f)$v_C(t)$由 4 V 降至 2 V 所需花費的時間。

圖 P5.2

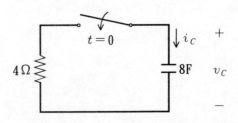

/5.3 節/

3. 如圖 P5.3 所示之串聯 RLC 電路，已知 $v_C(0) = 5$ V，SW 在 $t = 0$ 閉合，求 $t \geq 0$ 時之 $i_L(t)$ 值。

圖 P5.3

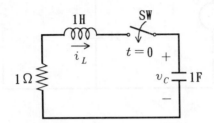

4. 如圖 P5.4 所示之並聯 RLC 電路，若 $v_C(0) = 10$ V，且 SW 在 $t = 0$ 閉合，試求 $v_C(t)$ 在 $t \geq 0$ 之值。

圖 P5.4

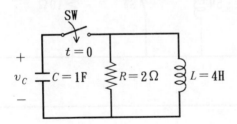

/5.4 節/

5. 如圖 P5.5 所示之電路，SW 在位置 2 已經很長一段時間了，在 $t = 0$ 切換至位置 1，在 $t = 10$ s 又切換至位置 2，試求 $v_C(t)$ 之值。

6. 如圖 P5.6 所示之電路，SW 已閉合很長一段時間了，在 $t = 0$ s 打開，試求 $i_L(t)$ 之值。

7. 如圖 P5.7 所示之電路，SW 在位置 2 已經很長一段時間了，在 $t = 0$ 切換至位置 1，試求 $i_L(10)$ 及 $v_C(10)$ 之值。

圖 P5.5

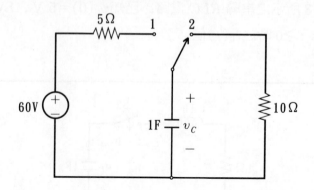

圖 P5.6

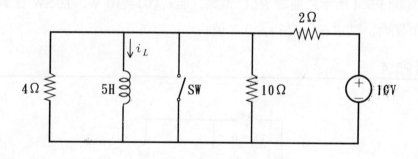

圖 P5.7

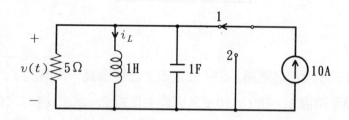

8.如圖 P5.8 所示之電路，SW 在 $t = 0$ 忽然閉合，在 $t < 0$ 之前已經很長一段時間了，試求 $t \geq 0$ 時，$v_c(t)$ 之值。（假設 $v_c(0) = 5$ V）

圖 P5.8

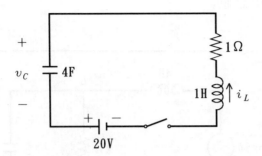

/5.5 **節**/

9.如圖 P5.9 所示之電路，試求$i_L(t)$在 $t \geq 0$ 之解。($i_L(0) = 4$ A)

圖 P5.9

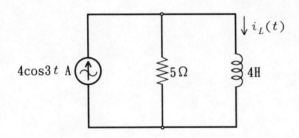

10.如圖 P5.10 所示之電路，試求$v_C(t)$在$t \geq 0$之值，假設$v_C(0) = 5$ V。

圖 P5.10

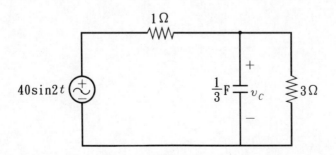

11. 如圖P5.11所示之電路, 假設 $v_C(0) = 10\mathrm{V}$, $i_L(0) = 3\mathrm{A}$, 試求 $v_C(t)$ 在 $t \geq 0$ 之值。

圖 P5.11

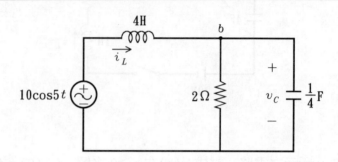

附錄 1： 無源 *RL* 及 *RC* 電路之
微分方程式分離變數解法

本章第 5.2 節之無外加獨立電源之 *RL* 及 *RC* 電路分析，在本附錄中將利用微分方程式的分離變數解法詳細列於下面兩個部份，對於電路的功率與能量也將一併考慮。

1.無源 *RL* 電路之自然響應

由圖 5.2.1 所示，一個電阻器 *R*，一個電感器 *L* 以及一開關 SW 同時連接於節點 1、2 間，假設節點 1 對節點 2 之相對電壓為 $v(t)$，由節點 1 通過電感器 *L* 到達節點 2 之電感器電流為 $i_L(t)$。假設開關 SW 於 $t = t_0$ 秒開啟，在此之前，電感器 *L* 有一個初值電流 I_0 存在，方向是自節點 1 流向節點 2，如圖 5.2.1 所示。

⑴當 $t < t_0$ 時

因為開關 SW 在 $t < t_0$ 前為閉合，因此電感器的初值電流 I_0 能在電感器 *L* 與短路的開關 SW 間循環流動，在時間 $t < t_0$ 之電路電壓、電流關係式為：

$$v(t) = 0 \quad \text{V} \tag{1.1}$$

$$i_L(t) = I_0 \quad \text{A} \tag{1.2}$$

⑵當 $t \geq t_0$ 時

在 $t = t_0$ 瞬間，開關 SW 開啟，電感器電流 i_L 必須維持其連續性，因此：

$$i_L(t_0^-) = i_L(t_0) = i_L(t_0^+) = I_0 \quad \text{A} \tag{1.3}$$

此時電感器電流 i_L 不經由開關 SW 流動，而改由電阻器 *R* 通過，因此在開關 SW 開啟瞬間，節點 1、2 間的電壓可根據歐姆定理寫為：

$$v(t_0) = -i_L(t_0)R = -RI_0 \quad \text{V} \tag{1.4}$$

請注意: 電感器電流 i_L 由節點 2 經過電阻器 R 到達節點 1, 因此電壓 $v(t)$ 之極性為負值, 表示節點 1 較節點 2 之電壓低。此時所形成之電路為簡單的 RL 並聯電路。

當 $t > t_0$ 時, 電流 $i_L(t)$ 流過電阻器 R 與電感器 L, 因此可以將兩者的電壓及電流關係式以克希荷夫電壓定律 KVL 寫為:

$$L \frac{di_L(t)}{dt} + Ri_L(t) = 0 \quad \text{V} \tag{1.5}$$

由於 (1.5) 式等號右側為零, 表示不含任何外加電源, 因此該微分方程式為一個線性常係數齊次微分方程式, 其解為一個通解。將 (1.5) 式等號左側第二項移項至等號右側, 再將兩側同時除以 L 可得:

$$\frac{di_L(t)}{dt} = (-\frac{R}{L})i_L(t) \quad \text{A/s} \tag{1.6}$$

將上式分離出變數 $i_L(t)$ 及 t, 可重寫為:

$$\frac{di_L(t)}{i_L(t)} = (-\frac{R}{L})dt \tag{1.7}$$

將上式等號兩側積分, 並將時間變數 t 改為虛擬時間變數 τ 可得:

$$\int_{i_L(t_0)}^{i_L(t)} \frac{di_L(\tau)}{i_L(\tau)} = \int_{t_0}^{t} (-\frac{R}{L})d\tau \tag{1.8}$$

其結果為:

$$\ln i_L(t) - \ln i_L(t_0) = \ln \frac{i_L(t)}{i_L(t_0)} = -\frac{R}{L}(t - t_0) + k \tag{1.9}$$

式中 $\ln$ 代表自然對數 (the natural logarithm), k 為積分常數。將 (1.9) 式等號兩側取指數 (exponent), 以消去自然對數 $\ln$, 該式變成:

$$i_L(t) = i_L(t_0)\exp[-\frac{R}{L}(t - t_0) + k]$$

$$= i_L(t_0)\exp\left[-\frac{R}{L}(t-t_0)\right]\exp(k)$$

$$= I_0 k_0\exp\left[-\frac{R}{L}(t-t_0)\right] = I_0 k_0\varepsilon^{-(R/L)(t-t_0)}$$

$$= I_0 k_0\varepsilon^{-(1/\tau_L)(t-t_0)} \quad \text{A} \tag{1.10}$$

式中$\exp(\cdot) = \varepsilon^{(\cdot)}$，$k_0 = \exp(k_0)$爲一常數，$\tau_L = L/R$ 爲該電路的時間常數，單位爲秒。k_0可由 $t = t_0$ 的初值條件求得：

$$i_L(t_0) = I_0 = I_0 k_0\varepsilon^0 \quad \text{A} \tag{1.11}$$

由 (1.11) 式可以解得 $k_0 = 1$。因此電感器電流 i_L 在$t \geq t_0$ 之答案爲：

$$i_L(t) = I_0\varepsilon^{-(1/\tau_L)(t-t_0)} \quad \text{A} \tag{1.12}$$

式中之 I_0 係電感器電流 i_L 在時間$t = t_0$時之初值電流。由 (1.12) 式之結果可知，該電感器電流爲一個自然響應電流、通解電流或暫態電流，僅與時間、電感器初值電流 I_0 以及電路元件的數值 R、L 有關。若 $t_0 = 0$ 秒，則 (1.12) 式可以簡單表示爲：

$$i_L(t) = I_0\varepsilon^{-(1/\tau_L)t} \quad \text{A} \tag{1.13}$$

由 (1.13) 式可知，當開關 SW 於 0 秒開啓時，電感器的電流 i_L 瞬間仍依其連續性，維持開啓前的數值 I_0，此爲該電路最大的電流，自此之後，隨時間逐漸增大，電感器電流 i_L 以指數下降的方式漸漸減少。茲按開關 SW 開啓後所經過時間 t，對時間常數 τ_L 的倍數，分別列出 (1.13) 式電流的數據如下：

$$t = \tau_L, \ i_L(t) = 3.6788 \times 10^{-1}I_0$$

$$t = 2\tau_L, \ i_L(t) = 1.3534 \times 10^{-1}I_0$$

$$t = 3\tau_L, \ i_L(t) = 4.9787 \times 10^{-2}I_0$$

$$t = 4\tau_L, \ i_L(t) = 1.8316 \times 10^{-2}I_0$$

$$\boxed{t = 5\tau_L, \ i_L(t) = 6.7379 \times 10^{-3}I_0}$$

$$t = 6\tau_L, \ i_L(t) = 2.4788 \times 10^{-3}I_0$$

$$\vdots \qquad\qquad \vdots$$

$$t = 10\tau_L, \ i_L(t) = 4.5400 \times 10^{-5}I_0$$

理論上 (1.13) 式須經過無限長的時間，方可使電流 i_L 降爲零值，但由上面所列的數據可知，時間 t 約經過五倍的時間常數：$5\tau_L$ 時，電流數值大小已經很小，約爲電感器初值電流 I_0 的百分之 0.67379，可以將該電流視爲已降至爲穩態的零值。

　　將 (1.12) 式的電流響應方程式乘以電阻值 R，可以計算節點 1、2 間的電壓 $v(t)$ 如下：

$$v(t) = -Ri_L(t) = -RI_0\varepsilon^{-(1/\tau_L)(t-t_0)} \quad \text{V} \tag{1.14}$$

$v(t)$ 的最高電壓發生在開關 SW 開啓瞬間，可令 (1.14) 式之 $t = t_0$，則結果與 (1.4) 式的電壓計算相同。因爲電流 i_L 是隨時間逐漸下降的，因此電流對時間的變化率爲：

$$\frac{di_L(t)}{dt} = \frac{v_L(t)}{L} = \frac{v(t)}{L} = -\frac{i_L(t)}{(L/R)} = -\frac{I_0\varepsilon^{-(1/\tau_L)(t-t_0)}}{\tau_L} \quad \text{A/s}$$

$$\tag{1.15}$$

電流 i_L 對時間 t 的變化率是負值，而原電流 i_L 爲正值，在時間軸爲水平時，代表電流 i_L 的變化方向爲向右下進行，逐漸趨向電流的零值。電流 i_L 對時間 t 變化率的最大值也是發生在 $t = t_0$ 時，其值爲：

$$\left.\frac{di_L(t)}{dt}\right|_{\max} = \frac{di_L}{dt}(t_0) = -\frac{I_0}{\tau_L} \quad \text{A/s} \tag{1.16}$$

電感器兩端的電壓 $v(t)$ 隨時間 t 的變動率可由 (1.14) 式對時間 t 微分表示如下：

$$\frac{dv_L(t)}{dt} = \frac{dv(t)}{dt} = -R\frac{di_L(t)}{dt} = R\frac{i_L(t)}{\tau_L} = \frac{i_L(t)}{(L/R^2)} \quad \text{V/s}$$

$$\tag{1.17}$$

電壓 $v(t)$ 隨時間 t 的變動率爲正值，但電壓 $v(t)$ 原爲負值，表示電壓 $v(t)$ 由負值以向右上的方向逐漸趨近零值。電壓 $v(t)$ 隨時間 t 的變動率的最大值也是發生在開關 SW 開啓的瞬間 $t = t_0$ 時，其值爲：

$$\left.\frac{dv(t)}{dt}\right|_{\max} = \frac{dv}{dt}(t_0) = \frac{I_0}{(L/R^2)} = R\frac{I_0}{\tau_L} \quad \text{V/s} \tag{1.18}$$

因為圖 5.2.1 僅有兩個電路元件，電壓 $v(t)$ 相同，電流 i_L 也因連接而相同，因此功率相同，但是電感器 L 是釋放能量或功率，而電阻器 R 是消耗功率或能量。電感器元件 L 的吸收功率 p_L 為:

$$p_L(t) = v(t) \cdot i_L(t) = -R \cdot i_L^2(t) = -RI_0^2 \varepsilon^{-(2/\tau_L)(t-t_0)} \quad \text{W}$$

$$(1.19)$$

電感器吸收功率為負值，相當於放出正值的功率。按能量不減定律，一個電路中所有電路元件吸收功率的總和為零，因此電阻器 R 的吸收功率 p_R 為 (1.19) 式的負值:

$$p_R(t) = -p_L(t) = R \cdot i_L^2(t) = RI_0^2 \varepsilon^{-(2/\tau_L)(t-t_0)} \quad \text{W} \quad (1.20)$$

不論電流值 i_L 正負與否，由 (1.20) 式可以得知電阻器 R 的功率 p_R 必為正值。注意 (1.19) 式及 (1.20) 式之功率變化，均以二倍電壓或電流的指數關係做改變。將電感器功率 p_L 由時間 t_0 積分至 t 秒，加上在 $t = t_0$ 的儲能，可以求得電感器 L 在 t_0 秒至 t 秒間所有儲存能量的改變:

$$w_L(t) = w_L(t_0) + \int_{t_0}^{t} p_L(\tau) d\tau$$

$$= \frac{1}{2}LI_0^2 + \int_{t_0}^{t} -RI_0^2 \varepsilon^{-(2/\tau_L)(\tau-t_0)} d\tau$$

$$= \frac{1}{2}LI_0^2 - RI_0^2(-\frac{\tau_L}{2})$$

$$\int_{t_0}^{t} \varepsilon^{-(2/\tau_L)(\tau-t_0)} d\left[-(2/\tau_L)(\tau - t_0)\right]$$

$$= \frac{1}{2}LI_0^2\left[1 + \varepsilon^{-(2/\tau_L)(t-t_0)} - \varepsilon^{-(2/\tau_L)(0)}\right]$$

$$= \frac{1}{2}LI_0^2\left[\varepsilon^{-(2/\tau_L)(t-t_0)}\right]$$

$$= w_L(t_0)\left[\varepsilon^{-(2/\tau_L)(t-t_0)}\right] \quad \text{J} \quad (1.21)$$

式中 $w_L(t_0)$ 代表電感器 L 在 t_0 秒時之初值能量，這也是該電路最大的原始儲存能量。由 (1.21) 式之電感能量隨時間變化關係看來，電感器的總儲存能量隨時間 t 的增加而慢慢變成趨近於零，直到時間 t

趨近於無限大時，也就是將初值能量完全釋放完畢。電感器 L 若以其內部能量的關係式表示為：

$$w_L(t) = \frac{1}{2} L i_L{}^2(t) = \frac{1}{2} L I_0{}^2 \varepsilon^{-(2/\tau_L)(t-t_0)}$$

$$= w_L(t_0) \varepsilon^{-(2/\tau_L)(t-t_0)} \quad J \tag{1.22}$$

恰與 (1.21) 式表示式相同。而電阻器 R 的消耗能量 w_R 可將電阻功率 p_R 對時間由 t_0 積分至 t 即可：

$$w_R(t) = \int_{t_0}^{t} p_R(\tau) d\tau = w_L(t_0)[1 - \varepsilon^{-(2/\tau_L)(t-t_0)}] \quad J \tag{1.23}$$

上式表示當 $t = t_0$ 瞬間，電阻器沒有消耗電感儲存能量，隨著時間的增加，能量消耗漸漸增加，當時間趨近無限大時，電阻器 R 的能量消耗總值為 $\frac{1}{2} L I_0{}^2$，換句話說，電感器之所有初值能量，完全釋放給電阻器 R，最後整個電路回歸無能量的情況，形成完全停止不動作的電路。所有 RL 電路相關的電壓、電流、功率與能量可參考圖 1.1 (a)～(c)所示之結果。

2.無源 RC 電路之自然響應

由圖 5.2.3 所示，一個電阻器 R 與一個電容器 C 之一個端點，相連接在共同節點 3 上，電容器 C 與電阻器 R 的另一端則分別連接於節點 1 及節點 2 上，在節點 1、2 間有一開關 SW，該開關在 t_0 秒前為開啟，而電容器 C 在 t_0 秒前有初值電壓 V_0 存在。

⑴**當 $t < t_0$ 時**

根據前面所述，$t < t_0$ 時的電容器電壓與電流狀況為：

$$v_C(t) = V_0 \quad V \tag{1.24}$$

$$i_C(t) = 0 \quad A \tag{1.25}$$

⑵**當 $t \geq t_0$ 時**

在 $t = t_0$ 瞬間，開關 SW 閉合，使節點 1、2 變成短路，根據電容器電壓的連續性：

圖 1.1　*RL* 電路的電壓、電流、功率與能量

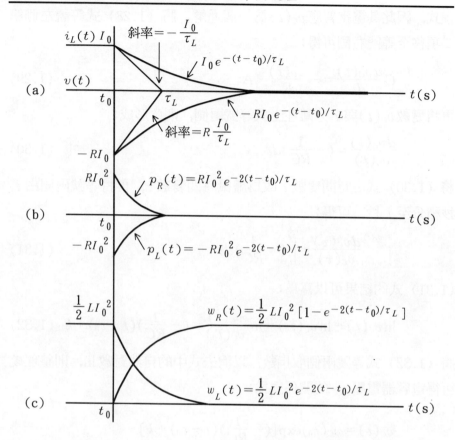

$$v_C(t_0^-) = v_C(t_0) = v_C(t_0^+) = V_0 \quad \text{V} \tag{1.26}$$

此電壓 v_C 恰好跨在電阻器 R 之上，因此電容器 C 的電流 i_C 為：

$$i_C(t_0) = -\frac{V_0}{R} \quad \text{A} \tag{1.27}$$

式中的負值表示電容器電流 i_C 為由電壓 v_C 正端流向電阻器 R。在 $t = t_0$ 秒開關 SW 閉合後，電容器 C 兩端與電阻器 R 兩端相連接，我們可以在節點 1 或節點 2 上，利用克希荷夫電流定律 KCL 寫出其關係式為：

$$C\frac{dv_C(t)}{dt} + \frac{v_C(t)}{R} = 0 \quad \text{A} \tag{1.28}$$

由 (1.28) 式等號右側爲零來看，該式爲一個齊次線性常係數微分方程式，因此其電壓響應$v_c(t)$爲一個通解。將 (1.28) 式等號左側第二項移至等號右側可得：

$$C\frac{dv_c(t)}{dt} = -\frac{v_c(t)}{R} \quad A \tag{1.29}$$

再將變數$v_c(t)$與t分離在上式等號兩側，則會形成：

$$\frac{dv_c(t)}{v_c(t)} = (-\frac{1}{RC})dt \tag{1.30}$$

將 (1.30) 式之時間變數t改爲虛擬時間變數τ，再將等號兩側由t_0秒積分至t秒，可得：

$$\int_{v_c(t_0)}^{v_c(t)}\frac{dv_c(\tau)}{v_c(\tau)} = \int_{t_0}^{t}(-\frac{1}{RC})d\tau \tag{1.31}$$

(1.31) 式的結果可以寫爲：

$$\ln v_c(t) - \ln v_c(t_0) = \ln\frac{v_c(t)}{v_c(t_0)} = (-\frac{1}{RC})(t - t_0) + k \tag{1.32}$$

將 (1.32) 式等號兩側取指數，以消去式中的自然對數 ln，則整理後可得電容器電壓v_c的關係式爲：

$$v_c(t) = v_c(t_0)\exp[(-\frac{1}{RC})(t - t_0) + k]$$

$$= V_0 k_0 \varepsilon^{-(1/\tau_c)(t-t_0)}$$

$$= V_0 \varepsilon^{-(1/\tau_c)(t-t_0)} \quad V \tag{1.33}$$

式中

$$\tau_c = RC \quad s \tag{1.34}$$

稱爲該電路的時間常數，單位亦爲秒；$k_0 = \exp(k)$，由$t = t_0$之數據代入 (1.33) 式可得$k_0 = 1$。由 (1.33) 式之結果可以得知，該電容器電壓響應爲一個自然響應電壓、通解電壓或暫態電壓，僅與時間、電容器電壓初值V_0以及電路元件的數值R、C有關。若$t_0 = 0$，則 (1.33) 式可以簡單寫爲：

$$v_C(t) = V_0 \varepsilon^{-(1/\tau_c)t} \quad \text{V} \tag{1.35}$$

由 (1.33) 式之結果可知，當開關 SW 於 $t = t_0$ 秒關閉時，電容器電壓 v_C 由最初的最大值 V_0，隨時間 t 呈指數逐漸下降，經過約五個時間常數後，電壓 v_C 可視為降至穩態的零值。將 (1.33) 式對時間 t 微分，再乘以電容器之量 C，可得電容器的電流 i_C 為:

$$i_C(t) = C \frac{dv_C(t)}{dt} = CV_0 \left(-\frac{1}{\tau_C} \right) \varepsilon^{-(1/\tau_c)(t-t_0)}$$

$$= -\frac{V_0}{R} \varepsilon^{-(1/\tau_c)(t-t_0)}$$

$$= i_C(t_0) \varepsilon^{-(1/\tau_c)(t-t_0)} \quad \text{A} \tag{1.36}$$

由上式可以得知，電容器電流 i_C 在開關 SW 閉合瞬間變成最大的負值，接著再以指數的方式逐漸下降，約經過五倍的時間常數後，電流降至穩態的零值。電容器電壓 v_C 的時變率為:

$$\frac{dv_C(t)}{dt} = \frac{i_C(t)}{C} = \left(-\frac{V_0}{\tau_C} \right) \varepsilon^{-(1/\tau_c)(t-t_0)} \quad \text{V/s} \tag{1.37}$$

電容器電壓的時變率最大值發生在 $t = t_0$ 時，其值為:

$$\left. \frac{dv_C(t)}{dt} \right|_{\text{max}} = \frac{dv_C}{dt}(t_0) = \left(-\frac{V_0}{\tau_C} \right) \varepsilon^0 = -\frac{V_0}{\tau_C} = -\frac{V_0}{RC}$$

$$= \frac{i_C(t_0)}{C} \quad \text{V/s} \tag{1.38}$$

電容器電流 i_C 對時間之變動率為:

$$\frac{di_C(t)}{dt} = \frac{d}{dt} \left[-\frac{v_C(t)}{R} \right] = \left(-\frac{1}{R} \right) \frac{dv_C(t)}{dt}$$

$$= \left(-\frac{1}{R} \right) \left(-\frac{V_0}{\tau_C} \right) \varepsilon^{-(1/\tau_c)(t-t_0)}$$

$$= \frac{V_0}{R^2 C} \varepsilon^{-(1/\tau_c)(t-t_0)} \quad \text{A/s} \tag{1.39}$$

電容器電流時變率之最大值也是發生在 $t = t_0$ 時，其值為:

$$\left. \frac{di_C(t)}{dt} \right|_{\text{max}} = \frac{di_C}{dt}(t_0) = \frac{V_0}{R^2 C} \varepsilon^0 = \frac{V_0}{R^2 C} \quad \text{A/s} \tag{1.40}$$

將電容器電壓 $v_C(t)$ 乘以電流 $i_C(t)$，可得電容器瞬間吸收的功率 p_C:

$$p_C(t) = v_C(t) \cdot i_C(t) = V_0 \varepsilon^{-(1/\tau_c)(t-t_0)} \left(-\frac{V_0}{R} \right) \varepsilon^{-(1/\tau_c)(t-t_0)}$$

$$= -\frac{V_0^2}{R} \varepsilon^{-(2/\tau_c)(t-t_0)} \quad \text{W} \tag{1.41}$$

電容器所吸收的功率爲負值，表示電容器釋放正值的功率，在 $t = t_0$ 時功率最大，然後隨時間以兩倍電壓或電流指數下降率減少。根據電路元件吸收功率總和爲零的觀念，電阻器 R 瞬間所吸收的功率 p_R 應爲 (1.41) 式的負值：

$$p_R(t) = -p_C(t) = \frac{V_0^2}{R} \varepsilon^{-(2/\tau_c)(t-t_0)} \quad \text{W} \tag{1.42}$$

上式表示電阻器 R 在 $t = t_0$ 秒時吸收最大功率，之後也以兩倍電壓或電流指數的下降率減少。將電容器吸收的瞬時功率 p_C 對時間 t 積分，加上初值能量，可得其總儲存能量爲：

$$w_C(t) = w_C(t_0) + \int_{t_0}^{t} p_C(\tau) d\tau$$

$$= \frac{1}{2} C V_0^2 + \int_{t_0}^{t} \left(-\frac{V_0^2}{R} \right) \varepsilon^{-(2/\tau_c)(\tau-t_0)} d\tau$$

$$= \frac{1}{2} C V_0^2 + \left(-\frac{V_0^2}{R} \right) \left(-\frac{\tau_C}{2} \right)$$

$$\int_{t_0}^{t} \varepsilon^{-(2/\tau_c)(\tau-t_0)} d \left[-(2/\tau_C)(\tau-t_0) \right]$$

$$= \frac{1}{2} C V_0^2 \left[1 + \varepsilon^{-(2/\tau_c)(t-t_0)} - 1 \right]$$

$$= w_C(t_0) \left[\varepsilon^{-(2/\tau_c)(t-t_0)} \right] \quad \text{J} \tag{1.43}$$

式中 $w_C(t_0)$ 代表開關 SW 閉合前的電容器初始能量。在 $t = t_0$ 時的電容器能量尚未釋放，維持原初值能量，此能量也是最大的電容儲能，隨時間的慢慢增加，電容器所儲存的能量漸漸變小，到達無限長的時間後，儲存能量變爲零能量，亦即，電容器完全釋放了正的初值能量出去。該能量就完全交由電阻器 R 來消耗，其值應爲：

$$w_R(t) = \int_{t_0}^{t} p_R(\tau) d\tau = w_C(t_0) \left[1 - \varepsilon^{-(2/\tau_c)(t-t_0)} \right] \quad \text{J} \tag{1.44}$$

上式表示在 $t = t_0$ 時，電阻器 R 尚未消耗電容器的儲能，其值為零，當時間 t 逐漸增加後，電容器的能量漸漸地經由開關 SW 傳送至電阻器，當電容器能量完全釋放完畢時，也就是電容器原有的初始能量能完全由電阻器耗盡時。電容器的能量也可以由下述的方式表示：

$$w_C(t) = \frac{1}{2}Cv_C^2(t) = \frac{1}{2}CV_0^2\varepsilon^{-(2/\tau_C)(t-t_0)} \quad \text{J} \qquad (1.45)$$

上式表示電容器 C 內部所儲存的能量隨時間漸漸地減少，直到時間趨近於無限大時，所有電容器能量完全消失，完全由電阻器 R 消耗殆盡，與 (1.43) 式所表示的相同。圖 5.2.3 RC 電路之電壓、電流、功率及能量變化，均示在圖 1.2(a)~(c)中，可與上述各式對照。

圖 1.2　RC 電路之電壓、電流、功率與能量之響應

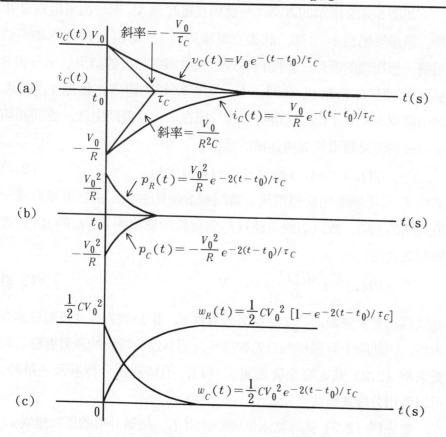

附錄 2： 以微分方程式分離變數法
求解 *RL* 電路及 *RC* 電路
之步階響應

　　本附錄係針對本章第 5.4 節有關 *RL* 及 *RC* 電路步階響應的求解技巧，改以微分方程式的分離變數法求解，茲分兩部份分別說明 *RL* 電路及 *RC* 電路的解法。

1. *RL* 電路之步階響應

　　如圖 5.4.2 所示的電路，一個獨立電壓源 V_s 與一個電阻器 R 串聯，連接於節點 1、3 間，該獨立電壓源 V_s 與電阻器 R 之串聯可視為將一個複雜的網路，化簡爲等效的戴維寧電路後的結果。另一個電感器 L 連接於節點 2、3 間，而一個開關 SW 連接在節點 1、2 間。其中開關 SW 在 $t < t_0$ 前是開啓的，但在 $t = t_0$ 瞬間閉合，故開關切換前後的電感器電流保持連續的零值：

$$i_L(t_0^-) = i_L(t_0) = i_L(t_0^+) = I_0 = 0 \quad \text{A} \tag{2.1}$$

式中 I_0 爲電感器的初值電流。當開關 SW 閉合後，由於電路形成一個封閉的迴路，故以迴路電流 $i(t)$ 爲變數所寫出的 $t > t_0$ 的 KVL 電壓關係式爲：

$$Ri(t) + L\frac{di(t)}{dt} = V_s \quad \text{V} \tag{2.2}$$

此式爲具有常係數之一次線性微分方程式，但是該方程式是屬於非齊次的，因此除了有通解的自然響應外，另外還有特解的激發響應。若要求解 (2.2) 式之完全響應電流 $i(t)$，不特別區分特解及通解時，可以利用分離變數法來完成。

　　首先將 (2.2) 式等號兩側同時除以 L，使微分項的係數變成 1：

$$\frac{di(t)}{dt} + \frac{R}{L} i(t) = \frac{V_S}{L} \quad \text{A/s} \tag{2.3}$$

再將上式移項，使等號左側換成只有微分項存在：

$$\frac{di(t)}{dt} = -\frac{R}{L} i(t) + \frac{V_S}{L} = -\frac{R}{L}[i(t) - \frac{V_S}{R}] \quad \text{A/s} \tag{2.4}$$

然後將 (dt) 項移至等號右側，電流 $[i(t) - \frac{V_S}{R}]$ 的項移至等號左側

變成：

$$\frac{di(t)}{i(t) - (V_S/R)} = (-\frac{R}{L})dt \tag{2.5}$$

到了此步驟，已經將電流變數 $i(t)$ 與時間變數 t 分離開來，並分別移
至等號左、右兩側，因此再將 (2.5) 式之時間變數 t 換成另一個虛
擬時間變數 τ，並將等號左右兩側由 $\tau = t_0$ 之量積分至 $\tau = t$ 之量，
其結果為：

$$\int_{i(t_0)}^{i(t)} \frac{di(\tau)}{i(\tau) - (V_S/R)} = \int_{t_0}^{t} (-\frac{R}{L})d\tau + K \tag{2.6}$$

結果變成：

$$\ln \frac{i(t) - (V_S/R)}{i(t_0) - (V_S/R)} = -\frac{R}{L}(t - t_0) + K \tag{2.7}$$

式中 ln 代表自然對數，K 表示積分常數。將 (2.7) 式等號兩側取指
數 ε，即可消去自然對數的關係，故電流 $i(t)$ 之結果可表示為：

$$i(t) = \frac{V_S}{R} + [i(t_0) - \frac{V_S}{R}]\varepsilon^{-(R/L)(t-t_0)+K}$$

$$= \frac{V_S}{R} + [i(t_0) - \frac{V_S}{R}]K_0\varepsilon^{-(R/L)(t-t_0)} \quad \text{A} \tag{2.8}$$

式中 $K_0 = \varepsilon^K$。將 (2.1) 式的初值條件代入 (2.8) 式，可得 $K_0 = 1$。
故電流之完全響應為：

$$i(t) = \frac{V_S}{R} + [i(t_0) - \frac{V_S}{R}]\varepsilon^{-(R/L)(t-t_0)}$$

$$= \frac{V_S}{R}[1 - \varepsilon^{-(R/L)(t-t_0)}] + i(t_0)\varepsilon^{-(R/L)(t-t_0)}$$

$$= \frac{V_S}{R} - \frac{V_S}{R} \, \varepsilon^{-(t-t_0)/\tau_L}$$

$$= \frac{V_S}{R} [1 - \varepsilon^{-(t-t_0)/\tau_L}] \quad \text{A} \tag{2.9}$$

式中 $i(t_0) = 0$ A 已於 (2.1) 式中說明過，而

$$\tau_L = \frac{L}{R} \quad \text{s} \tag{2.10}$$

稱爲該電路的時間常數，與第 5.2 節 RL 電路自然響應之時間常數相同。讓我們仔細分析 (2.9) 式的電流響應結果：

(1)由 (2.9) 式第一個等號右側結果可以知道，該電路的電流響應第一項爲一個固定常數的穩態響應，與電感器初值電流 I_0 無關，由該穩態答案可以得知，在穩態時可將電感器視爲短路以方便求出穩態的解，此解等於電壓源電壓 V_S 直接除以電阻值 R；第二項爲一個隨時間增加而呈指數下降的暫態響應，與外加電源 V_S、電感器初值電流 I_0 以及電路元件參數值有關。

(2) (2.9) 式第二個等號右側，第一項爲激發響應，與外加電源 V_S 直接相關；第二項爲自然響應，與電感器初值電流 I_0 直接相關，此式即爲第 5.2 節中 (5.1.1) 式的相同寫法，完全響應爲激發響應與自然響應的和。

電感器兩端的電壓可由方程式推導爲：

$$v_L(t) = L \frac{di(t)}{dt} = L \frac{V_S}{R} \frac{1}{\tau_L} [\varepsilon^{-(t-t_0)/\tau_L}] = V_S [\varepsilon^{-(t-t_0)/\tau_L}] \quad \text{V} \tag{2.11}$$

由 (2.9) 式可以推算出當 $t = t_0$ 時，電流 $i(t)$ 等於零值，與 (2.1) 式之開關 SW 閉合前以及開關閉合瞬間之條件相同；由 (2.11) 式也可以計算 $t = t_0$ 時之電感器電壓爲 V_S，故此電感器在 $t = t_0$ 時爲等效的開路。而當時間 t 趨近於無限大時，(2.9) 式之電流 $i(t)$ 也趨近於一個穩態的值（V_S/R），(2.11) 式也顯示電感器兩端的電壓爲趨近於一個零值。此結果表示在圖 5.4.2 所示之電路到達穩態時，電感器

L 變成一個等效短路狀態，沒有電壓僅有電流通過的狀態。因此獨立電壓源電壓 V_s 整個跨在電阻器 R 兩端，造成最大的電流，此即為穩態電流。

由開關 SW 閉合的時間開始算起，將所經過的時間 $(t - t_0)$，當做時間常數 τ_L 之不同倍數，所計算出來的電感器通過的電流 $i(t)$ 及兩端的電壓 $v(t)$ 之值分別列在表 2.1 中。

表 2.1　*RL* 電路經過不同倍數的時間常數時電感器電流及電壓

$(t-t_0)$ (s)	i (A)	v_L (V)
$1\tau_L$	$0.632121\ (V_s/R)$	$0.367879\,V_s$
$2\tau_L$	$0.864665\ (V_s/R)$	$0.135335\,V_s$
$3\tau_L$	$0.950213\ (V_s/R)$	$0.049787\,V_s$
$4\tau_L$	$0.981684\ (V_s/R)$	$0.018316\,V_s$
$5\tau_L$	$0.993262\ (V_s/R)$	$0.006738\,V_s$
$\vdots$	$\vdots$	$\vdots$
$10\tau_L$	$0.999955\ (V_s/R)$	$0.000045\,V_s$

由表 2.1 的數值結果得知，當 $(t - t_0) = 5\tau_L$ 時，電感器的電流和電壓與其穩態值之相差量已接近 0.6738%，因此可視五倍的電路時間常數為到達電路穩態所需花費的時間。若將（2.9）式及（2.11）式兩式對時間微分，取 $t = t_0$ 時之量，可分別得到開關閉合瞬間電流及電壓之變化率，此亦為此電流與電壓變化率的最大值：

$$\left.\frac{di(t)}{dt}\right|_{\max} = \frac{di}{dt}(t_0) = \left(-\frac{V_s}{R}\right)\left(-\frac{1}{\tau_L}\right)\varepsilon^0 = \frac{V_s}{L} \quad \text{A/s} \qquad (2.12)$$

$$\left.\frac{dv_L(t)}{dt}\right|_{\max} = \frac{dv_L}{dt}(t_0) = V_s\left(-\frac{1}{\tau_L}\right)\varepsilon^0 = -\frac{R}{L}V_s \quad \text{V/s} \qquad (2.13)$$

請注意：（2.12）式為正值表示電流對時間是逐漸增大的，其斜率方向是由左下往右上畫去的；而（2.13）式為負值，表示電壓對時間的變化是漸漸下降的，其斜率則為由左上向右下的方向畫去。(2.9) 式及（2.12）式兩式之圖形如圖 5.4.3 所示，而（2.11）式及（2.13）

式兩式則如圖 5.4.4 所示。

　　值得我們注意的是，圖 5.4.3 及圖 5.4.4 中的斜線代表 $t = t_0$ 時的電流及電壓對時間的變動率，它們的直線畫法僅需兩個點即可畫出，一個點是 $t - t_0 = 0$ 時的初值電流或電壓；另一個點的時間是 $t - t_0 = \tau_L$，數值是穩態的電流或電壓。例如：圖 5.4.3 中直線兩個點的座標 $(t - t_0,\ i)$ 分別是 $(t - t_0 = 0,\ i = 0)$ 以及 $(t - t_0 = \tau_L,\ i = V_S/R)$。圖 5.4.4 中直線的兩個點座標 $(t - t_0,\ v_L)$ 分別為 $(t - t_0 = 0,\ v_L = V_S)$ 以及 $(t - t_0 = \tau_L,\ v_L = 0)$。

　　當電流 $i(t)$ 及電感器電壓 $v_L(t)$ 均求出後，其他的電路的數據也可繼續推導出來，例如電阻器電壓 $v_R(t)$ 為：

$$v_R(t) = Ri(t) = V_S - v_L(t) = V_S[1 - \varepsilon^{-(t - t_0)/\tau_L}] \quad \text{V} \quad (2.14)$$

當 $t = t_0$ 時，v_R 之電壓為零，因為無電流通過整個迴路；當時間逐漸上升後，電流 $i(t)$ 漸漸變大，因此電阻器電壓慢慢上升；當時間趨近於無限大時，電阻器電壓 v_R 成為電源電壓的大小，也即是其穩態值。其實由 (2.14) 式也可以知道，$v_R(t)$ 的響應曲線應與電流 $i(t)$ 之響應曲線完全一致，只是大小量差了電阻器值 R 倍而已。獨立電壓源的輸出功率 p_S、電阻器的吸收功率 p_R 以及電感器的吸收功率 p_L 分別為：

$$p_S(t) = V_S \cdot i(t) = \frac{V_S^2}{R}[1 - \varepsilon^{-(t - t_0)/\tau_L}] \quad \text{W} \quad (2.15)$$

$$p_R(t) = v_R(t) \cdot i(t) = R \cdot i^2(t) = \frac{V_S^2}{R}[1 - \varepsilon^{-(t - t_0)/\tau_L}]^2$$

$$= \frac{V_S^2}{R}[1 - 2\varepsilon^{-(t - t_0)/\tau_L} + \varepsilon^{-2(t - t_0)/\tau_L}] \quad \text{W} \quad (2.16)$$

$$p_L(t) = v_L(t) \cdot i(t) = V_S[\varepsilon^{-(t - t_0)/\tau_L}]\frac{V_S}{R}[1 - \varepsilon^{-(t - t_0)/\tau_L}]$$

$$= \frac{V_S^2}{R}[\varepsilon^{-(t - t_0)/\tau_L} - \varepsilon^{-2(t - t_0)/\tau_L}] \quad \text{W} \quad (2.17)$$

由 (2.15) 式～(2.17)式之結果可以證明輸出的電源功率 $p_S(t)$ 等於電阻器與電感器所吸收的總功率 $p_R(t) + p_L(t)$。同理，將功率的表

示式對時間由 t_0 積分至 t，即可求出能量的關係，三個電路元件：電壓源、電阻器及電感器的能量表示式分別為：

$$w_S(t) = \int_{t_0}^{t} p_S(\tau)d\tau = \int_{t_0}^{t} \frac{V_s^2}{R}[1 - \varepsilon^{-(\tau-t_0)/\tau_L}]d\tau$$

$$= \frac{V_s^2}{R}\{(t-t_0) + \tau_L \int_{t_0}^{t} \varepsilon^{-(\tau-t_0)/\tau_L}d[\frac{-(\tau-t_0)}{\tau_L}]\}$$

$$= \frac{V_s^2}{R}\{(t-t_0) + \frac{L}{R}[\varepsilon^{-(t-t_0)/\tau_L} - 1]\}$$

$$= \frac{V_s^2}{R}(t-t_0) + \frac{LV_s^2}{R^2}[\varepsilon^{-(t-t_0)/\tau_L}] - \frac{LV_s^2}{R^2} \quad \text{J} \qquad (2.18)$$

$$w_R(t) = \int_{t_0}^{t} p_R(\tau)d\tau$$

$$= \int_{t_0}^{t} \frac{V_s^2}{R}[1 - 2\varepsilon^{-(\tau-t_0)/\tau_L} + \varepsilon^{-2(\tau-t_0)/\tau_L}]d\tau$$

$$= \frac{V_s^2}{R}\{(t-t_0) + 2\tau_L \int_{t_0}^{t} \varepsilon^{-(\tau-t_0)/\tau_L}d[\frac{-(\tau-t_0)}{\tau_L}]$$

$$- \frac{\tau_L}{2} \int_{t_0}^{t} \varepsilon^{-2(\tau-t_0)/\tau_L}d[\frac{-2(\tau-t_0)}{\tau_L}]\}$$

$$= \frac{V_s^2}{R}\{(t-t_0) + \frac{2L}{R}[\varepsilon^{-(t-t_0)/\tau_L} - 1]$$

$$- \frac{L}{2R}[\varepsilon^{-2(t-t_0)/\tau_L} - 1]\}$$

$$= \frac{V_s^2}{R}(t-t_0) + \frac{2LV_s^2}{R^2}[\varepsilon^{-(t-t_0)/\tau_L}] - \frac{LV_s^2}{2R^2}[\varepsilon^{-2(t-t_0)/\tau_L}]$$

$$- \frac{3LV_s^2}{2R^2} \quad \text{J} \qquad (2.19)$$

$$w_L(t) = w_L(t_0) + \int_{t_0}^{t} p_L(\tau)d\tau$$

$$= 0 + \int_{t_0}^{t} \frac{V_s^2}{R}[\varepsilon^{-(\tau-t_0)/\tau_L} - \varepsilon^{-2(\tau-t_0)/\tau_L}]d\tau$$

$$= \frac{V_s^2}{R}\{-\tau_L \int_{t_0}^{t} \varepsilon^{-(\tau-t_0)/\tau_L}d[\frac{-(\tau-t_0)}{\tau_L}]$$

$$+ \frac{\tau_L}{2} \int_{t_0}^{t} \varepsilon^{-2(\tau-t_0)/\tau_L}d[\frac{-2(\tau-t_0)}{\tau_L}]$$

$$= \frac{V_s^2}{R} \{ -\frac{L}{R}[\varepsilon^{-(t-t_0)/\tau_L} - 1] + \frac{L}{2R}[\varepsilon^{-2(t-t_0)/\tau_L} - 1] \}$$

$$= -\frac{LV_s^2}{R^2}[\varepsilon^{-(t-t_0)/\tau_L}] + \frac{LV_s^2}{2R^2}[\varepsilon^{-2(t-t_0)/\tau_L}] + \frac{LV_s^2}{2R^2} \quad J$$

$$(2.20)$$

式中電感器的初值能量 $w_L(t_0) = 0$，是由（2.1）式的電感器初值電流 $I_0 = 0$ 的條件所決定的。由（2.18）式～（2.20）式可以得知能量不滅定理關係，亦即瞬間電源輸出的能量 $w_S(t)$ 等於電阻器及電感器所吸收的總能量。電感器吸收能量之表示式也可利用另一種方式寫出：

$$w_L(t) = \frac{1}{2}L[i(t)]^2 = \frac{1}{2}L\{\frac{V_s}{R}[1 - \varepsilon^{-(t-t_0)/\tau_L}]\}^2$$

$$= \frac{1}{2}L\frac{V_s^2}{R^2}[1 - 2\varepsilon^{-(t-t_0)/\tau_L} + \varepsilon^{-2(t-t_0)/\tau_L}]$$

$$= -\frac{LV_s^2}{R^2}[\varepsilon^{-(t-t_0)/\tau_L}] + \frac{LV_s^2}{2R^2}[\varepsilon^{-2(t-t_0)/\tau_L}] + \frac{LV_s^2}{2R^2} \quad J$$

$$(2.21)$$

（2.21）式恰與（2.20）式的結果相同。由 RL 電路步階響應之電流、電壓、功率及能量所推導出的方程式可以發現，每一個方程式均含有獨立電壓源電壓 V_s 的量，這就是在說明激發響應完全是由外界的電源來供給電路能量的，有別於自然響應完全是由電感器初值電流或電容器初值電壓所決定。

2.RC 電路之步階響應

如圖 5.4.5 所示，為一個具有步階輸入響應之 RC 電路。節點 1、2 間連接著一個獨立電流源 I_s 及一個並聯電阻器 R，以虛線圍起來的這種電路可視為一個複雜網路經過諾頓定理轉換後所得到的等效電路。節點 1、2 間另外連接著一個電容器 C 以及一個開關 SW，該開關在 $t < t_0$ 時是閉合的，在 $t = t_0$ 瞬間開啟。假設節點 1 對節點 2 之電壓為 $v(t)$，由於電流源 I_s、電阻器 R、開關 SW 以及電容器 C

均接在節點 1、2 間，因此這四種電路元件之電壓皆等於 $v(t)$。在 $t < t_0$ 時，因爲開關 SW 閉合，因此電流源 I_s 之電流全部流入該開關，電容器之電壓與電流均爲零。當 $t = t_0$ 瞬間開關 SW 開啓，電容器兩端的電壓須保持其連續性，故：

$$v_C(t_0^-) = v_C(t_0) = v_C(t_0^+) = v_0 = 0 \quad \text{V} \tag{2.22}$$

時間 $t > t_0$ 時，電路之電壓及電流關係式可由解電路之微分方程式得知，其方程式可由節點 1 之克希荷夫電流定律 KCL 關係式寫出爲：

$$C\frac{dv(t)}{dt} + \frac{v(t)}{R} = I_s \quad \text{A} \tag{2.23}$$

將 (2.23) 式等號兩側同除以電容器值 C，可將微分部份之係數化簡爲常數 1，結果變爲：

$$\frac{dv(t)}{dt} + \frac{v(t)}{RC} = \frac{I_s}{C} \quad \text{V/s} \tag{2.24}$$

上式爲一個具有常係數之一次線性微分方程式，但是等號右側不爲零，因此該式是一個非齊次之微分方程式，其電壓完全響應解也將包含通解與特解兩部份。由於 (2.24) 式是一次線性微分方程式，可以使用簡單的變數分離方法直接求出電壓全解。將 (2.24) 式等號左側第二項移至等號右側，使等號左側只留下微分項，其結果爲：

$$\frac{dv(t)}{dt} = -\frac{v(t)}{RC} + \frac{I_s}{C} = -\frac{1}{RC}[v(t) - RI_s] \quad \text{V/s} \tag{2.25}$$

將 (2.25) 式分離出變數 $v(t)$ 及時間 t，分別放置於等號兩側：

$$\frac{dv(t)}{v(t) - RI_s} = \left(-\frac{1}{RC}\right)dt \tag{2.26}$$

將 (2.26) 式等號兩側對時間 t 積分，可得：

$$\int_{v(t_0)}^{v(t)} \frac{dv(\tau)}{v(\tau) - RI_s} = \int_{v(t_0)}^{v(t)} \frac{d[v(\tau) - RI_s]}{v(\tau) - RI_s}$$

$$= \int_{t_0}^{t} \left(-\frac{1}{RC}\right)d\tau + K \tag{2.27}$$

式中 K 爲積分常數。(2.27) 式的積分結果爲：

$$\ln \frac{v(t) - RI_S}{v(t_0) - RI_S} = (-\frac{1}{RC})(t - t_0) + K \qquad (2.28)$$

將 (2.28) 式等號兩側取指數，可得：

$$v(t) = RI_S + [v(t_0) - RI_S]\varepsilon^{-(t-t_0)/RC+K}$$
$$= RI_S + [v(t_0) - RI_S]K_0\varepsilon^{-(t-t_0)/RC} \quad V \qquad (2.29)$$

式中 $K_0 = \varepsilon^K$。將 (2.22) 式的初值條件代入 (2.29) 式，可求出 K_0 $= 1$ 的結果。故電壓 $v(t)$ 全解爲：

$$v(t) = RI_S + [v(t_0) - RI_S]\varepsilon^{-(t-t_0)/RC}$$
$$= RI_S[1 - \varepsilon^{-(t-t_0)/RC}] + v(t_0)\varepsilon^{-(t-t_0)/RC}$$
$$= RI_S[1 - \varepsilon^{-(t-t_0)/\tau_c}] \quad V \qquad (2.30)$$

式中

$$\tau_c = RC \quad s \qquad (2.31)$$

稱爲該電路之時間常數。由 (2.31) 式之電壓結果可知，該電路電壓在 $t = t_0$ 秒爲零值，與 (2.22) 式之情形一致；當時間 t 漸漸增大時，電壓 $v(t)$ 也逐漸以指數的方式升高；當 $(t - t_0)$ 約爲五倍的時間常數時，電壓 $v(t)$ 已趨近於其穩態值 RI_S。讓我們看一看 (2.30) 式電壓響應全解的表示式：

(1) 由 (2.30) 式第一個等號右側結果得知，第一項爲一個固定常數之穩態響應值，與電容器電壓初值 V_0 無關。由該穩態響應的型式觀察，可以得知當電路到達穩態時，電容器形成一個等效開路（充滿電荷，不再充電），電流源的電流 I_S 全部流入電阻器 R 中；第二項爲一個隨時間 t 增加呈指數下降的暫態響應，與外加電源、電容器初值電壓以及電路元件參數有關。

(2) (2.30) 式第二個等號右側中，第一項爲一個激發響應，與外加電源 I_S 直接相關；第二項爲自然響應，與電容器初值電壓 V_0 直接相關。

　　若將 (2.30) 式之電壓 $v(t)$ 對時間 t 微分，再乘以電容量值 C，

可得電容器流入之電流$i_C(t)$爲：

$$i_C(t) = C\frac{dv(t)}{dt} = (CR)I_S\frac{1}{\tau_C}\varepsilon^{-(t-t_0)/\tau_c} = I_S\varepsilon^{-(t-t_0)/\tau_c} \quad \text{A}$$

$$(2.32)$$

由 (2.32) 式可知，當 $t = t_0$ 時，電容器電流爲 I_S，此爲電容器流入之最大電流值；當時間 t 逐漸加大時，電流漸漸以指數方式下降；約經過五倍的時間常數後，電流$i_C(t)$已趨近於穩態的零值。由上述可知，當時間趨近於無限大時，電容器穩態電壓爲 RI_S，電流爲 0，相當於一個等效開路狀態，既然電容器相當於開路，因此電流源的電流 I_S 全部流入電阻器R中，使其兩端電壓變成RI_S，與電容器電壓 $v(t)$相同。將 (2.30) 式與 (2.32) 式對時間 t 微分，再令 $t = t_0$，可得電容器電壓$v(t)$及電流$i_C(t)$之切線斜率，此也是電壓及電流最大的時變率，其值分別爲：

$$\frac{dv(t)}{dt}\bigg|_{\max} = \frac{dv}{dt}(t_0) = RI_S(\frac{1}{\tau_C})\varepsilon^0 = \frac{I_S}{C} \quad \text{V/s} \qquad (2.33)$$

$$\frac{di_C(t)}{dt}\bigg|_{\max} = \frac{di_C}{dt}(t_0) = I_S(-\frac{1}{\tau_C})\varepsilon^0 = -\frac{I_S}{RC} \quad \text{A/s} \qquad (2.34)$$

(2.30) 式及 (2.33) 式兩式的關係已畫在圖 5.4.6 中，而圖 5.4.7 所繪，則爲 (2.32) 式及 (2.34) 式兩式的關係。仿照 RL 電路的表示關係，(2.33) 式之切線即爲 $(t-t_0, \ v)$ 座標之 $(t-t_0 = 0, \ v = 0)$ 以及 $(t-t_0 = \tau_C, \ v = RI_S)$ 兩點所畫出的直線。(2.34) 式之切線即爲 $(t-t_0, \ i_C)$ 座標之 $(t-t_0 = 0, \ i_C = I_S)$ 以及 $(t-t_0 = \tau_C, \ i_C = 0)$ 兩點所繪出的直線。當電容器的電壓及電流求出後，其餘的電路元件電流、功率及能量關係式也可仿照 RL 電路的方法求出。例如：流入電阻器 R 之電流i_R 可由節點 1 之克希荷夫電流定律 KCL 求出爲：

$$i_R(t) = I_S - i_C(t) = I_S - I_S\varepsilon^{-(t-t_0)/\tau_c} = I_S[1 - \varepsilon^{-(t-t_0)/\tau_c}] \quad \text{A}$$

$$(2.35)$$

電流源 I_S 送出之功率 p_S、電阻器 R 以及電容器 C 吸收之功率分別為:

$$p_S(t) = v(t)I_S = I_S R\,[1 - \varepsilon^{-(t-t_0)/\tau_c}]\,I_S$$

$$= I_S^2\, R\,[1 - \varepsilon^{-(t-t_0)/\tau_c}]\quad \text{W} \tag{2.36}$$

$$p_R(t) = v(t)i_R(t)$$

$$= I_S R\,[1 - \varepsilon^{-(t-t_0)/\tau_c}]\,I_S\,[1 - \varepsilon^{-(t-t_0)/\tau_c}]$$

$$= I_S^2\, R\,[1 - 2\varepsilon^{-(t-t_0)/\tau_c} + \varepsilon^{-2(t-t_0)/\tau_c}]\quad \text{W} \tag{2.37}$$

$$p_C(t) = v(t)i_C(t)$$

$$= I_S R\,[1 - \varepsilon^{-(t-t_0)/\tau_c}]\,I_S\,[\varepsilon^{-(t-t_0)/\tau_c}]$$

$$= I_S^2\, R\,[\varepsilon^{-(t-t_0)/\tau_c} - \varepsilon^{-2(t-t_0)/\tau_c}]\quad \text{W} \tag{2.38}$$

這些功率的關係也滿足所有功率相加和等於零的基本條件。若將 (2.36) 式～(2.38) 式對時間由 t_0 秒積分至 t 秒, 可得個別電路元件總能量的關係式:

$$w_S(t) = \int_{t_0}^{t} p_S(\tau)d\tau = \int_{t_0}^{t} I_S^2 R\,[1 - \varepsilon^{-(\tau-t_0)/\tau_c}]\,d\tau$$

$$= I_S^2 R\,\Big\{(t - t_0) + \tau_C \int_{t_0}^{t} [\varepsilon^{-(\tau-t_0)/\tau_c}]\,d\,[\frac{-(\tau-t_0)}{\tau_C}]\Big\}$$

$$= I_S^2 R\,(t - t_0) + I_S^2 R^2 C\,[\varepsilon^{-(t-t_0)/\tau_c} - 1]$$

$$= I_S^2 R\,(t - t_0) + I_S^2 R^2 C\varepsilon^{-(t-t_0)/\tau_c} - I_S^2 R^2 C\quad \text{J} \tag{2.39}$$

$$w_R(t) = \int_{t_0}^{t} p_R(\tau)d\tau$$

$$= \int_{t_0}^{t} I_S^2 R\,[1 - 2\varepsilon^{-(\tau-t_0)/\tau_c} + \varepsilon^{-2(\tau-t_0)/\tau_c}]\,d\tau$$

$$= I_S^2 R\,\Big\{(t - t_0)$$

$$+ 2\tau_C \int_{t_0}^{t} [\varepsilon^{-(\tau-t_0)/\tau_c}]\,d\,[\frac{-(\tau-t_0)}{\tau_C}]$$

$$- \frac{\tau_C}{2} \int_{t_0}^{t} \varepsilon^{-2(\tau-t_0)/\tau_c}\,d\,[\frac{-2(\tau-t_0)}{\tau_C}]\Big\}$$

$$= I_S^2 R\,(t - t_0) + 2I_S^2 R^2 C\,[\varepsilon^{-(t-t_0)/\tau_c} - 1]$$

$$-\frac{I_s^2 R^2 C}{2}[\varepsilon^{-2(t-t_0)/\tau_c}-1]$$

$$=I_s^2 R(t-t_0)+2I_s^2 R^2 C[\varepsilon^{-(t-t_0)/\tau_c}]$$

$$-\frac{I_s^2 R^2 C}{2}[\varepsilon^{-2(t-t_0)/\tau_c}]-\frac{3I_s^2 R^2 C}{2}\quad\text{J}\qquad(2.40)$$

$$w_C(t)=w_C(t_0)+\int_{t_0}^{t}p_C(\tau)d\tau$$

$$=0+\int_{t_0}^{t}I_s^2 R[\varepsilon^{-(\tau-t_0)/\tau_c}]-\varepsilon^{-2(\tau-t_0)/\tau_c}]d\tau$$

$$=I_s^2 R\left\{-\tau_C\int_{t_0}^{t}[\varepsilon^{-(\tau-t_0)/\tau_c}]d\left[\frac{-(\tau-t_0)}{\tau_C}\right]\right.$$

$$\left.+\frac{\tau_C}{2}\int_{t_0}^{t}[\varepsilon^{-2(\tau-t_0)/\tau_c}]d\left[\frac{-2(\tau-t_0)}{\tau_C}\right]\right\}$$

$$=-I_s^2 R^2 C[\varepsilon^{-(t-t_0)/\tau_c}-1]+\frac{I_s^2 R^2 C}{2}[\varepsilon^{-2(t-t_0)/\tau_c}-1]$$

$$=-I_s^2 R^2 C[\varepsilon^{-(t-t_0)/\tau_c}]+\frac{I_s^2 R^2 C}{2}[\varepsilon^{-2(t-t_0)/\tau_c}]$$

$$+\frac{I_s^2 R^2 C}{2}\quad\text{J}\qquad(2.41)$$

式中電容器之初值能量 $w_C(t_0)=0$ ，是由電容器電壓初值條件 (2.22) 式的 $V_0=0$ 所決定的。上述三個方程式表示電流源輸出之能量恰等於電阻器以及電容器所吸收的總能量，滿足能量不滅定律。電容器所吸收的能量也可以用下式來表示：

$$w_C(t)=\frac{1}{2}C[v(t)]^2$$

$$=\frac{1}{2}C\{I_s R[1-\varepsilon^{-(t-t_0)/\tau_c}]\}^2$$

$$=\frac{1}{2}CI_s^2 R^2[1-2\varepsilon^{-(t-t_0)/\tau_c}+\varepsilon^{-2(t-t_0)/\tau_c}]$$

$$=-I_s^2 R^2 C[\varepsilon^{-(t-t_0)/\tau_c}]+\frac{I_s^2 R^2 C}{2}[\varepsilon^{-2(t-t_0)/\tau_c}]$$

$$+\frac{I_s^2 R^2 C}{2}\quad\text{J}\qquad(2.42)$$

(2.42) 式恰與 (2.41) 式之結果相同。由 RC 步階響應電路之電壓、

　　電流、功率及能量等方程式，可以明白地發現，受電流源 I_s 作用的影響，電路中的所有量均包括電流源的大小 I_s，足見由外在電源作用下的激發響應基本特性。

附錄 3： 比較實部、虛部係數法
　　　　做電路弦波響應之求解

　　本章第 5.5 節中介紹過具有弦式波形獨立電源輸入電路所產生之電路響應，該響應稱爲弦波響應。該節的方法是利用指數的優勒等式做分析的，不論輸入的電源型式是正弦 sin 或餘弦 cos，只要將正弦或餘弦的訊號一律改成指數輸入，然後分析電路響應的結果後，若是正弦輸入的訊號，則取響應的虛部；若是餘弦輸入的訊號，則取響應的實部，這種方法比較簡單。本附錄將以正弦或餘弦訊號爲輸入，採用比較係數法，比較實部與虛部的量做求解電路響應。爲節省空間，本附錄僅考慮以 sin 的波形爲分析基準，至於 cos 的波形，在本附錄的分析過程也可以稍加變換，即可獲得所需之結果。本附錄之電路亦分爲四種：*RL* 電路、*RC* 電路、串聯 *RLC* 電路以及並聯 *RLC* 電路，將分成四個部份來做分析介紹。

1.*RL* 電路之弦波響應

　　如圖 5.5.1 所示，在時間 $t = t_0$ 瞬間，一個獨立正弦波電壓源 $v_S(t)$ 連接在節點 a、b 間，另一個電阻器 R 與一個電感器 L 以串聯的方式亦連接於節點 a、b 間。假設通過該電路之共同迴路電流爲 $i(t)$，該獨立電壓源 $v_S(t)$ 爲一個純正弦波形，其數學函數表示式爲：

$$v_S(t) = V_m\sin[\omega(t - t_0) + \theta_v°] \quad \text{V} \tag{3.1}$$

式中 V_m 代表該正弦波電源之峰值（the peak value）；ω 代表電源的角頻率（angular frequency），單位爲 rad/s；$\theta_v°$ 代表純正弦電壓源波形由 $t = t_0$ 產生之相位移動，稱爲相移（the phase shift）、相位（the phase）或相角（the phase angle），其單位如符號右上角一個圓圈所示，一般取度（degrees）表示，若相移為正值，表示比 $t = t_0$ 之基本正弦波的波形超前（lead），波形向左移動 $\theta_v{}^\circ$；若相移為負值，則比 $t = t_0$ 之基本正弦波的波形落後（lag），波形向右移動 $\theta_v{}^\circ$。角頻率亦可用週期（the period）T 表示：

$$\omega = 2\pi f = \frac{2\pi}{T} \quad \text{rad/s} \tag{3.2}$$

式中週期 T 為頻率 f 的倒數：

$$T = \frac{1}{f} \quad \text{s} \tag{3.3}$$

式中頻率 f 之單位為赫茲（Hertz, Hz）。這個電壓峰值、週期以及相位的關係，請參考圖 3.1 所示。圖 3.1 表示一個 $\theta_v{}^\circ$ 為正值之超前正弦波形。請注意：（3.1）式之 sin 函數小括號內的單位，第一項 ωt 的單位是弳（radian, rad），第二項 $\theta_v{}^\circ$ 之單位一般取度，因此只要將度數乘以（$\pi/180$），即可以換為弳的單位；或將弳的單位乘以（$180/\pi$），亦可換算成以度的單位。畢竟在 sin 或 cos 函數內的單位必須一致，才可正確計算。這種正弦波形將於第六章中詳加介紹。

圖 3.1　一個弦式波形

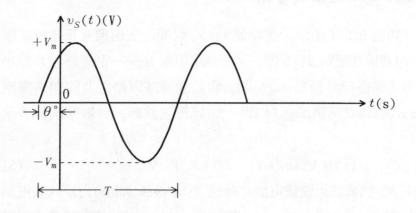

　　瞭解了輸入電壓源之弦式波形後，我們可以寫出圖 5.5.1 在 $t \geq$ t_0 之迴路電壓關係式或克希荷夫電壓定律 KVL 關係式為：

$$Ri(t) + L\frac{di(t)}{dt} = V_m \sin[\omega(t-t_0) + \theta_v°] \quad V \tag{3.4}$$

(3.4) 式為一個具有常係數、線性、非齊次一次微分方程式。假設在 $t = t_0$ 瞬間電感器 L 之初值電流為 I_0，方向與圖中之 $i(t)$ 相同，因此：

$$i(t_0) = I_0 \quad A \tag{3.5}$$

則電感器 L 兩端的電壓在 $t = t_0$ 之初值條件，可由電源電壓減去電阻壓降而得：

$$v_L(t_0) = V_m \sin(\theta_v°) - Ri(t_0) = V_m \sin(\theta_v°) - RI_0 \quad V \tag{3.6}$$

由於 (3.4) 式為一個非齊次之微分方程式，等號右側是一個與時間有關的正弦函數，因此在計算未知的電流響應 $i(t)$ 時，其答案可寫為特解響應與通解響應之和：

$$i(t) = i_p(t) + i_h(t) = i_p(t) + K\varepsilon^{-(t-t_0)/\tau_L} \quad A \tag{3.7}$$

式中 $i_p(t)$ 代表特解的電流響應，與外加電源有關，屬於激發響應；$i_h(t)$ 則代表通解電流響應，與電路之內部特性相關，屬於自然響應，其大小與電路的儲能元件之初值條件有關，對於只有一個儲能元件的電路而言，一般都以一個常數乘以一個隨時間增加而呈現下降的指數方式表示，式中的時間常數與 RL 電路自然響應或步階響應之時間常數定義相同：$\tau_L = L/R$ 秒，如 (3.7) 式第二個等號右側之第二項所示。然而特解電流響應型式與步階響應亦有差異，步階響應之電源皆是常數，因此其電壓或電流答案之特解必為常數。當外加電源為一個弦式函數時，因此特解在選擇時必須考慮與外加電源的型式相近，對照第 5.4 節表 5.4.1 中最後兩列，可以選擇特解的型式為：

$$i_p(t) = K_c \cos[\omega(t-t_0)] + K_s \sin[\omega(t-t_0)] \quad A \tag{3.8}$$

將 (3.8) 式對時間 t 微分一次可得：

$$\frac{di_p(t)}{dt} = -K_c\omega\sin[\omega(t-t_0)] + K_s\omega\cos[\omega(t-t_0)] \quad \text{A/s}$$

$$(3.9)$$

將 (3.8) 式及 (3.9) 式同時代入 (3.4) 式, 可得下列的表示式:

$$R\{K_c\cos[\omega(t-t_0)] + K_s\sin[\omega(t-t_0)]\}$$
$$+ L\{-K_c\omega\sin[\omega(t-t_0)] + K_s\omega\cos[\omega(t-t_0)]\}$$
$$= V_m\sin[\omega(t-t_0) + \theta_v°]$$
$$= V_m\{\cos\theta_v°\sin[\omega(t-t_0)] + \sin\theta_v°\cos[\omega(t-t_0)]\} \quad \text{V}$$

$$(3.10)$$

式中已經將電源的正弦函數轉換正弦與餘弦的關係式。將 (3.10) 式中之 sin 項與 cos 項全部整理過後, 移至等號左側, 其結果變為:

$$\cos[\omega(t-t_0)](RK_c + LK_s\omega - V_m\sin\theta_v°)$$
$$+ \sin[\omega(t-t_0)](RK_s - LK_c\omega - V_m\cos\theta_v°) = 0 \quad \text{V} \quad (3.11)$$

(3.11) 式是表示利用特解代入原 KVL 方程式的結果, 在任何時間 t 均必須滿足等號右側為零之結果, 因此該式 sin 項及 cos 項後面所乘的兩個小括號內的量必須為零方能成立。利用下面兩個聯立方程式可以求出係數 K_c 及 K_s:

$$RK_c + L\omega K_s = V_m\sin\theta_v° \tag{3.12}$$

$$-L\omega K_c + RK_s = V_m\cos\theta_v° \tag{3.13}$$

再應用魁雷瑪法則 (Cramer's rule) 可以求出 K_c 及 K_s 分別為:

$$\Delta = \begin{vmatrix} R & \omega L \\ -\omega L & R \end{vmatrix} = R^2 + (\omega L)^2 \tag{3.14}$$

$$K_c = \begin{vmatrix} V_m\sin\theta_v° & \omega L \\ V_m\cos\theta_v° & R \end{vmatrix}\frac{1}{\Delta} = \frac{V_m(R\sin\theta_v° - \omega L\cos\theta_v°)}{R^2 + (\omega L)^2} \tag{3.15}$$

$$K_s = \begin{vmatrix} R & V_m\sin\theta_v° \\ -\omega L & V_m\cos\theta_v° \end{vmatrix}\frac{1}{\Delta} = \frac{V_m(R\cos\theta_v° + \omega L\sin\theta_v°)}{R^2 + (\omega L)^2}$$

$$(3.16)$$

將兩個參數 K_c 及 K_s 代回 (3.8) 式, 則電流響應 $i(t)$ 之特解為:

$$i_p(t) = \frac{V_m(R\sin\theta_v° - \omega L\cos\theta_v°)}{R^2 + (\omega L)^2}\cos[\omega(t - t_0)]$$

$$+ \frac{V_m(R\cos\theta_v° + \omega L\sin\theta_v°)}{R^2 + (\omega L)^2}\sin[\omega(t - t_0)]$$

$$= \frac{V_m}{R^2 + (\omega L)^2}\{(R\sin\theta_v° - \omega L\cos\theta_v°)\cos[\omega(t - t_0)]$$

$$+ (R\cos\theta_v° + \omega L\sin\theta_v°)\ \sin[\omega(t - t_0)]\}$$

$$= \frac{V_m}{R^2 + (\omega L)^2}\sqrt{R^2 + (\omega L)^2}\{\sin(\theta_v° - \phi_Z°)$$

$$\cos[\omega(t - t_0)] + \cos(\theta_v° - \phi_Z°)\ \sin[\omega(t - t_0)]\}$$

$$= \frac{V_m}{\sqrt{R^2 + (\omega L)^2}}\sin[\omega(t - t_0) + (\theta_v° - \phi_Z°)]$$

$$= \frac{V_m}{Z_{RL}}\sin[\omega(t - t_0) + (\theta_v° - \phi_Z°)] \quad A \qquad (3.17)$$

式中

$$\phi_Z° = \tan^{-1}(\frac{\omega L}{R}) \qquad\qquad (3.18)$$

$$Z_{RL} = \sqrt{R^2 + (\omega L)^2} \quad \Omega \qquad\qquad (3.19)$$

式中的 Z_{RL} 稱為弦波穩態下電阻與電感合成之阻抗, 以歐姆為單位, 此阻抗為一個複數, 由實部的電阻及虛部的電抗所構成; $\phi_Z°$ 稱為阻抗角。若以 Z_{RL} 為直角三角形的斜邊, 則電阻值 R 為其水平邊, 為阻抗之實部, 以歐姆為單位; ωL 稱為電感抗, 位於垂直邊, 為阻抗之虛部, 亦以歐姆為單位, 若將電感器改為數值為 C 之電容器, 則 $[-1/(\omega C)]$ 稱為電容抗, 與電感抗同樣是阻抗之虛部, 但是極性為負值, 恰與電感抗相反; 相角 $\phi_Z°$ 位於斜邊與水平邊的夾角, 如圖 3.2 所示, 所形成的三角形稱為阻抗三角形, 亦即「阻抗」的名詞是由電阻及電抗所合成, 但是電阻性及電抗性互相垂直, 須以向量的方式相加。這些名詞及特性於第七章有詳細介紹。

圖 3.2　串聯 RL 電路之阻抗三角形

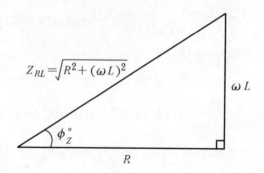

由 (3.17) 式之結果可以得知，穩態電流之相位較輸入弦波電壓相位落後 $\phi_Z°$，這是第七章中講述有關 RL 電路上電壓相位與電流相位之基本特性。將 (3.17) 式之特解代回 (3.7) 式，與通解相加可得電流響應 $i(t)$ 之全解為：

$$i(t) = \frac{V_m}{\sqrt{R^2 + (\omega L)^2}} \sin[\omega(t - t_0) + \theta_v° - \phi_Z°]$$
$$+ K\varepsilon^{-(t - t_0)/\tau_L} \quad A \tag{3.20}$$

將電感器之初值電流條件 (3.5) 式代入 (3.20) 式，可以計算通解常數 K 的值為：

$$i(t_0) = I_0 = \frac{V_m}{\sqrt{R^2 + (\omega L)^2}} \sin(\theta_v° - \phi_Z°) + K \quad A \tag{3.21}$$

因此 K 值的大小為：

$$K = I_0 - \frac{V_m}{\sqrt{R^2 + (\omega L)^2}} \sin(\theta_v° - \phi_Z°) \tag{3.22}$$

故完整的電流響應 $i(t)$ 的答案於 $t \geq t_0$ 為：

$$i(t) = [I_0 - \frac{V_m}{\sqrt{R^2 + (\omega L)^2}} \sin(\theta_v° - \phi_Z°)] \varepsilon^{-(t - t_0)/\tau_L}$$
$$+ \frac{V_m}{\sqrt{R^2 + (\omega L)^2}} \sin[\omega(t - t_0) + \theta_v° - \phi_Z°]$$

$$= I_0 \varepsilon^{-(t-t_0)/\tau_L} + \frac{V_m}{\sqrt{R^2 + (\omega L)^2}} \{\sin[\omega(t - t_0)$$

$$+ \theta_v^\circ - \phi_Z^\circ] - \sin(\theta_v^\circ - \phi_Z^\circ)\varepsilon^{-(t-t_0)/\tau_L}\} \quad \text{A} \qquad (3.23)$$

(3.23) 式第一個等號右側之電流表示式中，第一項代表通解電流或暫態電流，隨著時間的增加而呈指數衰減，約經過五倍的時間常數後減至零值，與電感器電流初值、外加電壓以及電路元件數值有關；第二項表示特解電流或穩態電流，呈現一個正弦式的波形變化，但是電流之峰值大小是將輸入弦波電壓峰值除以電路之阻抗而得，其電流相角落後輸入電壓一個阻抗角，該部份之電流與電感器初值無關，僅與外加電源及電路元件數值有關。(3.23) 式第二個等號右側中，第一項為自然響應電流，與電感器初值電流 I_0 有直接關係；第二項為激發響應，與外加電源有直接關係。將這兩種不同特性的波形加起來，約五倍時間常數以後的電流完全是一個弦式波形，在五倍時間常數前，暫態電流若為正值，則其波形為由正電流呈指數下滑的弦波波形；若暫態電流為負值，則其波形為一個由負電流呈指數上滑的弦波波形。當電流響應 $i(t)$ 求出後，其他的數據便可仿照步階響應的方法求出。

2. *RC 電路之弦波響應*

如圖 5.5.2 所示，為簡單 *RC* 弦波輸入之電路，一個獨立弦波電流源 $i_S(t)$、一個電阻器 *R* 以及一個電容器 *C* 連接在節點 1、2 間，由於三個電路元件並聯，因此節點 1、2 間的電壓 $v(t)$ 為三個電路元件之共同電壓，我們可以選此電壓為電路求解之變數。電流源之數學表示式為：

$$i_S(t) = I_m \sin[\omega(t - t_0) + \theta_i^\circ] \quad \text{A} \qquad (3.24)$$

式中 I_m 為電流波形之峰值；ω 為角頻率，單位為 rad/s；t 為時間變數，t_0 為初始動作時間，單位皆為 s；θ_i° 為電流源正弦波形參考點零度之相位移，若 θ_i° 為正值，代表電流波形比原正弦波超前；若 θ_i° 為

負值，則表示電流波形比原正弦波落後。假設電容器之初始電壓存在，其值爲：

$$v(t_0) = v_C(t_0) = V_0 \quad \text{V} \tag{3.25}$$

將圖 5.5.2 節點 1 之電流關係利用克希荷夫電流定律 KCL 表示，可寫出 $t \geq t_0$ 之電路關係式爲：

$$\frac{v(t)}{R} + C\frac{dv(t)}{dt} = I_m\sin[\omega(t - t_0) + \theta_i^\circ] \quad \text{A} \tag{3.26}$$

該式爲一個具有常係數、線性、非齊次一次微分方程式，其解爲通解與特解之和。在 $t = t_0$ 初值條件之電阻器電流及電容器電流分別爲：

$$i_R(t_0) = \frac{v(t_0)}{R} = \frac{V_0}{R} \quad \text{A} \tag{3.27}$$

$$i_C(t_0) = i_S(t_0) - i_R(t_0) = I_m\sin(\theta_i^\circ) - \frac{V_0}{R} \quad \text{A} \tag{3.28}$$

與 RL 電路之弦波響應分析相同，令 (3.26) 式等號右側爲零，則電壓$v(t)$之解爲通解$v_h(t)$，其型式也是一個常數乘以一個隨時間增加而減少的指數函數式；其特解$v_p(t)$則與外加電流之函數型式類似。茲將兩個解相加，則其電壓完全響應解爲：

$$v(t) = v_p(t) + v_h(t) = v_p(t) + K\varepsilon^{-(t-t_0)/\tau_c} \quad \text{V} \tag{3.29}$$

式中 $\tau_C = RC$，單位爲 s，與 RC 電路自然響應或步階響應之時間常數相同，常數 K 則須與特解之結果一起求解。仿照 RL 電路弦波響應分析過程，令電壓$v(t)$之特解爲：

$$v_p(t) = K_c\cos[\omega(t - t_0)] + K_s\sin[\omega(t - t_0)] \quad \text{V} \tag{3.30}$$

特解$v_p(t)$對時間 t 之一次微分式爲：

$$\frac{dv_p(t)}{dt} = \omega\{-K_c\sin[\omega(t - t_0)] + K_s\cos[\omega(t - t_0)]\} \quad \text{V/s}$$

$$\tag{3.31}$$

將 (3.30) 式及 (3.31) 式代入 (3.26) 式可得：

$$\frac{1}{R}\{K_c\cos[\omega(t - t_0)] + K_s\sin[\omega(t - t_0)]\}$$

$$+ C\omega\{-K_c\sin[\omega(t-t_0)] + K_s\cos[\omega(t-t_0)]\}$$

$$= I_m\sin[\omega(t-t_0) + \theta_i{}^\circ]$$

$$= I_m\{\sin[\omega(t-t_0)]\cos\theta_i{}^\circ + \cos[\omega(t-t_0)]\sin\theta_i{}^\circ\} \quad A$$

$$(3.32)$$

式中已經將正弦式的電流源轉換為正弦項與餘弦項的關係式。將 (3.32) 式等號右側移至等號左側，並將所得結果中的 sin 項及 cos 項分離開來，可以整理為：

$$\cos[\omega(t-t_0)]\left(\frac{K_c}{R} + \omega CK_s - I_m\sin\theta_i{}^\circ\right)$$

$$+ \sin[\omega(t-t_0)]\left(\frac{K_s}{R} - \omega CK_c - I_m\cos\theta_i{}^\circ\right) = 0 \qquad (3.33)$$

若要使 (3.33) 式右側在任何時間 t 均滿足等於零的情形，則該式 sin 項及 cos 項後面所乘的兩個小括號內的量必須同時為零，因此可得下列兩個方程式：

$$(1/R)K_c + (\omega C)K_s = I_m\sin\theta_i{}^\circ \qquad (3.34)$$

$$-(\omega C)K_c + (1/R)K_s = I_m\cos\theta_i{}^\circ \qquad (3.35)$$

利用魁雷瑪法則可求得 $v_p(t)$ 之兩個係數 K_c 及 K_s 之解為：

$$\Delta = \begin{vmatrix} 1/R & \omega C \\ -\omega C & 1/R \end{vmatrix} = (1/R)^2 + (\omega C)^2 \qquad (3.36)$$

$$K_c = \begin{vmatrix} I_m\sin\theta_i{}^\circ & \omega C \\ I_m\cos\theta_i{}^\circ & 1/R \end{vmatrix}\frac{1}{\Delta} = \frac{I_m[\sin\theta_i{}^\circ(1/R) - \cos\theta_i{}^\circ\omega C]}{(1/R)^2 + (\omega C)^2}$$

$$(3.37)$$

$$K_s = \begin{vmatrix} 1/R & I_m\sin\theta_i{}^\circ \\ -\omega C & I_m\cos\theta_i{}^\circ \end{vmatrix}\frac{1}{\Delta} = \frac{I_m[\cos\theta_i{}^\circ(1/R) + \sin\theta_i{}^\circ\omega C]}{(1/R)^2 + (\omega C)^2}$$

$$(3.38)$$

將 (3.37) 式及 (3.38) 式之兩參數表示式代入 (3.30) 式，則特解之完整表示式如下：

$$v_p(t) = \frac{I_m[\sin\theta_i{}^\circ(1/R) - \cos\theta_i{}^\circ\omega C]}{(1/R)^2 + (\omega C)^2}\cos[\omega(t-t_0)]$$

$$+ \frac{I_m[\cos\theta_i°(1/R) + \sin\theta_i°\omega C]}{(1/R)^2 + (\omega C)^2}\sin[\omega(t - t_0)]$$

$$= \frac{I_m}{(1/R)^2 + (\omega C)^2}\{(\frac{1}{R}\sin\theta_i° - \omega C\cos\theta_i°)\cos[\omega(t - t_0)]$$

$$+ (\frac{1}{R}\cos\theta_i° + \omega C\sin\theta_i°)\sin[\omega(t - t_0)]\}$$

$$= \frac{I_m}{(1/R)^2 + (\omega C)^2}\sqrt{(1/R)^2 + (\omega C)^2}$$

$$\{\sin(\theta_i° - \phi_Y°)\cos[\omega(t - t_0)]$$

$$+ \cos(\theta_i° - \phi_Y°)\sin[\omega(t - t_0)]\}$$

$$= \frac{I_m}{\sqrt{(1/R)^2 + (\omega C)^2}}\sin[\omega(t - t_0) + \theta_i° - \phi_Y°]$$

$$= \frac{I_m}{Y_{RC}}\sin[\omega(t - t_0) + \theta_i° - \phi_Y°] \quad V \tag{3.39}$$

式中

$$Y_{RC} = \sqrt{(1/R)^2 + (\omega C)^2} \quad S \tag{3.40}$$

$$\phi_Y° = \tan^{-1}[\frac{\omega C}{1/R}] = \tan^{-1}(\omega CR) \tag{3.41}$$

Y_{RC}稱爲在電源角頻率ω之下，由電阻與電容合成之導納，爲合成阻抗的倒數，亦是由一個實部與一個虛部所合成的複數，單位爲姆歐（℧）或S；$\phi_Y°$稱爲導納角，爲合成導納形成之角度，恰爲合成阻抗角度的負值；ωC則爲電容器在角頻率爲ω時之電容納，爲合成導納的虛部，若將電容器改爲數值爲L之電感器，則〔$-1/(\omega L)$〕稱爲電感納，與電容納同樣是導納的虛部，但是極性與電容納相反；（1/R）則爲電阻器R之倒數，即爲電導，爲合成導納之實部，因此所謂「導納」即是由電導及電納兩部份所合成，但是電導及電納兩個量互相垂直，必須以向量的方式合成。這四個量的關係可由圖3.3之直角三角形來說明：導納Y_{RC}爲其斜邊，電導（1/R）爲其水平邊，電容納ωC爲其垂直邊，而$\phi_Y°$則是斜邊與水平邊之夾角，這樣的三角

形稱爲導納三角形。由 (3.39) 式最後一個等號表示式之相位角可以得知，穩態電壓 v 比獨立電流源 i_S 之相角落後一個導納角，亦即電流相位超前電壓相位，此種特性係受電容器在穩態交流下的特性所致，此於第七章中會有詳細介紹。

圖 3.3　並聯 RC 電路之導納三角形

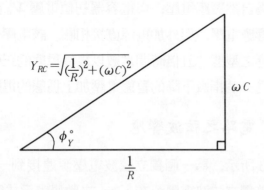

將 (3.39) 式之電壓特解代回 (3.29) 式，可以寫出電壓響應的完整解爲：

$$v(t) = \frac{I_m}{Y_{RC}} \sin[\omega(t - t_0) + \theta_i° - \phi_Y°] + K\varepsilon^{-(t-t_0)/\tau_c} \quad \text{V} \quad (3.42)$$

令 $t = t_0$，並將電壓之初值條件 (3.25) 式代入 (3.42) 式可得：

$$v(t_0) = V_0 = \frac{I_m}{Y_{RC}} \sin(\theta_i° - \phi_Y°) + K \quad \text{V} \quad (3.43)$$

因此常數 K 可以求得爲：

$$K = V_0 - \frac{I_m}{Y_{RC}} \sin(\theta_i° - \phi_Y°) \quad (3.44)$$

將 K 的參數代回 (3.42) 式，則電壓 $v(t)$ 之全解可以完整表示如下：

$$v(t) = [V_0 - \frac{I_m}{Y_{RC}} \sin(\theta_i° - \phi_Y°)]\varepsilon^{-(t-t_0)/\tau_c}$$
$$+ \frac{I_m}{Y_{RC}} \sin[\omega(t - t_0) + \theta_i° - \phi_Y°]$$

$$= V_0 \varepsilon^{-(t-t_0)/\tau_c} + \frac{I_m}{Y_{RC}} \{ \sin[\omega(t-t_0) + \theta_i^\circ - \phi_Y^\circ]$$

$$- \sin(\theta_i^\circ - \phi_Y^\circ) \varepsilon^{-(t-t_0)/\tau_c} \} \quad V \tag{3.45}$$

(3.45) 式第一個等號右側第一項爲暫態響應或通解，與電容器電壓初值 V_0、外加電源以及電路元件參數有關；第二項則爲穩態響應或特解電壓，僅與外加電源及電路元件參數有關。(3.45) 式第二個等號右側第一項爲自然響應電壓，與電容器初值電壓 V_0 直接相關；第二項則爲激發響應電壓，與外加電源直接相關。該電壓全解波形也類似 RL 弦波響應之型態，五倍時間常數以後爲穩態的正弦電壓，五倍時間常數之前爲一個指數下降的暫態電壓加上穩態的電壓值。

3. 串聯 RLC 電路之弦波響應

如圖 5.5.3 所示，爲一個獨立弦波電壓源連接到一個串聯 RLC 電路之表示。該獨立弦波電壓源在 $t \geq t_0$ 之數學表示式爲：

$$v_S(t) = V_m \sin[\omega(t-t_0) + \theta_v^\circ] \quad V \tag{3.46}$$

式中各種參數定義請參考 RL 電路弦波響應的電壓源表示式部份。假設在時間 $t = t_0$ 之電感器及電容器初值條件爲：

$$i(t_0) = i_L(t_0) = I_0 \quad A \tag{3.47}$$

$$v_C(t) = V_0 \quad V \tag{3.48}$$

若以所有電路元件共用的電流 $i(t)$ 爲變數，所寫出的迴路克希荷夫電壓定律 KVL 關係式爲：

$$Ri(t) + L\frac{di(t)}{dt} + [v_C(t_0) + \frac{1}{C}\int_{t_0}^{t} i(\tau)d\tau]$$

$$= V_m \sin[\omega(t-t_0) + \theta_v^\circ] \quad V \tag{3.49}$$

將 (3.49) 式對時間 t 微分一次，整理後可得：

$$L\frac{d^2i(t)}{dt^2} + R\frac{di(t)}{dt} + \frac{i(t)}{C} = \omega V_m \cos[\omega(t-t_0) + \theta_v^\circ] \quad V/s$$

$$\tag{3.50}$$

將 (3.50) 式等號兩側同時除以 L, 以使兩次微分項之係數成爲 1, 其結果變成:

$$\frac{d^2i(t)}{dt^2} + \frac{R}{L}\frac{di(t)}{dt} + \frac{i(t)}{LC} = \frac{\omega V_m}{L}\cos[\omega(t-t_0)+\theta_v°] \quad \text{A/s}^2$$

$$(3.51)$$

若 (3.51) 式等號右側等於零值, 則電流 $i(t)$ 之解法同於第 5.3 節無源 RLC 電路之自然響應解法, 可分爲過阻尼、臨界阻尼以及欠阻尼三種不同類型的分析, 此部份的答案稱爲通解; 此外, 當 (3.51) 式之等號右側不爲零時, 該式爲一個非齊次之二次微分方程式, 其全解則爲特解與通解之和。因此電流 $i(t)$ 之完全響應可以表示爲:

$$i(t) = i_h(t) + i_p(t) \quad \text{A} \tag{3.52}$$

式中通解 $i_h(t)$ 爲下列三種方程式中的一種:

$$i_h(t) = K_1'\varepsilon^{-a_1(t-t_0)} + K_2'\varepsilon^{-a_2(t-t_0)} \quad \text{A} \qquad \text{(過阻尼)} \quad (3.53a)$$

$$i_h(t) = K_t'(t-t_0)\varepsilon^{-a(t-t_0)} + K_0'\varepsilon^{-a(t-t_0)} \quad \text{A} \qquad \text{(臨界阻尼)}$$

$$(3.53b)$$

$$\begin{aligned} i_h(t) &= \varepsilon^{-a(t-t_0)}\{K_c'\cos[\omega_d(t-t_0)] \\ &\quad + K_s'\sin[\omega_d(t-t_0)]\} \quad \text{A} \\ &= K'\varepsilon^{-a(t-t_0)}\sin[\omega_d(t-t_0)+\phi'] \quad \text{A} \qquad \text{(欠阻尼)} \end{aligned}$$

$$(3.53c)$$

特解 $i_p(t)$ 之型式爲:

$$i_p(t) = K_c\cos[\omega(t-t_0)] + K_s\sin[\omega(t-t_0)] \quad \text{A} \tag{3.54}$$

將 (3.54) 式對時間 t 微分一次及微分兩次之結果分別爲:

$$\begin{aligned} \frac{di_p(t)}{dt} &= \omega\{-K_c\sin[\omega(t-t_0)] \\ &\quad + K_s\cos[\omega(t-t_0)]\} \quad \text{A/s} \end{aligned}$$

$$(3.55)$$

$$\begin{aligned} \frac{d^2i_p(t)}{dt^2} &= -\omega^2\{K_c\cos[\omega(t-t_0)] \\ &\quad + K_s\sin[\omega(t-t_0)]\} \quad \text{A/s}^2 \end{aligned}$$

$$(3.56)$$

將 (3.54) 式~(3.56) 式代入 (3.51) 式可得：

$$-\omega^2\{K_c\cos[\omega(t-t_0)]+K_s\sin[\omega(t-t_0)]\}$$

$$+\frac{R}{L}\omega\{-K_c\sin[\omega(t-t_0)]+K_s\cos[\omega(t-t_0)]\}$$

$$+\frac{1}{LC}\{K_c\cos[\omega(t-t_0)]+K_s\sin[\omega(t-t_0)]\}$$

$$=\frac{\omega V_m}{L}\cos[\omega(t-t_0)+\theta_v{}^\circ]$$

$$=\frac{\omega V_m}{L}\{\cos[\omega(t-t_0)]\cos\theta_v{}^\circ$$

$$-\sin[\omega(t-t_0)]\sin\theta_v{}^\circ\}\quad A/s^2 \tag{3.57}$$

將 (3.57)式之等號右側移至等號左側，並分離cos項及sin項，可得：

$$\cos[\omega(t-t_0)](-\omega^2 K_c+\frac{R}{L}\omega K_s+\frac{K_c}{LC}-\frac{\omega V_m}{L}\cos\theta_v{}^\circ)$$

$$+\sin[\omega(t-t_0)](-\omega^2 K_s-\frac{R}{L}\omega K_c+\frac{K_s}{LC}+\frac{\omega V_m}{L}\sin\theta_v{}^\circ)=0$$

$$\tag{3.58}$$

若 (3.58) 式在任何時間 t 均能使等號右側為零，則該式兩個小括號內的量必須為零，因此可以整理出兩個聯立方程式，以求解K_c及K_s：

$$(-\omega^2+\frac{1}{LC})K_c+(\frac{R\omega}{L})K_s=\frac{\omega V_m}{L}\cos\theta_v{}^\circ \tag{3.59}$$

$$(-\frac{R\omega}{L})K_c+(-\omega^2+\frac{1}{LC})K_s=-\frac{\omega V_m}{L}\sin\theta_v{}^\circ \tag{3.60}$$

利用魁雷瑪法則可以解出 K_C 及 K_S 兩個常數為：

$$\Delta=\begin{vmatrix} -\omega^2+\dfrac{1}{LC} & \dfrac{R\omega}{L} \\[2mm] -\dfrac{R\omega}{L} & -\omega^2+\dfrac{1}{LC} \end{vmatrix}=(-\omega^2+\frac{1}{LC})^2+(\frac{R\omega}{L})^2$$

$$\tag{3.61}$$

$$K_c=\begin{vmatrix} \dfrac{\omega V_m\cos\theta_v{}^\circ}{L} & \dfrac{R\omega}{L} \\[3mm] \dfrac{-\omega V_m\sin\theta_v{}^\circ}{L} & -\omega^2+\dfrac{1}{LC} \end{vmatrix}\dfrac{1}{\Delta}$$

$$= \frac{(\frac{\omega V_m}{L})\{\cos\theta_v°[-\omega^2+\frac{1}{LC}]+\sin\theta_v°(\frac{R\omega}{L})\}}{[-\omega^2+\frac{1}{LC}]^2+[\frac{R\omega}{L}]^2} \tag{3.62}$$

$$K_s = \begin{vmatrix} -\omega^2+\frac{1}{LC} & \frac{\omega V_m\cos\theta_v°}{L} \\ \frac{-R\omega}{L} & \frac{-\omega V_m\sin\theta_v°}{L} \end{vmatrix}\frac{1}{\Delta}$$

$$= \frac{(\frac{\omega V_m}{L})\{-\sin\theta_v°[-\omega^2+\frac{1}{LC}]+\cos\theta_v°(\frac{R\omega}{L})\}}{[-\omega^2+\frac{1}{LC}]^2+[\frac{R\omega}{L}]^2} \tag{3.63}$$

將 (3.62) 式及 (3.63) 式之常數 K_c 及 K_s 代入 (3.54) 式之特解電流中，可以得到其完整表示式為：

$$i_p(t) = \frac{(\frac{\omega V_m}{L})\{\cos\theta_v°[-\omega^2+\frac{1}{LC}]+\sin\theta_v°(\frac{R\omega}{L})\}}{[-\omega^2+\frac{1}{LC}]^2+[\frac{R\omega}{L}]^2}\cos[\omega(t-t_0)]$$

$$+ \frac{(\frac{\omega V_m}{L})\{-\sin\theta_v°[-\omega^2+\frac{1}{LC}]+\cos\theta_v°(\frac{R\omega}{L})\}}{[-\omega^2+\frac{1}{LC}]^2+[\frac{R\omega}{L}]^2}\sin[\omega(t-t_0)] \quad A$$

$$\tag{3.64}$$

將 (3.64) 式等號右側第一項及第二項分子與分母同時乘以 (L^2/ω^2) 可得：

$$i_p(t) = \frac{V_m\{\cos\theta_v°[-\omega L+\frac{1}{\omega C}]+\sin\theta_v°\cdot R\}}{[-\omega L+\frac{1}{\omega C}]^2+R^2}\cos[\omega(t-t_0)]$$

$$+ \frac{V_m\{-\sin\theta_v°[-\omega L+\frac{1}{\omega C}]+\cos\theta_v°\cdot R\}}{[-\omega L+\frac{1}{\omega C}]^2+R^2}\sin[\omega(t-t_0)]$$

$$= \frac{V_m}{R^2+[\omega L-\frac{1}{\omega C}]^2}\{[-(\omega L-\frac{1}{\omega C})\cos\theta_v°+R\sin\theta_v°]$$

$$\cos[\omega(t-t_0)] + \{(\omega L - \frac{1}{\omega C})\sin\theta_v° + R\cos\theta_v°]\sin[\omega(t-t_0)]\}$$

$$= \frac{V_m}{R^2 + [\omega L - \frac{1}{\omega C}]^2}\sqrt{R^2 + [\omega L - \frac{1}{\omega C}]^2}\{\sin(\theta_v° - \phi_Z°)$$

$$\cos[\omega(t-t_0)] + \cos(\theta_v° - \phi_Z°)\sin[\omega(t-t_0)]\}$$

$$= \frac{V_m}{\sqrt{R^2 + [\omega L - \frac{1}{\omega C}]^2}}\sin[\omega(t-t_0) + \theta_v° - \phi_Z°]$$

$$= \frac{V_m}{Z_T}\sin[\omega(t-t_0) + \theta_v° - \phi_Z°] \quad A \tag{3.65}$$

式中

$$Z_T = \sqrt{R^2 + (\omega L - \frac{1}{\omega C})^2} \quad \Omega \tag{3.66}$$

$$\phi_Z° = \tan^{-1}(\frac{\omega L - \frac{1}{\omega C}}{R}) \tag{3.67}$$

Z_T 稱爲由獨立電壓源看入，在電源角頻率爲 ω 時，由電阻 R、電感 L 及電容 C 所形成之總阻抗，此總阻抗爲一個複數；$\phi_Z°$ 稱爲該總阻抗之阻抗角，電阻器 R 之大小爲總阻抗量之實部，而 $(\omega L - \frac{1}{\omega C})$ 則爲總阻抗之虛部，亦即爲總電抗量之大小，這四個量之關係請參考圖 3.5 之直角三角形表示。圖 3.4 之斜邊爲總阻抗大小，水平邊爲電阻值 R，垂直邊爲總電抗量，而斜邊與水平邊之夾角即爲阻抗角，該直角三角形稱爲阻抗三角形。與圖 3.2 不同的是，當電容器及電感器串接在一起時，總電抗量須表示爲電感抗量與電容抗量之和，其中電感抗爲正值，電容抗爲負值，形成垂直邊相互抵消的等效電抗量。由 (3.65) 式之穩態電流結果可知，穩態電流之峰值爲電壓源電壓之峰值除以總阻抗大小，電流相位則較電壓相位落後一個阻抗角，然而這是當阻抗角爲正值或當 $\omega L > \frac{1}{\omega C}$ 時的情形。但阻抗角也有可能爲負值，例如當 $\omega L < \frac{1}{\omega C}$ 時，則穩態電流相位超前電壓源電壓之相位。

圖 3.4 串聯 *RLC* 電路之阻抗三角形

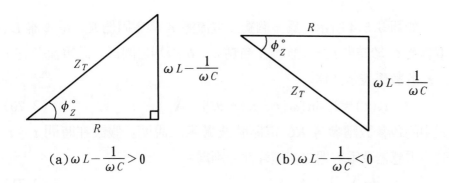

(a) $\omega L - \dfrac{1}{\omega C} > 0$ (b) $\omega L - \dfrac{1}{\omega C} < 0$

當特解電流算出後，將它加上通解 (3.53a) 式～(3.53c) 式其中之一個基本表示式，便是電流之全解。此時僅有通解之兩個參數未知，我們可以利用 (3.47) 式及 (3.48) 式之電感器電流 I_0 以及電容器電壓之初值條件 V_0 解出這兩個參數：

$$i(t_0) = I_0 = i_p(t_0) + i_h(t_0)$$

$$= \frac{V_m}{\sqrt{R^2 + \left[\omega L - \dfrac{1}{\omega C}\right]^2}} \sin(\theta_v^\circ - \phi_Z^\circ) + i_h(t_0) \quad A \quad (3.68)$$

$$v_C(t_0) = V_0 = v_S(t_0) - Ri(t_0) - L\frac{di}{dt}(t_0)$$

$$= V_m \sin(\theta_v^\circ) - RI_0 - L\frac{di}{dt}(t_0) \quad V \tag{3.69}$$

(3.69) 式中的微分項將會是兩個參數的關係，配合 (3.68) 式的兩個參數關係式，則通解電流將可推算出來，完成整體電流響應之計算。若將完整電流表示式細分，亦可分出自然響應與激發響應，或暫態響應與穩態響應，此部份可參考 *RL* 電路或 *RC* 電路弦波響應的部份。其餘部份如電路元件功率及能量計算，也可參考附錄 1、2 的做法。

4.並聯 *RLC* 電路之弦波響應

如圖 5.5.4 所示, 爲一個獨立電流源 i_s 與電阻器 R、電感器 L、電容器 C 於時間 $t \geq t_0$ 並聯在節點 a、b 兩端之圖形。該電流源在 $t \geq t_0$ 的數學表示式爲:

$$i_s(t) = I_m \sin[\omega(t - t_0) + \theta_i^\circ] \quad \text{A} \tag{3.70}$$

式中的各參數請參考 *RC* 電路弦波響應之說明。假設在時間 $t = t_0$ 時, 電感器及電容器之初值條件分別爲:

$$i_L(t_0) = I_0 \quad \text{A} \tag{3.71}$$

$$v(t_0) = v_C(t_0) = V_0 \quad \text{V} \tag{3.72}$$

利用克希荷夫電流定律 KCL 在節點 a 寫出電路在時間 $t \geq t_0$ 之電流關係式爲:

$$\frac{v(t)}{R} + \left[I_0 + \frac{1}{L} \int_{t_0}^{t} v(\tau)d\tau \right] + C\frac{dv(t)}{dt}$$

$$= I_m \sin[\omega(t - t_0) + \theta_i^\circ] \quad \text{A} \tag{3.73}$$

將 (3.73) 式對時間 t 微分一次, 以消去積分項, 可得:

$$\frac{1}{R}\frac{dv(t)}{dt} + \frac{v(t)}{L} + C\frac{d^2v(t)}{dt^2}$$

$$= \omega I_m \cos[\omega(t - t_0) + \theta_i^\circ] \quad \text{A/s} \tag{3.74}$$

再將 (3.74) 式等號兩側同時除以 C, 以使對時間兩次微分項之係數爲 1, 結果變成:

$$\frac{d^2v(t)}{dt^2} + \frac{1}{RC}\frac{dv(t)}{dt} + \frac{v(t)}{LC}$$

$$= \frac{\omega I_m}{C}\cos[\omega(t - t_0) + \theta_i^\circ] \quad \text{V/s}^2 \tag{3.75}$$

(3.75) 式爲一個具有常係數之二次線性非齊次微分方程式, 其解可分爲: 等號右側爲零的通解, 以及等號右側不爲零的特解兩種。將特解加上通解即爲電壓 $v(t)$ 之完全響應解。按 R、L、C 數值的不同

組合，電壓$v(t)$之通解可以是過阻尼、臨界阻尼以及欠阻尼三種類型中的一種：

$$v_h(t) = K_1' \varepsilon^{-a_1(t-t_0)} + K_2' \varepsilon^{-a_2(t-t_0)} \quad \text{V} \quad \text{（過阻尼）} \qquad (3.75a)$$

$$v_h(t) = K_t'(t-t_0)\varepsilon^{-a(t-t_0)} + K_0' \varepsilon^{-a(t-t_0)} \quad \text{V} \quad \text{（臨界阻尼）}$$

$$(3.75b)$$

$$v_h(t) = \varepsilon^{-a(t-t_0)}\{K_c'\cos[\omega_d(t-t_0)]$$
$$+ K_s'\sin[\omega_d(t-t_0)]\} \quad \text{V}$$
$$= K'\varepsilon^{-a(t-t_0)}\sin[\omega_d(t-t_0)+\phi'] \quad \text{V} \quad \text{（欠阻尼）}$$

$$(3.75c)$$

電壓$v(t)$之特解按表 5.4.1 對照 (3.75) 式等號右側，可假設為：

$$v_p(t) = K_c\cos[\omega(t-t_0)] + K_s\sin[\omega(t-t_0)] \quad \text{V} \qquad (3.76)$$

特解電壓對時間 t 的一次及二次微分表示式分別為：

$$\frac{dv_p(t)}{dt} = -\omega K_c\sin[\omega(t-t_0)] + \omega K_s\cos[\omega(t-t_0)] \quad \text{V/s}$$

$$(3.77)$$

$$\frac{d^2v_p(t)}{dt^2} = -\omega^2 K_c\cos[\omega(t-t_0)]$$
$$-\omega^2 K_s\sin[\omega(t-t_0)] \quad \text{V/s}^2 \qquad (3.78)$$

將 (3.76) 式～(3.78) 式代入原二次微分方程式 (3.75) 式中，可展開為：

$$-\omega^2 K_c\cos[\omega(t-t_0)] - \omega^2 K_s\sin[\omega(t-t_0)]$$

$$-\frac{\omega K_c}{RC}\sin[\omega(t-t_0)] + \frac{\omega K_s}{RC}\cos[\omega(t-t_0)]$$

$$+\frac{K_c}{LC}\cos[\omega(t-t_0)] + \frac{K_s}{LC}\sin[\omega(t-t_0)]$$

$$=\frac{\omega I_m}{C}\cos[\omega(t-t_0)+\theta_i^\circ]$$

$$=\frac{\omega I_m}{C}\cos\theta_i^\circ\cos[\omega(t-t_0)] - \frac{\omega I_m}{C}\sin\theta_i^\circ\sin[\omega(t-t_0)] \quad \text{V/s}^2$$

$$(3.79)$$

將 (3.79) 式等號右側各項移至左側，並與左側各項合併，將其中的 cos 項及 sin 項之係數分別整理後，可重新寫成下式：

$$\cos[\omega(t-t_0)](-\omega^2 K_c + \frac{\omega K_s}{RC} + \frac{K_c}{LC} - \frac{\omega I_m}{C}\cos\theta_i°)$$

$$+ \sin[\omega(t-t_0)](-\omega^2 K_s - \frac{\omega K_c}{RC} + \frac{K_s}{LC} + \frac{\omega I_m}{C}\sin\theta_i°) = 0$$

$$(3.80)$$

若要使 (3.80) 式在任何時間 t 均成立，則該式 cos 項及 sin 項所乘的係數必須為零，亦即兩個小括號內的數值必須為零，因此形成兩個聯立方程式如下：

$$(-\omega^2 + \frac{1}{LC})K_c + (\frac{\omega}{RC})K_s = \frac{\omega I_m}{C}\cos\theta_i°$$

$$(3.81)$$

$$-(\frac{\omega}{RC})K_c + (-\omega^2 + \frac{1}{LC})K_s = -\frac{\omega I_m}{C}\sin\theta_i°$$

$$(3.82)$$

利用魁雷瑪法則可解出 K_c 及 K_s 兩參數如下：

$$\Delta = \begin{vmatrix} -\omega^2 + \frac{1}{LC} & \frac{\omega}{RC} \\ -\frac{\omega}{RC} & -\omega^2 + \frac{1}{LC} \end{vmatrix} = (-\omega^2 + \frac{1}{LC})^2 + (\frac{\omega}{RC})^2$$

$$(3.83)$$

$$K_c = \begin{vmatrix} \frac{\omega I_m\cos\theta_i°}{C} & \frac{\omega}{RC} \\ -\frac{\omega I_m\sin\theta_i°}{C} & -\omega^2 + \frac{1}{LC} \end{vmatrix}\frac{1}{\Delta}$$

$$= \frac{(\frac{\omega I_m}{C})\{\cos\theta_i°[-\omega^2 + \frac{1}{LC}] + \sin\theta_i°\frac{\omega}{RC}\}}{[-\omega^2 + \frac{1}{LC}]^2 + [\frac{\omega}{RC}]^2}$$

$$(3.84)$$

$$K_s = \begin{vmatrix} -\omega^2 + \frac{1}{LC} & \frac{\omega I_m\cos\theta_i°}{C} \\ -\frac{\omega}{RC} & -\frac{\omega I_m\sin\theta_i°}{C} \end{vmatrix}\frac{1}{\Delta}$$

$$= \frac{(\frac{\omega I_m}{C})\{-\sin\theta_i{}^{\circ}[-\omega^2 + \frac{1}{LC}] + \cos\theta_i{}^{\circ}\frac{\omega}{RC}\}}{[-\omega^2 + \frac{1}{LC}]^2 + [\frac{\omega}{RC}]^2} \qquad (3.85)$$

將 (3.84) 式及 (3.85) 式之 K_c 及 K_s 表示式代入 (3.76) 式, 所得的特解電壓 $v_p(t)$ 之結果爲:

$$v_p(t) = \frac{(\frac{\omega I_m}{C})\{\cos\theta_i{}^{\circ}[-\omega^2 + \frac{1}{LC}] + \sin\theta_i{}^{\circ}\frac{\omega}{RC}\}}{[-\omega^2 + \frac{1}{LC}]^2 + [\frac{\omega}{RC}]^2}\cos[\omega(t - t_0)]$$

$$+ \frac{(\frac{\omega I_m}{C})\{-\sin\theta_i{}^{\circ}[-\omega^2 + \frac{1}{LC}] + \cos\theta_i{}^{\circ}\frac{\omega}{RC}\}}{[-\omega^2 + \frac{1}{LC}]^2 + [\frac{\omega}{RC}]^2}\sin[\omega(t - t_0)] \quad \text{V}$$

$$(3.86)$$

將 (3.86) 式等號右側的分子與分母同時乘以 (C^2/ω^2) 可簡化爲:

$$v_p(t) = \frac{I_m\{\cos\theta_i{}^{\circ}[-\omega C + \frac{1}{\omega L}] + \sin\theta_i{}^{\circ}(\frac{1}{R})\}}{(\frac{1}{R})^2 + [-\omega C + \frac{1}{\omega L}]^2}\cos[\omega(t - t_0)]$$

$$+ \frac{I_m\{-\sin\theta_i{}^{\circ}[-\omega C + \frac{1}{\omega L}] + \cos\theta_i{}^{\circ}(\frac{1}{R})\}}{(\frac{1}{R})^2 + [-\omega C + \frac{1}{\omega L}]^2}\sin[\omega(t - t_0)]$$

$$= \frac{I_m}{(\frac{1}{R})^2 + (\omega C - \frac{1}{\omega L})^2}\{[-\cos\theta_i{}^{\circ}(\omega C - \frac{1}{\omega L})$$

$$+ \sin\theta_i{}^{\circ}(\frac{1}{R})]\cos[\omega(t - t_0)] + [\sin\theta_i{}^{\circ}(\omega C - \frac{1}{\omega L})$$

$$+ \cos\theta_i{}^{\circ}(\frac{1}{R})]\sin[\omega(t - t_0)]\}$$

$$= \frac{I_m}{(\frac{1}{R})^2 + (\omega C - \frac{1}{\omega L})^2}\sqrt{(\frac{1}{R})^2 + (\omega C - \frac{1}{\omega L})^2}$$

$$\{(-\cos\theta_i{}^{\circ}\sin\phi_Y{}^{\circ} + \sin\theta_i{}^{\circ}\cos\phi_Y{}^{\circ})\cos[\omega(t - t_0)]$$

$$+ (\sin\theta_i{}^{\circ}\sin\phi_Y{}^{\circ} + \cos\theta_i{}^{\circ}\cos\phi_Y{}^{\circ})\sin[\omega(t - t_0)]\}$$

$$= \frac{I_m}{\sqrt{(\frac{1}{R})^2 + (\omega C - \frac{1}{\omega L})^2}} \{\sin(\theta_i{}^\circ - \phi_Y{}^\circ)\cos[\omega(t-t_0)]$$

$$+ \cos(\theta_i{}^\circ - \phi_Y{}^\circ)\sin[\omega(t-t_0)]\}$$

$$= \frac{I_m}{Y_T}\sin[\omega(t-t_0) + \theta_i{}^\circ - \phi_Y{}^\circ] \quad \text{V} \tag{3.87}$$

式中

$$Y_T = \sqrt{(\frac{1}{R})^2 + (\omega C - \frac{1}{\omega L})^2} \quad \text{S} \tag{3.88}$$

$$\phi_Y{}^\circ = \tan^{-1}\frac{(\omega C - \frac{1}{\omega L})}{(\frac{1}{R})} = \tan^{-1}R(\omega C - \frac{1}{\omega L}) \tag{3.89}$$

Y_T 稱爲該並聯 RLC 電路在工作頻率爲 ω 時, 由電源端看入之總導納, 此爲一個複數; $\phi_Y{}^\circ$ 稱爲該總導納之導納角; 總導納之實部即爲電導 $(1/R)$, 虛部即爲總電納 $(\omega C - \frac{1}{\omega L})$, 此四種量的關係請參考圖 3.5 所示。

圖 3.5　並聯 RLC 電路之導納三角形

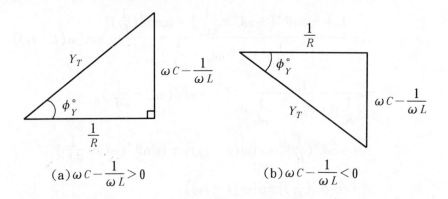

(a) $\omega C - \frac{1}{\omega L} > 0$　　(b) $\omega C - \frac{1}{\omega L} < 0$

　　圖 3.5 的直角三角形的斜邊爲總導納大小, 水平邊爲電導量, 垂直邊爲總電納量, 導納角介於斜邊與水平邊之間, 所形成的三角形稱爲導納三角形。與圖 3.4 不同的是, 當電容器 C 與電感器 L 並聯時, 垂直邊的等效電納量是將電感納及電容納相加而得, 其中電感納爲負

值，電容納為正值。由（3.87）式之電壓結果得知，並聯 *RLC* 之特解電壓峰值是將電流源之電流峰值除以總電導納量，而其相位則較電流源相位落後一個導納角。

　　將（3.87）式之特解與三種通解中的一種相加，即為電壓之全解，其型式為：

$$v(t) = v_p(t) + v_h(t) \quad \text{V} \tag{3.90}$$

（3.90）式的三種通解表示式中，均有兩個未知數，可應用電壓初值及電壓微分之初值，代入（5.5.77）式及（5.5.78）式來求出：

$$v(t_0) = V_0 = v_p(t_0) + v_h(t_0)$$

$$= \frac{I_m}{Y_T}\sin(\theta_i^\circ - \phi_Y^\circ) + v_h(t_0) \quad \text{V} \tag{3.91}$$

$$\frac{dv}{dt}(t_0) = \frac{1}{C}i_C(t_0) = \frac{1}{C}[i_S(t_0) - \frac{v(t_0)}{R} - i_L(t_0)]$$

$$= \frac{1}{C}[I_m\sin\theta_i^\circ - \frac{v_0}{R} - I_0] \quad \text{A/s} \tag{3.92}$$

再將通解之參數代入原方程式（3.90）式，則電壓全解即可求得。最後，可由電壓的結果中，由初值條件以及外加電源訊號分辨出那一項是屬於自然響應，那一項是屬於激發響應；也可由時間之指數項分辨出那一部份是穩態響應，那一部份是暫態響應。這些都是分析過程中必要的練習工作。

附錄 A: 本書各節對電路學基本量使用符號的索引

一 般 符 號	說　　　　　　　　　　　　　　　　明
t, τ	時間變數,時間常數或積分運算用的虛擬時間變數
V, v 或 $v(t), \mathbf{V}$	電壓變數之等效直流值或穩態值,瞬時值,相量
I, i 或 $i(t), \mathbf{I}$	電流變數之等效直流值或穩態值,瞬時值,相量
P, p 或 $p(t)$	功率變數之等效直流值或穩態值,瞬時值
W, w 或 $w(t)$	能量變數之等效直流值或穩態值,瞬時值
Q, q 或 $q(t)$	虛功或電荷變數之等效直流值或穩態值,瞬時值
R, G, L, M, C	電阻,電導,電感,互感,電容
X, B, Z, Y, j	電抗,電納,阻抗,導納,虛數 $\sqrt{-1}$ 之表示
S, PF	複數功率,功率因數
$//$	電路元件的並聯
ρ, σ, Ω	電阻係數,電導係數,電阻單位
T, α_T	溫度或週期,電阻溫度係數
$\lambda, \Phi, \vec{B}, H$	磁通鏈,磁通量,磁動勢,磁通密度,磁場強度
F_m, R_m, μ, k, a	磁動勢,磁阻,導磁係數,耦合係數,匝數比
$\psi, \vec{F}, E, \varepsilon$	電通量,庫侖力,電場,介電常數或指數函數
t^-, t^+	時間 t 之前瞬間的量,時間 t 之後瞬間的量
$\nabla, \cdot, \times, \Sigma, \Pi$	梯度,點乘積,交叉乘積,數字的和,數字的乘積
$\propto, \approx, \neq$	正比於…,近似於…,不等於…
$\Rightarrow, \Leftrightarrow$	轉換至…,轉換或互換
$\dfrac{d}{dx}, \dfrac{\partial}{\partial y}, \left. \right\vert dz$	對變數 x 微分,對變數 y 偏微分,對變數 z 積分
$[\ \ ], !$	矩陣或向量,階乘
$\zeta, \alpha, \omega, \theta, \phi$	阻尼比,阻尼係數,角頻率,相角、相位或相移
$\mathrm{Max}(\bullet),$ $\mathrm{Min}(\bullet)$	取出 $\bullet$ 中最大的量,取出 $\bullet$ 中最小的量
$\mathrm{Re}[\bullet], \mathrm{Im}[\bullet]$	取出複數 $\bullet$ 的實部,取出複數 $\bullet$ 的虛部
$\lvert \bullet \rvert$	取出複數 $\bullet$ 的大小
$\lim, \infty, \rightarrow$	極限值,無限大,趨近於…

p, s	對時間 t 微分之運算子或特性根,拉氏轉換運算子
$\angle$	極座標角度符號
下 標 符 號	
0	初始值的量
m、max, pp	最大值的量,峰對峰值的量
S	電源的量
c	控制訊號的量
rms、eff, av	均方根值、有效值的量,平均值的量
ac, dc	交流或動態的量,直流或靜態的量
R, L, C	電阻器的量,電感器的量,電容器的量
OC, SC	開路的量,短路的量
TH, N	戴維寧等效電路的量,諾頓等效電路的量
T, eq	總和的量,等效的量
Y, Δ	Y 連接的量,Δ 連接的量
ϕ, L 或 l	一相或一線對中性點的量,線間或線對線的量
ss, tr	穩態的量,暫態的量
V, I	電壓的量,電流的量
Z, Y	阻抗的量,導納的量
上 標 符 號	
$\circ$, r	以度為單位的量,以弳為單位的量
$*$	取共軛複數
前 置 符 號	
Δ	增量或三角形的量
上 置 符 號	
$\rightarrow$	向量的量
$—$	複數的量
其 它 符 號	
a_0, a_k, b_k	傅氏級數的直流項,餘弦項,正弦項係數
ω_f	傅氏級數的基本波角頻率

附錄 B: 電路學基本量的單位使用與其他單位互換一覽表

基本量與符號	SI 單 位 與 其 他 制 的 單 位 互 換
長度 l	SI 單位:米或公尺(meter, m) A. 標準制: 　　1 公尺(m) = 10 公寸(decimeter, dm) 　　　　　　　= 100 公分(centi-meter, cm) 　　　　　　　= 1000 公厘(millimeter, mm) 　　1 公里(kilometer, km) = 10 公引(hectometer, hm) 　　　　　　　　　　　　= 100 公丈(decameter, dm) 　　　　　　　　　　　　= 1000 公尺(m) B. 市用制: 　　1 市里 = 15 市引 = 150 市丈 = 1500 市尺 = 500 台尺 　　　　　= 0.5 公里 　　1 市尺 = 10 寸 = 100 市分 = 1000 市厘 　　　　　= 0.333 公尺 = 1.1 台尺 　　1 營照尺 = 0.96 市尺 C. 英美制: 　　1 英哩(mile, mi) = 8 浪(furlong, fur) 　　　　　　　　　= 80 鎖(chain, ch) 　　　　　　　　　= 320 桿(pole, pl) 　　　　　　　　　= 880 噚(fathom, fa) 　　　　　　　　　= 1760 碼(yard, yd)

1 碼(yd) = 3 英呎(foot, ft)

1 英呎(ft) = 12 英吋(inch, in)

1 英吋(in) = 8 分

1 英哩(mi) = 1760 碼(yd) = 1.6093462 公里(km)

1 公尺(m) = 3.281 呎(ft) = 29.37 吋(in)

1 桿(pl) = 5.5 碼(yd)

1 海哩(浬) = 6076.1209 英呎(ft)

　　　　 = 1.852 公里(km)

D. 日本制:

1 丈 = 10 尺 = 100 寸 = 1000 分 = 10000 厘
　 = 100000 毛

1 里 = 36 町 = 2160 間 = 12960 尺
　 = 3927.27273 公尺≈4 公里

1 尺 = 0.3030303 公尺

1 町 = 109.09091 公尺≈110 公尺

質量或重量　　SI 單位:公斤或仟克(kilogram, kg)

A. 標準制:

1 公噸(ton, t) = 10 公擔(quintal, q)
　　　　 = 100 公衡(myriagram, mag)
　　　　 = 1000 公斤(kg)

1 公斤(kg) = 100 公兩(hectogram, hg)
　　　　 = 100 公錢(decagram, dag)
　　　　 = 1000 公克(gram, g)

1 公克(g) = 10 公銖(decigram, dg)
　　　　 = 100 公毫(centigram, cg)
　　　　 = 1000 公絲(milligram, mg)

B. 台制：

　　1 台斤 = 16 台兩

　　1 台兩 = 10 台錢 = 100 台分 = 1000 台厘

　　1 台厘 = 10 台毫 = 100 台絲

C. 英制(常衡)：

　　1 英噸(ton, t) = 20 英擔(hundred weight, cwt)

　　　　　　　　 = 80 夸脫(quarter, qr)

　　　　　　　　 = 2240 磅(pound, lb)

　　　　　　　　 = 1216.1 公斤 = 1.12 美噸

　　1 公斤(kg) = 0.0685 斯拉格(slug) = 2.205 磅(lb)

　　1 磅(lb) = 10 盎司(ounce, oz)

　　　　　　 = 160 打蘭(dram, dr)

　　1 打蘭 = 27.34375 克冷(grain, gr)

D. 美制(常衡)：

　　1 美噸(t) = 20 美擔(cwt) = 80 夸脫(qr)

　　　　　　 = 2000 磅(lb)

　　　　　　 = 907.2 公斤 = (25/28)英噸

　　1 磅(lb) = 16 盎司(oz) = 256 打蘭(dr)

　　1 打蘭 = 27.34375 克冷(gr)

E. 英美制(金藥衡)：

　　金衡：1 磅 = 12 盎司 = 240 英錢(penny weight)

　　　　　1 英錢 = 24 克冷

　　藥衡：1 磅 = 12 盎司 = 96 打蘭

　　　　　1 打蘭 = 3 司克路步(scruple) = 60 克冷

　　金藥衡 1 磅 = 常衡 0.82285714 磅

　　　常衡 1 磅 = 金藥衡 1.2152777 磅

金藥衡 1 盎司 = 常衡 1.0971428 盎司

常衡 1 盎司 = 金藥衡 0.91145833 盎司

時間 t	SI 單位：秒(second, s) 1 小時(hour, h) = 60 分鐘(minute, min) 1 分鐘(min) = 60 秒(second, s)
溫度 T	SI 單位：凱氏溫度(°K) °F(華氏溫度) = 32 + (9/5)°C(攝氏溫度) °K(凱氏溫度) = 273 + °C(攝氏溫度)
電荷 Q 或 q	庫侖(coulomb, C)或安培·秒(A·s)
電流 I	安培(或簡稱安)(ampere, A)或庫侖/秒(C/s)
頻率 f	赫茲(Hertz, Hz)或 1/秒(1/s)
角頻率 ω	弳/秒(rad/s)
速度與角速度	SI 單位：米/秒(meter/s, m/s) 1 米/秒(m/s) = 3.6 公里/小時(km/h) $\qquad\qquad\quad$ = 1.944 節(公制) $\qquad\qquad\quad$ = 3.281 呎/秒(ft/s) $\qquad\qquad\quad$ = 2.237 哩/時(mi/h) $\qquad\qquad\quad$ = 1.943 節(英制) 1 轉/分鐘(rev/min, rpm) = 6 度/秒(degree/s) $\qquad\qquad\qquad\qquad\quad$ = 0.1047 弳/秒(rad/s) 1 節(公制) = 1852m/h 1 節(英制) = 6080ft/h = 1853.2m/h 1 弳(rad) = 57.296°
庫侖力 F	SI 單位：牛頓(newton, N)或公斤·米/秒²(kg·m/s²)

	1 牛頓(N) = 0.1 百萬達因(megadyname) = 0.10197 仟克力(kgf) = 0.2248 磅力(lbf) = 7.233 磅達(pundal)
轉矩	SI 單位：牛頓·公尺(N·m) 1 牛頓·公尺(N·m) = 0.738 呎·磅(ft·lb)
慣性矩	SI 單位：公斤·公尺²(kg·m²) 1 公斤·公尺²(kg·m²) = 0.738 斯拉格·呎² = 23.7 磅·呎²
壓力	SI 單位：巴斯葛(pascal, Pa)或牛頓/米²(N/m²) 1 巴斯葛(Pa) = 10^{-5}巴(bar) = 1.0197×10^{-5}仟克/平方公分(kg/cm²) = 1.450×10^{-4}磅力/平方吋(lbf/in²) = 9.324×10^{-6}噸力/平方呎(tf/ft²) = 9.896×10^{-6}大氣壓(atm) = 7.501×10^{-3}米汞柱(m-Hg) = 1.0197×10^{-4}米水柱(m-H₂O)
能量 *W*	SI 單位：焦爾(或簡稱焦)(joule, J) 1 焦爾(J) = 0.10197 仟克力米(kgf·m) = 0.7376 呎磅力(lbf·ft) = 2.778×10^{-7}仟瓦時(kW·h) = 3.724×10^{-7}英馬力時(HP·h) = 0.0002389 仟卡(kcal) = 0.000948 英熱單位(Btu)
電壓或電位 *V*	伏特(或簡稱伏)(volt, V)或焦爾/庫侖(J/C)
功率或實功率 *P*	SI 單位：瓦特(或簡稱瓦)(watt, W)或焦爾/秒(J/s) 1 馬力(horse power, hp 或 HP) = 746 瓦特(W) 1 瓦特(W) = 1.341×10^{-3}馬力(hp)

虛功 Q	乏(volt-ampere-reactive, VAR)
複數功率 S	伏安(volt-ampere, VA)
電阻 R	歐姆(ohm, Ω)或伏特/安培(V/A)
電導 G	姆歐(mho, 或 S)或安培/伏特(A/V)
電感 L 或互感 M	亨利(henry, H)或韋伯/安培(Wb/A)
電容 C	法拉(farad, F)或庫侖/伏特(C/V)
電抗 X	歐姆(ohm, Ω)或伏特/安培(V/A)
電納 B	姆歐(mho, 或 S)或安培/伏特(A/V)
阻抗 Z	歐姆(ohm, Ω)或伏特/安培(V/A)
導納 Y	姆歐(mho, 或 S)或安培/伏特(A/V)
電阻溫度係數 α_T	1/(攝氏度數)或($^\circ$C)$^{-1}$
電阻係數 ρ	歐姆·米(ohm·meter, Ω·m)
電導係數 σ	(歐姆·米)$^{-1}$(ohm·meter)$^{-1}$, $(\Omega \cdot m)^{-1}$, $\Omega^{-1} \cdot m^{-1}$或 S/m
介電常數 ε	法拉/米(farad/meter, F/m) $\varepsilon_0 = 1/(36\pi \times 10^9) = 8.85418 \times 10^{-9}$ F/m
電通量 Ψ	庫侖(coulomb, C)
電場 E	牛頓/庫侖(newton/coulomb, N/C)或伏特/米(volt/m, V/m)
磁動勢 F_m	安匝(ampere-turn, At)
磁通量 Φ	SI 單位:韋伯(weber, Wb)或伏特·秒(V·s) 1 韋伯(Wb) = 10^8 馬克斯威爾(maxwell) = 10^8 線(line)
磁通鏈 λ	韋伯－匝(weber-turn, Wb-t)
磁場強度 H	SI 單位:安匝/米(ampere-turn/m, At/m) 1 安匝/米(At/m) = 0.0254 安匝/吋(At/in) = 0.0126 奧斯特(Oersted)

磁通密度 B	SI 單位：韋伯/米²(weber/meter², Wb/m²)或 帖斯拉(tesla, T) 1 帖斯拉(T) = 10^4 高斯(gauss) 　　　　　= 6.4516×10^4 線/吋²(lines/in²)
導磁係數 μ	韋伯/安培·米〔weber/(ampere·meter)或 Wb/(A·m)〕 $\mu_0 = 4\pi \times 10^{-7}$ Wb/(A·m)
磁阻 R_m	安培－匝/韋伯(ampere-turn/weber, At/Wb)
阻尼比 ζ	無單位
阻尼係數 α	1/秒(s^{-1})
相角或相位 θ, ϕ	度(degree)：$\theta°, \phi°$或弳(radian)：θ^r, ϕ^r
照度	燭光(candela, cd)
分子數	莫爾(mole, mol)
面積 A	SI 單位：平方公尺或平方米(米²)(meter², m²) A. 標準制： 　　1 平方公里(square kilometer, km²) 　　　　= 100 平方公引(hectare, ha 公頃) 　　　　= 10000 平方公丈(are, a 公畝) 　　1 平方公丈(a) = 100 平方公尺(centiare, ca 公釐) 　　　　= 10000 平方公寸 　　　　　(square decimeter, dm²) 　　　　= 1000000 平方公分(cm²) B. 台制： 　　1 坪 = 6 平方台尺 = 36 平方尺 　　1 甲 = 10 分 = 2934 坪

$$1 \, 分 = 10 \, 釐 = 293.4 \, 坪$$

$$1 \, 釐 = 10 \, 毫 = 29.34 \, 坪$$

$$1 \, 毫 = 2.934 \, 坪$$

C. 英美制：

$$1 \, 平方哩 (square \ mile) = 640 \, 英畝 (acre)$$

$$= 2560 \, 路得 (rood)$$

$$1 \, 路得 (rood) = 2.5 \, 平方鎖 (square \ chain)$$

$$= 40 \, 平方桿 (square \ pole)$$

$$= 1210 \, 平方碼 (square \ yard)$$

$$1 \, 平方碼 (square \ yard) = 9 \, 平方呎 (square \ foot)$$

$$= 1296 \, 平方吋 (square \ inch)$$

$$1 \, 英畝 (acre) = 40.468493 \, 公畝 (are)$$

$$\approx 40.5 \, 公畝 (are)$$

體積	SI 單位：立方米 (m³)

A. 標準制：

$$1 \, 立方公尺 (m^3) = 1 \, 公秉 (kilolitre, \ kl)$$

$$= 10 \, 公石 (hectolitre, \ hl)$$

$$= 100 \, 公斗 (decalitre, \ dal)$$

$$= 1000 \, 公升 (litre, \ l)$$

$$1 \, 立方公寸 (dm^3) = 1 \, 公升 (l)$$

$$= 10 \, 公合 (decilitre, \ dl)$$

$$= 100 \, 公勺 (centilitre, \ cl)$$

$$1 \, 立方公分 (cm^3) = 1 \, 公勺 (cl)$$

$$= 10 \, 公撮 (millilitre, \ ml)$$

B. 台制：

$$1 \, 立方尺 = 1000 \, 平方寸 = 1000000 \, 平方分$$

$$1 \, 石 = 10 \, 斗 = 100 \, 升 = 1000 \, 合 = 10000 \, 勺$$

C. 英美制(體積)：

　　1 立方碼(cubic yard)＝27 立方尺(cubic foot)

　　1 立方呎(cubic foot)＝1728 立方吋(cubic inch)

D. 英美制(液體容量)：

　　1 加侖(gallon, gall)＝4 夸爾(quart, qt)

　　1 夸爾(qt)＝2 品脫(pint, pt)

　　1 品脫(pt)＝4 及耳(gill, gi)

　　1 及耳(gi)＝5 盎司(ounce, oz)

　　1 加侖(英)＝277.274 立方吋＝4.5459631 公升

　　1 加侖(美)＝231 立方吋＝3.7853323 公升

E. 英美制(乾量容量)：

　　1 浦式耳(斛)(bushel, bu)

　　　　　＝4 配克(斗)(peck, pk)

　　1 配克(pk)＝2 加侖(斞)(gall)

　　1 加侖(gall)＝4 夸爾(吇)(qt)

　　1 夸爾(qt)＝2 品脫(哈)(pt)

　　1 品脫(pt)＝4 及耳(叻)(gi)

　　1 浦式耳(英)＝1.284352 立方呎(ft^3)

　　1 浦式耳(美)＝1.244456 立方呎(ft^3)

　　乾量 1 加侖(英)＝277.274 立方吋(in^3)

　　乾量 1 加侖(美)＝268.803 立方吋(in^3)

F. 日本制：

　　1 石＝10 斗＝100 升＝1000 合＝10000 勺

　　1 升＝1.8039068 公升(litre)

附錄 C: 電路學常用的三角函數關係式

(1)複角三角函數（θ 及 ϕ 為任意實數）

$$\cos(\theta \pm \phi) = \cos\theta\cos\phi \mp \sin\theta\sin\phi$$

$$\sin(\theta \pm \phi) = \sin\theta\cos\phi \pm \cos\theta\sin\phi$$

$$\tan(\theta \pm \phi) = \frac{\tan\theta \pm \tan\phi}{1 \mp \tan\theta\tan\phi}$$

(2)正弦與餘弦之積化和差之關係式（θ 與 ϕ 為任意實數）

$$\sin\theta\cos\phi = \frac{1}{2}[\sin(\theta + \phi) + \sin(\theta - \phi)]$$

$$\cos\theta\sin\phi = \frac{1}{2}[\sin(\theta + \phi) - \sin(\theta - \phi)]$$

$$\cos\theta\cos\phi = \frac{1}{2}[\cos(\theta + \phi) + \cos(\theta - \phi)]$$

$$\sin\theta\sin\phi = \frac{-1}{2}[\cos(\theta + \phi) - \cos(\theta - \phi)]$$

上面這兩式可以令 $\theta = \phi$，則電路上常用的餘弦平方項與正弦平方項分別為：

$$\cos^2\theta = \frac{1 + \cos2\theta}{2}$$

$$\sin^2\theta = \frac{1 - \cos2\theta}{2}$$

(3)正弦與餘弦之和差化積之關係式（θ 與 ϕ 為任意實數）

$$\sin\theta + \sin\phi = 2\sin(\frac{\theta + \phi}{2})\cos(\frac{\theta - \phi}{2})$$

$$\sin\theta - \sin\phi = 2\cos(\frac{\theta + \phi}{2})\sin(\frac{\theta - \phi}{2})$$

$$\cos\theta + \cos\phi = 2\cos(\frac{\theta+\phi}{2})\cos(\frac{\theta-\phi}{2})$$

$$\cos\theta - \cos\phi = -2\sin(\frac{\theta+\phi}{2})\sin(\frac{\theta-\phi}{2})$$

⑷三角函數之倍角關係（θ 為任意實數，k 為整數）

$$\sin(2\theta) = 2\sin\theta\cos\theta$$

$$\cos(2\theta) = \cos^2\theta - \sin^2\theta = 2\cos^2\theta - 1 = 1 - 2\sin^2\theta$$

$$\tan(2\theta) = \frac{2\tan\theta}{1-\tan^2\theta}, \theta \neq k\pi \pm \frac{\pi}{4}$$

⑸三角函數之半角關係（θ 為任意實數，k 為整數）

$$\sin(\frac{\theta}{2}) = \pm\sqrt{\frac{1-\cos\theta}{2}}$$

$$\cos(\frac{\theta}{2}) = \pm\sqrt{\frac{1+\cos\theta}{2}}$$

$$\tan(\frac{\theta}{2}) = \pm\sqrt{\frac{1-\cos\theta}{1+\cos\theta}}, \ \theta \neq (2k+1)\pi$$

$$= \frac{1-\cos\theta}{\sin\theta} = \frac{\sin\theta}{1+\cos\theta}, \ \theta \neq k\pi$$

式中的 $\pm$ 符號由 $\frac{\theta}{2}$ 所在的象限所決定。

⑹三角函數之負角關係式（θ 為任意實數）

$$\sin(-\theta) = -\sin\theta, \quad \csc(-\theta) = -\csc(\theta)$$

$$\cos(-\theta) = \cos\theta, \qquad \sec(-\theta) = \sec(\theta)$$

$$\tan(-\theta) = -\tan\theta, \quad \cot(-\theta) = -\cot(\theta)$$

⑺三角函數中互為餘函數之相移對等關係（θ 為任意實數，k_{even}為偶整數，k_{odd}為奇整數）

$$\sin(k_{even}\cdot\frac{\pi}{2} \pm \theta) = \pm\sin\theta$$

$$\sin(k_{odd}\cdot\frac{\pi}{2} \pm \theta) = \pm\cos\theta$$

$$\cos(\frac{\pi}{2} - \theta) = \sin\theta$$

$$\tan(\frac{\pi}{2} - \theta) = \cot\theta, \cot(\frac{\pi}{2} - \theta) = \tan\theta$$

$$\sec(\frac{\pi}{2} - \theta) = \csc\theta, \csc(\frac{\pi}{2} - \theta) = \sec\theta$$

⑻複數指數與正弦、餘弦的優勒等式及其他關係式（θ 為任意實數）

$$e^{\pm j\theta} = \cos\theta \pm j\sin\theta$$

$$\cos\theta = \frac{e^{j\theta} + e^{-j\theta}}{2}$$

$$\sin\theta = \frac{e^{j\theta} - e^{-j\theta}}{j2}$$

⑼正弦與餘弦合併為餘弦表示式

$$X\cos\theta + Y\sin\theta = \sqrt{X^2 + Y^2}\cos[\theta - \tan^{-1}(\frac{Y}{X})]$$

式中可視一個直角三角形，其水平邊長度爲 X，垂直邊長度爲 Y，斜邊長度則爲 $\sqrt{X^2 + Y^2}$，相角 $\tan^{-1}(\frac{Y}{X})$ 則爲該直角三角形斜邊與水平邊的夾角。

附錄 D: 有關「電路學」課程之參考書籍

[1] David R. Cunningham and John A. Stuller, *Circuit Analysis*, 2nd Edition, Houghton Mifflin Company, 1995.

[2] David A. Bell, *Electric Circuits*, Prentice-Hall International, Inc., 1995.

[3] David E. Johnson, John L. Hilburn, Johnny R. Johnson, and Peter D. Scott, *Basic Electric Circuit Analysis*, 5th Edition, Prentice-Hall International, Inc., 1995.

[4] Sergio Franco, *Electric Circuits Fundamentals*, Saunders College Publishing, 1995.

[5] Norman Balabanian, *Electric Circuits*, McGraw-Hill Book Company, Inc., 1994.

[6] William H. Hayt, Jr. and Jack E. Kemmerly, *Engineering Circuit Analysis*, 5th edition, McGraw-Hill Book Company, Inc., 1993.

[7] James W. Nilsson, *Electric Circuits*, 4th edition, Addison-Wesley Publishing Company, Inc., 1993.

[8] S. A. Boctor, *Electric Circuit Analysis*, 2nd Edition, Prentice-Hall International, Inc., 1992.

[9] Ken F. Sander, *Electric Circuit Analysis* (*Principles and Applications*), Addison-Wesley Publishing Company, Inc., 1992.

〔10〕　Lawrence P. Huelsman, *Basic Circuit Theory*, 3rd Edition, Prentice-Hall International, Inc., 1991.

〔11〕　Richard C. Dorf, *Introduction to Electric Circuits*, John Wiley & Sons, Inc., 1989.

〔12〕　Thomas L. Floyd, *Principles of Electric Circuits*, Merrill Publishing Company, 1989.

〔13〕　Robert L. Boylestad, *DC/AC: The Basics*, Merrill Publishing Company, 1989.

〔14〕　Shlomo Karni, *Applied Circuit Analysis*, John Wiley & Sons, Inc., 1988.

〔15〕　Thomas L. Floyd, *Electric Circuits Fundamentals*, Merrill Publishing Company, 1987.

〔16〕　Leon O. Chua, Charles A. Desoer, and Ernest S. Kuh, *Linear and Nonlinear Circuits*, McGraw-Hill Book Company, Inc., 1987.

〔17〕　Robert L. Boylestad, *Introductory Circuit Analysis*, 5th Edition, Merrill Publishing Company, 1987.

〔18〕　夏少非著,《電路學》(上冊: 時域分析, 下冊: 頻域分析), 國立編譯館出版, 正中書局印行, 中華民國 75 年 12 月修訂版。

〔19〕　William A. Blackwell and Leonard L. Grigsby, *Introductory Network Theory*, PWS Publishers, 1985.

〔20〕　Robert A. Bartkowiak, *Electric Circuit Analysis*, John Wiley & Sons, Inc., 1985.

〔21〕　John Choma, Jr., *Electrical Network (Theory and Analysis)*, John Wiley & Sons, Inc., 1985.

〔22〕　David E. Johnson and Johnny R. Johnson, *Introductory Electric Circuit Analysis*, Prentice-Hall International, Inc., 1981.

〔23〕 P. R. Adby, *Applied Circuit Theory* (*Matrix and Computer Methods*), Kai Fa Book Company, 1st Published in 1980.

〔24〕 Charles A. Deoser and Ernest S. Kuh, *Basic Circuit Theory*, 7th printing, McGraw-Hill Book Company, Inc., 1979.

〔25〕 Gabor C. Temes and Jack W. LaPatra, *Introduction to Circuit Synthesis and Design*, McGraw-Hill Book Company, Inc., 1977.

〔26〕 Shu-Park Chan, *Introductory To pological Analysis of Electrical Networks*, Kai Fa Book Company, 1974.

附錄 E：「電路學」常用專有名詞中英文對照

A

AAAC（all-aluminum-alloy conductor） 全鋁合金線

absolute zero 溫度的絕對零度

AC or ac（alternating current） 交流

AC（ac）resistance 交流電阻

ACAR（aluminum conductor, alloy-reinforced） 合金心鋁絞線

ACC（all-aluminum conductor） 全鋁線

ACSR（aluminum conductor, steel-reinforced） 鋼心鋁線

active element 主動元件

active network 主動網路

admittance 導納

admittance angle 導納角

admittance triangle 導納三角形

air gap 氣隙

ampere（A or a） 安培

ampere-hour（Ah） 安培小時（電池容量）

ampere-turn（At） 安匝

amplitude 振幅

ammeter 電流（安培）表

analysis 分析

angular frequency 角頻率

asympototic stable　漸近穩定的

atom　原子

atom theory　原子學說

atomic mass unit (a.m.u.)　原子質量單位

atto-　10^{-18}

Avogadro's number　亞佛加多羅常數

B

balanced three-phase loads　平衡三相負載

basic circuit theory　基本網路理論

battery　電池（電瓶）

B-H curve　B-H曲線

bipolar junction transistor (BJT)　雙極性接面電晶體（電晶體）

box　元件盒

branch　支路、分支

branch current　支路電流

branch voltage　支路電壓

bridge　電橋

British System of Units　英制單位系統

bypass　旁路

C

capacitance　電容

capacitive　電容的、電容性的

capacitor　電容器

capacitor current　電容器電流

capacitor voltage　電容器電壓

carbon　碳元素

carrier　載子

CGS (centimeter-gram-second) system of units　CGS 單位系統

characteristic equation　特性（特徵）方程式

characteristic polynomials　特性多項式

characteristic roots　特性根

charge　電荷、充電

choke　抗流線圈

chord　補樹

chord set　補樹集

circuit　電路、迴路

circuit element　電路元件

circuit model　電路模型

circuit set　迴路集

circuit variable　電路變數

circular mil (cmil)　圓密爾

closed path　封閉路徑

closed surface　封閉面

cofactor of determinant　行列式的餘因子

collision　碰撞、撞擊

color coding　色碼

common resistance　共電阻

complementary response　互補響應

complementary metal-oxide-semiconductor (CMOS)　互補式金屬氧化物半導體

complete response　完全響應

complex number　複數

conductance　電導

conductance matrix　電導矩陣

conductivity　導電率、電導係數

conductor　電導器

connection　連接

constant　常數

constant-resistive circuit　定電阻電路

constantan　銅鎳合金

controlled sources　受控電源

conventional　傳統的

conversion　轉換

copper　銅元素

copper loss　銅損

cosine (cos)　餘弦

cotree　補樹

coulomb　庫侖

covalent bond　共價鍵

Cramer's rule　魁雷瑪法則

critically damped　臨界阻尼的

current　電流

current carrier　電流載子

current continuity property of inductor　電感器電流之連續特性

current divider circuit　分流電路

current gain　電流增益

current source　電流源

current-controlled current source (CCCS)　電流控制的電流源

current-controlled voltage source (CCVS)　電流控制的電壓源

current-division principle　分流器法則

curve　曲線

cut　切

cut set　切集

cutset admittance matrix　切集導納矩陣

cutset analysis　切集分析

cutset equation　切集方程式

D

damped frequency　阻尼頻率

damped sinusoidal　含有阻尼的弦式波

damping　阻尼

damping coefficient　阻尼係數

damping factor　阻尼因數

damping ratio　阻尼比

datum node　電路之參考點

DC or dc（direct current）　直流

DC（dc）resistance　直流電阻

deca-　拾（10^1）

decade resistor boxes　十進位電阻箱

decay　衰減

deci-　分（10^{-1}）

degree　度數、階數

degree Celsius　攝氏度數（℃）

degree Kelvin　凱氏度數（°K）

demagnetizing　去磁的

denominator　分母

dependent current source　相依電流源

dependent source　相依電源

dependent voltage source　相依電壓源

determinant　行列式

electrolytic capacitor　電解質電容器

electromotive force (EMF)　電動勢

electron　電子

electron-gas description　電子氣體說

electron-volt　電子伏特

electrostatics　靜電場

element　元件

energy　能量

energy density　能量密度

equation　方程式

equivalence　圖形的等效性

equivalent circuit　等效電路

equivalent network　等效網路

equivalent resistance　等效電阻

equivalent source　等效電源

Euler's identity　優勒等式

excitation　激勵

exciting response　激發響應

exponent　指數

exponential curve　指數曲線

F

Farad　法拉

Faraday's law　法拉第定律

feet　英呎（複數）

ferrites　亞鐵鹽

ferromagnetic material　強磁性材質

ferromagnetism　強磁性

field　場

field-effect transistor（FET）　場效應電晶體

finite value　有限值

first-order circuit　一階電路

first-order differential equations　一次（一階）微分方程式

flux　磁通量

flux density　磁通密度

flux linkage　磁通鏈

foot　英呎（單數）

force　力

forced response　強迫響應

free electron　自由電子

free space　自由空間

friction　摩擦

function　函數

G

gauss　高斯

general circuit element　一般電路元件

germanium　鍺元素

giga-　十億（10^9）

gradient　梯度

gram　公克

graph　圖形

ground　大地、接地

H

h (hybrid) parameters　混合參數

half-power points　半功率點

half-wave rectifier　半波整流器

half-wave symmetry　半波對稱

heat energy　熱能

Henry (H)　亨利

hecto-　佰（10^2）

Hertz (Hz)　赫茲

high-order differential equations　高次（高階）微分方程式

hole　電洞

homogeneous differential equations　齊次微分方程式

homogeneous solution　通解

horsepower (HP or hp)　馬力

hot wire　火線

hydrogen　氫元素

hysteresis　磁滯

hysteresis loop　磁滯迴圈

hysteresis loss　磁滯損

I

ideal circuit element　理想電路元件

ideal source　理想電源

imaginary number　虛數

imaginary part　複數的虛部

inch　英吋

independent current source　獨立電流源

independent source　獨立電源

independent voltage source　獨立電壓源

inductance　電感

inductance matrix　電感矩陣

inductor　電感器

inferred absolute zero　推論的溫度絕對零度

input resistance　輸入電阻

input terminal　輸入端

instability　不穩定度

instantaneous power　瞬時功率

instantaneous value　瞬時值

ion　離子

ionized gas　離子化的氣體

iron core　鐵心

J

joule　焦爾

junction　連接點

jump phenomenon　跳躍現象

K

kilo-　仟（10^3）

kilogram　公斤

kilowatt-hours（kWH）　仟瓦小時

kinetic energy　動能

Kirchhoff's current law（KCL）　克希荷夫電流定律

Kirchhoff's voltage law（KVL）　克希荷夫電壓定律

L

ladder network　梯形網路

lamp　電燈

light velocity　光速

line　線

linear differential equations　線性微分方程式

linear second-order differential equation with constant coefficients　常
係數二次（二階）線性微分方程式

linear resistor　線性電阻器

linearity　線性

link　鍊結

link branch　鍊結的分支

load　負載

loop　迴路

loop analysis　迴路分析

loop current　迴路電流

loop equation　迴路方程式

loss　損失

lossless circuit　無損失的電路

lumped　集成的

lumped-circuit elements　集成電路元件

M

macroscopic basis　巨觀論

magnet　磁鐵

magnetic circuit　磁路

magnetic field　磁場

magnetic field intensity　磁場強度

magnetic flux　磁通

magnetic flux density　磁通密度

magnetic force　磁力

magnetism　磁學

magnetization curve　磁化曲線

magnetomotive force（MMF）　磁動勢

magnitude　大小

match　匹配

matrix　矩陣

maximum　最大的

maximum power transfer theorem　最大功率轉移定理

maxwell　馬克斯威爾

mean free path　平均自由路徑

measurement　量測

mega-　百萬（10^6）

mesh　網目

mesh analysis　網目分析

mesh current　網目電流

metal-film resistor　金屬膜電阻器

metal-oxide-semiconductor（MOS）device　金氧半元件

meter　儀表、公尺

method of undetermined coefficients　未定係數法

mho　姆歐

micro-　微（10^{-6}）

microscopic basis　微觀論

mil　密爾（$=10^{-3}$英吋）

milli-　毫（10^{-3}）

Millman's theorem　密爾曼定理

minimum　最小的

minute　分鐘

MKS（meter-kilogram-second）system of units　公制單位系統

model　模型

molecular　分子

molecular theory　分子學說

mutual conductance　互電導

mutual inductance　互感

mutual resistance　互電阻

N

nano-　奈（10^{-9}）

natural logarithm (ln)　自然對數

natural response　自然響應

neper frequency　奈波頻率

net displacement　淨位移

net area　淨值面積

network　網路

network analysis　網路分析

network function　網路函數

network synthesis　網路合成

network theorem　網路定理

neutron　中子

newton　牛頓

nodal analysis　節點分析

node　節點

node analysis　節點分析

node equation　節點方程式

node-to-datum voltage　節點對參考點的電壓

node voltage　節點電壓

nonhomogeneous differential equations　非齊次微分方程式

nonlinear element　非線性元件

nonlinear load　非線性負載

nonlinear resistor　非線性電阻器

nonlinearity　非線性

nonmagnetic material　非磁性物質

nonplanar network　非平面網路

Norton resistance　諾頓電阻

Norton's equivalent circuit　諾頓等效電路

Norton's theorem　諾頓定理

nucleon　核子

nucleus　原子核

numerator　分子

O

off (OFF)　關閉、截止

ohm　歐姆

Ohm's law　歐姆定理

ohmmeter　電阻計（歐姆表）

on (ON)　開啓、導通

open circuit (OC)　開路

open-circuit driving-point　resistance　開路驅動點電阻

open-circuit resistance matrix　開路電阻矩陣

open-circuit voltage　開路電壓

operating point　工作點

orbit　軌道

orthogonal　正交的

orthogonality　正交性

outer mesh　外部的網目

outlet　插座

output current　輸出電流

output resistance　輸出電阻

output voltage　輸出電壓

overdamped　過阻尼的

overload　過載、超載

oxygen　氧元素

P

Φ－I characteristic　磁通—電流特性

parallel　並聯的

parallel circuit　並聯電路

parallel connection　並聯連接

parallel edge　並聯的圖形線段

parallel-series circuit　並串聯電路

paramagnetic material　常磁性材質

parameter　參數

partial differential equation　偏微分方程式

particular solution　特解

passive circuit element　被動電路元件

passive network　被動網路

passive sign convention　傳統被動符號

passivity　被動性

path　路徑

path set　路徑集

peak value　峰值

period　週期

permanent magnet　永久磁鐵

permeability　導磁係數

permittivity　介電常數

phase angle　相角

phase difference　相位差

phase shift　相移

physical circuit　實際電路

physical device　實際元件

pi (π) network　π型網路

pico-　匹 (10^{-12})

planar graph　平面圖形

planar network　平面網路

polynomials　多項式

port　埠

potential　電位

potential difference　位能差

potential energy　位能

potentiometer　電位計

power　功率

power source　電源

power system　電力系統

practical source　實際電源

principal node　主節點

probability　機率、或然率

programmable unijunction transistor (PUT)　可程式單接面晶體

proton　質子

PSPICE　電路分析用軟體

Q

quadrant　象限

quantity　數量

R

radian　弳

random　隨機的

rate　額定，率

rational function　有理函數

RC circuit　由 RC 等元件構成的電路

reciprocal circuit　互易電路

reciprocity theorem　互易定理

reference node　電路的參考節點

reference point　參考點

reluctance　磁阻

resistance　電阻

resistance matrix　電阻矩陣

resistive　電阻的、電阻性的

resistive circuit　電阻電路

resistive power　電阻性的功率（實功）

resistivity　電阻係數

resistor　電阻器

resonant frequency　共振頻率

response　響應

rheostat　變阻器

ripple　漣波

RL circuit　由 RL 等元件構成的電路

RLC circuit　由 RLC 等元件構成的電路

row matrix　行矩陣

row vector　列向量

S

saturation　飽和

scientific notation　科學符號

second　秒

second-order circuit　二次（二階）電路

second-order system　二次（二階）系統

self conductance　自電導

self inductance　自感

self resistance　自電阻

semiconductor devices　半導體元件

separable equation　分離變數方程式

series　串聯的

series circuit　串聯電路

series connection　串聯連接

series edge　串聯的圖形線段

series-parallel circuit　串並聯電路

short circuit (SC)　短路

short-circuit conductance　短路電導

short-circuit current　短路電流

shunt resistor　並聯電阻器

SI units (International System of Units)　國際單位系統

siemen　電導的單位 (S)

silicon　矽元素

silicon controlled rectifier (SCR)　矽控整流器

simple circuit element　簡單電路元件

sine (sin)　正弦

single-subscript notation　單下標表示

sinusoidal waveform　弦式波形

sinusoidal-wave response　弦波響應

source　電源

source conversion　電源轉換

source-free response　無（電）源響應

stability　穩定度

stable　穩定的

standard form　標準型式

steady state　穩態

steady-state response　穩態響應

step response　步階響應

stored energy　儲存的能量

stray capacitance　雜散電容

strength　強度

substitution theorem　取代定理

superconductivity　超導性

superconductor　超導體

supermesh　超網目

supernode　超節點

superposition theorem　重疊定理

switch (SW)　開關

synthesis　合成

system　系統

system response　系統響應

systematic method　系統式的方法

T

transient　暫態

transient response　暫態響應

transmission line　傳輸（輸電）線

tree　樹

tree branch　樹的分支

triangle　三角形

turn　匝數

two-port network　雙埠網路

U

unbalanced three-phase loads　不平衡三相負載

undamped natural frequency　無阻尼之自然頻率

underdamped　欠阻尼的

unit　單位

unit junction transistor（UJT）　單接面電晶體

unstable circuit　不穩定的電路

V

V－I characteristic　電壓—電流特性

valence electron　價電子

value　值（數值）

variable resistor　可變電阻器

variation of parameters　參數變化法

very large scale integrated circuit（VLSI）　超大型積體電路

volt　伏特（伏）

voltage　電壓

voltage continuity property of capacitor　電容器電壓之連續特性

voltage divider circuit　分壓電路

三民科學技術叢書（一）

書名	著作人	任職
統計學	王士華	成功大學
微積分	何典恭	淡水學院
圖學	梁炳光	成功大學
物理	陳龍英	交通大學
普通化學	王澄霞、陳朝棟、洪志明	師範大學、臺灣大學、師範大學
普通化學	王澄霞、魏明通	師範大學
普通化學實驗	魏明通	師範大學
有機化學（上）、（下）	王澄霞、陳朝棟、洪志明	師範大學、臺灣大學、師範大學
有機化學	王澄霞、魏明通	師範大學
有機化學實驗	王澄霞、魏明通	師範大學
分析化學	林洪志	成功大學
分析化學	鄭華生	清華大學
環工化學	黃紀賢、汝長春、吳俊伯、何國生、尤杰卿	成功大學、大仁藥專、崑山工專、高雄縣環保局
物理化學	卓哲垣、施靜良、黃守世、蘇仁瑞、何剛文	成功大學
物理化學	杜逸虹	臺灣大學
物理化學	李敏達	臺灣大學
物理化學實驗	李敏達	臺灣大學
化學工業概論	王振華	成功大學
化工熱力學	鄧禮堂	大同工學院
化工熱力學	黃定加	成功大學
化工材料	陳陵援	成功大學
化工材料	朱宗正	成功大學
化工計算	陳志勇	成功大學
實驗設計與分析	周澤川	成功大學
聚合體學（高分子化學）	杜逸虹	臺灣大學
塑膠配料	李繼強	臺北技術學院
塑膠概論	李繼強	臺北技術學院
機械概論（化工機械）	謝爾昌	成功大學
工業分析	吳振成	成功大學
儀器分析	陳陵援	成功大學
工業儀器	周澤川、徐展麒	成功大學

大學專校教材，各種考試用書。

三民科學技術叢書（二）

書　　　　　　　　名	著 作 人	任　　　　職
工 　業 　儀 　錶	周 澤 川	成 功 大 學
反 　應 　工 　程	徐 念 文	臺 灣 大 學
定 　量 　分 　析	陳 壽 南	成 功 大 學
定 　性 　分 　析	陳 壽 南	成 功 大 學
食 　品 　加 　工	蘇 茀 第	前臺灣大學教授
質 　能 　結 　算	呂 銘 坤	成 功 大 學
單 　元 　程 　序	李 敏 達	臺 灣 大 學
單 　元 　操 　作	陳 振 揚	臺 北 技 術 學 院
單 元 操 作 題 解	陳 振 揚	臺 北 技 術 學 院
單元操作（一）、（二）、（三）	葉 和 明	淡 江 大 學
單 元 操 作 演 習	葉 和 明	淡 江 大 學
程 　序 　控 　制	周 澤 川	成 功 大 學
自 動 程 序 控 制	周 澤 川	成 功 大 學
半 導 體 元 件 物 理	李 嗣 涔　管 傑 雄　孫 台 平	臺 灣 大 學
電 　　子 　　學	黃 世 杰	高 雄 工 學 院
電 　　子 　　學	李 浩	
電 　　子 　　學	余 家 聲	逢 甲 大 學
電 　　子 　　學	鄧 知 晞　李 清 庭　勝 利	成 功 大 學　中 原 大 學　高 雄 工 學 院
電 　　子 　　學	傅 勝 福　陳 光 和	成 功 大 學
電 　　子	王 永 和	成 功 大 學
電 　子 　實 　習	陳 龍 英	交 通 大 學
電 　子 　電 　路	高 正 治	中 山 大 學
電 子 電 路 （一）	陳 龍 英	交 通 大 學
電 　子 　材 　料	吳 朗	成 功 大 學
電 　子 　製 　圖	蔡 健 藏	臺 北 技 術 學 院
組 　合 　邏 　輯	姚 靜 波	成 功 大 學
序 　向 　邏 　輯	姚 靜 波	成 功 大 學
數 　位 　邏 　輯	鄭 國 順	成 功 大 學
邏 輯 設 計 實 習	朱 惠 勇　康 峻 源	成 功 大 學　省立新化高工
音 　響 　器 　材	黃 貴 周	聲 寶 公 司
音 　響 　工 　程	黃 貴 周	聲 寶 公 司
通 　訊 　系 　統	楊 明 興	成 功 大 學
印 刷 電 路 製 作	張 奇 昌	中 山 科 學 研 究 院
電 子 計 算 機 概 論	歐 文 雄	臺 北 技 術 學 院
電 　子 　計 　算 　機	黃 本 源	成 功 大 學

大學專校教材，各種考試用書。

三民科學技術叢書 (三)

書　　　　　　　　　名	著作人	任　　　　職
計　算　機　概　論	朱惠勇 黃煌嘉	成　功　大　學 臺北市立南港高工
微　算　機　應　用	王　明　習	成　功　大　學
電　子　計　算　機　程　式	陳澤生 吳建臺	成　功　大　學
計　算　機　程　式	余　政　光	中　央　大　學
計　算　機　程　式	陳　　敬	成　功　大　學
電　　工　　學	劉　濱　達	成　功　大　學
電　　工　　學	毛　齊　武	成　功　大　學
電　　機　　學	詹　益　樹	清　華　大　學
電　機　機　械　(上)、(下)	黃　慶　連	成　功　大　學
電　機　機　械	林　料　總	成　功　大　學
電　機　機　械　實　習	高　文　進	華　夏　工　專
電　機　機　械　實　習	林　偉　成	成　功　大　學
電　　磁　　學	周　達　如	成　功　大　學
電　　磁　　學	黃　廣　志	中　山　大　學
電　　磁　　波	沈　在　崧	成　功　大　學
電　波　工　程	黃　廣　志	中　山　大　學
電　工　原　理	毛　齊　武	成　功　大　學
電　工　製　圖	蔡　健　藏	臺北技術學院
電　工　數　學	高　正　治	中　山　大　學
電　工　數　學	王　永　和	成　功　大　學
電　工　材　料	周　達　如	成　功　大　學
電　工　儀　錶	陳　　聖	華　夏　工　專
電　工　儀　表	毛　齊　武	成　功　大　學
儀　表　學	周　達　如	成　功　大　學
輸　配　電　學	王　　載	成　功　大　學
基　本　電　學	黃　世　杰	高　雄　工　學　院
基　本　電　學	毛　齊　武	成　功　大　學
電　路　學　(上)、(下)	王　　醴	成　功　大　學
電　　路　　學	鄭　國　順	成　功　大　學
電　　路　　學	夏　少　非	成　功　大　學
電　　路　　學	蔡　有　龍	成　功　大　學
電　廠　設　備	夏　少　非	成　功　大　學
電　器　保　護　與　安　全	蔡　健　藏	臺北技術學院
網　路　分　析	李祖添 杭學鳴	交　通　大　學

大學專校教材，各種考試用書。

三民科學技術叢書（四）

書　　　　　　　名	著作人	任　　　職
自　動　控　制	孫育義	成　功　大　學
自　動　控　制	李祖添	交　通　大　學
自　動　控　制	楊維楨	臺　灣　大　學
自　動　控　制	李嘉猷	成　功　大　學
工　業　電　子	陳文良	清　華　大　學
工　業　電　子　實　習	高正治	中　山　大　學
工　程　材　料	林　立	中正理工學院
材料科學（工程材料）	王櫻茂	成　功　大　學
工　程　機　械	蔡攀鰲	成　功　大　學
工　程　地　質	蔡攀鰲	成　功　大　學
工　程　數　學	羅錦興	成　功　大　學
工　程　數　學	孫育義 高正治	成　功　大　學 中　山　大　學
工　程　數　學	吳　朗	成　功　大　學
工　程　數　學	蘇炎坤	成　功　大　學
熱　　力　　學	林大惠 侯順雄	成　功　大　學
熱　力　學　概　論	蔡旭容	臺北技術學院
熱　　工　　學	馬承九	成　功　大　學
熱　　處　　理	張天津	臺北技術學院
熱　　機　　學	蔡旭容	臺北技術學院
氣壓控制與實習	陳憲治	成　功　大　學
汽　車　原　理	邱澄彬	成　功　大　學
機　械　工　作　法	馬承九	成　功　大　學
機　械　加　工　法	張天津	臺北技術學院
機　械　工　程　實　驗	蔡旭容	臺北技術學院
機　　動　　學	朱越生	前成功大學教授
機　械　材　料	陳明豐	工業技術學院
機　械　設　計	林文晃	明　志　工　專
鑽　模　與　夾　具	于敦德	臺北技術學院
鑽　模　與　夾　具	張天津	臺北技術學院
工　　具　　機	馬承九	成　功　大　學
內　　燃　　機	王仰舒	樹　德　工　專
精密量具及機件檢驗	王仰舒	樹　德　工　專
鑄　　造　　學	唱際寬	成　功　大　學
鑄　造　用　模　型　製　作　法	于敦德	臺北技術學院
塑　性　加　工　學	林文樹	工業技術研究院

大學專校教材，各種考試用書。

三民科學技術叢書（五）

書　　　　　　　名	著作人	任　　　職
塑　性　加　工　學	李榮顯	成　功　大　學
鋼　鐵　材　料	董基良	成　功　大　學
焊　　接　　學	董基良	成　功　大　學
電　銲　工　作　法	徐慶昌	中區職訓中心
氧乙炔銲接與切割工作法及實習	徐慶昌	中區職訓中心
原　動　力　廠	李超北	臺北技術學院
流　體　機　械	王石安	海　洋　學　院
流體機械（含流體力學）	蔡旭容	臺北技術學院
流　體　機　械	蔡旭容	臺北技術學院
靜　　力　　學	陳　健	成　功　大　學
流　體　力　學	王叔厚	前成功大學教授
流　體　力　學　概　論	蔡旭容	臺北技術學院
應　用　力　學	陳元方	成　功　大　學
應　用　力　學	徐迺良	成　功　大　學
應　用　力　學	朱有功	臺北技術學院
應　用　力　學　習　題　解　答	朱有功	臺北技術學院
材　料　力　學	王叔厚 陳　健	成　功　大　學
材　料　力　學	陳　健	成　功　大　學
材　料　力　學	蔡旭容	臺北技術學院
基　礎　工　程	黃景川	成　功　大　學
基　礎　工　程　學	金永斌	成　功　大　學
土　木　工　程　概　論	常正之	成　功　大　學
土　木　製　圖	顏榮記	成　功　大　學
土　木　施　工　法	顏榮記	成　功　大　學
土　木　材　料	黃忠信	成　功　大　學
土　木　材　料	黃榮吾	成　功　大　學
土　木　材　料　試　驗	蔡攀鰲	成　功　大　學
土　壤　力　學	黃景川	成　功　大　學
土　壤　力　學　實　驗	蔡攀鰲	成　功　大　學
土　壤　試　驗	莊長賢	成　功　大　學
混　　凝　　土	王櫻茂	成　功　大　學
混　凝　土　施　工	常正之	成　功　大　學
瀝　青　混　凝　土	蔡攀鰲	成　功　大　學
鋼　筋　混　凝　土	蘇懇憲	成　功　大　學
混　凝　土　橋　設　計	彭耀南 徐永豐	交　通　大　學 高　雄　工　專

大學專校教材，各種考試用書。

三民科學技術叢書（六）

書　　　　　　　　　名	著作人	任　　　　　　　職
房　屋　結　構　設　計	彭耀南 徐永豐	交　通　大　學 高　雄　工　專
建　　築　　物　　理	江哲銘	成　功　大　學
鋼　結　構　設　計	彭耀南	交　通　大　學
結　　　構　　　學	左利時	逢　甲　大　學
結　　　構　　　學	徐德修	成　功　大　學
結　　構　　設　　計	劉新民	前成功大學教授
水　　利　　工　　程	姜承吾	前成功大學教授
給　　水　　工　　程	高肇藩	成　功　大　學
水　文　學　精　要	鄒日誠	榮　民　工　程　處
水　　質　　分　　析	江漢全	宜　蘭　農　專
空　氣　污　染　學	吳義林	成　功　大　學
固　體　廢　棄　物　處　理	張乃斌	成　功　大　學
施　　工　　管　　理	顏榮記	成　功　大　學
契　約　與　規　範	張永康	審　　計　　部
計　畫　管　制　實　習	張益三	成　功　大　學
工　　廠　　管　　理	劉漢容	成　功　大　學
工　　廠　　管　　理	魏天柱	臺　北　技　術　學　院
工　　業　　管　　理	廖桂華	成　功　大　學
危　害　分　析　與　風　險　評　估	黃清賢	嘉　南　藥　專
工　業　安　全（工　程）	黃清賢	嘉　南　藥　專
工　業　安　全　與　管　理	黃清賢	嘉　南　藥　專
工　廠　佈　置　與　物　料　運　輸	陳美仁	成　功　大　學
工　廠　佈　置　與　物　料　搬　運	林政榮	東　海　大　學
生　產　計　劃　與　管　制	郭照坤	成　功　大　學
生　　產　　實　　務	劉漢容	成　功　大　學
甘　　蔗　　營　　養	夏雨人	新　埔　工　專

大學專校教材，各種考試用書。